소방자격증 **합격교재**

소방설비기사
기출문제집

2차 / 기계분야

서울고시각

**Stand by
Strategy
Satisfaction**

새로운 출제경향에 맞춘 수험서의 완벽서

머리말

　본 교재는 소방설비기사 2차 실기[기계분야] 기출문제를 수록하여 출제유형 분석 및 계산문제를 대비한 필수교재로 활용될 것입니다.

　본서는 대영소방전문학원의 수업용 교재로서의 전문성과 착실한 기초이론의 정립으로 소방설비(산업)기사 합격의 나침반이 될 것입니다.

[본서의 특징]

1. 본 교재와 더불어 동영상강의와 연계하면 기초실력 향상에 도움이 됩니다.
2. 대영소방전문학원 홈페이지에서 다양한 자료 및 기출문제를 제공합니다.
3. 최근 출제문제에 대한 다각도의 접근으로 쉽게 문제를 풀 수 있는 응용력을 키워 줄 것입니다.
4. 현재 대영소방전문학원의 강의용 교재로서 교재만으로 해결이 어려운 부분은 홈페이지를 통해 쉽게 해결받을 수 있습니다.
   [www.dyedu.co.kr]

　부족하지만 심혈을 기울여 쓴 본 교재가 수험생 여러분의 합격에 일조할 수 있는 수험서가 되기를 간절히 바라며, 다시 한 번 합격의 영광을 위해 불철주야 공부에 매진하고 있는 수험생 여러분께 가슴으로부터 우러나오는 격려와 애정을 표현하면서 수험생 여러분의 합격을 진심으로 기원합니다.

　끝으로 본서가 나오기까지 물심양면으로 힘써주신 서울고시각 김용관 회장님, 김용성 사장님, 그리고 편집부 직원 여러분께 지면으로나마 감사의 말씀을 전합니다.

편저자 씀

시험 GUIDE

- **자격명** : 소방설비기사(기계분야)

- **영문명** : Engineer Fire Protection System - mechanical

- **관련부처** : 소방청

- **시행기관** : 한국산업인력공단

- **취득방법**
  ① **시 행 처** : 한국산업인력공단
  ② **관련학과** : 대학 및 전문대학의 소방학, 건축설비공학, 기계설비학, 가스냉동학, 공조냉동학 관련학과
  ③ **시험과목**
    – 필기 : 1. 소방원론 2. 소방유체역학 3. 소방관계법규 4. 소방기계시설의 구조 및 원리
    – 실기 : 소방기계시설 설계 및 시공실무
  ④ **검정방법**
    – 필기 : 객관식 4지 택일형 과목당 20문항(과목당 30분)
    – 실기 : 필답형(3시간)
  ⑤ **합격기준**
    – 필기 : 100점을 만점으로 하여 과목당 40점 이상, 전과목 평균 60점 이상
    – 실기 : 100점을 만점으로 하여 60점 이상

- **직무내용**
  소방시설(기계)의 설계, 공사, 감리 및 점검업체 등에서 설계 도서류를 작성하거나, 소방설비 도서류를 바탕으로 공사 관련 업무를 수행하고, 완공된 소방설비의 점검 및 유지관리업무와 소방계획수립을 통해 소화, 화재통보 및 피난 등의 훈련을 실시하는 소방안전관리자로서의 주요사항을 수행하는 직무

• **실기시험 출제기준**

실기과목명	주요항목	세부항목	세세항목
소방기계시설 설계 및 시공 실무	1. 소방기계시설 설계	1. 작업분석하기	1. 현장 여건, 요구사항 분석을 할 수 있다. 2. 기본계획 수립, 기본설계서, 실시설계서를 작성할 수 있다. 3. 공사시방서, 공사내역서, 운영관리지침서를 작성할 수 있다.
		2. 소방기계시설 구성하기	1. 재료의 상호 연관성에 대해 설명할 수 있다. 2. 소방기계시설의 기기 및 부품을 조작할 수 있다. 3. 소방기계시설의 기능 및 특성을 설명할 수 있다.
		3. 소방시설의 시스템 설계하기	1. 소방기계시설을 구성하는 재료의 규격 및 크기를 산정할 수 있다. 2. 소방기계시설의 물량을 결정하기 위한 계산을 수행할 수 있다. 3. 소방기계시설 자료의 활용을 할 수 있다. 4. 도면작성 및 판독을 할 수 있다. 5. 시방서의 작성 등을 할 수 있다.
		4. 소방시설의 배치계획 및 설계서류 작성하기	1. 계통도를 작성할 수 있다. 2. 평면도를 작성할 수 있다. 3. 상세도를 작성할 수 있다. 4. 소방기계시설의 설계 및 시공 관련 업무를 수행할 수 있다. 5. 소방기계설비의 적산 등을 할 수 있다.
	2. 소방기계시설 시공	1. 설계도서 검토하기	1. 설계도서상의 누락, 오류, 문제점을 검토하여 설계도서 검토서를 작성할 수 있다. 2. 설계도면, 시공 상세도, 계산서를 검토하여 시공상의 문제점을 파악하고 조치할 수 있다.
		2. 소방기계시설 시공하기	1. 소화기구를 설치할 수 있다. 2. 옥내·외소화전설비를 설치할 수 있다. 3. 스프링클러(간이스프링클러)설비를 설치할 수 있다. 4. 물분무소화설비를 설치할 수 있다. 5. 포소화설비를 설치할 수 있다. 6. 이산화탄소소화설비를 설치할 수 있다. 7. 할로겐화합물소화설비를 설치할 수 있다. 8. 분말소화설비를 설치할 수 있다. 9. 청정소화약제소화설비를 설치할 수 있다. 10. 피난기구 및 인명구조기구를 설치할 수 있다. 11. 소화용수설비를 설치할 수 있다.

실기과목명	주요항목	세부항목	세세항목
			12. 거실제연 및 특별피난계단 및 비상용 승강기 승강장의 제연설비를 설치할 수 있다. 13. 연결송수관설비, 연결살수설비, 연소방지설비를 설치할 수 있다. 14. 기타 소방기계시설 관련 설비를 설치할 수 있다.
		3. 공사 서류 작성하기	1. 시공된 시설을 검사하여 설계도서와 일치여부를 판단할 수 있다. 2. 시공된 시설을 검사하여 관련 서류를 작성할 수 있다. 3. 공정관리 일정을 계획하여 공사일지를 작성할 수 있다.
	3. 소방기계시설 유지관리	1. 소방시설의 작동 및 유지 관리하기	1. 소방시설의 기술공무 관리 및 실무 작업을 할 수 있다. 2. 기계시설의 점검 및 조작을 할 수 있다. 3. 계측 및 사고요인을 파악할 수 있다. 4. 재해방지 및 안전관리 업무를 수행할 수 있다. 5. 자재관리 업무를 수행할 수 있다.
		2. 소방기계 시설의 유지 보수 및 시험점검하기	1. 유지보수 관리 및 계획을 수립할 수 있다. 2. 시험 및 검사를 할 수 있다. 3. 기계기구 점검 및 보수작업을 할 수 있다. 4. 설치된 소방시설을 정상 가동하고, 작동기능 점검 사항을 기록할 수 있다. 5. 종합정밀 점검 사항을 기록할 수 있다. 6. 소방시설 운영에 관한 업무 일지를 작성할 수 있다. 7. 기록 사항을 분석하여 보수·정비를 할 수 있다. 8. 보수에 필요한 부품 및 장비를 확보하고, 점검 기록부를 작성 보존할 수 있다.

Contents

- **2014년 제1회** 소방설비기사 2차 실기[2014년 4월 20일 시행] ·············· 3
- **2014년 제2회** 소방설비기사 2차 실기[2014년 7월 6일 시행] ·············· 16
- **2014년 제4회** 소방설비기사 2차 실기[2014년 11월 1일 시행] ·············· 29
- **2015년 제1회** 소방설비기사 2차 실기[2015년 4월 19일 시행] ·············· 39
- **2015년 제2회** 소방설비기사 2차 실기[2015년 7월 12일 시행] ·············· 51
- **2015년 제4회** 소방설비기사 2차 실기[2015년 11월 7일 시행] ·············· 60
- **2016년 제1회** 소방설비기사 2차 실기[2016년 4월 17일 시행] ·············· 76
- **2016년 제2회** 소방설비기사 2차 실기[2016년 6월 26일 시행] ·············· 89
- **2016년 제4회** 소방설비기사 2차 실기[2016년 11월 12일 시행] ·············· 104
- **2017년 제1회** 소방설비기사 2차 실기[2017년 4월 16일 시행] ·············· 119
- **2017년 제2회** 소방설비기사 2차 실기[2017년 6월 25일 시행] ·············· 132
- **2017년 제4회** 소방설비기사 2차 실기[2017년 11월 11일 시행] ·············· 146
- **2018년 제1회** 소방설비기사 2차 실기[2018년 4월 14일 시행] ·············· 157
- **2018년 제2회** 소방설비기사 2차 실기[2018년 6월 30일 시행] ·············· 170
- **2018년 제4회** 소방설비기사 2차 실기[2018년 11월 10일 시행] ·············· 184
- **2019년 제1회** 소방설비기사 2차 실기[2019년 4월 14일 시행] ·············· 196
- **2019년 제2회** 소방설비기사 2차 실기[2019년 6월 29일 시행] ·············· 214
- **2019년 제4회** 소방설비기사 2차 실기[2019년 11월 9일 시행] ·············· 234

Contents

- **2020년 제1회** 소방설비기사 2차 실기[2020년 5월 24일 시행] ······ 247
- **2020년 제2회** 소방설비기사 2차 실기[2020년 8월 9일 시행] ······ 260
- **2020년 제3회** 소방설비기사 2차 실기[2020년 10월 17일 시행] ······ 276
- **2020년 제4회** 소방설비기사 2차 실기[2020년 11월 15일 시행] ······ 288
- **2021년 제1회** 소방설비기사 2차 실기[2021년 4월 25일 시행] ······ 303
- **2021년 제2회** 소방설비기사 2차 실기[2021년 7월 10일 시행] ······ 318
- **2021년 제4회** 소방설비기사 2차 실기[2021년 11월 13일 시행] ······ 333
- **2022년 제1회** 소방설비기사 2차 실기[2022년 5월 7일 시행] ······ 347
- **2022년 제2회** 소방설비기사 2차 실기[2022년 7월 2일 시행] ······ 361
- **2022년 제4회** 소방설비기사 2차 실기[2022년 11월 19일 시행] ······ 375
- **2023년 제1회** 소방설비기사 2차 실기[2023년 4월 22일 시행] ······ 394
- **2023년 제2회** 소방설비기사 2차 실기[2023년 7월 22일 시행] ······ 413
- **2023년 제4회** 소방설비기사 2차 실기[2023년 11월 5일 시행] ······ 430
- **2024년 제1회** 소방설비기사 2차 실기[2024년 4월 27일 시행] ······ 445
- **2024년 제2회** 소방설비기사 2차 실기[2024년 7월 28일 시행] ······ 462
- **2024년 제3회** 소방설비기사 2차 실기[2024년 10월 19일 시행] ······ 479

기출문제

2014~2024년

2014년 제1회 소방설비기사[기계분야] 2차 실기

2014년 4월 20일 시행

01 다음에 표시된 소방시설 도시기호의 명칭을 쓰시오. 5점

해설및정답 ① 유니온 ② 가스체크밸브 ③ 포헤드 ④ 라인프로포셔너 ⑤ 옥외소화전

---

02 특별피난계단의 계단실 및 부속실 제연설비에서 제연구역의 선정기준 3가지를 쓰시오. 4점

해설및정답
1. 계단실 및 그 부속실을 동시에 제연하는 것
2. 부속실만을 단독으로 제연하는 것
3. 계단실만을 단독으로 제연하는 것

---

03 할론소화설비가 환경에 미치는 영향 때문에 할로겐화합물 및 불활성기체 소화설비로 대체되는 과정에 있다. 다음 물음에 답하시오. 4점

가) 할론소화약제가 지구환경에 미치는 영향 2가지를 쓰시오.

해설및정답
1. 오존층 파괴
2. 온난화 현상

나) 할로겐화합물소화약제 중에서 연쇄반응억제가 있는 소화약제는 방출시간을 10초 이내로 규정하는데 그 이유를 쓰시오.

해설및정답 할로겐족원소 함유물질 방사 시 생성되는 유독성가스의 발생량을 최소화하기 위해서는 방출시간을 줄여야 하기 때문에 방출시간을 10초 이내로 제한하였다.

기출문제

04 토너먼트방식의 배관설비를 이용한 소화설비 4가지를 쓰시오. [4점]

해설 및 정답
1. 이산화탄소소화설비
2. 할론소화설비
3. 분말소화설비
4. 할로겐화합물 및 불활성기체 소화설비

05 아래 [그림]은 어느 거실에 대한 급기 및 배출풍도와 급기 및 배출 FAN을 나타내고 있는 평면도이다. 각 물음에 답하시오(단, ⊘표기는 댐퍼를 뜻한다). [6점]

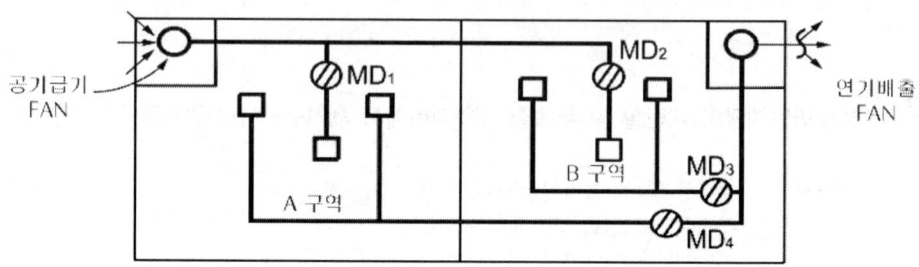

가) 동일실 제연방식에 대하여 간단히 서술하시오.

해설 및 정답 급기와 배기를 화재실에서 동시에 행하는 방식으로 소규모 화재실에 적합하다.

나) 상기 평면도에서 동일실 제연방식을 적용할 경우 상황에 따른 댐퍼의 닫힘(Close) 및 열림(Open) 상태를 쓰시오.

화재구역	급기댐퍼	배연댐퍼
A 구역	MD₁( )	MD₄( )
	MD₂( )	MD₃( )
B 구역	MD₂( )	MD₃( )
	MD₁( )	MD₄( )

해설 및 정답

화재구역	급기댐퍼	배연댐퍼
A 구역	MD₁(열림)	MD₄(열림)
	MD₂(닫힘)	MD₃(닫힘)
B 구역	MD₂(열림)	MD₃(열림)
	MD₁(닫힘)	MD₄(닫힘)

다) 인접구역 상호제연방식에 대하여 간단히 서술하시오.

해설 및 정답 화재실에 배기, 인접실에 급기를 실시하는 방식

라) 상기 평면도에서 인접구역 상호제연방식을 적용할 경우 상황에 따른 댐퍼의 닫힘(Close) 및 열림(Open) 상태를 쓰시오.

화재구역	급기댐퍼	배연댐퍼
A 구역	MD₁( )	MD₄( )
A 구역	MD₂( )	MD₃( )
B 구역	MD₂( )	MD₃( )
B 구역	MD₁( )	MD₄( )

해설 및 정답

화재구역	급기댐퍼	배연댐퍼
A 구역	MD₁(닫힘)	MD₄(열림)
A 구역	MD₂(열림)	MD₃(닫힘)
B 구역	MD₂(닫힘)	MD₃(열림)
B 구역	MD₁(열림)	MD₄(닫힘)

06 내경이 2m이고 길이 1.5m인 원통형 내압용기가 두께 3mm의 연경판으로 제작되었다. 용접에 의한 허용응력감소를 무시할 때 이 용기 내부에 허용할 수 있는 최고압력(MPa)을 구하시오(단, 내압용기 재료의 허용응력 $\sigma_W = 250$MPa이다). **8점**

해설 및 정답 $t(\text{mm}) = \dfrac{PD}{2\sigma_w E}$ 로부터 $P = \dfrac{2\sigma_w E}{D} \times t = \dfrac{2 \times 250 \times 1}{2,006} \times 3 = 0.747 ≒ 0.75\text{MPa}$

용접효율 $E = 1$

∴ 0.75MPa

기출문제

07 가로 10m, 세로 14m, 높이 4m인 발전기실(B급)에 불활성기체 IG-541을 아래 [조건]에 맞게 설계하려고 한다. 다음 물음에 답하시오. **8점**

> **조건**
> 1. IG-541의 소화농도는 32%이다.
> 2. IG-541의 저장용기는 80L이며, 12.5m³가 충전되어 있다.
> 3. 약제량 산정 시 선형 상수를 이용하도록 하며 방사 시 화재실 온도는 20[℃]이다.
>
> | 소화약제 | k₁ | k₂ |
> |---|---|---|
> | IG-541 | 0.65799 | 0.00239 |

가) IG-541의 약제 저장용기 수는 최소 몇 병인가?

해설 및 정답

$$병수 = \frac{301.25 m^3}{12.5 m^3/병} = 24.1 ≒ 25$$

$$Q = 2.303 \times \frac{V_s}{S} \times \log\left(\frac{100}{100-C}\right) \times V$$

$$= 2.303 \times \frac{0.7066}{0.7066} \times \log\left(\frac{100}{100-41.6}\right) \times 560$$

$$= 301.25 m^3$$

$$V_s = \frac{RT}{PM} = \frac{0.082 \times 293K}{1\,atm \times 34kg} = 0.7066 m^3/kg$$

$S = 0.65799 + 0.00239 \times 20℃ = 0.7066 m^3/kg$
$C = $ 소화농도 $\times 1.3 = 32\% \times 1.3 = 41.6\%$ (A급 : 1.2 B급 : 1.3 C급 : 1.35 적용)
$V = 10m \times 14m \times 4m = 560 m^3$

∴ 25병

나) 배관 구경 산정 [조건]에 따라 IG-541의 약제량 방사시 유량(주배관)은 몇 [kg/s] 이상인가?

해설 및 정답

$$유량 = \frac{약제량\ W}{60s} = \frac{398.6}{60} = 6.64 kg/s$$

$$W = 2.303 \times \frac{1}{S} \times \log\left(\frac{100}{100-C \times 0.95}\right) \times V$$

$$= 2.303 \times \frac{1}{0.7066} \times \log\left(\frac{100}{100-41.6 \times 0.95}\right) \times 560$$

$$= 398.6 kg$$

$S = 0.65799 + 0.00239 \times 20℃ = 0.7066 m^3/kg$
$V = 10m \times 14m \times 4m = 560 m^3$

∴ 6.64 kg/s

다) 할로겐화합물 및 불활성기체 소화약제의 구비조건 5가지를 쓰시오.

해설및정답
1. 오존파괴지수(ODP)가 낮을 것
2. 지구온난화지수(GWP)가 낮을 것
3. 인체에 대한 독성이 적을 것
4. 소화성능이 우수할 것
5. 전기전도도가 낮고 안정성이 있을 것

08 경유를 저장하는 내부직경 50m인 플로팅루프탱크(Floating Roof Tank)에 포말소화설비 중 특형방출구를 설치하여 방호하려고 할 때 다음의 물음에 답하시오. **7점**

> **조건**
> 1. 소화약제는 3%형의 단백포를 사용하며 수용액의 분당방출량은 $8L/m^2$이고 방사시간은 20min을 기준으로 한다.
> 2. 탱크 내면과 굽도리판의 간격은 1m로 한다.
> 3. 펌프의 효율은 55[%], 전동기의 전달계수는 1.1로 한다.

가) 상기 탱크의 특형 고정포방출구에 의하여 소화하는 데 필요한 수용액의 양(m^3), 수원의 양(m^3), 포소화약제 원액의 양(m^3)은 각각 얼마 이상이어야 하는가?

해설및정답
① 포수용액의 양 $Q = A(m^2) \times Q_1(L/m^2 \cdot min) \times T(min)$

$$= \frac{\pi}{4}(50^2 - 48^2)m^2 \times 8L/m^2 \cdot min \times 20min = 24630.08L = 24.63m^3$$

∴ 포수용액의 양 : $24.62m^3$

② 수원의 양 $Q = A(m^2) \times Q_1(L/m^2 \cdot min) \times T(min) \times S$

$$= \frac{\pi}{4}(50^2 - 48^2)m^2 \times 8L/m^2 \cdot min \times 20min \times 0.97$$
$$= 23,879[L] = 23.88m^3$$

∴ 수원의 양 : $23.88m^3$

③ 포 원액의 양 $Q = A(m^2) \times Q_1(L/m^2 \cdot min) \times T(min) \times S$

$$= \frac{\pi}{4}(50^2 - 48^2)m^2 \times 8L/m^2 \cdot min \times 20min \times 0.03$$
$$= 738.54[L] = 0.74m^3$$

∴ 포 원액의 양 : $0.74m^3$

나) 가압송수장치의 분당토출량(L/min)은 얼마 이상이어야 하는가?

해설및정답
포수용액의 토출량 $= \dfrac{포수용액의\ 양(L)}{20[min]} = \dfrac{24,618L}{20min} = 1,230.9L/min$

∴ $1,230.9L/min$

기출문제

다) 펌프의 전양정을 65[m]라고 할 때 전동기의 출력(kW)은 얼마 이상이어야 하는가?

해설 및 정답

출력 $kW = \dfrac{H \times \gamma \times Q}{\eta \times 102} \times K$

$= \dfrac{65\text{m} \times 1{,}000\text{kgf/m}^3 \times \dfrac{1.23\text{m}^3}{60\text{s}}}{0.55 \times 102} \times 1.1 = 26.15\text{kW}$

∴ 26.15kW

09 옥내소화전 호스로 화재 진압시 플랜지볼트에 작용하는 힘을 구하시오(단, 소방호스의 내경은 40(mm), 노즐은 13(mm), 방수량은 150(L/min)라고 가정한다). **5점**

해설 및 정답

$F_1 - F_2 = \Delta F$ ∴ 볼트에 작용하는 힘 $\Delta F = F_1 - F_2$

호스와 노즐에 작용하는 힘

$F_1 = \Delta P \cdot A = \gamma \cdot \Delta h \cdot A = \gamma \cdot \dfrac{v_1^2 - v_2^2}{2g} \cdot A$

$= 9{,}800\text{N/m}^3 \times \dfrac{(18.84^2 - 1.99^2)\text{m}^2/\text{s}^2}{2 \times 9.8\text{m/s}^2} \times \dfrac{\pi \times 0.04^2}{4}\text{m}^2 = 220.53\text{N}$

호스의 유속 $(v_1) = \dfrac{Q}{A} = \dfrac{\dfrac{0.15}{60}\text{m}^3/\text{s}}{\dfrac{\pi \times 0.04^2}{4}\text{m}^2} = 1.99\text{m/s}$

노즐의 유속 $(v_2) = \dfrac{Q}{A} = \dfrac{\dfrac{0.15}{60}\text{m}^3/\text{s}}{\dfrac{\pi \times 0.013^2}{4}\text{m}^2} = 18.84\text{m/s}$

추진력 $F_2 = \rho \cdot Q \cdot \Delta v = 1{,}000\text{kg/m}^3 \times \dfrac{0.15\text{m}^3}{60\text{s}} \times (18.84 - 1.99)\text{m/s} = 42.13\text{N}$

∴ $\Delta F = F_1 - F_2 = 220.53 - 42.13 = 178.4\text{N}$

∴ 178.4N

10 이산화탄소소화설비의 분사헤드 설치 제외장소 4가지를 쓰시오. **4점**

해설 및 정답
1. 방재실·제어실등 사람이 상시 근무하는 장소
2. 니트로셀룰로오스·셀룰로이드제품 등 자기연소성 물질을 저장·취급하는 장소
3. 나트륨·칼륨·칼슘 등 활성금속물질을 저장·취급하는 장소
4. 전시장 등을 관람하기 위하여 다수인이 출입·통행하는 통로 및 전시실 등

11 다음 [그림]과 같이 해발 1,000m 지점에 펌프가 아래 [조건]과 같이 설치되어 있을 때 다음 물음에 답하시오. 5점

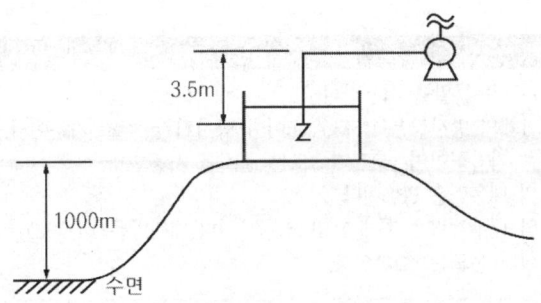

조건
1. 펌프 흡입배관의 마찰손실 수두는 0.7m이다.
2. 해발 1,000m에서의 대기압은 0.9×10^5Pa이다.
3. 표준 대기압은 1.013×10^5Pa이다.
4. 물의 포화증기압은 2.55×10^3Pa이다.
5. 필요흡입양정($NPSH_{re}$)는 4.5m이다.

가) 유효흡입양정($NPSH_{av}$)을 구하시오.

해설 및 정답
$$NPSH_{av} = \frac{P}{r} - \frac{Pv}{r} - h_L - H$$
$$= \frac{0.9 \times 10^5 N/m^2}{9,800 N/m^3} - \frac{2.55 \times 10^3 N/m^2}{9,800 N/m^3} - 0.7m - 3.5m = 4.72m$$

∴ 4.72m

나) 공동현상의 발생여부를 판단하시오.

해설 및 정답 공동현상의 발생조건은 필요흡입양정이 유효흡입양정보다 클 때이지만 필요흡입양정이 4.5m 이고, 유효흡입양정이 4.72m이므로 공동현상이 발생되지 않는다.

12 스프링클러 헤드의 반응시간지수(RTI)의 식을 쓰고 설명하시오. 5점

해설 및 정답 $RTI = \tau\sqrt{u}$
RTI = 반응시간지수($m\sqrt{s}$), τ = 감열체의 시간상수(s), u = 기류의 속도(m/s)
폐쇄형 헤드가 주위의 열을 얼마나 빠른 시간 내에 흡수하는지를 나타내는 열감도이며, RTI가 작을수록 열을 빨리 흡수하여 빨리 개방된다.

기출문제

13 방호구역의 체적이 600m³(가로 20m, 세로 10m, 높이 3m)인 실에 전역방출방식의 분말 소화설비를 설치하려고 할 때 다음 물음에 답하시오. [6점]

> **조건**
> 1. 분말약제는 1종 분말을 사용한다.
> 2. 분사헤드 1개의 방사량은 1.5kg/sec이며 방사시간 30초 기준이다.
> 3. 설비방식은 가압식이며, 추진가스로는 질소를 사용한다.
> 4. 질소용기의 내용적은 68L이다.
> 5. 질소용기의 내부압력은 최대 150kgf/cm²이다(대기압은 1.0332kgf/cm²이다).
> 6. 저장용기실의 온도는 20℃이다.

가) 분말소화약제의 저장량은 몇 kg인가?

해설 및 정답 약제량 $W = V \times \alpha + A \times \beta = (20 \times 10 \times 3) \times 0.6 = 360\,kg$

∴ 360kg

나) 질소용기의 필요 병수는 최소 몇 병인가?

해설 및 정답 병 수 = $\dfrac{151.0332 kgf/cm^2,\ 20℃\text{일 때의 약제체적(L)}}{\text{병당 내용적(L/병)}}$

가압식 질소가스의 양(1기압 35℃기준) = $360\,kg \times 40\,L/kg = 14{,}400\,L$

주어진 압력과 온도조건에서의 체적을 구하기 위해 보일-샤를의 법칙을 적용하면

$\dfrac{P_1 V_1}{T_1} = \dfrac{P_2 V_2}{T_2}$ ∴ $V_2 = \dfrac{T_2 P_1}{T_1 P_2} \times V_1 = \dfrac{293 \times 1.0332}{308 \times 151.0332} \times 14{,}400\,L = 93.71\,L$

∴ 병수 = $\dfrac{151.0332 kgf/cm^2,\ 20℃\text{일 때의 약제체적(L)}}{\text{병당 내용적(L/병)}} = \dfrac{93.71}{68} = 1.38 ≒ 2$

∴ 2병

다) 개폐밸브 직후의 유량(kg/s)은?

해설 및 정답 개폐밸브 직후의 유량 = $\dfrac{\text{방출량}(kg)}{\text{방출시간}(s)} = \dfrac{360}{30} = 12\,kg/s$

∴ 12kg/s

14 스프링클러설비 배관의 안지름을 수리계산에 의하여 선정하고자 한다. [그림]에서 B~C 구간의 유량을 165L/min, E~F 구간의 유량을 330L/min이라고 가정할 때 다음을 구하시오(단, 화재안전기준에서 정하는 유속 기준을 만족하도록 하여야 한다). **6점**

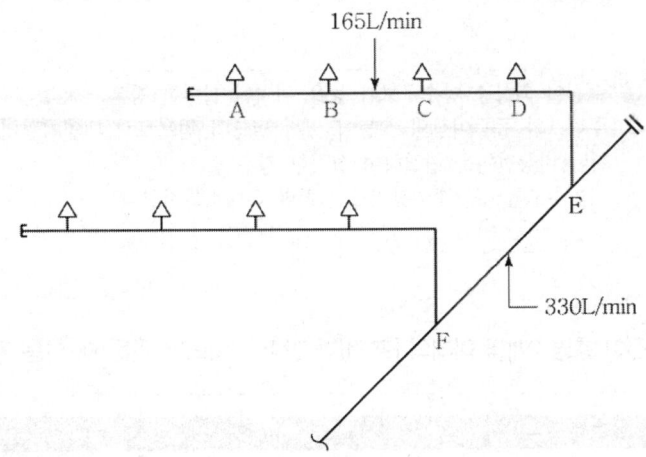

가) B~C 구간의 배관 안지름(mm)의 최솟값을 구하시오.

해설 및 정답 스프링클러설비 가지배관의 유속 6m/s 이하이어야 하므로

$$D = \sqrt{\frac{4 \times \left(\frac{0.165}{60}\right) m^3/s}{\pi \times 6 m/s}} = 0.02416 m = 24.16 mm$$

∴ 24.16mm

나) E~F 구간의 배관 안지름(mm)의 최솟값을 구하시오.

해설 및 정답 교차배관의 유속은 10m/s 이하이어야 하므로

$$D = \sqrt{\frac{4 \times \left(\frac{0.33}{60}\right) m^3/s}{\pi \times 10 m/s}} = 0.02647 m = 26.47 mm$$

∴ 26.47mm

15 옥내소화전설비에 옥상수조를 설치하지 않아도 되는 경우를 나열한 것이다. 추가대상이 되는 것 3가지를 쓰시오. **6점**

(1) 지하층만 있는 건축물
(2) 고가수조를 가압송수장치로 설치한 옥내소화전설비
(3) 건축물의 높이가 지표면으로부터 10m 이하인 경우

기출문제

(4) 학교·공장·창고시설로서 동결의 우려가 있는 장소로서 기동스위치에 보호판을 부착하여 옥내소화전함에 설치한 경우
(5) (①)
(6) (②)
(7) (③)

해설및정답
① 수원이 최상층 방수구보다 높은 위치에 설치한 경우
② 주펌프와 동등이상의 성능이 있는 별도의 펌프로서 내연기관의 기동과 연동하여 작동되거나 비상전원을 연결하여 설치한 경우
③ 가압수조를 가압송수장치로 설치한 옥내소화전설비

16 옥내소화전이 층당 2개씩 아래의 [조건]과 같이 설치되어 있을 때 다음 물음에 답하시오. 6점

조건
1. 소방호스의 마찰손실수두는 2m이다.
2. 풋밸브~최고위 소화전까지의 직관장 길이는 87m이다.
3. 관부속품 및 관 마찰손실수두는 직관장 길이의 25%이다.
4. 실양정은 35m이며, 펌프의 기계효율 95%, 체적효율 80%, 수력효율은 90%이다.
5. 전동기의 전달계수 K는 1.1이다.

가) 펌프의 최소 토출량은 몇 (L/min)이어야 하는가?

해설및정답 $Q = 2 \times 130 \text{L/min} = 260 \text{L/min}$

∴ 260L/min

나) 펌프의 토출압력은 최소 몇 kPa이어야 하는가?

해설및정답 $H = (87m \times 0.25) + 2m + 35m + 17m = 75.75m$

$75.75m \times \dfrac{101.325 \text{kPa}}{10.332 \text{m}} = 742.87 \text{kPa}$

∴ 742.87kPa

다) 펌프의 전동기 동력은 몇 PS인가?

$PS = \dfrac{H \times \gamma \times Q}{\eta_p \times 75} \times K = \dfrac{75.75m \times 1{,}000 \text{kgf/m}^3 \times \left(\dfrac{0.26}{60}\right) \text{m}^3/\text{s}}{0.684 \times 75} \times 1.1 = 7.04 \text{PS}$

∴ η(펌프효율) $= 0.95 \times 0.8 \times 0.9 = 0.684$

∴ 7.04PS

17 습식 스프링클러설비를 아래의 [조건]을 이용하여 [그림]과 같이 8층의 백화점 건물에 시공할 경우 다음 물음에 답하시오. **11점**

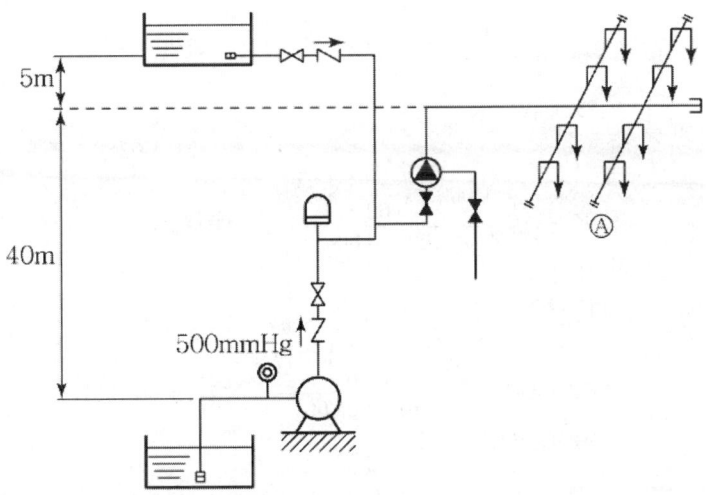

조건
1. 배관 및 부속류의 총 마찰손실은 펌프 토출측 양정의 40%이다.
2. 펌프의 진공계 눈금은 500mmHg이다.
3. 펌프의 체적효율(η_v)=0.95, 기계효율(η_m)=0.85, 수력효율(η_h)=0.75이다.
4. 전동기의 전달계수(k)는 1.2이다.

가) 주펌프의 양정(m)을 구하시오.

해설및정답
$$H = h_1 + h_2 + h_3 + h_4 = \left(500\text{mmHg} \times \frac{10.332\text{m}}{760\text{mmHg}}\right) + 40\text{m} + (40\text{m} \times 0.4) + 10\text{m} ≒ 72.8\text{m}$$
∴ 72.8m

나) 주펌프의 토출량(L/min)을 구하시오(단, 스프링클러 헤드는 최대 기준개수 이상 설치되는 기준임).

해설및정답 토출량 = 30(백화점 기준) × 80L/min = 2,400L/min
∴ 2,400L/min

다) 주펌프의 전 효율(%)을 구하시오.

해설및정답 펌프 전 효율(η_p) = 기계효율(η_m) × 수력효율(η_h) × 체적효율(η_v)
= 0.95 × 0.85 × 0.75 = 0.606 = 60.6%
∴ 60.6%

기출문제

라) 주펌프의 수동력, 축동력, 모터동력을 kW로 나타내시오.

해설및정답 1) 수동력

$$수동력(kW) = \frac{1,000 \times \left(\frac{2.4}{60}\right) \times 72.8}{102} = 28.55 kW$$

∴ 28.55kW

2) 축동력

$$축동력(kW) = \frac{1,000 \times \left(\frac{2.4}{60}\right) \times 72.8}{102 \times 0.606} = 47.11 kW$$

∴ 47.11kW

3) 모터동력

$$모터동력(kW) = \frac{1,000 \times \left(\frac{2.4}{60}\right) \times 72.8}{102 \times 0.606} \times 1.2 = 56.53 kW$$

∴ 56.53kW

마) 문제의 [그림]에서 Ⓐ부분에 말단시험배관을 설치하려고 한다. 설치방법을 그림으로 나타내시오.

해설및정답

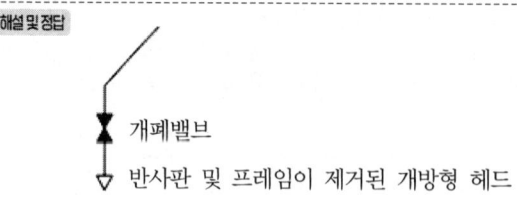

개폐밸브
반사판 및 프레임이 제거된 개방형 헤드

바) 폐쇄형 스프링클러 헤드의 선정은 설치장소의 최고 주위온도와 선정된 헤드의 표시온도를 고려하여야 한다. 다음 표의 설치장소의 최고 주위온도에 대한 표시온도를 쓰시오.

설치장소의 최고 주위온도	표시온도
39℃ 미만	79℃ 미만
39℃ 이상 64℃ 미만	①
64℃ 이상 106℃ 미만	②
106℃ 이상	162℃ 이상

해설및정답 ① 79℃ 이상 121℃ 미만
② 121℃ 이상 162℃ 미만

사) 수원의 유효수량 중 1/3 이상을 옥상에 추가로 설치하여야 한다. 이때 예외사항 6가지를 쓰시오.

해설및정답
1. 지하층만 있는 건축물
2. 고가수조를 가압송수장치로 설치한 스프링클러설비
3. 수원이 건축물의 최상층에 설치된 헤드보다 높은 위치에 설치된 경우
4. 건축물의 높이가 지표면으로부터 10m 이하인 경우
5. 주펌프와 동등 이상의 성능이 있는 별도의 펌프로서 내연기관의 기동과 연동하여 작동되거나 비상전원을 연결하여 설치한 경우
6. 가압수조를 가압송수장치로 설치한 스프링클러설비

소방설비기사[기계분야] 2차 실기

2014년 7월 6일 시행

01 가압송수장치(펌프방식)의 성능시험을 실시하고자 한다. 다음 주어진 [도면]을 참고하여 성능시험순서 중 및 시험결과 판정기준을 쓰시오(단, 기동은 기동용압력스위치에 의한 것으로 한다). **6점**

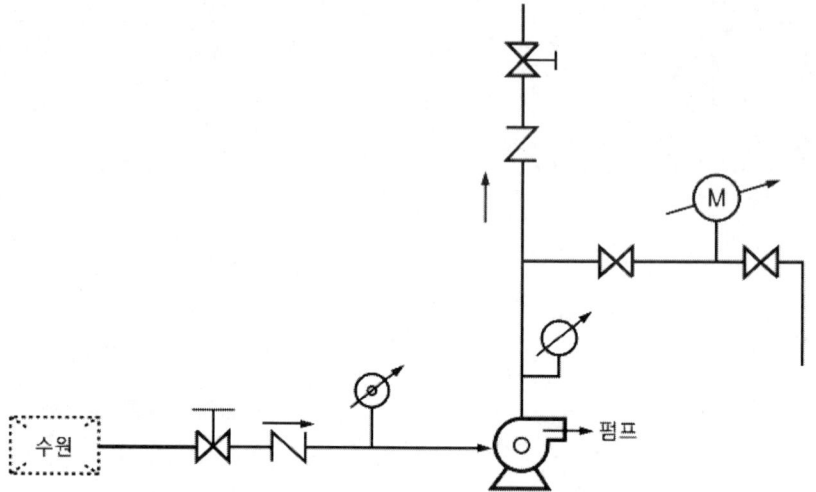

(1) 주배관의 개폐밸브를 잠근다.
(2) 충압펌프의 운전선택스위치를 "수동" 또는 "정지" 위치로 한다.
(3) 성능시험배관의 개폐밸브와 유량조절밸브를 개방한다.
(4) (①   )
(5) 유량조절밸브를 조절하여 정격토출량의 150%가 되었을 때 압력계의 눈금을 읽는다.
(6) (②   )
(7) 개폐밸브 또는 유량조절밸브를 잠그고 체절압력을 압력계로 읽는다.
(8) 주펌프의 운전선택스위치를 "수동-OFF"로 하여 주펌프를 수동정지시킨다.

해설및정답 ① 압력챔버의 배수밸브를 개방하고, 펌프기동시 배수밸브를 잠근다.
② 유량조절밸브를 조절하여 정격토출량이 되었을 때 압력계의 눈금을 읽는다.

02 [그림]은 어느 판매장의 무창층에 대한 제연설비 중 연기배출풍도와 배출 FAN을 나타내고 있는 평면도이다. 주어진 [조건]을 이용하여 풍도에 설치되어야 할 제어댐퍼를 가장 적합한 지점에 표기한 다음 물음에 답하시오(단, 댐퍼의 표기는 ⦸의 모양으로 할 것). 5점

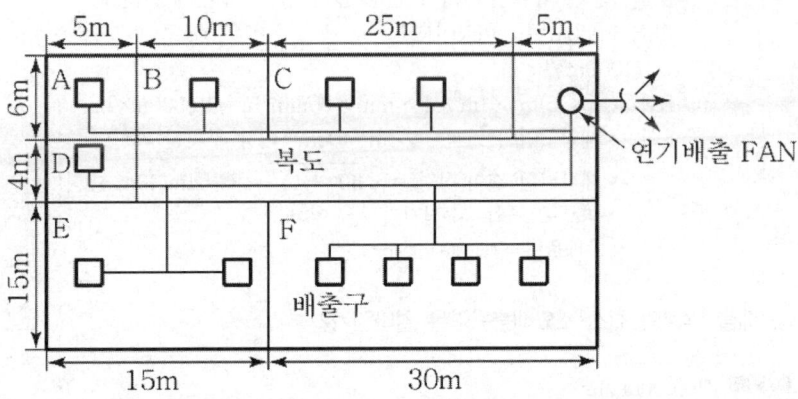

조건
1. 건물의 주요구조부는 모두 내화구조이다.
2. 각 실은 불연성 구조물로 구획되어 있다.
3. 복도의 내부면은 모두 불연재이고, 복도 내에 가연물을 두는 일은 없다.
4. 각 실에 대한 연기배출방식에서 공동배출구역방식은 없다.
5. 이 판매장에는 음식점은 없다.

가) 제어댐퍼를 설치하시오.

해설 및 정답

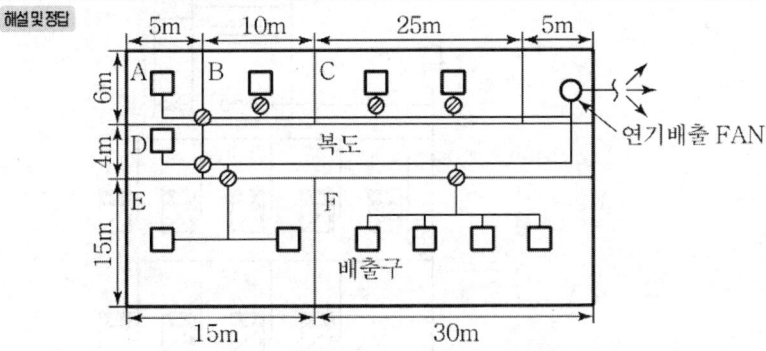

나) 각 실(A, B, C, D, E, F)의 최소 소요배출량은 얼마인가?

해설 및 정답
① A실 : $(6 \times 5)m^2 \times 1m^3/m^2 \cdot min \times 60min/hr = 1,800m^3/hr$
최소 $5,000m^3/hr$ 이상이므로
∴ $5,000m^3/hr$

기출문제

② B실 : $(6 \times 10)m^2 \times 1m^3/m^2 \cdot min \times 60min/hr = 3,600m^3/hr$
  최소 $5,000m^3/hr$ 이상이므로
  ∴ $5,000m^3/hr$
③ C실 : $(6 \times 25)m^2 \times 1m^3/m^2 \cdot min \times 60min/hr = 9,000m^3/hr$
④ D실 : $(4 \times 5)m^2 \times 1m^3/m^2 \cdot min \times 60min/hr = 1,200m^3/hr$
  최소 $5,000m^3/hr$ 이상이므로
  ∴ $5,000m^3/hr$
⑤ E실 : $(15 \times 15)m^2 \times 1m^3/m^2 \cdot min \times 60min/hr = 13,500m^3/hr$
⑥ F실 : • 제연구역의 면적 $= 450m^2$ ($400m^2$ 이상 구획된 거실)
  • 대각선의 길이(직경) $= \sqrt{30^2 + 15^2} = 33.54m$ ($40m$ 이하)
  • 벽으로 구획 = 수직거리 $2m$ 이하
  ∴ 배출량 $= 40,000m^3/hr$

다) 배출 FAN의 최소 소요배출용량은 얼마인가?

해설 및 정답 $40,000m^3/hr$

라) C실에 화재가 발생했을 경우 제어댐퍼의 작동상황(개폐여부)이 어떻게 되어야 하는지 설명하시오.

해설 및 정답 C실의 댐퍼 2개만 개방하고 나머지 실 댐퍼는 폐쇄한 후 배출기를 동작시켜 배출한다.

03 다음은 10층 건물에 설치한 옥내소화전설비의 계통도이다. 각 물음에 답하시오. **12점**

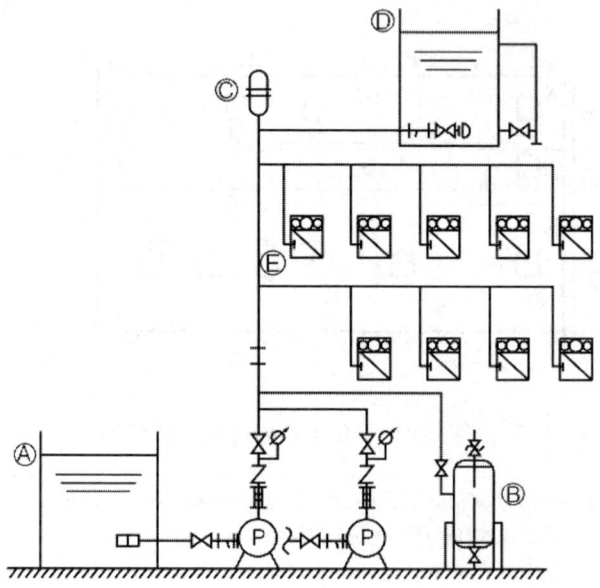

> **조건**
> 1. 배관의 마찰손실수두는 40m(소방호스, 관 부속품의 마찰손실수두 포함)이다.
> 2. 실양정은 15m이다.
> 3. 펌프의 효율은 65%이다.
> 4. 펌프의 여유율은 10%를 적용한다.

가) Ⓐ~Ⓔ의 명칭을 쓰시오

해설및정답 Ⓐ 저수조 Ⓑ 기동용 수압개폐장치 Ⓒ 수격방지기
Ⓓ 옥상수조 Ⓔ 옥내소화전

나) Ⓓ에 보유하여야 할 최소 유효저수량(m³)은?

해설및정답 옥상수원의 양(m³) = $2 \times 2.6m^3 \times \dfrac{1}{3} = 1.733m^3$

∴ $1.73m^3$

다) Ⓑ의 주된 기능은?

해설및정답 배관 내의 압력에 따라 소화펌프를 자동으로 기동하거나 정지시키는 기능

라) Ⓒ의 설치목적은 무엇인가?

해설및정답 수격작용의 방지 및 완화

마) Ⓔ항의 문짝의 면적은 몇 m² 이상이어야 하는가?

해설및정답 $0.5m^2$

바) 펌프의 전동기 용량(kW)을 계산하시오

해설및정답
전동기 용량 $kW = \dfrac{\gamma QH}{102\eta} \times K = \dfrac{1{,}000 \times \dfrac{0.26}{60} \times 72}{102 \times 0.65} \times 1.1 = 5.18 kW$

$Q = 2 \times 130 L/min = 260 L/min = 0.26 m^3/min$
$H = 40m + 15m + 17m = 72m$
∴ $5.18 kW$

기출문제

04 준비작동식 스프링클러설비에 사용되는 PORV(Pressure-Operated Relief Valve)에 대한 다음 물음에 답하시오. 6점

가) PORV의 기능을 쓰시오.

해설및정답 이미 개방된 준비작동식 밸브의 클래퍼가 다시 닫히는 것을 방지하는 기능

나) PORV의 동작원리를 쓰시오.

해설및정답 준비작동식밸브 2차측 가압수의 압력을 이용하여 중간챔버로 가는 배관경로를 폐쇄시켜 중간챔버의 압력을 저압상태로 지속적으로 유지하면 밸브는 열린상태로 유지된다.

05 아래 [도면]은 어느 특정소방대상물인 전기실(A실), 발전기실(B실), 방재실(C실), 배터리실(D실)을 방호하기 위한 할론 1301의 배관평면도이다. [도면]을 참조하여 할론 1301 소화약제의 최소 용기 개수를 각 실별로 산출하시오. 8점

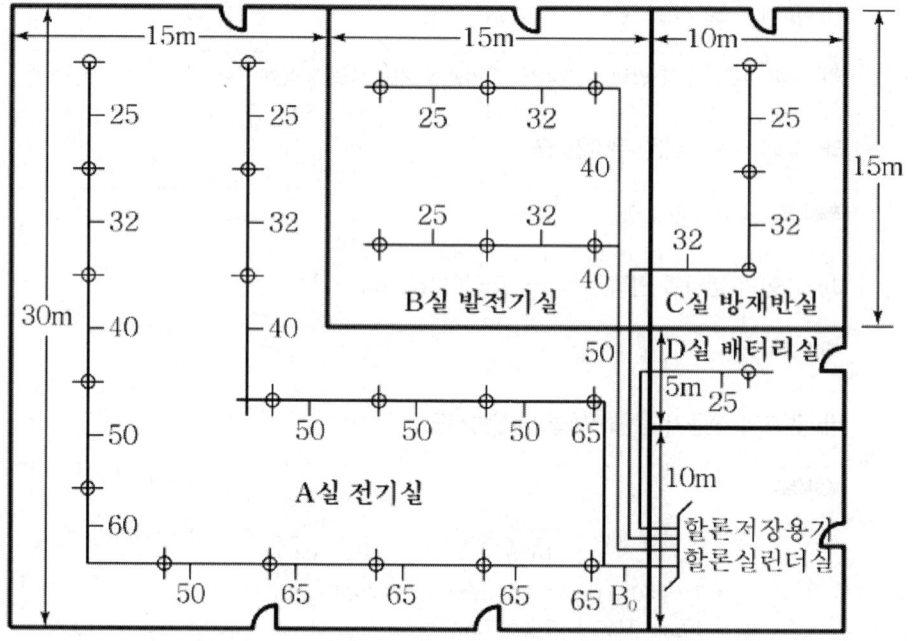

조건

1. 약제용기는 고압식이다.
2. 용기의 내용적은 68L, 약제충전량은 50kg 이다.
3. 용기실내의 수직배관을 포함한 각실에 대한 배관 내용적은 다음과 같다.
   A실(전기실) : 198L   B실(발전기실) : 78L
   C실(방재반실) : 28L   D실(밧데리실) : 10L
4. A실에 대한 할론 집합관의 내용적은 88L이다.
5. 할론 용기밸브와 집합관간의 연결관에 대한 내용적은 무시한다.
6. 설계기준온도는 20℃이다.
7. 20℃에서의 액화할론 1301의 비중은 1.6이다.
8. 각 실의 개구부는 없다고 가정한다.
9. 소요약제량 산출시 각 실 내부의 기둥과 내용물의 체적은 무시한다.
10. 각 실의 바닥으로부터 천장까지의 높이는 다음과 같다.
    A실, B실 : 5m   C실, D실 : 3m

가) A실(전기실)
   ① 할론 소화약제의 최소용기개수를 구하시오.
   ② 별도독립방식 대상여부에 따른 적합여부를 판단하시오.

해설 및 정답

① 병수 = $\dfrac{\text{약제량}}{\text{병당 충전량}} = \dfrac{1,080kg}{50kg/\text{병}} = 21.6 ≒ 22\text{병}$

약제량 $W = V \times \alpha = [(30 \times 30 - 15 \times 15) \times 5]m^3 \times 0.32kg/m^3 = 1,080kg$

② 별도독립방식 대상 : 소화약제량의 체적합계 × 1.5 ≤ 배관의 내용적

저장약제의 체적 = $\dfrac{22\text{병} \times 50kg/\text{병}}{1.6kg/L} = 687.5L$

$K = \dfrac{\text{배관의 내용적}}{\text{저장약제의 체적}} = \dfrac{198 + 88}{687.5} = 0.42 ≤ 1.5$ 이므로 별도독립방식대상이 아님

∴ 적합

∴ ① 22병, ② 적합

나) B실(발전기실)
   ① 할론 소화약제의 최소용기개수를 구하시오.
   ② 별도독립방식 대상여부에 따른 적합여부를 판단하시오.

해설 및 정답

① 병수 = $\dfrac{\text{약제량}}{\text{병당 충전량}} = \dfrac{360kg}{50kg/\text{병}} = 7.2 ≒ 8\text{병}$

약제량 $W = V \times \alpha = [(15 \times 15) \times 5]m^3 \times 0.32kg/m^3 = 360kg$

기출문제

② 별도독립방식 대상 : 소화약제량의 체적합계×1.5 ≤ 배관의 내용적

저장약제의 체적 = $\dfrac{8병 \times 50\text{kg/병}}{1.6\text{kg/L}} = 250\text{L}$

$K = \dfrac{배관의\ 내용적}{저장약제의\ 체적} = \dfrac{78+88}{250} = 0.66 \le 1.5$ 이므로 별도독립방식대상이 아님

∴ 적합

∴ ① 8병, ② 적합

다) C실(방재반실)

① 할론 소화약제의 최소용기개수를 구하시오.
② 별도독립방식 대상여부에 따른 적합여부를 판단하시오.

해설 및 정답

① 병수 = $\dfrac{약제량}{병당\ 충전량} = \dfrac{144kg}{50kg/병} = 2.88 ≒ 3병$

약제량 $W = V \times \alpha = [(10 \times 15) \times 3]\text{m}^3 \times 0.32\text{kg/m}^3 = 144\text{kg}$

② 별도독립방식 대상 : 소화약제량의 체적합계×1.5 ≤ 배관의 내용적

저장약제의 체적 = $\dfrac{3병 \times 50\text{kg/병}}{1.6\text{kg/L}} = 93.75\text{L}$

$K = \dfrac{배관의\ 내용적}{저장약제의\ 체적} = \dfrac{28+88}{93.75} = 1.24 \le 1.5$ 이므로 별도독립방식대상이 아님

∴ 적합

∴ ① 3병, ② 적합

라) D실(밧데리실)

① 할론 소화약제의 최소용기개수를 구하시오.
② 별도독립방식 대상여부에 따른 적합여부를 판단하시오.

해설 및 정답

① 병수 = $\dfrac{약제량}{병당\ 충전량} = \dfrac{48kg}{50kg/병} = 0.96 ≒ 1병$

약제량 $W = V \times \alpha = [(5 \times 10) \times 3]\text{m}^3 \times 0.32\text{kg/m}^3 = 48\text{kg}$

② 별도독립방식 대상 : 소화약제량의 체적합계×1.5 ≤ 배관의 내용적

저장약제의 체적 = $\dfrac{1병 \times 50\text{kg/병}}{1.6\text{kg/L}} = 31.25\text{L}$

$K = \dfrac{배관의\ 내용적}{저장약제의\ 체적} = \dfrac{10+88}{31.25} = 3.14 \ge 1.5$ 이므로 별도독립방식대상임

∴ 부적합

∴ ① 1병, ② 부적합

마) 용기저장실에 설치하여야 할 최소용기개수를 구하시오.

해설 및 정답 23병

06 전기실에 청정소화약제 중 HFC-125를 설치하였을 때 다음 물음에 답하시오. **7점**

> **조건**
> 1. 방호대상물은 가로 10m, 세로 8m, 높이 4m이다.
> 2. 화재실의 온도는 20℃이며, HFC-125의 소화농도는 8%이다.
> 3. 선형상수 산정시 필요한 $K_1=0.1825$, $K_2=0.0007$이다.
> 4. 소화농도를 통한 설계농도 계산시 계수는 A급 화재는 1.2, B급 화재는 1.3, C급 화재는 1.35이다.

가) HFC-125의 약제량은 최소 몇 kg인가?

해설 및 정답
$$W = \frac{V}{S} \times \frac{C}{100-C} = \frac{320}{0.1965} \times \frac{10.4}{100-10.4} = 189.02\text{kg}$$
$V = 10\text{m} \times 8\text{m} \times 4\text{m} = 320\text{m}^3$
$S = 0.1825 + 0.0007 \times 20℃ = 0.1965\text{m}^3/\text{kg}$
$C = 8\% \times 1.35 = 10.4\%$
∴ 189.02kg

나) 배관 구경 산정 시 적용되는 유량은 몇 kg/s인가?

해설 및 정답
$$\text{유량} = \frac{\text{약제량 } W}{\text{방사시간}} = \frac{186.19 kg}{10 s} = 18.619\text{kg/s} ≒ 18.62\text{kg/s}$$
$$W = \frac{V}{S} \times \frac{C}{100-C} = \frac{320}{0.1965} \times \frac{10.26}{100-10.26} = 186.186\text{kg} ≒ 186.19\text{kg}$$
$C = 8\% \times 1.35 \times 0.95 = 10.26\%$
∴ 18.62kg/s

07 간이스프링클러설비를 설치한 장소에 저장하여야 수원의 양은 몇 L인가? (다만, 설치장소는 근린생활시설·숙박시설 중 생활형숙박시설등이 아님) **5점**

해설 및 정답 수원 $= 2 \times 50\text{L/min} \times 10\text{min} = 1,000\text{L}$
∴ 1,000L 이상

기출문제

08 가스계소화설비(가스압력식)의 전자개방밸브(솔레노이드밸브) 작동방법 4가지를 쓰시오. [4점]

<u>해설 및 정답</u>
1. 방호구역내의 감지기 2회로 작동
2. 수동조작함의 기동스위치 작동
3. 제어반에서 솔레노이드밸브 기동스위치 작동
4. 제어반에서 동작시험으로 해당구역 교차회로 감지기 2회로 작동

09 포소화설비의 송액관에 설치하는 배액밸브의 설치목적과 설치방법을 설명하시오. [4점]

가) 설치목적

<u>해설 및 정답</u> 포의 방출종료 후 배관 안의 액을 배출하기 위하여(배관 동파 및 부식 방지)

나) 설치방법

<u>해설 및 정답</u> 송액관은 적당한 기울기를 유지하도록 하고 그 낮은 부분에 배액밸브를 설치할 것

10 합성계면활성제 포 소화약제 1.5%형을 650 : 1로 방출하였더니 포의 체적이 16.25m³이었다. 다음 각 물음에 답하시오. [6점]

가) 사용된 합성계면활성제 포 1.5%형의 포 수용액의 양(L)을 구하시오.

<u>해설 및 정답</u> 포수용액의 체적(L) = $\dfrac{\text{발포 후의 포체적}}{\text{팽창비}}$ = $\dfrac{16.25\text{m}^3}{650}$ = 0.025m^3 = 25L

∴ 25L

나) 사용된 물의 양(L)을 구하시오.

<u>해설 및 정답</u> 물의 양 = 수용액의 양 × 물의 농도 = 25L × 0.985 = 24.625L

∴ 24.63L

다) "가)"에서 사용된 합성계면활성제 포수용액을 사용하여 팽창비가 280이 되게 포를 방출한다면 방출된 포의 체적(L)을 구하시오.

<u>해설 및 정답</u> 포체적 = 포수용액의 체적 × 팽창비 = 25L × 280 = 7,000L

∴ 7,000L

11 집진설비실에 이산화탄소소화설비를 설치하려고 한다. 아래 [조건]과 같이 설치하려고 할 때 용기실에 저장하여야 할 저장용기의 수는 몇 병인가? **6점**

> **조건**
> 1. 집진설비실은 가로 6m, 세로 5m, 높이 3.5m이다.
> 2. 저장용기의 병당 충전량은 45kg이다.

해설및정답 병수 = $\dfrac{\text{필요 약제량}}{\text{병당 충전량}}$ = $\dfrac{283.5\text{kg}}{45\text{kg}}$ = 6.3 ≒ 7병

필요약제량 = $(6 \times 5 \times 3.5)\text{m}^3 \times 2.7\text{kg/m}^3 = 283.5\text{kg}$

∴ 7병

12 아래 그림을 보고 각 물음에 답하시오. **10점**

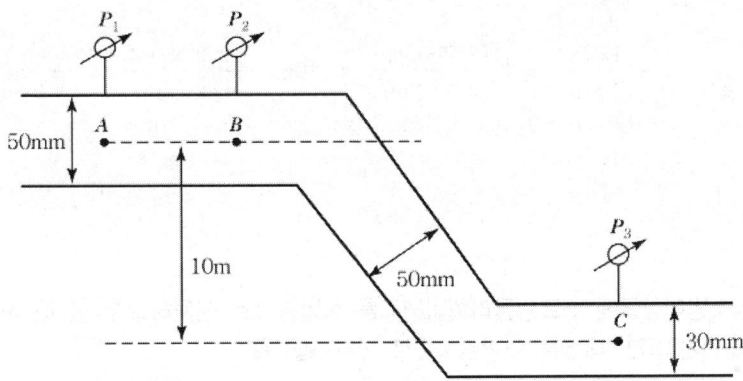

> **조건**
> P_1 : 12kPa, P_2 : 11.5kPa, P_3 : 10.3kPa, 유량 : 5L/sec

㉮ A지점의 유속(m/s)을 구하시오.

해설및정답 유속 = $\dfrac{0.005\text{m}^3/\text{s}}{\dfrac{\pi \times 0.05^2}{4}\text{m}^2}$ = 2.548m/s ≒ 2.55m/s

∴ 2.55m/s

기출문제

나) C지점의 유속(m/s)을 구하시오.

해설 및 정답

$$\text{유속} = \frac{0.005 \text{m}^3/\text{s}}{\frac{\pi \times 0.03^2}{4} \text{m}^2} = 7.077 \text{m/s} \fallingdotseq 7.08 \text{m/s}$$

∴ 7.08m/s

다) A~B지점 사이의 마찰손실수두(m)을 구하시오.

해설 및 정답

$\frac{P_1}{\gamma} + \frac{U_1^2}{2g} + Z_1 = \frac{P_2}{\gamma} + \frac{U_2^2}{2g} + Z_2 + h_L$ 로부터 동일 구경, 동일 높이이므로 $\frac{P_1}{\gamma} = \frac{P_2}{\gamma} + h_L$

∴ $h_L = \frac{12 \text{kN/m}^2}{9.8 \text{kN/m}^3} - \frac{11.5 \text{kN/m}^2}{9.8 \text{kN/m}^3} = 0.051 \text{m}$

∴ 0.051m

라) A~C지점 사이의 마찰손실수두(m)을 구하시오.

해설 및 정답

$h_L = \frac{P_1}{\gamma} + \frac{U_1^2}{2g} + Z_1 - \frac{P_2}{\gamma} - \frac{U_2^2}{2g}$

$= \frac{12 \text{kN/m}^2}{9.8 \text{kN/m}^3} + \frac{(2.55 \text{m/sec})^2}{2 \times 9.8 \text{m/s}^2} + 10 \text{m} - \frac{10.3 \text{kN/m}^2}{9.8 \text{kN/m}^3} - \frac{(7.08 \text{m/sec})^2}{2 \times 9.8 \text{m/s}^2}$

$= 1.244 \text{m} + 0.332 \text{m} + 10 \text{m} - 1.05 \text{m} - 2.557 \text{m} = 7.97 \text{m}$

∴ 7.97m

13 특정소방대상물에 스프링클러설비헤드를 정방형으로 설치하고자 할 때 헤드간의 수평거리는 몇 m인가? (단, 대상을 일반건축물로 한다) **4점**

해설 및 정답

$S = 2R \cdot \cos 45°$

헤드간 수평거리 = $2 \times 2.1 \text{m} \times \cos 45° = 2.97 \text{m}$

∴ 2.97m 이하

14 폐쇄형헤드를 사용한 스프링클러설비의 [도면]이다. 스프링클러헤드 중 A지점에 설치된 헤드 1개만이 개방되었을 때 각 다음 물음에 답하시오(단, 주어진 [조건]을 적용하여 계산하고, 설비도면의 길이 단위는 mm이다). **10점**

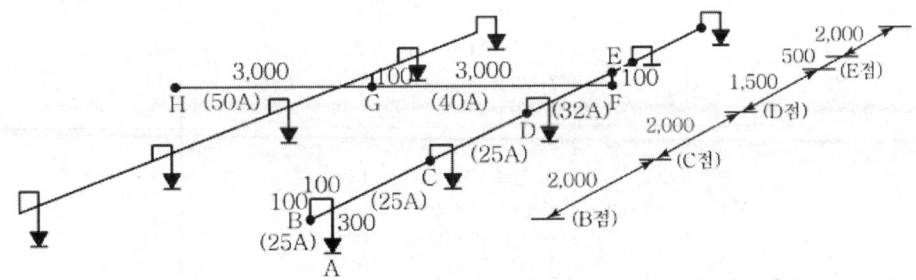

조건

1. 급수관 중 「H점」에서의 가압수 압력은 0.15MPa로 계산한다.
2. 엘보는 배관 지름과 동일한 지름의 엘보를 사용하고 티의 크기는 다음 표와 같이 사용한다. 그리고 관경 축소는 오직 리듀서만을 사용한다.

지점	C 지점	D 지점	E 지점	G 지점
티의 크기	25A	32A	40A	50A

3. 스프링클러 헤드는 「15A」용 헤드가 설치된 것으로 한다.
4. 직관의 100m당 마찰손실수두(단위 : m)(단, A점에서의 헤드방수량을 80L/min으로 계산한다.)

유량	25A	32A	40A	50A
80 L/min	39.82	11.38	5.40	1.68

5. 관이음쇠의 마찰손실에 해당되는 직관길이(등가길이)(단위 : m)

구분	25A	32A	40A	50A
엘보(90°)	0.90	1.20	1.50	2.10
리듀서	0.54(25A×15A)	0.72(32A×25A)	0.90(40A×32A)	1.20(50A×40A)
티(직류)	0.27	0.36	0.45	0.60
티(분류)	1.50	1.80	2.10	3.00

※ 25A 크기의 90° 엘보의 손실수두는 25A 직관 0.9m의 손실수두와 같다.
6. 가지배관 말단(B 지점)과 교차배관 말단(F 지점)은 엘보로 한다.
7. 관경이 변하는 관 부속품은 관경이 큰 쪽으로 손실수두를 계산한다.
8. 중력가속도는 9.8m/s²로 한다.
9. 구간별 관경은 다음 표와 같다.

구간	관경	구간	관경
A~D	25A	E~G	40A
D~E	32A	G~H	50A

기출문제

가) A~H까지의 전체 배관 마찰손실수두[m] (단, 직관 및 관 이음새를 모두 고려하여 구한다)
   [소수점 5자리에서 반올림할 것]

해설 및 정답

관경	유량	직관 및 등가길이(m)	마찰손실수두
50A	80L/min	직관 : 3m 티(직류) : 1×0.6m=0.6m 리듀서(50A×40A) : 1×1.2m=1.2m 전길이=4.8m	$\dfrac{4.8m}{100m} \times 1.68m = 0.0806m$
40A	80L/min	직관 : 3+0.1=3.1m 90° 엘보 : 1×1.5m=1.5m 티(분류) : 1×2.1m=2.1m 리듀서(40A×32A) : 1×0.9m=0.9m 전길이=7.6m	$\dfrac{7.6m}{100m} \times 5.4m = 0.4104m$
32A	80L/min	직관 : 1.5m 티(직류) : 1×0.36m=0.36m 리듀서(32A×25A) : 1×0.72m=0.72m 전길이=2.58m	$\dfrac{2.58m}{100m} \times 11.38m = 0.2936m$
25A	80L/min	직관 : 2+2+0.1+0.1+0.3=4.5m 티(직류) : 1×0.27m=0.27m 90° 엘보 : 3×0.9m=2.7m 리듀서(25A×15A) : 1×0.54m=0.54m 전길이=8.01m	$\dfrac{8.01m}{100m} \times 39.82m = 3.1896m$
합계			3.9742m

나) H와 A 사이의 위치수두차[m]

해설 및 정답 위치수두차(낙차)=0.1m+0.1m−0.3m=−0.1m
∴ −0.1m

다) A에서의 방사압력[kPa]

해설 및 정답 방사압력=출발압력(전양정) − 배관 및 관부속물의 마찰손실압력 − 낙차환산압력

방사압력 $= 150kPa - 3.9742m \times \dfrac{101.325kPa}{10.332m} + 0.1m \times \dfrac{101.325kPa}{10.332m}$

$= 112.006 ≒ 112.01kPa$

∴ 112.01kPa

소방설비기사[기계분야] 2차 실기

2014년 11월 1일 시행

01 40℃의 물 20g을 100℃의 수증기로 만들기 위해 필요로 하는 열량은 몇 kJ인가? (단, 물의 비열은 4.184kJ/kg·K이며, 물의 증발잠열은 2,255kJ/kg이다) **4점**

해설 및 정답 $Q = mC\Delta T + mr$
필요열량 = $(20g \times 4.184J/g \cdot K \times 60K) + (20g \times 2,255J/g) = 50,120.8J ≒ 50.12kJ$
∴ 50.12kJ

02 주차장 건물에 물분무 소화설비를 하려고 한다. 법정 수원의 용량(m³)은 얼마 이상이어야 하는지 구하시오(단, 주차장 면적 : 100m²). **4점**

해설 및 정답 $Q = A(m^2) \times 20L/m^2 \cdot min \times 20min = 100m^2 \times 20L/m^2 \cdot min \times 20min = 40,000L = 40m^3$
∴ 40m³

03 실의 크기가 20m(가로)×15m(세로)×5m(높이)인 공간에서 큰 화염의 화재가 발생하여 t초 후의 청결층 높이 y(m)의 값이 1.8m가 되었다면, 다음의 식을 이용하여 물음에 답하시오. **6점**

조건

1. $Q = \dfrac{A(H-y)}{t}$

   Q : 연기의 발생량(m³/min), A : 바닥면적(m²), H : 층높이(m), y : 청결층의 높이(m), t : 시간(min)

2. 위 식에서 시간 t(초)는 다음의 Hinkley 식을 만족한다.

   공식 : $t = \dfrac{20A}{Pf \times \sqrt{g}} \times \left(\dfrac{1}{\sqrt{y}} - \dfrac{1}{\sqrt{H}} \right)$

   단, g는 중력가속도는 9.81 m/s²이고 Pf는 화재경계의 길이(m)로서 큰 화염의 경우 12m, 중간화염의 경우 6m, 작은 화염의 경우 4m를 적용한다.

3. 연기 생성률(M, kg/s)에 관련한 식은 다음과 같다.

   $M = 0.188 \times Pf \times y^{\frac{3}{2}}$

기출문제

가) 상부의 배연구로부터 몇 m³/min의 연기를 배출해야 이 청결층의 높이가 유지되는지 구하시오.

해설 및 정답

$$Q = \frac{A(H-y)}{t} = \frac{(20 \times 15)\text{m}^2 \times (5\text{m} - 1.8\text{m})}{47.59s} = 20.17\text{m}^3/\text{s} = 1,210.2\text{m}^3/\text{min}$$

$$t = \frac{20A}{Pf \times \sqrt{g}} \times \left(\frac{1}{\sqrt{y}} - \frac{1}{\sqrt{H}}\right)$$

$$= \frac{20 \times (20 \times 15)\text{m}^2}{12\text{m} \times \sqrt{9.81\text{m/s}^2}} \times \left(\frac{1}{\sqrt{1.8\text{m}}} - \frac{1}{\sqrt{5\text{m}}}\right) = 47.59초$$

∴ 1,210.2m³/min

나) 연기의 생성률(kg/s)을 구하시오.

해설 및 정답

$$M = 0.188 \times Pf \times y^{\frac{3}{2}} = 0.188 \times 12 \times 1.8^{\frac{3}{2}} = 5.448 = 5.45\text{kg/s}$$

∴ 5.45kg/s

04 제연설비의 배출기의 전압이 20mmAq, 배출량 25,000m³/hr, 효율이 67%일 때 배출기 동력은 몇 kW인가? (단, 여유율은 10%로 한다) **5점**

해설 및 정답

$P(전압) = 20\text{mmAq} = 20\text{kgf/m}^2$

$$P(\text{kW}) = \frac{20\text{kgf/m}^2 \times \left(\frac{25,000}{3,600}\right)\text{m}^3/\text{sec}}{0.67 \times 102} \times 1.1 = 2.235\text{kW}$$

∴ 2.24kW

05 아래 [조건]에 의한 거실 제연설비에 대해 물음에 답하시오. **5점**

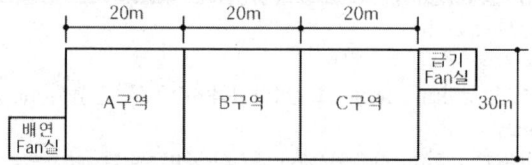

조건

1. 제연방식은 인접구역 상호제연방식으로 한다.
2. 덕트는 단선으로 표시한다.
3. 급기덕트의 풍속은 15m/sec, 배기덕트의 풍속은 20m/sec로 한다.
4. Fan의 전압은 40mmAq로 한다.
5. 제연구획은 경계로 되어 있으며 천장 높이는 2.5m이다.

가) 예상제연구역에 대한 배출량은 얼마인가?

해설및정답
A, B, C 각 제연구역의 면적＝20m×30m＝600m² (바닥면적 400m² 이상)
A, B, C 각 제연구역의 대각선(직경) 길이＝ $\sqrt{20^2 + 30^2}$ ＝36.05m(40m 이하)
수직거리＝천장높이－제연경계폭＝2.5m－0.6m＝1.9m(2m 이하)
∴ 각 예상제연구역의 배출량은 40,000m³/hr 이상
∴ 40,000m³/hr 이상

나) 제연 Fan의 전동기 동력을 구하시오(단, 전동기 효율 55%, 여유율은 1.1이다).

해설및정답
전동기 동력 $P(\text{kW}) = \dfrac{40\text{kgf/m}^2 \times (40,000/3,600)\text{m}^3/\sec}{0.55 \times 102} \times 1.1 = 8.71\text{kW}$

∴ 8.71kW 이상

다) 필요 제연설비에서 다음의 [조건]을 참조하여 설계([도면] 포함)하시오.

> **조건**
> 1. 덕트의 크기(각형 덕트로 하되 높이는 400mm로 한다)
> 2. 급기구, 배기구의 크기(정사각형) : 구역당 배기구 4개소, 급기구 3개소로 하고 크기는 급기·배기량 m³/min당 35cm² 이상으로 한다.

1) 아래 [도면]에 제연설비를 설계하시오.

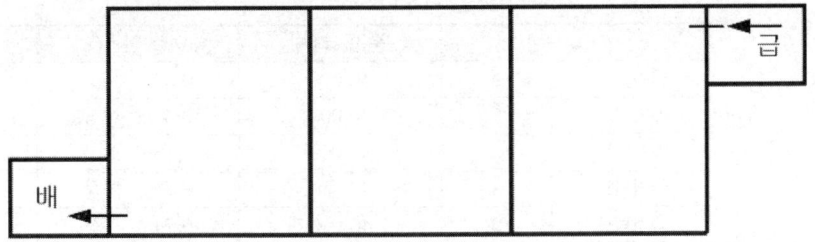

해설및정답
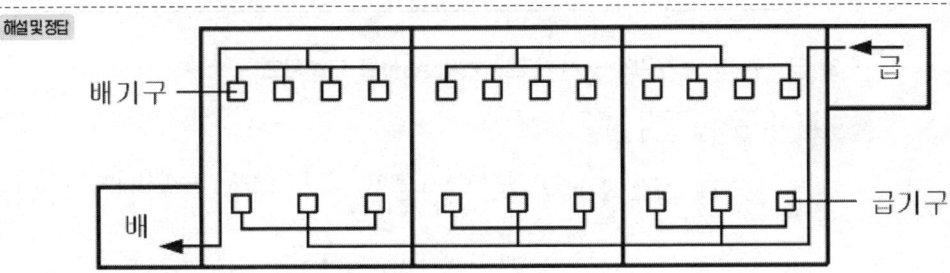

기출문제

2) 급기구와 배기구로 구분하여 필요한 개소별 풍량, 덕트 단면적, 덕트 크기를 설계하시오.

덕트의 구분		풍량(CMH)	덕트 단면적	덕트 크기
배기덕트	A	①	⑦	⑬
배기덕트	B	②	⑧	⑭
배기덕트	C	③	⑨	⑮
급기덕트	A	④	⑩	⑯
급기덕트	B	⑤	⑪	⑰
급기덕트	C	⑥	⑫	⑱

해설 및 정답
① ~ ③ : 배기덕트의 풍량은 각 예상제연구역의 배출량 이상
④ ~ ⑥ : 급기량은 배출량 이상이어야 하므로 급기덕트의 풍량은 배출량 이상
⑦ ~ ⑨ : 배기덕트의 단면적 = $\dfrac{풍량(m^3/s)}{풍속(m/s)} = \dfrac{(40,000/3,600)m^3/s}{20m/s} = 0.56m^2$

⑩ ~ ⑫ : 급기덕트의 단면적 = $\dfrac{(40,000/3,600)m^3/s}{15m/s} = 0.74m^2$

⑬ ~ ⑮ : 단면적 = 높이 × 폭

$\therefore 폭 = \dfrac{0.56m^2}{0.4m} = 1.4m$

$\therefore$ 덕트크기 = 0.4m × 1.4m

⑯ ~ ⑱ : 폭 = $\dfrac{0.74m^2}{0.4m} = 1.85m$

$\therefore$ 덕트크기 = 0.4m × 1.85m

덕트의 구분		풍량(CMH)	덕트 단면적	덕트 크기
배기덕트	A	40,000	0.56m² 이상	0.4m × 1.4m
배기덕트	B	40,000	0.56m² 이상	0.4m × 1.4m
배기덕트	C	40,000	0.56m² 이상	0.4m × 1.4m
급기덕트	A	40,000	0.74m² 이상	0.4m × 1.85m
급기덕트	B	40,000	0.74m² 이상	0.4m × 1.85m
급기덕트	C	40,000	0.74m² 이상	0.4m × 1.85m

3) 급기구 및 배기구의 크기(가로cm×세로cm)를 구하시오.

해설 및 정답 ① 급기구 크기

급기구 1개당 급기량 = $\dfrac{급기량(m^3/min)}{급기구의 수(개)} = \dfrac{(40,000/60)m^3/min}{3개} = 222.22m^3/min$

$= 222.22m^3/min \times \dfrac{35cm^2}{1m^3/min} = 7,777.7cm^2$

급기구는 정사각형이므로 $\sqrt{7,778cm^2} = 88.2cm$

$\therefore$ 급기구의 크기 = 88.2cm × 88.2cm

② 배기구 크기

$$\text{배기구 1개당 급기량} = \frac{\text{배기량}(m^3/min)}{\text{배기구의 수(개)}} = \frac{(40,000/60)m^3/min}{4개} = 166.67 m^3/min$$

$$= \frac{166.67 m^3/min}{1 m^3/min} \times 35 cm^2 = 5,833.33 cm^2$$

배기구는 정사각형이므로 $\sqrt{5,833.33 cm^2} = 76.38 cm$

∴ 배기구의 크기 = 76.38cm × 76.38cm

∴ ① 급기구의 크기 88.2cm × 88.2cm
　② 배기구의 크기 76.38cm × 76.38cm

4) 배기댐퍼와 급기댐퍼의 작동상태를 표시하시오(댐퍼작동상태(○ : Open, ● : Close)).

	배기댐퍼			급기댐퍼		
	A구역	B구역	C구역	A구역	B구역	C구역
A구역 화재시						
B구역 화재시						
C구역 화재시						

해설 및 정답

	배기댐퍼			급기댐퍼		
	A구역	B구역	C구역	A구역	B구역	C구역
A구역 화재 시	○	●	●	●	○	○
B구역 화재 시	●	○	●	○	●	○
C구역 화재 시	●	●	○	○	○	●

06 압력배관용 어느 강관의 인장강도가 20kgf/mm², 내부 작업압력이 2MPa인 강관의 스케줄 번호(Sch. No.)는 얼마인지 계산하시오(단, 안전율은 4이다). **3점**

해설 및 정답

$$\text{스케줄 번호(Sch No)} = \frac{\text{내부작업압력(MPa)}}{\text{허용응력(MPa)}} \times 1,000 = \frac{2MPa}{49MPa} \times 1,000 = 40.8$$

$$\text{허용응력(kgf/mm}^2) = \frac{\text{인장강도}}{\text{안전율}} = \frac{20 kgf/mm^2}{4} = 5 kgf/mm^2 = 5 kgf/mm^2 = 49 MN/m^2$$
$$= 49 MPa$$

∴ 40.8

기출문제

07 원심펌프에서 물을 흡입할 수 있는 이론상 최대 흡입높이는 몇 m인가? (대기압은 표준대기압으로 가정한다) **4점**

해설및정답 10.332m

08 포소화설비의 송액관에 설치하는 배액밸브의 설치목적과 설치방법을 설명하시오. **4점**

가) 설치목적

해설및정답 포의 방출종료 후 배관 안의 액을 배출하기 위하여(배관 동파 및 부식 방지)

나) 설치방법

해설및정답 송액관은 적당한 기울기를 유지하도록 하고 그 낮은 부분에 배액밸브를 설치할 것

09 어떤 특정소방대상물에 옥내소화전을 각 층에 7개씩 설치되도록 설계하려 할 때 지하수조 수원의 최소 유효저수량(m^3)과 가압송수장치의 최소 토출량(L/min)을 구하시오. **4점**

가) 수원의 최소 유효저수량(m^3)

해설및정답 유효저수량(m^3) = $2 \times 2.6 m^3 = 5.2 m^3$
∴ $5.2 m^3$

나) 가압송수장치의 최소 토출량(L/min)

해설및정답 토출량(L/min) = $2 \times 130 L/min = 260 L/min$
∴ 260L/min

10 옥내소화전설비 방수노즐에서의 방수압력이 0.4MPa일 때 방수량이 200L/min이다. 방수압력을 0.6MPa로 바꿀 때 방수량은 몇 L/min인가? **5점**

해설및정답 $Q = K\sqrt{10 \times P}$

∴ $K = \dfrac{200 L/min}{\sqrt{10 \times 0.4 MPa}} = 100$

∴ $Q = 100\sqrt{10 \times 0.6 MPa} = 244.95 L/min$

∴ 244.95L/min

11 지하구에 설치하는 연소방지설비에 대한 다음 물음에 답하시오. [10점]

가) 환기구 사이의 간격이 1,000m일 때 환기구 사이에 설치하는 살수구역의 수는 최소 몇 개인가?

해설및정답 살수구역의 수 = $\dfrac{\text{환기구 사이의 간격(m)}}{700\text{m}} - 1 = 0.428 ≒ 1개(절상)$

∴ 1개(양쪽 환기구별 2개씩 설치)

나) 연소방지설비 전용헤드가 5개 부착되어 있을 때 배관의 구경은 최소 몇 mm인가?

해설및정답 65mm

[연소방지설비 배관의 구경]
배관의 구경은 다음의 기준에 적합한 것이어야 한다.
가. 연소방지설비전용헤드를 사용하는 경우에는 다음 표에 따른 구경 이상으로 할 것

하나의 배관에 부착하는 살수헤드의 개수	1개	2개	3개	4개 또는 5개	6개 이상
배관의 구경(mm)	32	40	50	65	80

나. 개방형 스프링클러헤드를 사용하는 경우에는 「스프링클러설비의 화재안전기술기준(NFTC 103)」 2.5.3.3의 표에 따를 것

다) 다음 ( )를 채우시오.
1) 연소방지설비의 헤드는 (①) 또는 (②)에 설치할 것
2) 헤드간의 수평거리는 연소방지설비 전용헤드의 경우에는 (③) 이하, 스프링클러헤드의 경우에는 (④) 이하로 할 것
3) 소방대원의 출입이 가능한 환기구·작업구마다 지하구의 양쪽방향으로 살수헤드를 설정하되, 한쪽 방향의 살수구역의 길이는 3m 이상으로 할 것. 다만, 환기구 사이의 간격이 (⑤)를 초과할 경우에는 (⑤) 이내마다 살수구역을 설정하되, 지하구의 구조를 고려하여 방화벽을 설치한 경우에는 그렇지 않다.

해설및정답 ① 천장 ② 벽면 ③ 2m ④ 1.5m ⑤ 700m

12 옥내소화전설비에 사용하는 배관을 탄소강관이 아닌 소방용합성수지배관을 사용할 수 있는 장소 3가지를 쓰시오. [6점]

해설및정답
1. 배관을 지하에 매설하는 경우
2. 다른 부분과 내화구조로 구획된 덕트 또는 피트의 내부에 설치하는 경우
3. 천장과 반자를 불연재료 또는 준불연재료로 설치하고 그 내부에 습식으로 배관을 설치하는 경우

기출문제

13 어느 특정소방대상물에 층당 4개씩 옥내소화전설비를 설치하였을 때 다음 물음에 답하시오.

[12점]

가) 가압송수장치의 토출량은 몇 L/min인가?

해설 및 정답 토출량 = 2×130L/min = 260L/min
∴ 260L/min

나) 호스의 마찰손실수두 및 배관의 마찰손실수두의 합은 10m, 실양정이 25m인 펌프를 정격토출량의 150%로 운전 시 최소 양정은 몇 m인가?

해설 및 정답 정격토출량의 150%로 운전 시 양정은 정격토출양정의 65% 이상이어야 하므로
전양정(H) = 10m + 25m + 17m = 52m
∴ 52m × 0.65 = 33.8m 이상
∴ 33.8m

다) 토출측 주배관의 최소 구경은 몇 mm인가?

해설 및 정답 옥내소화전 주배관의 구경은 유속 4m/s에 해당하는 구경과 50mm 중 큰 구경으로 하여야 하므로

$$\therefore D = \sqrt{\frac{4Q}{\pi U}} = \sqrt{\frac{4 \times \left(\frac{0.26}{60}\right) \text{m}^3/\text{s}}{\pi \times 4\text{m/s}}} = 0.0371\text{m} = 37.1\text{mm}$$

∴ 50mm

라) 체절압력은 몇 MPa인가? (단, 중력가속도는 9.8m/s² 이다)

해설 및 정답 정격토출압력(P) = 9.8kN/m³ × 52m = 509.6kN/m² = 509.6kPa = 0.51MPa
체절압력 = 정격토출압력 × 1.4 이하 = 0.51MPa × 1.4 = 0.714MPa 이하
∴ 0.71MPa

마) 성능시험배관의 설치 위치를 쓰시오.

해설 및 정답 펌프 토출측에 설치된 개폐밸브 이전에서 분기하여 설치

바) 성능시험배관에 설치하는 유량계의 최대 측정유량은 몇 L/min인가?

해설 및 정답 측정 유량 = 펌프의 정격토출유량 × 1.75 이상 = 260L/min × 1.75 = 455L/min 이상
∴ 455L/min

14 이산화탄소 100mol을 30°C에서 방사 시 이산화탄소의 기화체적은 몇 m³인가? (단, 압력은 표준대기압이라고 가정한다) 4점

해설 및 정답 $V = \dfrac{nRT}{P} = \dfrac{100\text{mol} \times 0.082\text{atm} \cdot \text{L/mol} \cdot \text{k} \times (273+30)\text{k}}{1\text{atm}} = 2,484.6\text{L} ≒ 2.48\text{m}^3$

∴ 2.48m^3

15 건식 스프링클러설비 가압송수장치(펌프방식)의 성능시험을 실시하고자 한다. 다음 주어진 [도면]을 참고하여 성능시험 순서 및 시험결과 판정기준을 쓰시오. 6점

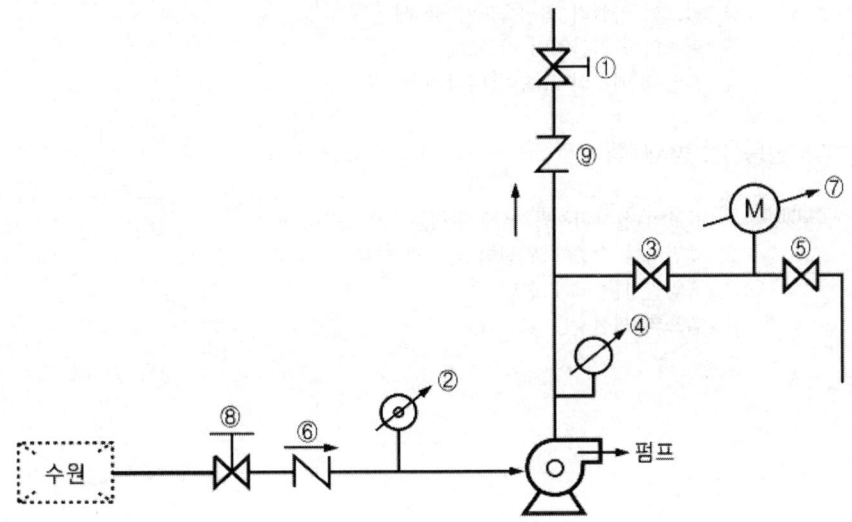

가) 성능시험순서

해설 및 정답
1. 주배관의 개폐밸브(①)를 잠근다.
2. 충압펌프 및 주펌프의 운전선택스위치를 "수동" 또는 "정지" 위치로 한다.
3. 성능시험배관의 개폐밸브(③)를 개방한다.
4. 주펌프의 운전선택스위치를 "수동-ON"으로 하여 주펌프를 기동시킨다.
5. 체절운전시 토출압력이 정격토출압력의 140% 이하인지를 확인한다.
6. 유량조절밸브(⑤)를 서서히 개방하면서 정격토출량이 되었을 때 토출압력이 정격토출압력 이상인지 확인한다.
7. 유량조절밸브(⑤)를 더욱 개방하여 정격토출량의 150%가 되었을 때 토출압력이 정격토출압력의 65% 이상인지 확인한다..
8. 주펌프의 운전선택스위치를 "수동-OFF"로 하여 주펌프를 수동정지시킨다.
9. 주배관의 개폐밸브 개방, 성능시험배관의 개폐밸브 및 유량조절밸브 폐쇄
10. 충압펌프 및 주펌프 운전선택 스위치를 "자동"위치로 한다.

기출문제

나) 판정기준

해설 및 정답
1. 정격토출량의 150%일 때 압력계의 눈금이 정격토출압력의 65% 이상이면 적합
2. 체절운전 시 압력계의 눈금이 정격토출압력의 140% 이하이면 적합

16 펌프의 이상운전 중 공동현상(Cavitation)의 발생원인과 방지대책을 각각 4가지씩 기술하시오.

8점

가) 공동현상 발생원인

해설 및 정답
1. 펌프가 수원보다 높으며 흡입수두가 클 때
2. 펌프의 임펠러 회전속도가 클 때
3. 펌프의 흡입관경이 작을 때
4. 흡입측 배관의 유속이 빠를 때

나) 공동현상 방지대책

해설 및 정답
1. 펌프의 설치위치를 낮게 한다.
2. 회전차를 수중에 완전히 잠기게 한다.
3. 흡입관경을 크게 한다.
4. 펌프의 회전수를 낮춘다.

2015년 제1회 소방설비기사[기계분야] 2차 실기

2015년 4월 19일 시행

01 다음 [그림]과 같이 스프링클러 설비의 가압송수장치를 고가수조 방식으로 할 경우 다음을 구하시오(단, 중력가속도는 반드시 9.8m/s²로 적용한다). **5점**

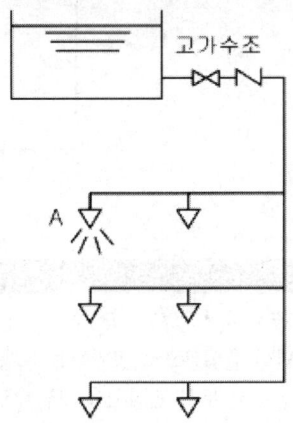

가) 고가수조에서 최상부층 말단 스프링클러헤드 A까지 낙차가 15m이고 배관 마찰손실 압력이 0.04MPa일 때 최상부층 말단 스프링클러헤드 선단에서의 방수압력[kPa]을 구하시오.

해설 및 정답 방수압력 = ①낙차환산압력 - ②배관마찰손실압력 = 147.1kPa - 40kPa = 107.1kPa

① 낙차 환산압력(kPa) = $15mH_2O \times \dfrac{101.325kPa}{10.332mH_2O} = 147.1kPa$

② 배관마찰손실압력 0.04MPa = 40kPa

∴ 107.1kPa

나) 물음 가)에서 "A" 헤드 선단에서의 방수압력을 0.12MPa 이상으로 나오게 하려면 현재 위치에서 고가수조를 몇 m 더 높여야 하는지 구하시오(단, 배관 마찰손실압력은 0.04MPa 기준이다).

해설 및 정답 낙차환산압력 = 방사압력 + 배관마찰손실압력 = 0.12MPa + 0.04MPa = 0.16MPa = 160kPa

낙차환산압력 = $160kPa \times \dfrac{10.332mH_2O}{101.325kPa} = 16.32mH_2O$

방수압력 0.12MPa을 만족하기 위해서는 낙차가 16.32m가 필요하므로 기존 15m에 비하여 1.32m 더 높여야 한다.

∴ 1.32m

기출문제

02 ㉮실을 급기 가압하여 옥외와의 압력차가 50Pa이 유지되도록 하려고 한다. 다음 항목을 구하시오. 5점

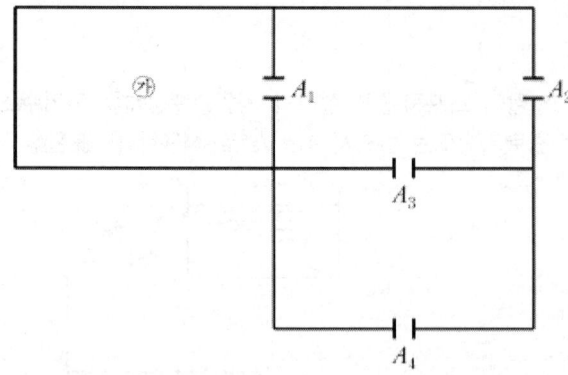

조건
1. 급기량(Q)은 $Q = 0.827 \times A \times \sqrt{P_1 - P_2}$
2. A_1, A_2, A_3, A_4는 닫힌 출입문으로 공기누설 틈새 면적은 $0.01m^2$으로 동일하다.
3. Q : 급기량(m^3/s), A : 전체 누설 면적(m^2), P_1, P_2 : 급기 가압실 내·외의 기압(Pa)

가) 전체 누설면적 A[m^2]를 구하시오(단, 소수점 아래 7자리에서 반올림하여 소수점 아래 6자리까지 구하시오).

해설및정답 출입문 A_4와 A_3은 직렬연결이므로

$$A'_3 = \left(\frac{1}{A_4^2} + \frac{1}{A_3^2}\right)^{-\frac{1}{2}} = \left(\frac{1}{0.01^2} + \frac{1}{0.01^2}\right)^{-\frac{1}{2}} = 0.0070710 m^2 ≒ 0.007071$$

출입문 A'_3와 A_2는 병렬연결이므로 $A'_2 = A'_3 + A_2 = 0.007071 + 0.01 = 0.017071 m^2$

출입문 A'_2와 A_1는 직렬연결이므로 $A = A'_2 + A_1 = \left(\frac{1}{0.017071^2} + \frac{1}{0.01^2}\right)^{-\frac{1}{2}}$

$$= 0.0086285 m^2 ≒ 0.008629 m^2$$

∴ $0.008629 m^2$

나) 급기량[m^3/min]을 구하시오.

해설및정답 급기량 $Q = 0.827 \times A \times P^{\frac{1}{n}} = 0.827 \times 0.008629 m^2 \times (50 Pa)^{\frac{1}{2}} = 0.05 m^3/sec = 3 m^3/min$
(n : 상수(일반출입문 : 2, 창문 : 1.6))

∴ $3 m^3/min$

03 옥외소화전설비에서 펌프의 소요양정이 45m이고 말단 방수노즐의 방수압력이 0.15MPa이었다. 관련법에 맞게 펌프를 교체하려고 하면 펌프의 소요양정을 몇 m로 하여야 하는가? (단, 옥외소화전은 1개를 기준으로 하고 펌프의 토출압력과 방수압력과의 차이는 마찰손실에 기인한다고 가정하며, 방수구 방출계수는 K값은 222, 배관마찰손실은 Hazen−Williams 식을 이용한다) 6점

해설 및 정답 소요양정 환산압력(펌프의 토출압력)−방수압력=마찰손실압력
마찰손실압력 $\Delta P_1 = 0.45\text{MPa} - 0.15\text{MPa} = 0.3\text{MPa}$
$Q_1 = 222\sqrt{10 \times 0.15\text{MPa}} = 271.89\text{L/min}$
관련법에 맞는 토출량 $Q_2 = 222\sqrt{10 \times 0.25} = 351.01\text{L/min}$
하젠−윌리암스식을 적용하면
$\Delta P_2 = \dfrac{Q_2^{1.85}}{Q_1^{1.85}} \times \Delta P_1 = \dfrac{351.01^{1.85}}{271.89^{1.85}} \times 0.3\text{MPa} = 0.481\text{MPa}$
펌프 교체 시 필요로 하는 토출압력=마찰손실압력+규정 방사압력=정격토출압
∴ 정격토출압 = 0.48MPa + 0.25MPa = 0.73MPa = 73m
∴ 73m

04 스프링클러설비의 개방형 헤드와 폐쇄형 헤드에 대한 다음 표의 빈칸에 알맞은 답을 쓰시오. 6점

물음	폐쇄형 헤드	개방형 헤드
사용설비	① ② ③	④
감열부의 유무	⑤	⑥

해설 및 정답
① 습식 스프링클러설비
② 건식 스프링클러설비
③ 준비작동식 스프링클러설비
④ 일제살수식 스프링클러설비
⑤ 있음
⑥ 없음

기출문제

05 체적이 600m³인 통신기기실에 최소 설계농도의 할론 1301 소화설비를 전역방출방식으로 적용하였다. 68L의 내용적을 가진 축압식 저장용기 수를 3병으로 할 경우 저장용기의 충전비는 얼마인가? **6점**

해설및정답 1301의 약제량 = $600m^3 \times 0.32kg/m^3 = 192kg$

병당 충전량(kg) = $\dfrac{192kg}{3병} = 64kg$

∴ 충전비 = $\dfrac{용기\ 내용적}{충전\ 질량} = \dfrac{68L}{64kg} = 1.06$

∴ 1.06

06 할로겐화합물 소화설비에서 [그림]의 방출방식 명칭을 쓰고, 해당 방식에 대하여 설명하시오. **6점**

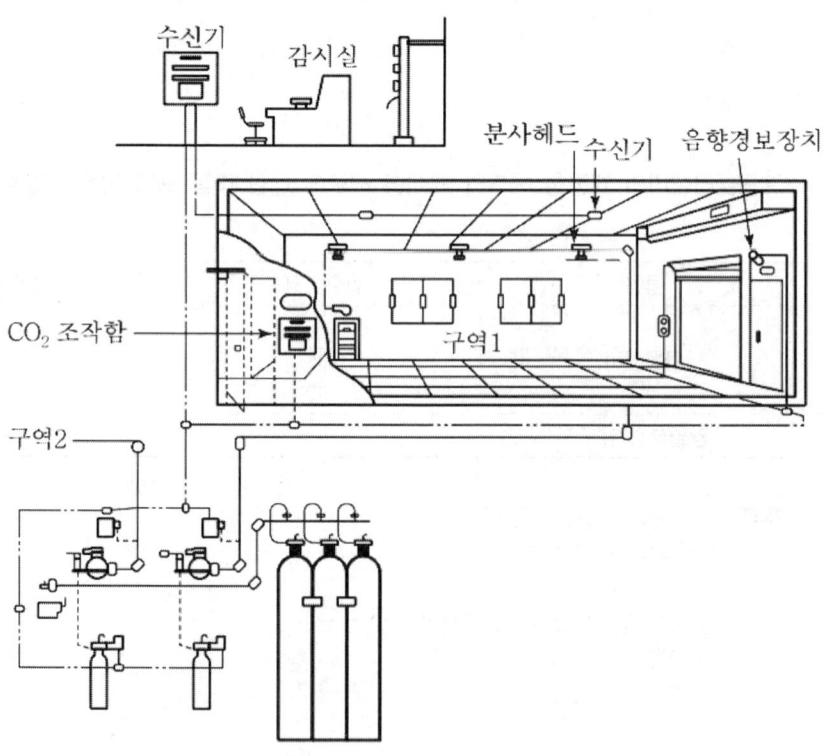

㈎ 명칭

해설및정답 전역방출방식

나) 설명

해설및정답 고정식 할로겐화합물 공급장치에 배관 및 분사헤드를 고정 설치하여 밀폐방호구역 내에 할로겐화합물을 방출하는 설비

07 [그림]과 같이 소방대 연결송수구와 체크밸브 사이에 자동배수장치를 설치하는 이유를 간단히 설명하시오. 4점

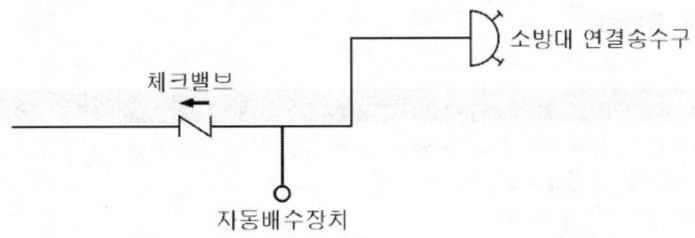

해설및정답 체크밸브 2차 측의 물이 1차 측으로 역류 시 역류된 물을 자동으로 배수하여 겨울철 동파 및 부식의 우려가 없도록 하기 위하여 설치한다.

08 다음 [도면]을 보고 어떤 스프링클러설비 방식인지, 그리고 그 설비에 쓰이는 유수검지장치 등은 무엇인지를 쓰시오. 8점

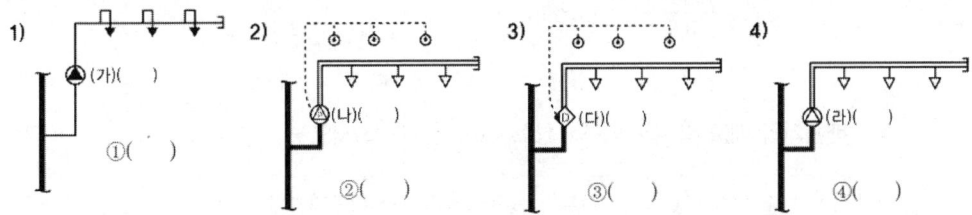

가) 설비방식

해설및정답 ① 습식 스프링클러설비
② 준비작동식 스프링클러설비
③ 일제살수식 스프링클러설비
④ 건식 스프링클러설비

기출문제

나) 유수검지장치

해설 및 정답
㉮ 습식 유수검지장치
㉯ 준비작동식 유수검지장치
㉰ 일제개방밸브
㉱ 건식 유수검지장치

09 어떤 지하상가 제연설비를 화재안전기준과 아래 [조건]에 따라 설비하려고 한다. 물음에 답하시오. **8점**

조건
1. 주덕트의 높이 제한은 600mm이다(강판두께, 덕트 플랜지 및 보온두께는 고려하지 않는다).
2. 배출기는 원심다익형이다.
3. 각종 효율은 무시한다.
4. 예상제연구역의 설계 배출량은 45,000m³/hr이다.

가) 배출기의 흡입 측 주 덕트의 최소 폭(m)을 계산하시오.

해설 및 정답 배출기의 흡입측 주 덕트의 풍속은 15m/sec 이하이어야 하므로

$$흡입측\ 덕트의\ 단면적(A) = \frac{풍량(m^3/sec)}{풍속(m/sec)} = \frac{\frac{45,000}{3,600}m^3/sec}{15m/sec} = 0.833m^2$$

$$\therefore 폭 = \frac{0.833m^2}{0.6m} = 1.388m$$

∴ 1.39m

나) 배출기의 배출 측 주 덕트의 최소 폭(m)을 계산하시오.

해설 및 정답 배출기의 배출측 주 덕트의 풍속은 20m/sc 이하이어야 하므로

$$배출측\ 덕트의\ 단면적(A) = \frac{\frac{45,000}{3,600}m^3/sec}{20m/sec} = 0.625m^2$$

$$\therefore 폭 = \frac{0.625m^2}{0.6m} = 1.042m$$

∴ 1.04m

다) 준공 후 풍량시험을 한 결과 풍량은 36,000(m³/h), 회전수는 600(rpm), 축동력은 7.5(kW)로 측정되었다. 배출량 45,000(m³/h)를 만족시키기 위한 배출기 회전수(rpm)를 계산하시오.

해설 및 정답

$$N_2 = \frac{Q_2}{Q_1} \times N_1 = \frac{45{,}000\,\text{m}^3/\text{hr}}{36{,}000\,\text{m}^3/\text{hr}} \times 600\,\text{rpm} = 750\,\text{rpm}$$

∴ 750rpm

라) 회전수를 높여서 배출량을 만족시킬 경우의 예상 축동력(kW)을 계산하시오.

해설 및 정답

축동력 $L_2 = \left(\dfrac{N_2}{N_1}\right)^3 \times L_1 = \left(\dfrac{750\,\text{rpm}}{600\,\text{rpm}}\right)^3 \times 7.5\,\text{kW} = 14.648\,\text{kW}$

∴ 14.65kW

10 헤드의 방수압력이 0.1MPa일 때 방수량이 80L/min인 폐쇄형 스프링클러설비에서 수리계산으로 배관의 관경을 결정하는 경우 다음 [조건]을 보고 답을 쓰시오(단, 풀이과정을 쓰고 최종 답을 반올림하여 소수점 둘째 자리까지 구할 것). **12점**

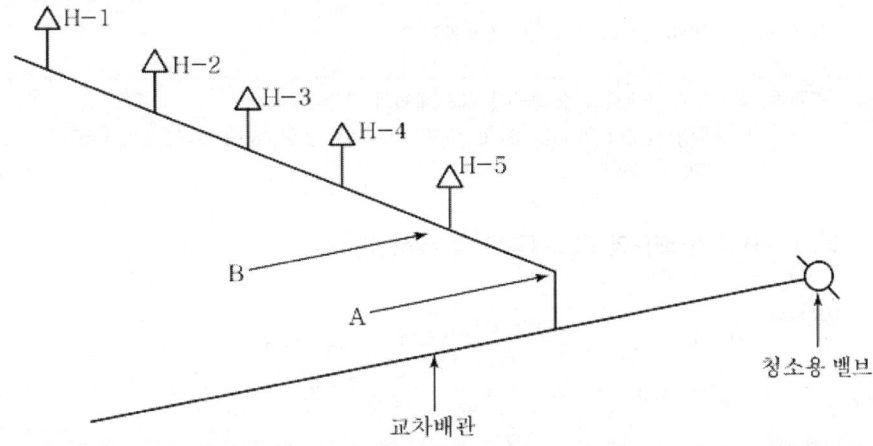

조건

1. 스프링클러헤드 H-1에서 H-5까지의 각 헤드마다의 방수압력의 차이는 0.02MPa이다(단, 계산 시 스프링클러헤드와 가지배관 사이의 배관에서의 마찰손실은 무시한다).
2. A~B구간의 마찰손실은 0.03MPa이다.
3. H-1에서의 방수량은 80L/min이다.

기출문제

가) A지점에서의 필요 최소압력은 몇 MPa인가?

해설 및 정답 A지점의 최소 압력 = 0.1MPa + (0.02 + 0.02 + 0.02 + 0.02)MPa + 0.03MPa = 0.21MPa

∴ 0.21MPa

나) 각 헤드(H-1~H-5)에서의 방수량은 몇 L/min인가?

해설 및 정답 $Q = K\sqrt{10P}$ 로부터 $K = \dfrac{Q}{\sqrt{10P}} = \dfrac{80\text{L/min}}{\sqrt{10 \times 0.1\text{MPa}}} = 80$

① H-1의 방수량 $Q = 80\sqrt{10 \times 0.1\text{MPa}} = 80\text{L/min}$
② H-2의 방수량 $Q = 80\sqrt{10 \times 0.12\text{MPa}} = 87.635\text{L/min}$
③ H-3의 방수량 $Q = 80\sqrt{10 \times 0.14\text{MPa}} = 94.657\text{L/min}$
④ H-4의 방수량 $Q = 80\sqrt{10 \times 0.16\text{MPa}} = 101.192\text{L/min}$
⑤ H-5의 방수량 $Q = 80\sqrt{10 \times 0.18\text{MPa}} = 107.331\text{L/min}$

∴ ① H-1의 방수량 : 80L/min
　② H-2의 방수량 : 87.64L/min
　③ H-3의 방수량 : 94.66L/min
　④ H-4의 방수량 : 101.19L/min
　⑤ H-5의 방수량 : 107.33L/min

다) A~B 구간에서의 유량은 몇 L/min인가?

해설 및 정답 A~B 구간에서의 유량 = 각 헤드에서의 방수량의 합

∴ 유량 = (80 + 87.64 + 94.66 + 101.19 + 107.33)L/min = 470.82L/min

∴ 470.82L/min

라) A~B 구간 배관의 최소내경은 몇 mm인가?

해설 및 정답 최소내경 = $\sqrt{\dfrac{4 \times (0.471/60)\text{m}^3/\text{sec}}{\pi \times 6\text{m/sec}}} = 0.0408\text{m}$

∴ 40.8mm

11

제연설비의 설치장소는 제연구역으로 구획하도록 명시하고 있다. 아래의 (　) 안에 해당되는 단어를 기재하시오. **6점**

1) 하나의 제연구역의 면적은 (①)m² 이내로 할 것
2) 거실과 통로(복도를 포함한다. 이하 같다)는 (②)할 것
3) 통로상의 제연구역은 보행중심선의 길이가 (③)m를 초과하지 아니할 것
4) 하나의 제연구역은 직경 (④)m 원 내에 들어갈 수 있을 것

5) 하나의 제연구역은 (⑤) 이상 층에 미치지 아니하도록 할 것 다만, 층의 구분이 불분명한 부분은 그 부분을 다른 부분과 별도로 제연구획해야 한다.

해설및정답
① 1,000
② 각각 제연구획
③ 60
④ 60
⑤ 2

12
온도 20℃, 압력 0.2MPa인 공기가 내경 200mm인 덕트를 1.5kg/sec로 유동하고 있다. 이때 유동을 균일분포 유동으로 간주하여 유속을 구하시오(단, 공기의 R은 285.79N·m/kg·K이다). **5점**

해설및정답 $\rho = \dfrac{G}{V}$ 이므로 $\rho = \dfrac{P}{RT} = \dfrac{2 \times 10^5 \text{N/m}^2}{285.79 \text{N} \cdot \text{m/kg} \cdot \text{K} \times 293\text{K}} = 2.39 \text{kg/m}^3$

($\because PV = GRT$)

질량유량 $m = AU\rho$ 로부터 $u = \dfrac{m}{A\rho} = \dfrac{1.5 \text{kg/s}}{\dfrac{\pi \times 0.2^2}{4}\text{m}^2 \times 2.39 \text{kg/m}^3} = 19.98 \text{m/s}$

∴ 19.98m/s

13
옥외소화전설비에는 옥외소화전으로부터 5m 이내에 소화전함을 설치하여야 한다. 옥외소화함의 최소 설치개수를 쓰시오. 다음 물음에 답하시오. **6점**

가) 옥외소화전이 8개일 때 소화전함의 최소 설치개수

해설및정답 8개 설치(10개 이하)할 경우 소화전마다 5m 이내에 소화전함 설치
∴ 8개

나) 옥외소화전이 17개일 때 소화전함의 최소 설치개수

해설및정답 17개 설치(11개 이상, 30개 이하)할 경우 최소 11개의 소화전함을 분산 설치
∴ 11개

다) 옥외소화전이 38개일 때 소화전함의 최소 설치개수

해설및정답 38개 설치(31개 이상)할 경우 소화전함의 수 = $\dfrac{38개}{3개/개} = 12.67$ 이므로 최소 13개 설치
∴ 13개

기출문제

14 사무소 건물의 지하 2층(표면화재 방호대상물)에 이산화탄소소화설비를 전역방출방식으로 설치하였을 경우 다음 물음에 답하시오. [10점]

> **조건**
> 1. 소화설비는 고압식으로 한다.
> 2. 실의 크기는 가로 10m, 세로 20m, 높이 5m이다.
> 3. 방호구역 1m³당 필요한 이산화탄소 소화약제의 양은 0.8kg으로 한다.
> 4. 개구부는 가로 2.4m, 높이 1.8m와 가로 1.2m, 세로 0.8m인 것이 설치되어 있으나 가로 1.2m와 세로 0.8m에는 자동폐쇄장치가 설치되어 있다.
> 5. 개구부에 대한 소화약제의 가산량은 5kg/m²이다.
> 6. 저장용기의 충전비는 1.5로서 저장용기 1병당 저장량은 45kg이다.
> 7. 분사헤드의 방사율은 1개당 1.05kg/mm²·분으로 하며 방출시간은 1분을 기준으로 한다.
> 8. 20℃에서 이산화탄소의 비체적은 0.51m³/kg이다.

가) 저장에 필요한 소화약제의 양은 몇 kg 이상으로 하여야 하는가?

> **해설 및 정답** 약제량 $W = V \times \alpha + A \times \beta = (1{,}000\text{m}^3 \times 0.8\text{kg/m}^3) + (4.32\text{m}^2 \times 5\text{kg/m}^2) = 821.6\text{kg}$
> $V = 10\text{m} \times 20\text{m} \times 5\text{m} = 1{,}000\text{m}^3$, $A = 2.4\text{m} \times 1.8\text{m} = 4.32\text{m}^2$
> 1,000m³ 표면화재인 체적계수 $\alpha = 0.8\text{kg/m}^3$
> ∴ 821.6kg

나) 저장에 필요한 저장용기의 수는?

> **해설 및 정답** 저장용기의 수 $= \dfrac{\text{저장량}(kg)}{\text{방출시간}(\sec)} = \dfrac{821.6\text{kg}}{45\text{kg/병}} = 18.24 = 19$(절상)
> ∴ 19병

다) 소화약제의 유량은 몇 kg/s인가?

> **해설 및 정답** 방출유량$(\text{kg/s}) = \dfrac{\text{저장량}(kg)}{\text{방출시간}(\sec)} = \dfrac{(19 \times 45)\text{kg}}{60\sec} = 14.25\text{kg/sec}$
> ∴ 14.25kg/s

라) 필요한 분사헤드의 수는 몇 개인가? (단, 분사구 면적은 0.51cm²이다)

> **해설 및 정답** 헤드당 방출량(kg) = 분출구면적(mm²) × 방사율(kg/mm²·분) × 방사시간(분)
> 헤드당 방출량(kg) = 51mm² × 1.05kg/mm²·분 × 1분 = 53.55kg
> ∴ 헤드 수 $= \dfrac{(19 \times 45)\text{kg}}{53.55\text{kg/개}} = 15.97$개 ≒ 16개
> ∴ 16개

마) 지하에 300kg의 이산화탄소 소화약제가 방출되도록 설계하였다면 설계농도(V%)는 얼마가 되겠는가? (단, 설계기준온도는 20℃이다)

해설및정답

CO_2 설계농도 = $\dfrac{CO_2의\ 기화체적}{방호구역의\ 체적 + CO_2의\ 기화체적} \times 100$

$= \dfrac{153m^3}{1,000m^3 + 153m^3} \times 100 = 13.27\%$

CO_2의 기화체적(m^3) = $300kg \times 0.51m^3/kg = 153m^3$

∴ 13.27%

15

다음 [그림]은 어느 습식 스프링클러설비에서 배관의 일부를 나타내는 평면도이다. 점선 내에 필요한 관 부속품의 개수를 답란의 빈칸에 기입하시오(단, 부속물에는 니플이 설치되어 있다). **7점**

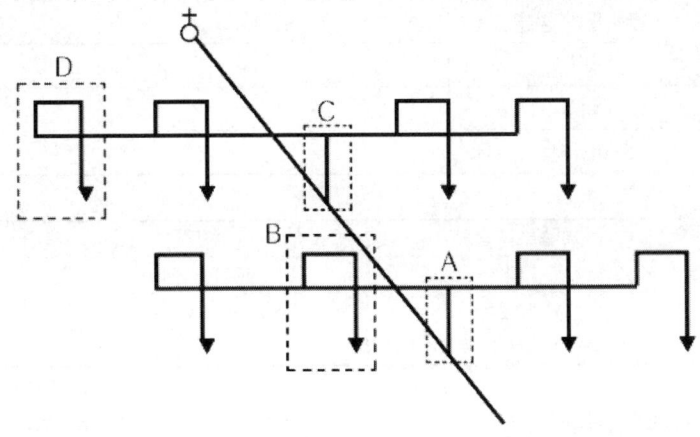

가) A지점의 부속물

부속물의 종류	규격	수량	부속물의 종류	규격	수량
티			니플		
티			리듀서		
니플			리듀서		

해설및정답

부속물의 종류	규격	수량	부속물의 종류	규격	수량
티	50×50×40A	1개	니플	40A	3개
티	40×40×40A	1개	리듀서	50×40A	1개
니플	50A	1개	리듀서	40×25A	2개

기출문제

나) B지점의 부속물

부속물의 종류	규격	수량
티		
니플		
엘보		
리듀서		

해설 및 정답

부속물의 종류	규격	수량
티	25×25×25A	1
니플	25A	3
엘보	25A	2
리듀서	25×15A	1

다) C지점의 부속물

부속물의 종류	규격	수량
티		
니플		
리듀서		

해설 및 정답

부속물의 종류	규격	수량
티	40×40×40A	2
니플	40A	3
리듀서	40×25A	2

라) D지점의 부속물

부속물의 종류	규격	수량
엘보		
니플		
리듀서		

해설 및 정답

부속물의 종류	규격	수량
엘보	25	3
니플	25	3
리듀서	25×15	1

2015년 제2회 소방설비기사[기계분야] 2차 실기

2015년 7월 12일 시행

01 제연설비에 관한 다음 물음에 답하시오. [6점]

가) 배연구에서 측정한 평균 풍속이 2m/sec, 배연구의 유효면적이 2.0m²이고, 실내온도가 20℃일 때의 풍량(m³/s)을 구하시오.

해설 및 정답 배출풍량 Q = AU = 2m² × 2m/sec = 4m³/sec
∴ 4m³/s

나) 전압 30mmAq이고, 효율 60%, 전압력 손실과 배연량 누수를 고려한 여유율을 10% 증가시킨 것으로 할 때 가)항의 풍량을 송풍할 수 있는 배연기의 동력(kW)을 구하시오.

해설 및 정답 배연기 동력 $P(kW) = \dfrac{P \times Q}{\eta \times 102} \times K = \dfrac{30 kgf/m^2 \times 4m^3 sec}{0.6 \times 102} \times 1.1$
= 2.157kW ≒ 2.16kW
P(배출풍압) = 30mmAq = 30kgf/m²
∴ 2.16kW

02 소화펌프 기동 시 일어날 수 있는 맥동현상(Surging)의 방지대책을 5가지 쓰시오. [5점]

해설 및 정답
1. 배관 중에 수조를 설치하지 않는다.
2. 배관 중에 기체 부분이 없도록 한다.
3. 유량조절밸브를 수조의 뒤에 설치하지 않는다.
4. 펌프 양정곡선의 상승부에서 운전하지 않는다.
5. 펌프의 양수량을 증가시킨다.

기출문제

03 건축물 내부에 설치된 주차장에 전역 방출방식의 분말소화설비를 설치하고자 한다. [조건]을 참조하여 다음 각 물음에 답하시오. **6점**

> **조건**
> 1. 방호구역의 바닥면적 600m²이고 높이는 4m이다.
> 2. 방호구역에는 자동폐쇄장치가 설치되지 아니한 개구부가 있으며 그 면적은 10m²이다.
> 3. 소화약제는 제1인산암모늄을 주성분으로 하는 분말소화약제를 사용한다.
> 4. 축압용 가스는 질소가스를 사용한다.

가) 필요한 최소 약제량(kg)을 구하시오.

해설및정답 약제량 $W = V \times \alpha + A \times \beta = (2,400\text{m}^3 \times 0.36\text{kg/m}^3) + (10\text{m}^2 \times 2.7\text{kg/m}^2) = 891\text{kg}$
$V = (600\text{m}^2 \times 4\text{m}) = 2,400\text{m}^3$, $\alpha = 0.36\text{kg/m}^3$, $\beta = 2.7\text{kg/m}^2$
∴ 891kg

나) 필요한 축압용 가스의 최소량(m³)을 구하시오.

해설및정답 축압용 질소의 양 $= 891\text{kg} \times 10\text{L/kg} = 8,910\text{L} = 8.91\text{m}^3$
∴ 8.91m³

04 건식 스프링클러 설비의 최대 단점은 시스템 내의 압축공기가 빠져나가는 만큼 화재 대상물에 방출이 지연되는 것이다. 이것을 방지하기 위해 설치하는 보완설비 2가지를 쓰시오. **3점**

해설및정답 1. 엑셀레이터(Accelerater)
2. 익저스터(Exhauster)

05 경유를 저장하는 내부 직경 40m의 플루팅 루프탱크에 포말 소화설비의 특형 방출구를 설치하여 방호하려고 할 때 다음 물음에 답하시오. **20점**

> **조건**
> 1. 소화약제는 3%의 단백포를 사용하며, 수용액의 분당 방출량은 12L/m²·min, 방사시간은 20분으로 한다.
> 2. 탱크 내면과 굽도리판의 간격은 2.5m로 한다.
> 3. 펌프의 효율은 60%, 전동기 전달계수는 1.2로 한다.
> 4. 보조포 소화전 설비는 없는 것으로 한다.

가) 상기 탱크의 특형 방출구에 의하여 소화하는 데 필요한 수용액의 양, 수원의 양, 포소화약제 원액량은 각각 몇 L 이상이어야 하는가?
  1) 수용액의 양(m³)

> **해설및정답** 고정포방출구 포수용액 Q=A(m²)×Q_1(L/m²·min)×T(min)
> $\quad\quad\quad\quad\quad\quad\quad\quad\quad\quad$ =294.525m²×12L/m²·min×20min=70,686L=70.69m³
>
> 표면적 $A = \dfrac{\pi \times 40^2}{4}m^2 - \dfrac{\pi \times 35^2}{4}m^2 = \dfrac{\pi}{4}(40^2-35^2)m^2 = 294.525m^2$
>
> ∴ 70.69m³

  2) 수원의 양(m³)

> **해설및정답** 고정포방출구 수원의 양 Q=A(m²)×Q_1(L/m²·min)×T(min)×S
> $\quad\quad\quad\quad\quad\quad\quad\quad\quad\quad$ =294.525m²×12L/m²·min×20min×0.97=68,565L
> $\quad\quad\quad\quad\quad\quad\quad\quad\quad\quad$ =68.57m³
>
> ∴ 68.57m³

  3) 포 소화약제 원액의 양(m³)

> **해설및정답** 포 소화약제 원액의 양 Q=A(m²)×Q_1(L/m²·min)×T(min)×S
> $\quad\quad\quad\quad\quad\quad\quad\quad\quad\quad$ =294.525m²×12L/m²·min×20min×0.03=2,120.58L
> $\quad\quad\quad\quad\quad\quad\quad\quad\quad\quad$ =2.12m³
>
> ∴ 2.12m³

나) 수원을 공급하는 가압송수장치의 분당 토출량[L/min]은 얼마 이상이어야 하는가?

> **해설및정답**
> $Q(L/min) = \dfrac{\pi}{4}(40^2-35^2)m^2 \times 12L/min \cdot m^2$
> $\quad\quad\quad\quad$ = 3534.29L/min

다) 펌프의 전양정이 100m라고 할 때 전동기의 출력은 몇 kW 이상이어야 하는가?

> **해설및정답**
> 전동기 출력 $kW = \dfrac{\gamma QH}{102\eta} \times K = \dfrac{1,000 \times \left(\dfrac{3.53}{60}\right) \times 100}{102 \times 0.6} \times 1.2 = 115.359 ≒ 115.36kW$
>
> ∴ 15.36kW

라) 고발포와 저발포의 구분은 팽창비로 나타낸다.
  1) 팽창비를 구하는 식을 쓰시오

> **해설및정답** 팽창비 = $\dfrac{발포\ 후\ 포체적}{발포\ 전\ 포수용액의\ 체적}$

기출문제

2) 고발포의 팽창비 범위를 쓰시오.

해설및정답 80 이상 1,000 미만

3) 저발포의 팽창비 범위를 쓰시오.

해설및정답 20 이하

마) 저발포 포소화약제 5가지를 쓰시오.

해설및정답
1. 단백포소화약제
2. 합성계면활성제포소화약제
3. 수성막포소화약제
4. 불화단백포소화약제
5. 내알코올포소화약제

바) 포소화약제의 25% 환원시간에 대하여 설명하시오.

해설및정답 발포된 포의 25%에 해당되는 체적이 포수용액으로 되어 감소되는 데 소요되는 시간, 즉 발포된 포의 25%가 터지는 데 소요되는 시간

06 「소방시설 설치 및 관리에 관한 법률」상 내진설계기준에 맞게 설치하여야 하는 소방시설의 종류 3가지를 쓰시오. **3점**

해설및정답
① 옥내소화전설비
② 스프링클러설비
③ 물분무등소화설비

07 기동용 수압개폐장치(압력챔버)에 설치되는 압력스위치에 표시되어 있는 DIFF와 RANGE가 의미하는 것을 쓰시오. **4점**

해설및정답
1. DIFF : 펌프 정지압력과 작동(기동)압력과의 차이
2. RANGE : 펌프의 정지압력

08 다음은 어느 실들의 평면도이다. 이 중 A실을 급기가압 하고자 할 때 주어진 [조건]을 이용하여 다음을 구하시오. **9점**

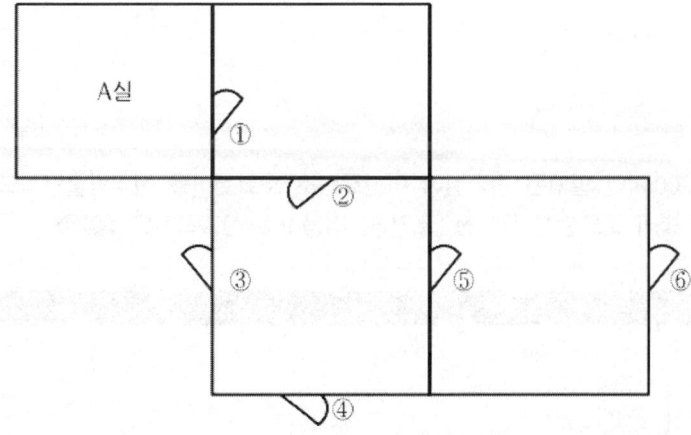

조건

1. 실 외부 대기의 기압은 101,300Pa로서 일정하다.
2. A실에 유지하고자 하는 기압은 101,500Pa이다.
3. 각 실의 문들의 틈새면적은 0.01m²이다.
4. 어느 실을 급기가압할 때 그 실의 문 틈새를 통하여 누출되는 공기의 양은 다음의 식을 따른다.
   $Q = 0.827 A \sqrt{P}$
   (Q : 누출되는 공기의 양(m³/sec), A : 문의 틈새면적(m²), P : 실내외의 기압차(Pa))

가) A실의 전체 누설 틈새 면적 A[m²] (단, 소수점 아래 6자리에서 반올림하여 소수점 아래 5자리까지 나타내시오)

해설및정답 출입문 ⑤와 ⑥은 직렬연결이므로

$$A⑤' = \left(\frac{1}{A⑤^2} + \frac{1}{A⑥^2} \right)^{-\frac{1}{2}} = \left(\frac{1}{0.01^2} + \frac{1}{0.01^2} \right)^{-\frac{1}{2}} = 0.007071 \text{m}^2 ≒ 0.00707 \text{m}^2$$

출입문 ③과 ④, ⑤'는 병렬연결이므로
$A③' = A③ + A④ + A⑤' = 0.01 + 0.01 + 0.00707 = 0.02707 \text{m}^2$
출입문 ①과 ②, ③'는 직렬연결이므로

$$A = A① + A② + A③' = \left(\frac{1}{0.01^2} + \frac{1}{0.01^2} + \frac{1}{0.02707^2} \right)^{-\frac{1}{2}} = 0.00684 \text{m}^2$$

∴ 0.00684m²

기출문제

나) A실에 유입해야 할 풍량 Q[L/s]

해설및정답 $Q = 0.827 \times A\sqrt{P} = 0.827 \times 0.00684\sqrt{200\text{Pa}} = 0.079997\text{m}^3/\text{s} = 80\text{L/s}$
P(차압) = 101,500Pa − 101,300Pa = 200Pa
∴ 80L/s

---

09 체적이 200m³인 밀폐된 전기실에 이산화탄소 소화설비를 전역방출방식으로 적용 시 저장용기는 몇 병이 필요한지 주어진 [조건]을 이용하여 산출하시오. **5점**

> **조건**
> 1. 저장용기의 내용적 : 68L
> 2. CO_2의 방출계수 : 1.6kg/m³
> 3. CO_2의 충전비 : 1.9

해설및정답 저장용기 수 = $\dfrac{CO_2 \text{ 약제량}}{\text{병당 충전량}} = \dfrac{320\text{kg}}{35.79\text{kg/병}} = 8.95 ≒ 9$

CO_2 약제량 = 방호구역의 체적(m³) × 체적계수(kg/m³) = 200m³ × 1.6kg/m³ = 320kg

병당 충전량 = $\dfrac{\text{용기내용적}}{\text{충전비}} = \dfrac{68\text{L}}{1.9\text{L/kg}} = 35.79\text{kg}$

∴ 9병

---

10 부압식 스프링클러설비 1차측과 2차측의 상태와 작동원리를 설명하시오. **4점**

해설및정답
1. 배관 상태
   ① 1차 측 : 가압수가 채워짐
   ② 2차 측 : 부압수가 채워짐
2. 동작원리 : 1차 측은 가압상태의 물이 채워지고 2차 측은 부압수의 물이 채워진 상태이며, 폐쇄형헤드를 사용한다. 화재 시 화재감지기가 동작되고, 헤드가 개방되면 준비작동식밸브의 개방과 함께 살수가 진행되지만, 화재감지기가 동작되지 않은 상태에서 배관 파손 등으로 2차 측 압력이 상승되면, 2차 측 배관에 연결된 진공펌프가 동작되어 살수가 이루어지지 않는다.

11 [그림]과 같은 배관에 물이 흐를 경우 배관 ①, ②, ③에 흐르는 각각의 유량(L/min)을 구하시오(단, A, B 사이의 배관 ①, ②, ③의 마찰손실수두는 각각 10m로 동일하며 마찰손실 계산은 아래의 Hazen-Willians 식을 사용한다. 그리고 계산결과는 소수점 이하를 반올림하여 반드시 정수로 나타내시오). **10점**

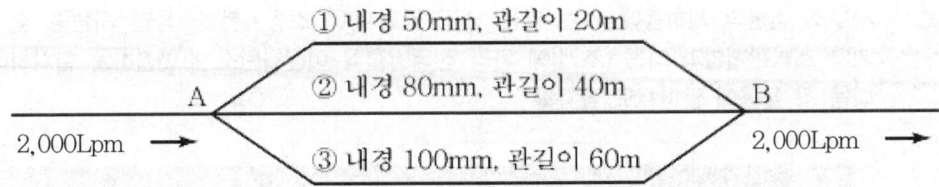

$$\Delta P = 6.053 \times 10^4 \times \frac{Q^{1.85}}{C^{1.85} \times d^{4.87}} \times L$$

여기서, ΔP : 마찰손실압력(MPa), Q : 유량(L/min), C : 관의 조도계수(무차원), d : 관의 내경(mm), L : 배관의 길이(m)

해설 및 정답 $\Delta P_1 = \Delta P_2 = \Delta P_3 = 10\text{m} = 0.1\text{MPa}$

$\Delta P = 6.053 \times 10^4 \times \frac{Q^{1.85}}{C^{1.85} \times D^{4.87}} \times L$에서 $C_1 = C_2 = C_3 = C$이므로

$\Delta P_1 = 6.053 \times 10^4 \times \frac{Q_1^{1.85}}{C^{1.85} \times D_1^{4.87}} \times L_1 = 6.053 \times 10^4 \times \frac{Q_1^{1.85}}{C^{1.85} \times 50^{4.87}} \times 20 = 0.1\text{MPa}$

$\therefore Q_1 = \left(\frac{0.1 C^{1.85} \times 50^{4.87}}{6.053 \times 10^4 \times 20}\right)^{\frac{1}{1.85}} = 4.4C$

$\Delta P_2 = 6.053 \times 10^4 \times \frac{Q_2^{1.85}}{C^{1.85} \times D_2^{4.87}} \times L_2 = 6.053 \times 10^4 \times \frac{Q_2^{1.85}}{C^{1.85} \times 80^{4.87}} \times 40 = 0.1\text{MPa}$

$\therefore Q_2 = \left(\frac{0.1 C^{1.85} \times 80^{4.87}}{6.053 \times 10^4 \times 40}\right)^{\frac{1}{1.85}} = 10.43C$

$\Delta P_3 = 6.053 \times 10^4 \times \frac{Q_3^{1.85}}{C^{1.85} \times D_3^{4.87}} \times L_3 = 6.053 \times 10^4 \times \frac{Q_3^{1.85}}{C^{1.85} \times 100^{4.87}} \times 60 = 0.1\text{MPa}$

$\therefore Q_3 = \left(\frac{0.1 C^{1.85} \times 100^{4.87}}{6.053 \times 10^4 \times 60}\right)^{\frac{1}{1.85}} = 15.1C$

$\therefore Q_1 + Q_2 + Q_3 = 4.4C + 10.43C + 15.1C = 29.93C$

$\therefore Q_1 = \frac{4.4C}{29.93C} \times 2,000\text{L/min} = 294\text{L/min}$

$\therefore Q_2 = \frac{10.43C}{29.93C} \times 2,000\text{L/min} = 697\text{L/min}$

$\therefore Q_3 = \frac{15.1C}{29.93C} \times 2,000\text{L/min} = 1,009\text{L/min}$

기출문제

∴ 배관 ①의 유량 : 294L/min
  배관 ②의 유량 : 697L/min
  배관 ③의 유량 : 1,009L/min

12 사무소 건물의 지하층에 있는 발전기실(표면화재)에 소방기본법, 동법 시행령 및 시행규칙, 기타 소방관계법과 다음 [조건]에 따라 전역방출식 이산화탄소 소화설비를 설치하려고 한다. 다음 각 물음에 답하시오. **10점**

> **조건**
> 1. 소화설비는 고압식으로 한다.
> 2. 발전기실의 크기 : 가로 7m×세로 10m×높이 5m
> 2. 발전기실의 개구부 크기 : 1.8m×3m×2개소(자동 폐쇄장치 있음)
> 3. 가스 용기 1본당 충전량 : 45kg
> 4. 소화약제의 양은 0.8kg/m³, 개구부 가산량 5kg/m²을 기준으로 산출한다.

가) 가스 용기는 몇 본이 필요한가?

해설및정답
저장용기 수 = $\dfrac{CO_2 \text{ 약제량}}{\text{병당 충전량}} = \dfrac{280\text{kg}}{45\text{kg/병}} = 6.22 = 7(\text{절상})$

CO_2 약제량 = 방호구역의 체적(m³) × 체적계수(kg/m³) = $(7 \times 10 \times 5) \times 0.8 = 280\text{kg}$

∴ 7병

나) 개방밸브 직후의 유량은 몇 kg/s인가?

해설및정답
개방밸브 직후 유량 = $\dfrac{\text{저장 약제량(kg)}}{\text{방사시간}(s)} = \dfrac{7\text{병} \times 45\text{kg/병}}{60\text{s}} = 5.25\text{kg/s}$

∴ 5.25kg/s

다) 음향 경보장치는 약제 방사 개시 후 얼마 동안 경보를 계속할 수 있어야 하는가?

해설및정답 1분 이상

라) 가스 용기의 개방밸브를 자동으로 개방시켜 주는 3가지 기동방식을 쓰시오.

해설및정답 ① 전기식   ② 기계식   ③ 가스압력식

13 지름이 500mm인 배관 끝에 지름이 25mm인 노즐이 부착되어 있고 이 노즐에서 분당 300L의 물이 방출되고 있다. 노즐 끝에서 발생하는 압력손실(kPa)을 구하시오(단, 노즐의 부차적 손실계수는 5.5이다). **5점**

해설및정답 부차적 마찰손실수두 $h_L = K\dfrac{U^2}{2g} = 5.5 \times \dfrac{(10.19\text{m/s})^2}{2 \times 9.8\text{m/s}^2} = 29.14\text{m}$

$= \dfrac{29.14m}{10.332m} \times 101.325 kPa = 285.77 kPa$

노즐에서의 유속 $U = \dfrac{Q}{A} = \dfrac{\dfrac{0.3}{60}\text{m}^3/\text{s}}{\dfrac{\pi \times 0.025^2}{4}\text{m}^2} = 10.19\text{m/s}$

∴ 285.77kPa

14 가압송수장치로 사용된 주 펌프의 체절운전방법에 대해 3단계로 기술하시오. **9점**

해설및정답 ① 펌프 토출측 개폐밸브(주밸브)를 잠근다.
② 성능시험배관의 개폐밸브 및 유량조절밸브를 잠근다.
③ 주 펌프를 자동 또는 수동으로 기동시키고 펌프 토출 측 압력계를 읽는다.

15 어느 물소화설비 배관(일정한 관경)의 두 지점에서 압력계로 흐르는 물의 수압을 측정하였더니 각각 0.5MPa, 0.42MPa이었다. 만약 이때의 유량보다 두 배의 유량을 흘려보냈다면 두 지점 간의 수압차를 구하시오(단, 배관의 마찰 손실은 Hazen−Williams 공식을 따른다). **4점**

해설및정답 하젠−윌리암스식에 의한 마찰손실압력 계산

$\Delta P = 6.174 \times 10^4 \times \dfrac{Q^{1.85}}{C^{1.85} \times D^{4.87}} \times L$

$\Delta P_1 = 6.174 \times 10^4 \times \dfrac{Q_1^{1.85}}{C_1^{1.85} \times D_1^{4.87}} \times L_1$, $\Delta P_2 = 6.174 \times 10^4 \times \dfrac{Q_2^{1.85}}{C_2^{1.85} \times D_2^{4.87}} \times L_2$

비례식을 통해 ΔP_2 계산

$\Delta P_1 : 6.174 \times 10^4 \times \dfrac{Q_1^{1.85}}{C_1^{1.85} \times D_1^{4.87}} \times L_1 = \Delta P_2 : 6.174 \times 10^4 \times \dfrac{Q_2^{1.85}}{C_2^{1.85} \times D_2^{4.87}} \times L_2$

$C_1 = C_2$, $D_1 = D_2$, $L_1 = L_2$이므로

$\Delta P_1 : Q_1^{1.85} = \Delta P_2 : Q_2^{1.85}$

$\Delta P_1 = 0.5\text{MPa} - 0.42\text{MPa} = 0.08\text{MPa}$

$\Delta P_2 = \dfrac{Q_2^{1.85}}{Q_1^{1.85}} \times \Delta P_1 = \dfrac{2^{1.85}}{1^{1.85}} \times 0.08\text{MPa} = 0.288\text{MPa}$

∴ 0.29MPa

2015년 제4회 소방설비기사[기계분야] 2차 실기

2015년 11월 7일 시행

01 경유를 저장하는 위험물 옥외 저장 탱크의 높이가 7m, 직경 10m인 콘루프 탱크(Cone Roof Tank)에 Ⅱ형 포 방출구 및 옥외 보조포소화전 2개가 설치되었다. [조건]을 참고하여 다음 각 물음에 답하시오. **10점**

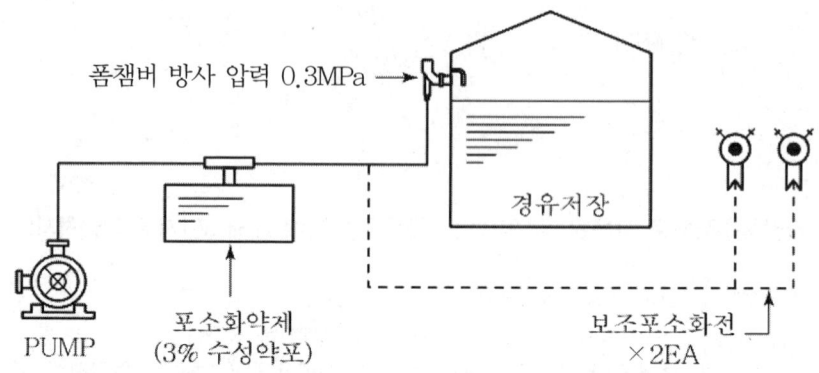

조건
1. 배관의 낙차 수두와 마찰손실 수두는 55m
2. 폼챔버 압력 수두로 양정계산([그림] 참조, 보조포소화전 압력 수두는 무시)
3. 펌프의 효율은 65%(전동기와 펌프 직결), K=1.1
4. 배관의 송액량은 제외
5. 고정 포 방출구의 방출량 및 방사시간

포 방출구의 종류 방출량 및 방사시간 위험물의 종류	Ⅰ형		Ⅱ형		특형	
	방출량 (L/m²)	방사시간 (분)	방출량 (L/m²)	방사시간 (분)	방출량 (L/m²)	방사시간 (분)
제4류 위험물(수용성의 것을 제외) 중 인화점이 섭씨 21도 미만의 것	4	30	4	55	12	30
제4류 위험물(수용성의 것을 제외) 중 인화점이 섭씨 21도 이상 70도 미만의 것	4	20	4	30	12	20
제4류 위험물(수용성의 것을 제외) 중 인화점이 섭씨 70도 이상의 것	4	15	4	25	12	15
제4류 위험물 중 수용성의 것	8	20	8	30	–	–

가) 포소화약제량(L)을 구하시오.

해설 및 정답 포소화약제량 = ① 고정포방출구 약제량(Q_1) + ② 보조포소화전 약제량(Q_2)

$$Q_1 = \frac{\pi \times 10^2}{4} m^2 \times 4L/m^2 \cdot min \times 30min \times 0.03 = 282.74L$$

$$Q_2 = 3 \times 0.03 \times 8,000L = 720L$$

∴ 포소화약제량 = 282.74L + 720L = 1,002.74L

∴ 1,002.74L

① 고정포방출구의 포소화약제량 Q_1(L)(단, 수성막포는 3%이다)

$$Q = A(m^2) \times Q_1(L/m^2 \cdot min) \times T(min) \times S = \frac{\pi \times 10^2}{4} \times 4 \times 30 \times 0.03 = 282.74L$$

∴ 282.74L

② 옥외 보조포소화전 약제량 Q_2(L)(단, 수성막포는 3%이다)

$$Q = N \times S \times 8,000L = 3 \times 0.03 \times 8,000 = 720L$$

∴ 720L

나) 펌프 동력[kW]을 계산하시오.

해설 및 정답

펌프 동력 $P(kW) = \frac{\gamma QH}{102\eta} \times K = \frac{1,000 \times \left(\frac{1.514}{60}\right) \times 85}{102 \times 0.65} \times 1.1 = 35.585 = 35.59kW$

전양정 $H = 55m + 0.3MPa = 55m + 30m = 85m$

펌프 토출량 Q = 고정포방출구 토출량 + 보조포소화전 토출량

$$= \left(\frac{\pi \times 10^2}{4} m^2 \times 4L/m^2 \cdot min\right) + (3 \times 400L/min) = 1,514L/min$$

$$= 1.514 m^3/min$$

∴ 35.59kW

02 특정소방대상물에 옥내소화전을 3층에 5개, 4층에 3개 설치하였다. 펌프의 실양정이 30m일 때 펌프의 성능시험 배관의 관경(mm)을 구하시오(단, 펌프의 정격토출압력은 0.4MPa이다). 　4점

조건
1. 배관 관경 산정기준은 정격토출량의 150%로 운전 시 정격토출압력의 65% 기준으로 계산
2. 배관은 25mm/32mm/40mm/50mm/65mm/80mm/90mm/100mm 중 하나를 선택

기출문제

해설 및 정답 $1.5Q = 0.653D^2\sqrt{0.65 \times 10P}$ 로부터

$$D = \sqrt{\frac{1.5Q}{0.653\sqrt{0.65 \times 10P}}} = \sqrt{\frac{1.5 \times 260\text{L/min}}{0.653\sqrt{0.65 \times 10 \times 0.4\text{MPa}}}} = 19.24\text{mm}$$

펌프의 정격토출량 $Q = 2 \times 130\text{L/min} = 260\text{L/min}$

펌프의 정격토출압력 $P = 0.4\text{MPa}$

∴ 25mm 선정

---

03 제연설비에서 많이 사용되는 솔레노이드댐퍼, 모터댐퍼 및 퓨즈댐퍼의 기능을 비교·설명하시오. **7점**

해설 및 정답
① 솔레노이드댐퍼 : 화재감지기의 작동과 함께 솔레노이드에 의해 잠금장치가 해제되어 스프링의 힘에 의해 작동되며 개구부의 날개가 작은 곳에 설치한다.
② 모터댐퍼 : 화재감지기가 작동하여 모터를 회전시킴으로써 작동되며 개구부의 면적이 넓은 곳에 설치한다.
③ 퓨즈댐퍼 : 화재 시 온도가 상승하여 70℃ 이상이 되면 퓨즈가 녹아 덕트가 폐쇄되는 댐퍼이다.

---

04 자연 제연방식에서 주어진 [조건]을 참조하여 아래 각 물음에 답하시오. **10점**

조건
- 연기층과 공기층의 높이 차 : 3m
- 화재실 온도 : 707℃
- 연기 평균 분자량 : 29
- 옥외기압 : 101.325kPa
- 외부온도 : 27℃
- 공기 평균 분자량 : 28
- 화재실 기압 : 101.325kPa
- 동력의 여유율 : 10%

가) 연기의 유출속도(m/s)

해설 및 정답

연기의 유출속도 $U(\text{m/s}) = \sqrt{2gh\left(\dfrac{\rho_{air}}{\rho_{smoke}} - 1\right)}$

$= \sqrt{2 \times 9.8 \times 3 \times \left(\dfrac{1.14}{0.36} - 1\right)} = 11.29\text{m/s}$

연기의 밀도 $\rho_{smoke} = \dfrac{PM}{RT} = \dfrac{101.325\text{kPa} \times 29\text{kg/kmol}}{8.314\text{kPa} \cdot \text{m}^3/\text{kmol} \cdot \text{K} \times (273+707)\text{K}} = 0.36\text{kg/m}^3$

공기의 밀도 $\rho_{air} = \dfrac{PM}{RT} = \dfrac{101.325\text{kPa} \times 28\text{kg/kmol}}{8.314\text{kPa} \cdot \text{m}^3/\text{kmol} \cdot \text{K} \times (273+27)\text{K}} = 1.14\text{kg/m}^3$

∴ 11.29m/s

나) 외부풍속(m/s)

해설 및 정답

외부풍속 $U_{air} = U_{smoke} \times \sqrt{\dfrac{\rho_{smoke}}{\rho_{air}}} = 11.29 \times \sqrt{\dfrac{0.36}{1.14}} = 6.34 \text{m/s}$

∴ 6.34m/s

다) 현재 일반적으로 많이 사용하고 있는 제연방식을 3가지만 쓰시오.

해설 및 정답
1. 기계제연방식
2. 자연제연방식
3. 스모크타워제연방식

라) 상기 자연제연방식을 변경한 후 화재실 상부에 배연기를 설치하여 배출한다면 그 방식을 쓰시오.

해설 및 정답 제3종 기계제연방식

마) 화재실 면적 300m², FAN 효율 0.6, 전압이 70mmAq일 때 필요 동력(kW)을 구하시오.

해설 및 정답

필요 동력 $P(\text{kW}) = \dfrac{P \times Q}{\eta \times 102} \times K = \dfrac{70 \times 5}{0.6 \times 102} \times 1.1 = 6.29 kW$

전압 P = 70mmAq = 70kgf/m²
풍량 Q = 300m² × 1m³/m²·min × 1min/60sec = 5m³/sec
∴ 6.29kW

05. CO_2 소화설비의 자동식 기동장치 중 자동·수동절환장치 기능의 정상 여부를 확인할 때 점검항목을 자동(3가지), 수동(2가지)으로 구분하여 쓰시오. **5점**

가) 자동

해설 및 정답
1. 수신기의 자동기동스위치 조작으로 기동되는지 여부
2. 감지기(교차회로방식 2개회로)가 감지되어 기동되는지 여부
3. 수신기에서 감지기회로(교차회로방식 2개회로)를 조작하여 기동되는지 여부

나) 수동

해설 및 정답
1. 수동조작함에서 기동스위치 동작으로 기동되는지 여부
2. 솔레노이드의 안전핀 삽입 후 눌러 기동용기를 수동으로 개방하여 기동되는지의 여부

기출문제

06 수리계산으로 배관의 유량과 압력을 해석할 때 동일한 지점에서 서로 다른 2개의 유량과 압력이 산출될 수 있으며 이런 경우 유량과 압력을 보정해 주어야 한다. [그림]과 같이 6개의 물분무헤드에서 소화수가 방사되고 있을 때 [조건]을 참고하여 다음 각 물음에 답하시오. **10점**

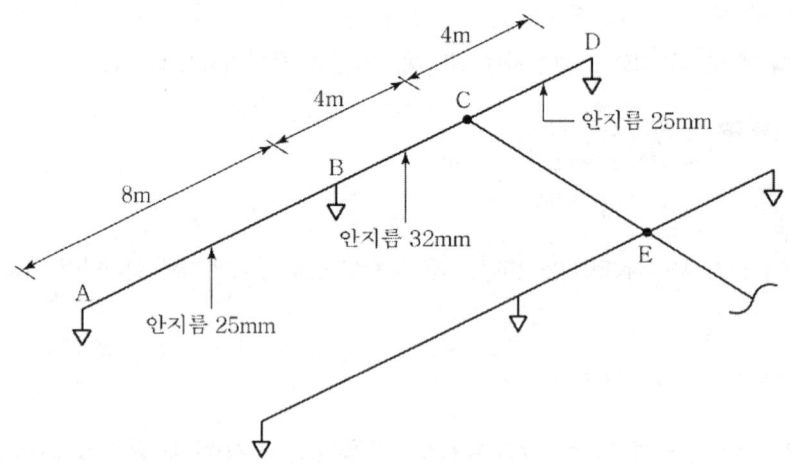

조건
1. 각 헤드의 방출계수는 동일하다.
2. A지점 헤드의 유량은 60L/min, 방수압은 350kPa이다.
3. 각 구간별 배관의 길이와 안지름은 다음과 같다.

구간	A~B	B~C	D~C
배관 길이	8m	4m	4m
배관 안지름(내경)	25mm	32mm	25mm

4. 수리 계산 시 동압은 무시한다.
5. 직관 이외의 관로상 마찰손실은 무시한다.
6. 직관에서의 마찰손실은 아래의 Hazen-Williams 공식을 적용, 조도계수 C는 100으로 한다.

$$\Delta P = 6.053 \times 10^7 \times \frac{Q^{1.85}}{C^{1.85} \times d^{4.87}} \times L$$

여기서, ΔP : 마찰손실압력[kPa], Q : 유량[L/min], C : 관의 조도계수[무차원], d : 관의 내경[mm], L : 배관의 길이[m]

가) A지점 헤드에서 시작하여 C지점까지의 경로로 계산하였을 때,
  1) A~B구간의 유량[L/min]과 마찰손실압력[kPa]을 구하시오.

해설 및 정답 ① A~B 구간의 유량
  A헤드의 방사량과 동일하므로 $Q_{A \sim B} = 60\text{L/min}$
  ∴ A~B 간의 유량 : 60L/min

② A~B 구간 사이의 마찰손실압력

$$\triangle P_{A \sim B} = 6.053 \times 10^7 \times \frac{Q^{1.85}}{C^{1.85} \times D^{4.87}} \times L$$

$$= 6.053 \times 10^7 \times \frac{60^{1.85}}{100^{1.85} \times 25^{4.87}} \times 8 = 29.29 \text{kPa}$$

∴ A~B 간의 마찰손실압력 : 29.29kPa

2) B지점 헤드의 압력[kPa]과 유량[L/min]을 구하시오.

해설및정답 ① P_B=A지점 헤드의 압력+A~B 간의 마찰손실압력=350kPa+29.29kPa=379.29kPa

A헤드의 방사량과 동일하므로 $Q_{A \sim B}$=60L/min

∴ B헤드의 압력 : 379.29kPa

② $Q_B = K\sqrt{10P_B} = 32.07\sqrt{10 \times 0.37929 \text{MPa}} = 62.46 \text{L/min}$

$Q = K\sqrt{10P}$ 로부터 ∴ $K = \dfrac{60\text{L/min}}{\sqrt{10 \times 0.35\text{MPa}}} = 32.07$

∴ B헤드의 유량 : 62.46L/min

3) B~C 구간의 유량[L/min]과 마찰손실압력[kPa]을 구하시오.

해설및정답 ① $Q_{B \sim C}$=A헤드 방사량 + B헤드 방사량 = 60L/min+62.46L/min=122.46L/min

∴ B~C 간의 유량 : 122.46L/min

② $\Delta P_{B \sim C} = 6.053 \times 10^7 \times \dfrac{122.46^{1.85}}{100^{1.85} \times 32^{4.87}} \times 4 = 16.47 \text{kPa}$

∴ B~C 간의 마찰손실압력 : 16.47kPa

4) C지점의 압력[kPa]과 유량[L/min](A지점에서 C지점까지 경로로 계산)을 구하시오.

해설및정답 ① P_C=B지점 헤드의 압력+B~C 구간의 마찰손실압력=379.29kPa+16.47kPa
=395.76kPa

∴ C지점의 압력 : 395.76kPa

② C지점의 유량은 문제의 조건에서 "A지점에서 C지점까지 경로로 계산"하라고 하였으므로 C지점의 유량=B~C 간의 유량과 같다.

∴ $Q_C = 122.46L/min$

∴ C지점의 유량 : 122.46L/min

나) D지점 헤드의 유량과 압력이 A지점 헤드의 유량 및 압력과 동일하다고 가정하고, D지점 헤드에서 시작하여 C지점까지의 경로로 계산하였을 때,

1) D~C 구간의 유량[L/min]과 마찰손실압력[kPa]을 구하시오.

해설및정답 ① D~C 구간의 유량=D헤드의 방사량=60L/min

∴ D~C 간의 유량 : 60L/min

기출문제

② D~C 구간 사이의 마찰손실압력

$$\Delta P_{A \sim B} = 6.053 \times 10^7 \times \frac{Q^{1.85}}{C^{1.85} \times D^{4.87}} \times L$$

$$= 6.053 \times 10^7 \times \frac{60^{1.85}}{100^{1.85} \times 25^{4.87}} \times 4\text{m} = 14.64\text{kPa}$$

∴ D~C 간의 마찰손실압력 : 14.64kPa

2) C지점의 압력[kPa]과 유량[L/min]을 구하시오.

해설 및 정답 ① $P_C = 350\text{kPa} + 14.64\text{kPa} = 364.64\text{kPa}$

∴ C지점의 압력 : 364.64kPa

② Q_C = D~C 구간의 유량 = 60L/min

∴ C지점의 유량 : 60L/min

다) A~C 경로에서의 C지점과 D~C 경로에서의 C지점에서는 유량과 압력이 서로 다르게 계산되므로 유량과 압력을 보정하여야 한다. 이 경우 D지점 헤드의 유량[L/min]을 얼마로 보정하여야 하는지를 구하시오.

해설 및 정답 $Q_D = K\sqrt{10P_D} = 32.07\sqrt{10 \times 0.38112\text{MPa}} = 62.61\text{L/min}$

$P_D = 395.76\text{kPa} - 14.64\text{kPa} = 381.12\text{kPa} = 0.38112\text{MPa}$

∴ D헤드의 유량 : 62.61L/min

라) D지점 헤드의 유량을 앞의 다) 항에서 구한 유량으로 보정하였을 때 C지점의 유량[L/min]과 압력[kPa]을 구하시오.

해설 및 정답 ① C지점의 유량 = B~C 구간의 유량 + D~C 구간의 유량 = 122.46L/min + 62.61L/min

= 185.07L/min

∴ C지점의 유량 : 185.07L/min

② C지점의 압력 $P_C = P_D + \Delta P_{D \sim C} = 381.12 + 15.84 = 396.96 kPa$

$$\Delta P_{D \sim C} = 6.053 \times 10^7 \times \frac{Q^{1.85}}{C^{1.85} \times D^{4.87}} \times L$$

$$= 6.053 \times 10^7 \times \frac{62.61^{1.85}}{100^{1.85} \times 25^{4.87}} \times 4$$

$$= 15.84\text{kPa}$$

∴ C지점의 압력 : 396.96kPa

07 압력챔버(탱크)의 공기를 교체하기 위한 조작과정을 순서대로 쓰시오(단, V_1, V_2, V_3를 조작하여 교체하며 소화펌프를 정지한 상태로 가정함). [5점]

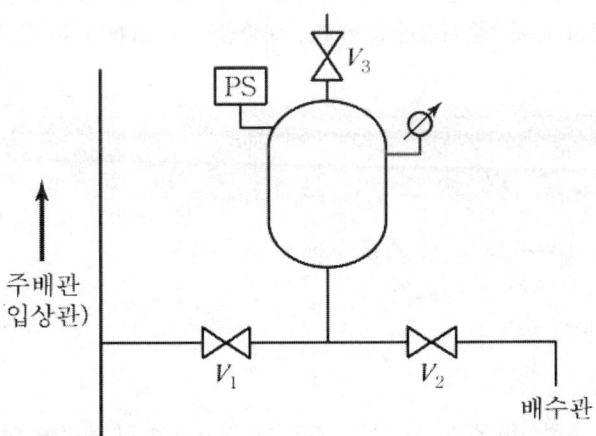

해설및정답
① 동력제어반(MCC)에서 주펌프 및 충압펌프의 운전선택 스위치를 "수동"으로 한다.
② V_1 밸브를 잠그고, V_2 밸브를 개방하여 압력챔버내의 물을 모두 배수한다.
   ※ 배수가 잘 안될 경우 V_3 밸브를 개방하여 공기를 공급하면 배수가 된다.
③ 배수가 완료되면 V_2 밸브를 잠그고, V_1 밸브를 개방한다.
④ 동력제어반(MCC)에서 주펌프 및 충압펌프의 운전선택 스위치를 "자동"으로 한다.

08 유량 650L/min을 통과시키는 옥내소화전 배관의 한계 유속을 4m/s라고 하면, 급수관의 구경을 선정하시오(단, 급수관의 구경은 25, 32, 40, 50, 65, 80, 90, 100mm). [4점]

해설및정답
$$D = \sqrt{\frac{4Q}{\pi U}} = \sqrt{\frac{4 \times \frac{0.65}{60}\,\text{m}^3/\text{s}}{\pi \times 4\,\text{m/s}}} = 0.0587\text{m} = 58.7\text{mm} ≒ 65\text{mm}$$

∴ 65mm

기출문제

09 흡입 측 배관 마찰손실수두가 2m일 때 공동현상이 일어나지 않는 수원의 수면으로부터 소화펌프까지의 설치 높이는 몇 m 미만으로 하여야 하는지 구하시오(단, 펌프의 요구 흡입수두(NPSHre)는 7.5m, 흡입관의 속도수두는 무시하고, 대기압은 표준대기압, 물의 온도는 20℃이고, 이때의 포화수증기압은 2,340Pa, 비중량은 9,800N/m³이다). **4점**

해설 및 정답 공동현상이 발생되지 않으려면 NPSHav ≥ NPSHre의 조건을 만족해야 하므로

$$NPSHav = \frac{P}{\gamma} - \frac{Pv}{\gamma} - h_L - H 에서 \ 7.5m = \frac{101,325N/m^2}{9,800N/m^3} - \frac{2,340N/m^2}{9,800N/m^3} - 2m - Hm$$

∴ H = 10.339m − 0.239m − 2m − 7.5m = 0.6m

∴ 0.6m

10 할론 1301 소화설비 설계 시 다음 [조건]을 참고하여 각 물음에 답하시오. **5점**

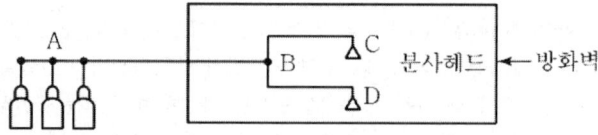

조건
1. 약제 소요량은 130kg이다(출입구에 자동폐쇄장치 설치).
2. 초기 압력 강하는 1.5MPa이다.
3. 고저에 의한 압력손실은 0.06MPa이다.
4. A−B 간의 마찰저항에 의한 압력손실은 0.06MPa이다.
5. B−C, B−D 간의 각 압력 손실은 0.03MPa이다.
6. 저장용기 내 소화약제 저장압력은 4.2MPa이다.
7. 작동시간 10초 이내에 약제 전량이 방출된다.

가) 설비가 작동하였을 때 A~B 간의 배관 내를 흐르는 소화약제의 유량[kg/s]을 구하시오.

해설 및 정답 유량 = $\frac{130kg}{10s}$ = 13kg/s

∴ 13kg/s

나) B~C 간의 소화약제의 유량[kg/s]을 구하시오(단, B−D 간의 소화약제의 유량도 같다).

해설 및 정답 $B-C$ 유량 = $\frac{13kg/s}{2}$ = 6.5kg/s

∴ 6.5kg/s

다) C점 노즐에서 방출되는 소화약제의 방사 압력[MPa]을 구하시오(단, D점에서의 방사압력도 같다).

해설및정답 C노즐의 방사압력＝저장압력－전체 압력손실(초기 압력강하＋배관의 마찰손실＋낙차 압력강하)
＝4.2MPa－(1.5＋0.06＋0.03＋0.06)MPa＝2.55MPa

∴ 2.55MPa

라) C점에 설치된 분사헤드에서의 방출률이 2.5kg/cm²·s이면 분사헤드의 등가 분구면적[cm²]을 구하시오.

해설및정답 분출구의 면적(cm²)＝$\dfrac{헤드당\ 방출량(kg)}{방출률(kg/cm^2 \cdot s) \times 방출시간(s)}$

＝$\dfrac{65kg}{2.5kg/cm^2 \cdot s \times 10s}$＝2.6cm²

∴ 2.6cm²

11 11층의 연면적 15,000m² 업무용 건축물에 옥내소화전설비를 국가화재안전기준에 따라 설치하려고 한다. 다음 [조건]을 참고하여 각 물음에 답하시오. **10점**

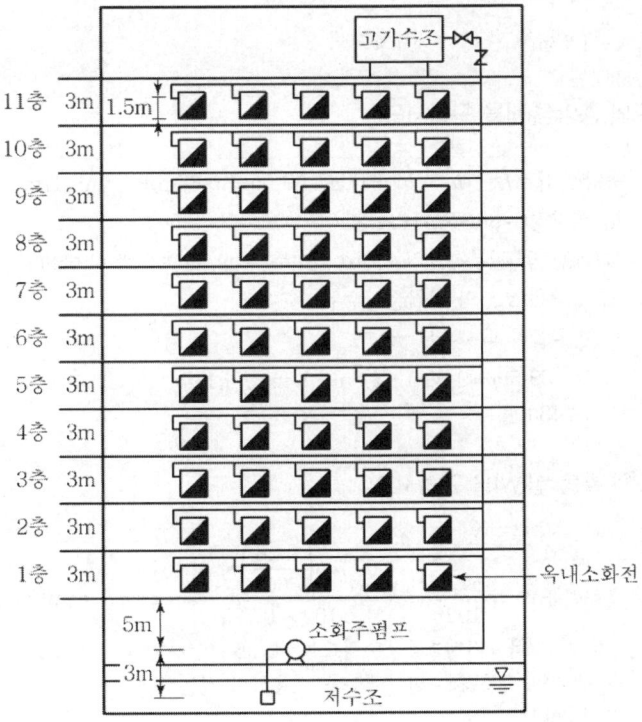

기출문제

> **조건**
> 1. 펌프의 풋밸브로부터 11층 옥내소화전함 호스접결구까지의 마찰손실수두는 실양정의 25%로 한다.
> 2. 펌프의 전달계수 K값은 1.1로 한다.
> 3. 각 층당 소화전은 5개씩이다.
> 4. 펌프의 체적효율(E1) 0.95, 기계효율(E2) 0.92, 수력효율(E3) 0.83이다.
> 5. 소방호스의 마찰손실수두는 7.8m이다.

가) 펌프의 최소 유량[L/min]을 구하시오

해설 및 정답 최소 유량 = 2×130L/min = 260L/min

∴ 260L/min

나) 수원의 최소 유효저수량[m³]을 구하시오

해설 및 정답 유효저수량 = 2×2.6m³ = 5.2m³

∴ 5.2m³

다) 옥상에 설치할 고가수조의 용량[m³]을 구하시오

해설 및 정답 옥상수원의 양 = $5.2\text{m}^3 \times \dfrac{1}{3} = 1.733\text{m}^3$

∴ 1.73m³

라) 펌프의 총양정[m]을 구하시오

해설 및 정답 총양정 H = $h_1 + h_2 + h_3$ + 17m = 39.5m + 9.88m + 7.8m + 17m = 74.18m

h_1(실양정) = 3m + 5m + (3m×10) + 1.5m = 39.5m

h_2(배관 및 관부속물의 마찰손실수두) = 39.5m×0.25 = 9.88m

h_3(소방용 호스의 마찰손실수두) = 7.8m

h_4(방수압력 환산수두) = 17m

∴ H = 39.5m + 9.88m + 7.8m + 17m = 74.18m

∴ 74.18m

마) 펌프의 축동력[kW]을 구하시오

해설 및 정답 축동력 $kW = \dfrac{\gamma QH}{102\eta} = \dfrac{1{,}000 \times \left(\dfrac{0.26}{60}\right) \times 74.18}{102 \times 0.725} = 4.346\text{kW} ≒ 4.35\text{kW}$

η = 체적효율×기계효율×수력효율 = 0.95×0.92×0.83 = 0.725

※ 펌프의 축동력은 전달계수를 적용하지 않는다.

∴ 4.35kW

바) 펌프의 모터동력[kW]을 구하시오.

해설및정답 모터동력(= 전달동력) = 4.35kW × 1.1 = 4.785kW ≒ 4.79kW
∴ 4.79kW

사) 소방호스 노즐에서 방수압 측정방법 시 측정기구 및 측정방법을 쓰시오.

해설및정답 ① 측정기구 : 피토게이지(Pitot Gauge)
② 측정방법 : 노즐 끝에서 노즐구경의 1/2만큼 떨어뜨린 후 수류의 중심선에 피토관 입구의 중심을 맞추고 게이지상의 눈금을 읽는다.

아) 소방호스 노즐에서 방수압 0.7MPa 초과시 감압방법 2가지를 쓰시오.

해설및정답 ① 감압밸브 또는 오리피스(Orifice)에 의한 방법
② 고층용과 저층용 펌프를 따로 설치하는 방법

12 특별피난계단의 계단실 및 부속실 제연설비에 대하여 주어진 [조건]을 참조하여 각 물음에 답하시오. 6점

조건
1. 거실과 부속실의 출입문 개방에 필요한 힘은 F_1 = 60N이다.
2. 화재 시 거실과 부속실의 출입문 개방에 필요한 힘은 F_2 = 110N이다.
3. 출입문 폭(W) = 1m, 높이(h) = 2.1m
4. 손잡이는 출입문 끝에 있다고 가정한다.
5. 스프링클러설비는 설치되어 있지 않다.

가) 제연구역 선정기준을 3가지만 쓰시오.

해설및정답 1. 계단실 및 그 부속실을 동시에 제연하는 것
2. 부속실을 단독으로 제연하는 것
3. 계단실을 단독으로 제연하는 것

기출문제

나) 제시된 [조건]을 이용하여 부속실과 거실 사이의 차압[Pa]을 구하고 국가화재안전기준에 의한 최소차압 기준과 비교하여 적합 여부를 설명하시오.

해설 및 정답

$$F = F_{dc} + K \cdot \frac{W \cdot A \cdot \Delta P}{2(W-d)}$$

F : 제연설비동작시 출입문 개방에 필요한 힘(N)
F_{dc} : 평상시 출입문 개방에 필요한 힘(N)
K : 상수(1)
W : 문의 폭(m)
d : 문의 끝으로부터 손잡이까지 거리(m)
A : 문의 면적(m²)
ΔP : 차압(Pa)

$$110 = 60 + 1 \frac{1 \times (2.1) \times \Delta P}{2(1-0)}$$

$\Delta P = 47.619 ≒ 47.62\,\text{Pa}$

∴ ① 차압 : 47.62Pa, ② 차압이 40Pa 이상이므로 적합

13 옥내소화전설비를 작동시켜 호스의 관창으로부터 살수하면서 피토압력계를 사용하여 선단의 방수압을 측정하였더니 0.25MPa이었다. 이 노즐의 선단으로부터 방사되는 순간 물의 유속은 몇 m/s인지 구하시오(단, 중력가속도는 9.81m/s²로 한다). **4점**

해설 및 정답

유속 $= \sqrt{2gh} = \sqrt{2 \times 9.81 m/s^2 \times 25.49 m} = 22.36 m/s$

방수압(차압) : $0.25\text{MPa} \times \dfrac{10.332m}{0.101325 MPa} = 25.49\,\text{m}$

∴ 22.36m/s

14

업무시설의 지하층 전기설비 등에 다음과 같이 이산화탄소 소화설비를 설치하고자 한다. 다음 [조건]을 참고하여 구하시오. **11점**

조건
1. 설비는 전역방출방식으로 하며 설치장소는 전기설비실, 케이블실, 서고, 모피창고
2. 전기설비실과 모피창고에는 (가로 1m)×(세로 2m)의 자동폐쇄장치가 설치되지 않은 개구부가 각각 1개씩 설치
3. 저장용기의 내용적은 68L이며, 충전비는 1.511로 동일 충전비
4. 전기설비실과 케이블실은 동시 방호구역으로 설계
5. 소화약제 방출시간은 모두 7분
6. 각 실에 설치할 노즐의 방사량은 각 노즐 1개당 10kg/min으로 함
7. 각 실의 평면도는 다음과 같다(단, 각 실의 층고는 모두 3m).

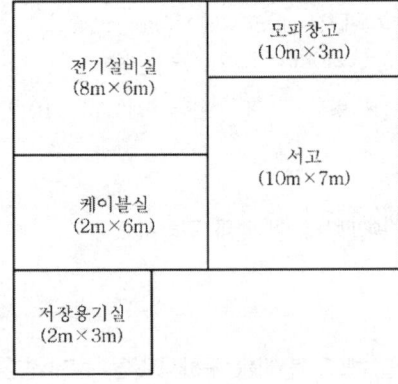

가) 모피창고의 실제 소화약제량[kg]을 구하시오.

해설및정답 소요 약제량(kg) = (90m³ × 2.7kg/m³) + (2m² × 10kg/m²) = 263kg
V = 10m × 3m × 3m = 90m³
A = 1m × 2m = 2m²
∴ 263kg

나) 저장용기 1병에 충전되는 약제량[kg]을 구하시오.

해설및정답 병당 충전량 = $\dfrac{\text{용기 내용적(L)}}{\text{충전비(L/kg)}}$ = $\dfrac{68L}{1.511L/kg}$ = 45kg

∴ 45kg

기출문제

다) 저장용기실에 설치할 저장용기의 수(병수)를 구하시오.

해설 및 정답

① 모피창고의 필요 병수 = $\dfrac{263\text{kg}}{45\text{kg/병}} = 5.84$ ∴ 6병

② 전기설비실·케이블실 동시 방호구역 필요 병수
  ⓐ 전기설비실의 필요 병수
   소요가스량(kg) = $(144\text{m}^3 \times 1.3\text{kg/m}^3) + (2\text{m}^2 \times 10\text{kg/m}^2) = 207.2\text{kg}$
   전기설비실의 필요 병수 = $\dfrac{207.2\text{kg}}{45\text{kg/병}} = 4.6$ ∴ 5병

  ⓑ 케이블실의 필요 병수
   소요가스량(kg) = $36\text{m}^3 \times 1.6\text{kg/m}^3 = 57.6\text{kg}$
   케이블실의 필요 병수 = $\dfrac{57.6\text{kg}}{45\text{kg/병}} = 1.28$ ∴ 2병

③ 서고의 필요 병수
  방호구역의 체적 = $(10\text{m} \times 7\text{m} \times 3\text{m}) = 210\text{m}^3$
  ∴ 약제량 = $210\text{m}^3 \times 2\text{kg/m}^3 = 420\text{kg}$
  서고의 필요 병수 = $\dfrac{420\text{kg}}{45\text{kg/병}} = 9.33$ ∴ 10병

∴ 10병

라) 설치하여야 할 선택밸브의 수[개]를 구하시오.

해설 및 정답 3개

마) 모피창고에 설치할 헤드 수[개]를 구하시오(단, 실제 방출 병수로 계산할 것).

해설 및 정답

헤드의 수 = $\dfrac{38.57\text{kg/min}}{10\text{kg/min} \cdot \text{개}} = 3.85\text{개} ≒ 4\text{개}$

모피창고 방출량(kg/min) = $\dfrac{6\text{병} \times 45\text{kg/병}}{7\text{min}} = 38.57\text{kg/min}$

∴ 4개

바) 서고의 선택밸브 이후 주 배관의 유량[kg/min]을 구하시오(단, 실제 방출 병수로 계산할 것).

해설 및 정답

유량 = $\dfrac{10\text{병} \times 45kg/\text{병}}{7\text{min}} = 64.29\text{kg/min}$

∴ 64.29kg/min

15
지하 1층, 지상 9층의 백화점 건물에 스프링클러설비를 설계하려고 한다. 다음 [조건]을 참고하여 각 물음에 답하시오. **4점**

> **조건**
> 1. 각 층에 설치하는 스프링클러 헤드 수는 각각 80개이다.
> 2. 펌프의 흡입 측 배관에 설치된 연성계는 350mmHg를 나타내고 있다.
> 3. 펌프는 지하에 설치되어 있고, 펌프부터 최상층 헤드까지의 수직 높이는 45m이다.
> 4. 배관 및 관부속의 마찰손실수두는 펌프로부터 자연낙차의 20%이다.
> 5. 펌프 효율은 68%, 전달계수는 1.1이다.
> 6. 체절압력조건은 화재안전기준의 최대 조건을 적용한다.

가) 펌프의 체절압력[kPa]

해설 및 정답
체절압력 = 정격토출압력 × 1.4 이하 = 674.32kPa × 1.4 = 944.05kPa

H(전양정) = $h_1 + h_2$ + 10m = 9m + 49.76m + 10m = 68.76m

$$= \frac{68.76\text{m}}{10.332\text{m}} \times 101.325\text{kPa} = 674.32\text{kPa}$$

h_1(배관 및 관부속물의 마찰손실양정) = 45m × 0.2 = 9m

h_2(실양정) = 흡입실양정 + 토출실양정 = $\left(\dfrac{350\text{mmHg}}{760\text{mmHg}} \times 10.332\text{m}\right)$ + 45m = 49.76m

∴ 944.05kPa

나) 펌프의 축동력[kW]

해설 및 정답

축동력 $P(\text{kW}) = \dfrac{\gamma QH}{102\eta} = \dfrac{1{,}000 \times \left(\dfrac{2.4}{60}\right) \times 68.76}{102 \times 0.68} = 39.653 ≒ 39.65\text{kW}$

Q(토출량) = 30 × 80L/min = 2,400L/min

※ 펌프의 축동력은 전달계수를 적용하지 않는다.

∴ 39.65kW

소방설비기사[기계분야] 2차 실기

2016년 4월 17일 시행

01 절연유 봉입 변압기에 물분무소화설비를 [그림]과 같이 적용하고자 한다. 바닥부분을 제외한 변압기의 표면적이 100m²이고 8개의 노즐에서 분무한다고 할 때 다음 물음에 답하시오. **4점**

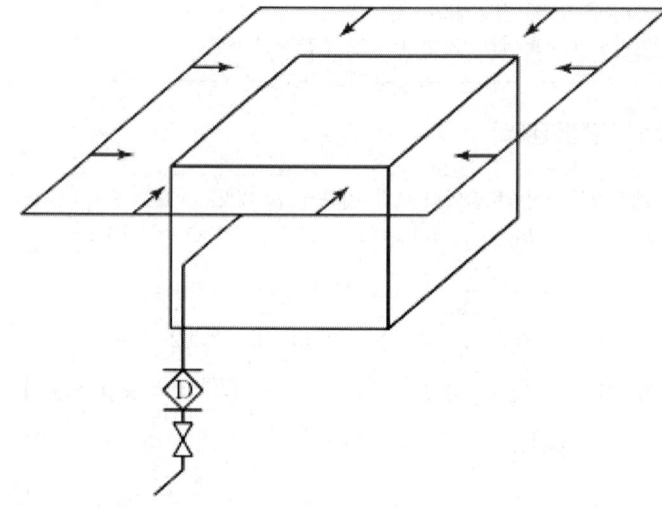

가) 노즐 1개당 필요한 최소 유량(L/min)은 얼마인지 구하시오.

해설 및 정답 절연유 봉입 변압기 표면 방사량 $Q = A(m^2) \times 10L/m^2 \cdot min = 100m^2 \times 10L/m^2 \cdot min$
$= 1,000L/min$

∴ 노즐 1개당 분당 방사량 $= \dfrac{1,000L/min}{8개} = 125L/min$

∴ 125L/min

나) 소화수의 저장량(m³)은 얼마 이상이어야 하는지 구하시오.

해설 및 정답 소화수의 저장량(Q) $= Am^2 \times 10L/m^2 \cdot min \times 20min$
∴ $Q = 100m^2 \times 10L/m^2 \cdot min \times 20min = 20,000L = 20m^3$
∴ 20m³

02
지하 2층, 지상 3층인 특정소방대상물 각 층에 A급 3단위 소화기를 국가화재안전기준에 맞도록 설치하고자 한다. 다음 [조건]을 참고하여 건물의 각 층별 최소 소화기구를 구하시오. **8점**

> **조건**
> 1. 각 층의 바닥면적은 1,500m²이다.
> 2. 지하 1층, 지하 2층은 주차장 용도로 쓰며, 지하 2층에 보일러실 100m²을 설치한다.
> 3. 지상 1층에서 3층까지는 업무시설이다.
> 4. 전 층에 소화설비가 없는 것으로 가정한다.
> 5. 건물구조는 내화구조가 아니다.

가) 지하 2층

해설 및 정답 소화기의 설치개수＝①주용도 설치개수＋②부속용도 설치개수

① 주용도 설치개수 : 주차장은 "자동차 관련시설"에 해당되어 100m²가 1능력단위이다.

$$\therefore \text{주차장의 능력단위} = \frac{1,500\text{m}^2}{100\text{m}^2/\text{능력단위}} = 15\text{능력단위}$$

소화기 1개의 능력단위는 3능력단위이다.

$$\therefore \text{주차장의 소화기 개수} = \frac{15\text{능력단위}}{3\text{능력단위}/\text{개}} = 5 \quad \therefore 5\text{개}$$

② 부속용도의 설치개수 : 보일러실은 바닥면적 25m²마다 능력단위 1단위 이상 설치하여야 한다.

$$\therefore \text{보일러실의 소화기 개수} = \frac{100\text{m}^2}{25\text{m}^2/\text{개}} = 4\text{단위} \quad \therefore \frac{4\text{단위}}{3\text{단위}/\text{개}} = 1.33\text{개} \quad \therefore 2\text{개}$$

소화기의 설치개수＝5개＋2개＝7개
보일러실에는 자동확산소화기를 바닥면적 10m² 이하는 1개, 10m² 초과 시에는 2개 이상 설치하여야 한다.
보일러실의 바닥면적이 100m²이므로 자동확산소화기를 2개 설치하여야 한다.

∴ 소화기 7개, 자동확산소화기 2개

나) 지하 1층

해설 및 정답
$$\text{주차장의 능력단위} = \frac{1,500\text{m}^2}{100\text{m}^2/\text{능력단위}} = 15\text{능력단위}$$

$$\therefore \text{주차장의 소화기 개수} = \frac{15\text{능력단위}}{3\text{능력단위}/\text{개}} = 5\text{개}$$

∴ 소화기 5개

다) 지상 1층~3층

해설 및 정답
$$\text{업무시설의 능력단위} = \frac{1,500\text{m}^2}{100\text{m}^2/\text{능력단위}} = 15\text{능력단위}$$

기출문제

$$\therefore \text{업무시설의 소화기 개수} = \frac{15능력단위}{3능력단위/개} = 5개$$

∴ 각 층마다 5개씩 총 15개

03 ㉮실을 급기 가압하여 옥외와의 압력차가 50Pa이 유지되도록 하려고 한다. 다음 항목을 구하시오. [6점]

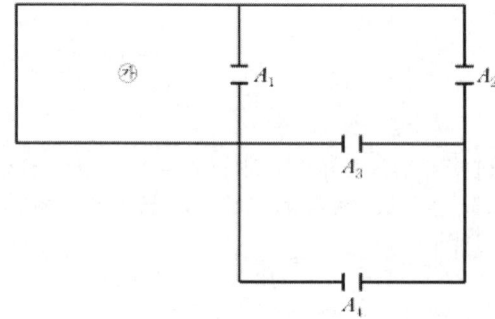

조건

1. 급기량(Q)은 $Q = 0.827 \times A \times \sqrt{P_1 - P_2}$
2. A_1, A_2, A_3, A_4는 닫힌 출입문으로 공기누설 틈새 면적은 0.01m^2으로 동일하다.
   (Q : 급기량(m^3/s), A : 전체 누설 면적(m^2), P_1, P_2 : 급기 가압실 내·외의 기압(Pa))

가) 전체 누설면적 $A[\text{m}^2]$를 구하시오(단, 소수점 아래 7자리에서 반올림하여 소수점 아래 6자리까지 구하시오).

해설 및 정답

출입문 A_3와 A_4는 직렬연결 $A'_3 = \left(\dfrac{1}{0.01^2} + \dfrac{1}{0.01^2}\right)^{-\frac{1}{2}} = 0.007071\text{m}^2$

출입문 A_2와 A'_3는 병렬연결 $A'_2 = 0.01\text{m}^2 + 0.007071\text{m}^2 = 0.017071\text{m}^2$

출입문 A_1과 A'_2는 직렬연결 $= \left(\dfrac{1}{0.01^2} + \dfrac{1}{0.017071^2}\right)^{-\frac{1}{2}} = 0.0086285\text{m}^2 ≒ 0.008629$

∴ 0.008629m^2

나) 급기량[m^3/min]을 구하시오.

해설 및 정답 급기량 $Q = 0.827 \times A \times \sqrt{P}$
$= 0.827 \times 0.008629\text{m}^2 \times \sqrt{50\text{Pa}} = 0.05\text{m}^3/\text{sec} = 3\text{m}^3/\text{min}$

∴ $3\text{m}^3/\text{min}$

04 특별피난계단의 부속실에 설치하는 제연설비에 관한 다음 물음에 답하시오. 6점

가) 옥내의 압력이 750mmHg일 때 화재 시 부속실에 유지하여야 할 최소 압력은 절대압력으로 몇 kPa인지를 구하시오(단, 옥내에 스프링클러설비가 설치되지 아니한 경우이다).

해설 및 정답 특별피난계단의 부속실 제연설비의 제연구역과 옥내와의 최소차압은 40Pa 이상이어야 한다.

옥내의 압력 $= \dfrac{750\text{mmHg}}{760\text{mmHg}} \times 101.325\text{kPa} = 99.99\text{kPa}$

∴ 부속실(제연구역)의 압력 $= 99.99\text{kPa} + 0.04\text{kPa} = 100.03\text{kPa}$

∴ 100.03kPa

나) 부속실만 단독으로 제연하는 방식이며 부속실이 면하는 옥내가 복도로서 그 구조가 방화구조이다. 제연구역에는 옥내와 면하는 2개의 출입문이 있으며 각 출입문의 크기는 가로 1m, 세로 2m이다. 이때 유입공기의 배출을 배출구에 따른 배출방식으로 할 경우 개폐기의 개구면적은 최고 몇 m²인지를 구하시오.

해설 및 정답 배출구를 통해 유입공기를 배출할 때 개폐기의 개구면적 $= \dfrac{Q_N}{2.5}$

Q_N = 제연구역 출입문 1개의 면적 × 방연풍속 $= (1 \times 2)m^2 \times 0.5 m/\sec = 1 m^3/\sec$

∴ 개구부의 개구면적 $= \dfrac{1 m^3/\sec}{2.5} = 0.4 m^2$

∴ 0.4m²

05 다음 [조건]에 따른 위험물 옥내저장소에 제1종 분말소화설비를 전역방출방식으로 설치하고자 할 때 다음을 구하시오. 9점

조건
1. 건물크기는 길이 20m, 폭 10m, 높이 3m이고 개구부는 없는 기준이다.
2. 분말 분사헤드의 사양은 1.5kg/초, 방사시간은 30초 기준이다.
3. 헤드배치는 정방형으로 하고 헤드와 벽과의 간격은 헤드 간격의 1/2 이하로 한다.
4. 배관은 최단거리 토너먼트 배관으로 구성한다.

가) 필요한 분말소화약제 최소 소요량[kg]을 구하시오.

해설 및 정답 분말약제 소요량 = 방호구역의 체적(m³) × 방호구역 1m³당 약제소요량(kg/m³)

방호구역의 체적 $= 20m \times 10m \times 3m = 600 m^3$

1종 분말의 1m³당 약제소요량 $= 0.6 kg/m^3$

∴ 약제 소요량 $= 600 m^3 \times 0.6 kg/m^3 = 360 kg$

∴ 360kg

기출문제

나) 가압용 가스(질소)의 최소 필요량(35℃/1기압 환산 리터)을 구하시오.

해설및정답 가압용 질소가스의 최소 필요량 = 분말약제량(kg)×40L/kg = 360kg×40L/kg = 14,400L
∴ 14,400L

다) 분말 분사헤드의 최소 소요 수량(개)를 구하시오.

해설및정답 360kg의 분말약제를 초당 1.5kg씩 방사하는 분사헤드를 사용하여, 30초에 방사하여야 한다.

∴ 분말 분사헤드의 수 = $\dfrac{360\text{kg}}{1.5\text{kg/sec} \cdot \text{개} \times 30\text{sec}}$ = 8개

∴ 8개

라) 헤드 배치도 및 개략적인 배관도를 작성하시오(단, 눈금 1개의 간격은 1m이고, 헤드 간의 간격 및 벽과의 간격을 표시해야 하며, 분말소화배관 연결 지점은 상부 중간에서 분기하며, 토너먼트 방식으로 한다).

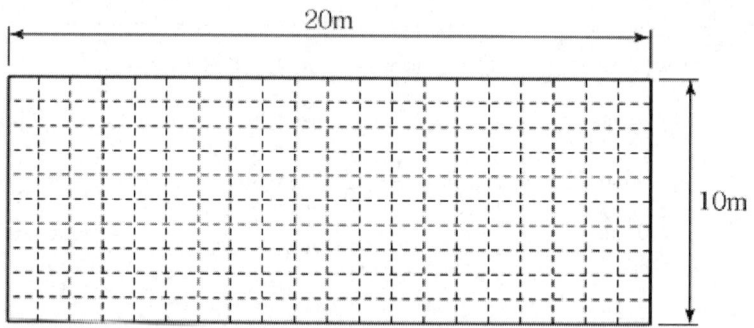

해설및정답 8개의 헤드를 토너먼트방식으로 설치하려면 헤드간의 거리를 5m, 헤드와 벽과의 간격은 2.5m로 하면 된다.

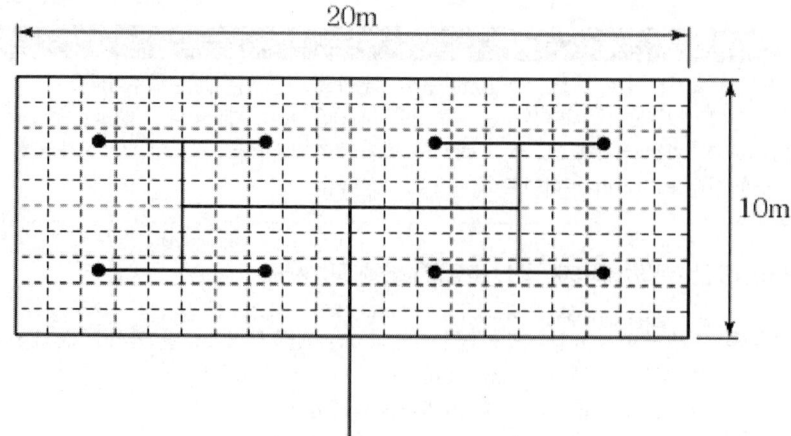

06 소화펌프가 임펠러 직경 150mm, 회전수 1,770rpm, 유량 4,000L/min, 양정 50m로 가압 송수하고 있다. 이 펌프와 상사법칙을 만족하는 펌프가 임펠러 직경 200mm, 회전수 1,170rpm으로 운전하면 유량[L/min]과 양정[m]은 각각 얼마인지 구하시오. **9점**

가) 유량[L/min]

해설 및 정답
$$Q_2 = \frac{N_2}{N_1} \times \left(\frac{D_2}{D_1}\right)^3 \times Q_1 = \frac{1{,}170\text{rpm}}{1{,}770\text{rpm}} \times \left(\frac{200\text{mm}}{150\text{mm}}\right)^3 \times 4{,}000\text{L/min} = 6{,}267.42\text{L/min}$$

∴ 6,267.42L/min

나) 양정[m]

해설 및 정답
$$H_2 = \left(\frac{N_2}{N_1}\right)^2 \times \left(\frac{D_2}{D_1}\right)^2 \times H_1 = \left(\frac{1{,}170\text{rpm}}{1{,}770\text{rpm}}\right)^2 \times \left(\frac{200\text{mm}}{150\text{mm}}\right)^2 \times 50\text{m} = 38.84\text{m}$$

∴ 38.84m

07 지름이 10cm인 소방호스에 노즐 구경이 3cm인 노즐팁이 부착되어 있고, 1.5m³/min의 물을 대기 중으로 방수할 경우 다음 물음에 답하시오(단, 유동에는 마찰이 없는 것으로 가정한다). **10점**

가) 소방호스의 평균유속[m/s]을 구하시오

해설 및 정답
$$\text{호스의 유속} = U = \frac{Q}{A} = \frac{Q}{\frac{\pi D^2}{4}} = \frac{\frac{1.5}{60}\text{m}^3/\text{sec}}{\frac{\pi \times 0.1^2}{4}\text{m}^2} = 3.18477\text{m/sec} ≒ 3.18\text{m/sec}$$

∴ 3.18m/s

나) 소방호스에 연결된 방수 노즐의 평균유속[m/s]을 구하시오.

해설 및 정답
$$\text{노즐의 평균유속} = \frac{\frac{1.5}{60}\text{m}^3/\text{sec}}{\frac{\pi \times 0.03^2}{4}\text{m}^2} = 35.368\text{m/sec} ≒ 35.37\text{m/sec}$$

∴ 35.37m/s

다) 노즐(Nozzle)을 소방호스에 부착시키기 위한 플랜지 볼트에 작용하고 있는 힘[N]을 구하시오.

해설 및 정답 플랜지 볼트에 작용하는 힘 $\Delta F = $ 힘의 차이 $F_1 - $ 추진력 F_2

힘의 차이 $F_1 = 9{,}800\text{N/m}^3 \times \frac{(35.37^2 - 3.18^2)}{2 \times 9.8}\text{m} \times \frac{\pi \times 0.1^2}{4}\text{m}^2 = 4{,}873.1\text{N}$

기출문제

추진력 $F_2 = 1,000\text{kg/m}^3 \times \dfrac{1.5}{60}\text{m}^3/\text{s} \times (35.37 - 3.18)\text{m/s} = 804.75\text{N}$

∴ 플랜지 볼트에 작용하는 힘 = 4,873.1N − 804.75N = 4,068.35N

∴ 4,068.35N

08 [그림]과 같은 소화용수 배관의 분기관 3지점에서의 유량[m³/s]과 유속[m/s]을 구하시오. [6점]

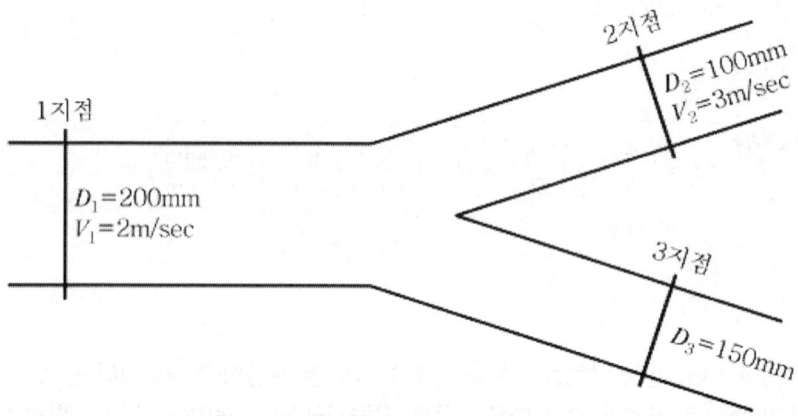

조건
1. 분기관 1지점 지름 $D_1 = 200\text{mm}$, 유속 $V_1 = 2\text{m/s}$
2. 분기관 2지점 지름 $D_2 = 100\text{mm}$, 유속 $V_2 = 3\text{m/s}$
3. 분기관 3지점 지름 $D_3 = 150\text{mm}$

가) 3지점 유량 Q_3[m³/s]

[해설 및 정답] 3지점 유량(Q_3) = 1지점 유량(Q_1) − 2지점 유량(Q_2)

$$Q_3 = \left(\dfrac{\pi \times 0.2^2}{4}\text{m}^2 \times 2\text{m/s}\right) - \left(\dfrac{\pi \times 0.1^2}{4}\text{m}^2 \times 3\text{m/s}\right) = 0.039\text{m}^3/\text{s}$$

∴ 0.04m³/s

나) 3지점 유속 V_3[m/s]

[해설 및 정답] 3지점 유속 $V_3 = \dfrac{Q_3}{A_3} = \dfrac{0.04 m^3/s}{\dfrac{\pi \times 0.15^2}{4} m^2} = 2.26 m/s$

∴ 2.26m/s

09 폐쇄형 헤드를 사용한 스프링클러설비의 말단 배관 중 K점에 필요한 가압수의 수압을 화재안전기준 및 주어진 [조건]을 이용하여 구하시오(단, 모든 헤드는 80L/min으로 방사되는 기준이고, 티의 사양은 분류되기 전 배관과 동일한 사양으로 적용한다. 또한, 티에서 마찰손실수두는 분류되는 유량이 큰 방향의 값을 적용하며 동일한 분류량인 경우는 직류 티의 값을 적용한다. 그리고 가지배관 말단과 교차배관 말단은 엘보로 하며, 리듀서의 마찰손실은 큰 구경을 기준으로 적용한다). **11점**

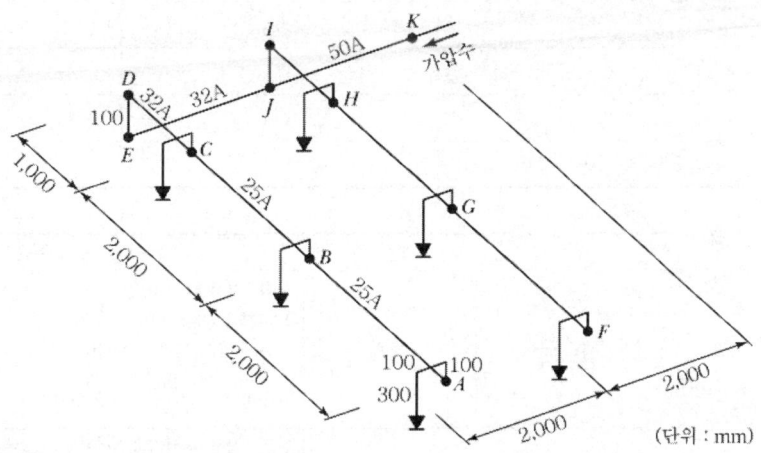

조건

1. 100m당 직관 마찰손실수두(m)

항목	유량조건	25A	32A	40A	50A
1	80L/min	39.82	11.38	5.40	1.68
2	160L/min	150.42	42.84	20.29	6.32
3	240L/min	307.77	87.66	41.51	12.93
4	320L/min	521.92	148.66	70.40	21.93
5	400L/min	789.04	224.75	106.31	32.99
6	480L/min	1042.06	321.55	152.36	47.43

2. 관 이음쇠 마찰손실에 상응하는 직관길이(m)

관이음	25A	32A	40A	50A
엘보(90°)	0.9	1.2	1.5	2.1
리듀서(큰 구경 기준)	0.54	0.72	0.9	1.2
티(직류)	0.27	0.36	0.45	0.6
티(분류)	1.5	1.8	2.1	3.0

기출문제

3. 헤드나사는 PT 1/2(15A)를 적용한다(리듀서를 적용함).
4. 수압산정에 필요한 계산과정을 상세히 명시해야 한다.

가) 배관 마찰손실수두[m]

구간	배관크기	소요수두
말단헤드~B	25A	
B~C	25A	
C~J	32A	
J~K	50A	
총 마찰손실수두		

해설 및 정답

구간	관경	소요수두
말단헤드-B	25A	직관 : 2m+0.1m+0.1m+0.3m=2.5m 90°엘보 3개×0.9m=2.7m 리듀서(25A) 1개×0.54m=0.54m $5.74\text{m} \times \dfrac{39.82\text{m}}{100\text{m}} = 2.286\text{m}$
B-C	25A	직관 : 2m, 직류T : 1개×0.27m=0.27m $2.27\text{m} \times \dfrac{150.42\text{m}}{100\text{m}} = 3.41\text{m}$
C-J	32A	직관 : 2m+0.1m+1m=3.1m 90°엘보 2개×1.2m=2.4m 분류T : 1개×1.8m=1.8m 리듀서(32A) 1개×0.72m=0.72m $8.02\text{m} \times \dfrac{87.66\text{m}}{100\text{m}} = 7.03\text{m}$
J-K	50A	직관 : 2m, 직류T : 1개×0.6m=0.6m 리듀서(50A) 1개×1.2m=1.2m $3.8\text{m} \times \dfrac{47.43\text{m}}{100\text{m}} = 1.802\text{m}$

계 : 14.53m

나) 헤드 선단의 낙차 수두[m]

해설 및 정답 헤드 선단의 낙차 수두=출발점에서 헤드까지의 낙차
0.1m+0.1m-0.3m=-0.1m
∴ -0.1m

다) 헤드 선단의 최소 방수 압력[MPa]

해설 및 정답 0.1MPa

라) K점의 최소 요구 압력[kPa]

해설및정답 K점의 최소 요구 압력 = 배관의 마찰손실수두 + 낙차환산수두 + 헤드 최소방사압력 환산수두
= 14.53m + (−0.1m) + 10m
= 24.43m

$$\therefore 24.43\text{m} \times \frac{101.325\text{kPa}}{10.332\text{m}} = 279.58\text{kPa}$$

10 스프링클러설비 가지배관의 배열에 대한 다음 각 물음에 답하시오. [6점]

가) 토너먼트 방식이 허용되지 않는 주된 이유 2가지를 쓰시오.

해설및정답
1. 수격작용 발생에 의한 배관 및 부속물 손상
2. 분기점에 의한 마찰손실이 크게 발생하여 방수압력 유지의 어려움

나) 토너먼트 방식이 적용되는 소화설비를 4가지 쓰시오.

해설및정답
1. 분말 소화설비
2. 이산화탄소 소화설비
3. 할론 소화설비
4. 할로겐화합물 및 불활성기체 소화설비

11 길이 800m인 관로 속을 2.5m/s의 속도로 물이 흐르고 있을 때 출구의 밸브를 1.3초 사이에 잠그면 압력상승은 몇 Pa인지 구하시오(단, 수관 속의 음속 a=1,000m/s이다). [6점]

해설및정답 수격작용은 밸브등의 급격한 폐쇄로 형성된 압력파가 음속의 속도로 관로 길이 뒤로 음속의 속도로 갔다가 돌아와 압력을 형성하는 것이다. 이때 압력파가 되돌아오는 시간보다 밸브를 빠르게 닫으면 수격작용이 발생되고, 느리게 닫으면 토출로 이어져 압력은 형성하지 않게 된다.

압력파가 돌아오는 시간 = $\frac{2l}{a} = \frac{2 \times 800\text{m}}{1,000\text{m/sec}} = 1.6\text{sec}$, ($l$: 관로의 길이, α : 음속)

밸브 닫는 시간 1.3초, 압력파가 돌아오는 시간 1.6초이므로 수격작용이 발생된다.

압력상승 최고값 $h_{\max} = \frac{a \times v}{g} = \frac{1,000\text{m/sec} \times 2.5\text{m/sec}}{9.8\text{m/sec}^2} \fallingdotseq 255.1\text{mH}_2\text{O}$

$h_{\max} = 255.1\text{mH}_2\text{O} \times \frac{101,325\text{Pa}}{10.332\text{mH}_2\text{O}} = 2,501,724\text{Pa}$

$\therefore 2.5 \times 10^6 Pa$

기출문제

12 할로겐화합물 및 불활성기체 소화약제 저장용기의 재충전 및 교체 기준에 대한 설명이다. 다음 ( ) 안에 알맞은 내용을 쓰시오. 5점

> 할로겐화합물 소화약제 저장용기의 (①)을(를) 초과하거나 (②)을(를) 초과할 경우에는 재충전하거나 저장용기를 교체하여야 한다. 다만, 불활성기체 소화약제 저장용기의 경우에는 (③)(을)를 초과할 경우 재충전하거나 저장용기를 교체하여야 한다.

해설 및 정답
① 약제량 손실이 5%
② 압력손실이 10%
③ 압력손실이 5%

13 수계소화설비의 가압송수펌프의 정격유량 및 정격양정이 800L/min 및 80m일 때 펌프의 성능특성곡선, 체절운전점, 100% 운전점(설계점) 그리고 150% 운전점을 명시하시오. 5점

해설 및 정답
① 체절 운전점 : 체절 운전점(유량 Q=0)일 때 펌프 정격토출양정의 140% 이하,
   $80m \times 1.4 = 112m$
② 100% 운전점 : 펌프 정격토출량일 때 펌프의 정격토출량(800L/min일 때 80m)
③ 150% 운전점 : 정격토출량의 150%일 때 정격토출양정의 65% 이상
③ 150% 운전점 : ($800L/\min \times 1.5 = 1,200L/\min$ 일 때 $80m \times 0.65 = 52m$)

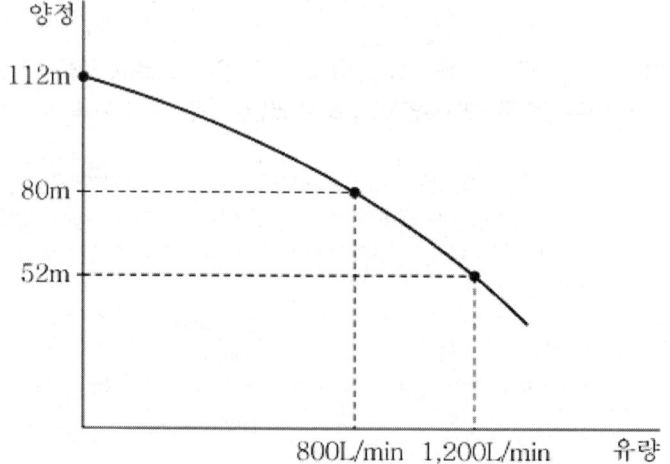

14 다음은 저압식 이산화탄소 소화설비 계통도이다. 평상시 닫혀 있는 밸브와 열려 있는 밸브의 번호를 각각 열거하시오. 5점

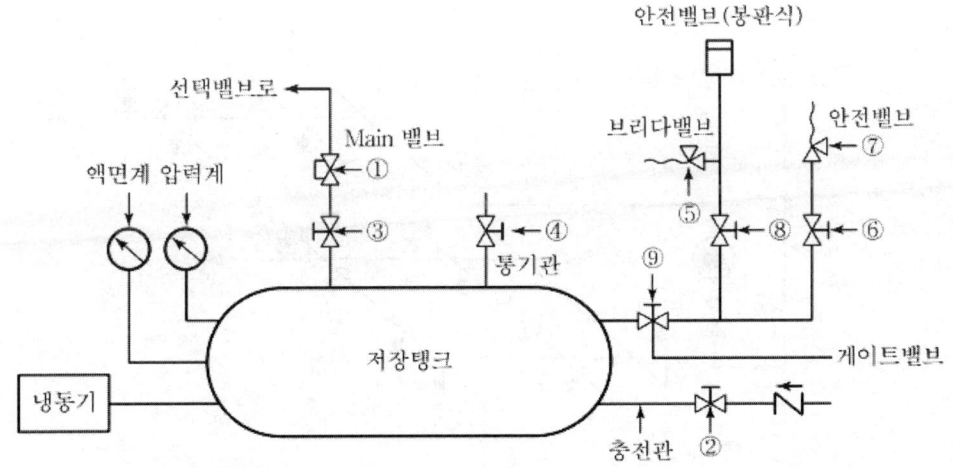

가) 평상시 닫혀 있는 밸브

해설및정답 ①, ②, ④, ⑤, ⑦

나) 평상시 열려 있는 밸브

해설및정답 ③, ⑥, ⑧, ⑨

15 스프링클러설비 가압송수장치에 사용되는 압력챔버의 주된 역할과 압력챔버에 설치되는 안전밸브의 작동범위를 쓰시오. 5점

가) 압력챔버의 주된 역할

해설및정답 주펌프의 자동 기동, 충압펌프의 자동기동 및 정지

나) 압력챔버에 설치되는 안전밸브의 작동범위

해설및정답 호칭압력 이상, 호칭압력 1.3배 이하

기출문제

16 스프링클러설비 배관의 계통도이다. 다음에서 주어진 각 배관의 명칭을 쓰시오. [4점]

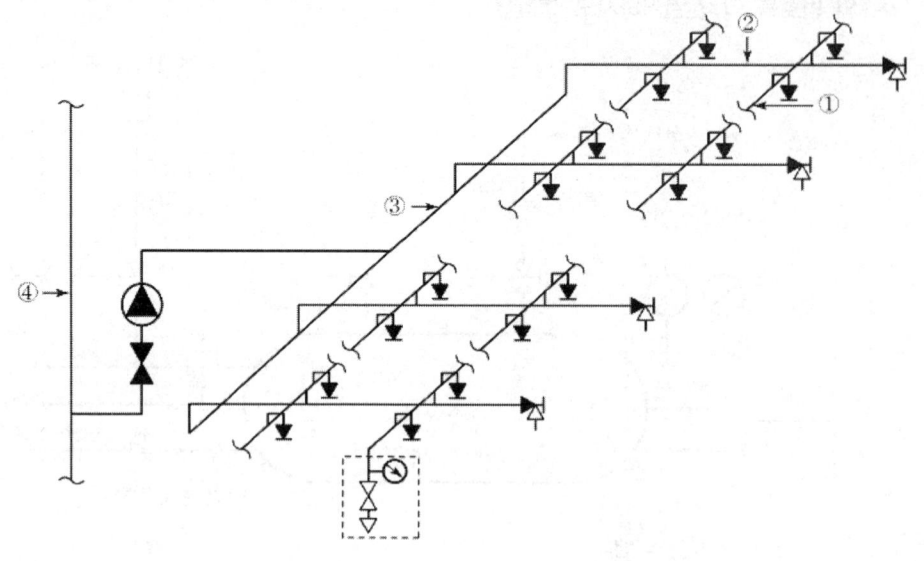

해설및정답 ① 가지배관   ② 교차배관   ③ 수평주행배관   ④ 주배관

2016년 제2회 소방설비기사[기계분야] 2차 실기

2016년 6월 26일 시행

01 매초 당 3,000N의 물이 내경 300mm인 소화배관을 통하여 흐르고 있는 경우 다음 각 물음에 답하시오. [5점]

가) 소화 배관 내 물의 평균유속[m/s]을 구하시오.

해설및정답 중량유량 $W[N/\text{sec}] = A[m^2] \times U[m/s] \times \gamma[N/m^3]$ 로부터

평균유속 $U = \dfrac{W}{A \cdot \gamma} = \dfrac{3,000\text{N/sec}}{0.071\text{m}^2 \times 9,800\text{N/m}^3} = 4.31\text{m/sec}$

$\left(\because A = \dfrac{\pi \times 0.3^2}{4} = 0.071 m^2\right)$

∴ 4.31m/s

나) 소화 배관 내 물의 평균 유속을 9.74m/s로 할 경우 소화 배관의 관경[m]을 구하시오.

해설및정답 $D = \sqrt{\dfrac{4 \times W}{\pi \times U \times \gamma}} = \sqrt{\dfrac{4 \times 3,000\text{N/s}}{\pi \times 9.74\text{m/s} \times 9,800\text{N/m}^3}} = 0.2\text{m}$

∴ 0.2m

02 습식 스프링클러설비의 말단시험밸브의 시험작동 시 확인될 수 있는 사항 5가지를 쓰시오. [5점]

해설및정답
1. 유수검지장치의 작동확인
2. 경보기능(사이렌) 정상작동 여부
3. 가압송수장치 정상작동 여부
4. 방수압력 확인
5. 방수량 확인

기출문제

03 다음 [도면]은 준비작동식 스프링클러설비의 계통을 나타낸 것이다. 화재가 발생하였을 때 화재감지기, 소화설비 수신반의 표시부, 전자밸브 및 압력스위치 간의 작동연계성(Operation Sequence)을 요약 설명하시오. 5점

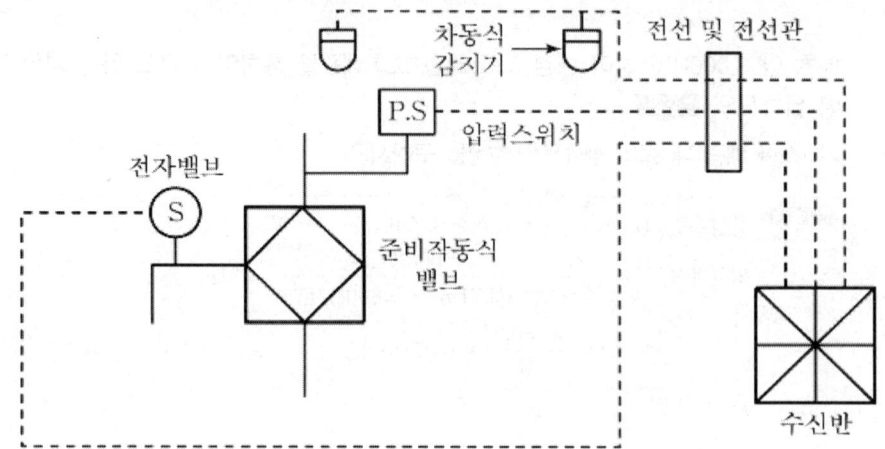

해설 및 정답
① 1단계 : 감지기(A회로) 작동
② 2단계 : 수신반 화재표시 및 화재경보 발령
③ 3단계 : 감지기(B회로) 작동
④ 4단계 : 수신반 화재표시 및 전자밸브 개방으로 중간밸브 감압에 의한 준비작동밸브 개방
⑤ 5단계 : 압력스위치 동작에 의한 밸브 개방표시등 점등
⑥ 6단계 : 열로 인해 헤드개방 및 소화, 펌프 기동

04 배관 내의 유체온도 및 외부온도의 변화에 따라 배관이 팽창 또는 수축을 하므로 배관 또는 기구의 파손이나 굽힘을 방지하기 위하여 배관 도중에 사용되는 신축이음의 종류 5가지를 쓰시오. 5점

해설 및 정답
1. 슬리브형
2. 벨로우즈형
3. 루프형
4. 스위블형
5. 상온 스프링형

05
전기실에 제1종 분말소화약제를 사용한 분말소화설비를 전역방출방식의 가압식으로 설치하려고 한다. 다음 [조건]을 참조하여 각 물음에 답하시오. **8점**

> **조건**
> 1. 특정소방대상물의 크기는 가로 11m, 세로 9m, 높이 4.5m인 내화구조로 되어 있다.
> 2. 특정소방대상물의 중앙에 가로 1m, 세로 1m의 기둥이 있고, 기둥을 중심으로 가로, 세로 보가 교차되어 있으며, 보는 천장으로부터 0.6m, 너비 0.4m의 크기이고, 보와 기둥은 내열성 재료이다.
> 3. 전기실에는 0.7m×1.0m, 1.2m×0.8m인 개구부 각각 1개씩 설치되어 있으며, 1.2m×0.8m인 개구부에는 자동폐쇄장치가 설치되어 있다.
> 4. 방호 공간에 내화 구조 또는 내열성 밀폐재료가 설치된 경우에는 방호 공간에서 제외할 수 있다.
> 5. 방사헤드의 방출률은 7.82kg/mm^2·min·개이다.
> 6. 약제 저장용기 1개의 내용적은 50L이다.
> 7. 방사헤드 1개의 오리피스(방출구) 면적은 0.45cm^{2}이다.
> 8. 소화약제 산정기준 및 기타 필요한 사항은 국가화재안전기준에 준한다.

가) 저장에 필요한 제1종 분말소화약제의 최소 양[kg]

해설및정답 방호구역의 체적 = ①실의 체적 - ②불연재료로 밀폐된 구조물의 체적

① 실의 체적 = 11m × 9m × 4.5m = 445.5m^3
② 불연재료로 밀폐된 구조물의 체적 = 4.5m^3 + 4.32m^3 = 8.82m^3
  ⅰ) 기둥의 체적 = 4.5m^3
  ⅱ) 보의 체적 = (0.6m × 0.4m × 5m) × 2개 + (0.6m × 0.4m × 4m) × 2개 = 4.32m^3
  ∴ 방호구역의 체적 = 445.5m^3 - 8.82m^3 = 436.68m^3

자동폐쇄장치가 없는 개구부의 면적 = 0.7m × 1m = 0.7m^2

∴ W = (V × α) + (A × β) = (436.68m^3 × 0.6kg/m^3) + (0.7m^2 × 4.5kg/m^2) = 265.16kg

∴ 256.16kg

나) 저장에 필요한 약제 저장용기의 수[병]

해설및정답 1종 분말의 경우 분말약제 1kg을 0.8L 이상인 용기에 저장해야 하므로

$$\text{병당 충전량} = \frac{\text{용기의 내용적(L)}}{\text{충전비(L/kg)}} = \frac{50L}{0.8L/kg} = 62.5kg$$

$$\text{필요 병수} = \frac{\text{필요 약제량}}{\text{병당 충전량}} = \frac{265.16kg}{62.5kg/\text{병}} = 4.24 ≒ 5(\text{절상})$$

∴ 5병

기출문제

다) 설치에 필요한 방사 헤드의 최소 개수(단, 소화약제의 양은 문항 "나"에서 구한 저장용기 수의 소화약제 양으로 한다)

해설 및 정답

방사 헤드의 수 = $\dfrac{\text{총 방사량(kg)}}{\text{헤드 1개 방사량(kg/개)}}$

$45\text{mm}^2 = \dfrac{\text{헤드 1개 방사량}}{7.82\text{kg/mm}^2 \cdot \text{min} \times 0.5\text{min}}$

∴ 헤드 1개 방사량 = 175.95kg

$\dfrac{5 \times 62.5\text{kg}}{175.95\text{kg/개}} = 1.77$ ∴ 2개

라) 설치에 필요한 전체 방사 헤드의 오리피스 면적[mm^2]

해설 및 정답

헤드의 오리피스 면적 = 헤드의 수 × 1개 헤드의 오리피스 면적
$= 2\text{개} \times 45\text{mm}^2 = 90\text{mm}^2$

∴ 90mm^2

마) 방사 헤드 1개의 방사량[kg/min]

해설 및 정답

$\dfrac{5\text{병} \times 62.5kg}{2\text{개} \times 0.5\text{min}} = 312.5\text{kg/min}$

∴ 312.5kg/min

바) 문항 "나"에서 산출한 저장용기수의 소화약제가 방출되어 모두 열분해 시 발생한 CO_2의 양은 몇 kg이며, 이때 CO_2의 부피는 몇 m^3인가? (단, 방호구역 내의 압력은 120kPa, 주위온도는 500℃이고, 제1종 분말소화약제 주성분에 대한 각 원소의 원자량은 다음과 같으며, 이상기체 상태 방정식을 따른다고 한다)

원소기호	Na	H	C	O
원자량	23	1	12	16

1) CO_2의 양[kg]

해설 및 정답

1종 분말 방사량 = 62.5kg/병 × 5병 = 312.5kg

$2NaHCO_3 \rightarrow Na_2CO_3 + H_2O + CO_2 - Q\text{kcal}$

2×84kg   :   44kg
312.5kg   :   X

CO_2 발생량(X) = $\dfrac{312.5\text{kg}}{(2 \times 84)\text{kg}} \times 44\text{kg} = 81.84\text{kg}$

∴ 81.84kg

2) CO_2의 부피[m^3]

해설및정답 이상기체 방정식 $PV = \dfrac{W}{M}RT$ 로부터

CO_2의 부피(m^3) $V = \dfrac{WRT}{PM}$

$= \dfrac{81.84\text{kg} \times 8.314\text{kPa} \cdot \text{m}^3/\text{kmol} \cdot \text{K} \times (500+273)\text{K}}{120\text{kPa} \times 44\text{kg/kmol}} = 99.61\text{m}^3$

∴ 99.61m^3

06 제연 전용설비를 나타낸 다음 [그림]을 참고하여 물음에 답하시오. 10점

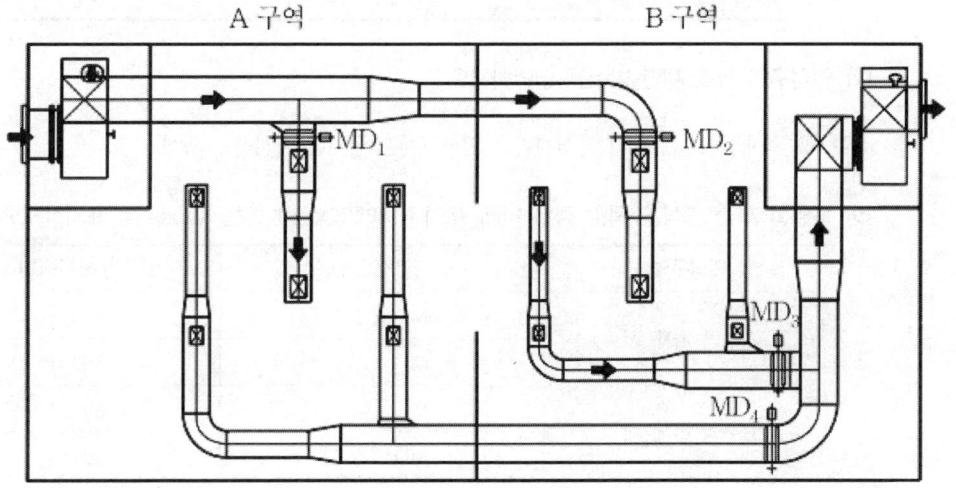

조건
1. [그림]에서 MD_1~MD_4는 모터로 구동되는 댐퍼를 표시한다.
2. [그림]의 왼쪽은 급기, 오른쪽은 배기설비를 나타낸다.

가) 동일실 제연방식을 설명하시오.

해설및정답 급기와 배기를 화재실에서 동시에 실시하는 방식

기출문제

나) 동일실 제연방식을 택할 경우 아래 표의 ( )에 (Open) 또는 (Close)를 표기하시오.

제연구역	급기댐퍼	배기댐퍼
A구역 화재 시	MD_1 ( )	MD_4 ( )
	MD_2 ( )	MD_3 ( )
B구역 화재 시	MD_2 ( )	MD_3 ( )
	MD_1 ( )	MD_4 ( )

해설 및 정답

제연구역	급기댐퍼	배기댐퍼
A 구역 화재 시	MD_1 (open)	MD_4 (open)
	MD_2 (close)	MD_3 (close)
B 구역 화재 시	MD_2 (open)	MD_3 (open)
	MD_1 (close)	MD_4 (close)

다) 인접구역 상호 제연 방식을 설명하시오.

해설 및 정답 화재실에서는 배기를 실시하고 인접실에는 급기를 실시하는 방식

라) 동일실 제연 방식을 택할 경우 아래 표의 ( )에 (Open) 또는 (Close)를 표기하시오.

제연구역	급기댐퍼	배기댐퍼
A구역 화재 시	MD_1 ( )	MD_4 ( )
	MD_2 ( )	MD_3 ( )
B구역 화재 시	MD_2 ( )	MD_3 ( )
	MD_1 ( )	MD_4 ( )

해설 및 정답

제연구역	급기댐퍼	배기댐퍼
A 구역 화재 시	MD_1 (close)	MD_4 (open)
	MD_2 (open)	MD_3 (close)
B 구역 화재 시	MD_2 (close)	MD_3 (open)
	MD_1 (open)	MD_4 (close)

07 토너먼트 배관 방식으로 배관 및 헤드 설치 관계를 완성하시오. 5점

――― : 배관   ○ : 헤드   ⊗ : 선택밸브

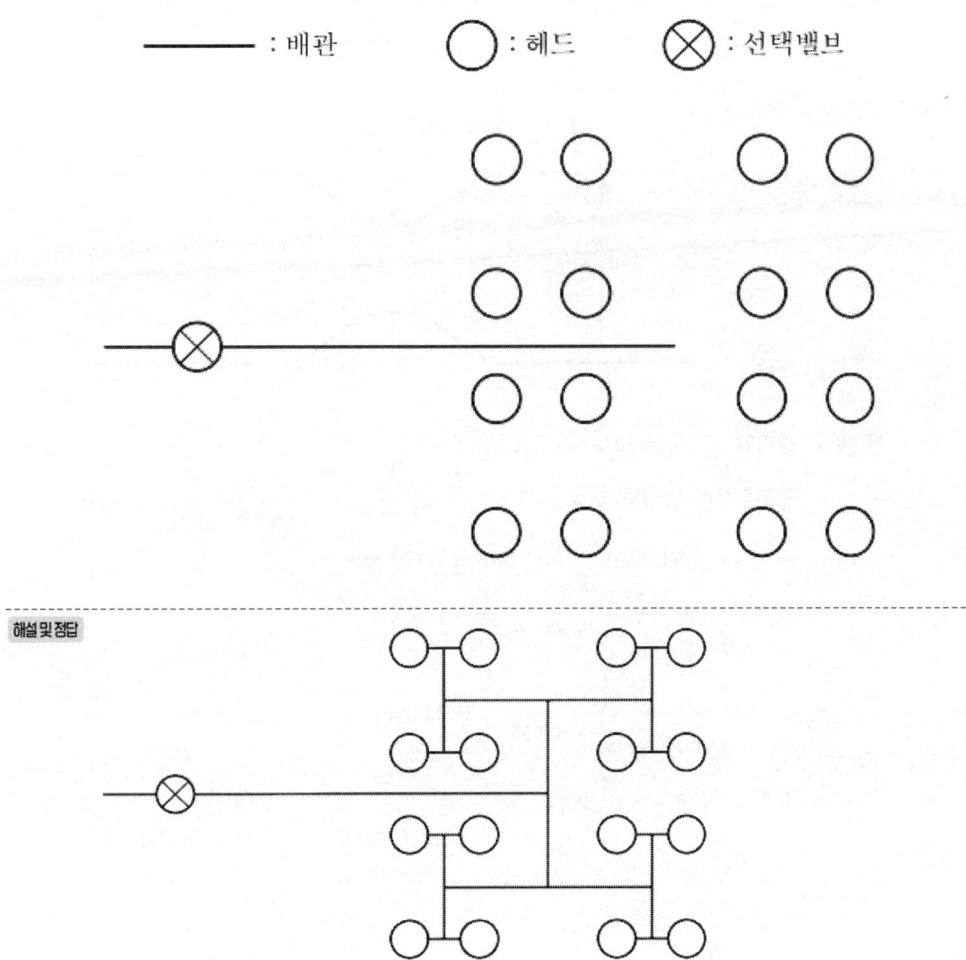

기출문제

08 [그림]과 같은 관에 유량이 980N/s로 40℃의 물이 흐르고 있다. ②점에서 공동현상이 발생하지 않도록 하기 위한 ①점에서의 최소 압력[kPa]을 구하시오(단, 관의 손실은 무시하고 40℃ 물의 증기압은 55.324mmHg·abs이다). **5점**

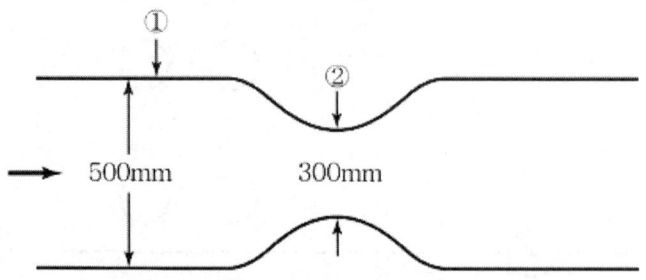

해설 및 정답 증기압 55.324mmHg = 0.7521mH$_2$O

공동현상이 발생되지 않을 조건 : $\dfrac{P_2}{\gamma} \geq \dfrac{P_v}{\gamma}$ ∴ $\dfrac{P_2}{9,800\text{N/m}^3} \geq 0.7521\text{m}$

∴ $P_2 = 9,800\text{N/m}^3 \times 0.7521\text{m} = 7,370.58\text{N/m}^2$

$U_2 = \dfrac{980\text{N/s}}{9,800\text{N/m}^3 \times \dfrac{\pi \times 0.3^2}{4}\text{m}^2} = 1.415 m/s$

$U_1 = \dfrac{980\text{N/s}}{9,800\text{N/m}^3 \times \dfrac{\pi \times 0.5^2}{4}\text{m}^2} = 0.509 m/s$

베르누이방정식에 적용하면

$\dfrac{P_1}{9,800\text{N/m}^3} + \dfrac{(0.509\text{m/sec})^2}{2 \times 9.8\text{m/sec}^2} = \dfrac{7,370.58\text{N/m}^2}{9,800\text{N/m}^3} + \dfrac{(1.415\text{m/sec})^2}{2 \times 9.8\text{m/sec}^2}$

∴ $P_1 = 8242.15\text{N/m}^2$

∴ 8.24kPa

09 내경이 2m이고 길이 1.5m인 원통형 내압용기가 두께 3mm의 연강관으로 제작되었다. 용접에 의한 허용응력 감소를 무시할 때 이 용기 내부에 허용할 수 있는 최고압력(MPa)을 구하시오(단, 내압용기 재료의 허용응력은 $\sigma_W = 250$MPa이다). **5점**

해설 및 정답 $t(\text{mm}) = \dfrac{PD}{2\sigma_w E}$ 로부터 $P = \dfrac{2\sigma_w E}{D} \times t = \dfrac{2 \times 250\text{MPa} \times 1}{2,000\text{mm}} \times 3\text{mm} = 0.75\text{MPa}$

∴ 0.75MPa

10 바닥면적이 380m²인 다른 거실의 피난을 위한 경유거실의 제연설비에 대해 다음 물음에 답하시오. **12점**

가) 소요 배출량[m³/h]을 구하시오.

> **해설 및 정답** 400m² 미만인 예상제연구역 배출량 산정식
> Q=바닥면적(m²)×1m³/m²·min×60min/hr
> Q=380m²×1m³/m²·min×60min/hr=22,800m³/hr
> ∴ 22,800m³/hr 이상

나) 배출기의 흡입측 풍도의 높이를 600mm로 할 때 풍도의 최소 폭[mm]을 구하시오.

> **해설 및 정답** 배출기의 흡입측 풍도의 풍속은 15m/s 이하이어야 하므로
>
> 흡입측 풍도의 단면적(A)=$\dfrac{Q}{U}=\dfrac{\dfrac{22,800}{3,600}\text{m}^3/\text{sec}}{15\text{m}/\text{sec}}=0.422\text{m}^2$
>
> ∴ 폭=$\dfrac{\text{단면적}(\text{m}^2)}{\text{높이}(\text{m})}=\dfrac{0.422\text{m}^2}{0.6\text{m}}=0.7033\text{m}$
>
> ∴ 703mm

다) 송풍기의 전압이 50mmAq, 회전수는 1,200rpm이고 효율이 55%인 다익송풍기 사용 시 전동기 동력[kW]을 구하시오(단, 송풍기의 여유율은 20%이다).

> **해설 및 정답** 50mmH₂O=50kgf/m²이므로
>
> 전동기 동력[kW]=$\dfrac{P\times Q}{102\times \eta}\times K$
>
> $=\dfrac{50\text{kgf}/\text{m}^2\times(22,800/3,600)\text{m}^3/\text{sec}}{102\times 0.55}\times 1.2$
>
> $=6.77\text{kW}$
>
> ∴ 6.77kW

라) 송풍기의 회전차 크기를 변경하지 않고 배출량을 20% 증가시키고자 할 때 회전수[rpm]를 구하시오.

> **해설 및 정답** $N_2=\dfrac{Q_2}{Q_1}\times N_1=\dfrac{1.2Q_1}{Q_1}\times 1,200\text{rpm}=1,440\text{rpm}$
>
> ∴ 1,440rpm

마) "라"항의 계산결과 회전수로 운전할 경우 송풍기의 전압[mmAq]을 구하시오.

> **해설 및 정답** $P_2=\left(\dfrac{N_2}{N_1}\right)^2\times P_1=\left(\dfrac{1,440}{1,200}\right)^2\times 50\text{mmAq}=72\text{mmAq}$
>
> ∴ 72mmAq

기출문제

바) "마"항에서의 계산결과를 근거로 10kW 전동기를 설치 후 풍량의 20%를 증가시켰을 경우 전동기 사용 가능여부를 설명하시오(단, 전달계수는 1.1이다).

해설 및 정답 20% 증가시킨 풍량 = 22,800m³/hr × 1.2 = 27,360m³/hr

풍량 증가 후 전달동력[kW] = $\dfrac{72\text{kgf/m}^2 \times (27,360/3,600)\text{m}^3/\text{sec}}{102 \times 0.55} \times 1.1 = 10.73\text{kW}$

필요 동력인 10.73kW보다 공급하는 동력 10kW가 더 작으므로 사용불가

∴ 전동기 사용불가

11 최상층의 옥내소화전 방수구까지의 수직 높이가 85m인 24층 건축물의 1층에 설치된 소화펌프의 정격토출압력은 1.2MPa이고, 옥내소화전설비의 말단 방수구 요구 압력이 0.27MPa이며, 펌프의 기동 설정 압력은 0.8MPa이다. 마찰손실을 무시할 경우 다음 물음에 답하시오. [6점]

가) 펌프 사양(양정)의 적합성 여부

해설 및 정답 방사압력 = 정격토출압력 − 전체(배관, 부속물, 호스) 마찰손실압력 − 낙차환산압력

$P_3 = P - P_1 - P_2 = 1.2\text{MPa} - 0 - 0.85\text{MPa} = 0.35\text{MPa}$

실제 방사압력 0.35MPa은 요구방사압력 0.27MPa보다 크므로 적합하다.

∴ 적합

나) 펌프의 자동 기동 여부

해설 및 정답 낙차환산 압력인 0.85MPa보다 펌프 기동압력인 0.8MPa이 작으므로 자동 기동 불가

∴ 불가

12 관로를 유동하는 물의 유속을 측정하고자 [그림]과 같은 장치를 설치하였다. U자 관의 읽음이 20cm일 때 관내 유속(m/s)을 구하시오(단, 수은의 비중은 13.6, 유량계수는 1이다). **6점**

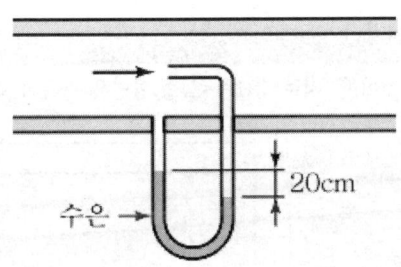

해설 및 정답

$$U(\text{m/sec}) = \sqrt{2 \times g \times H \times \left(\frac{\gamma_{Hg} - \gamma_{H_2O}}{\gamma_{H_2O}}\right)}$$

$$= \sqrt{2 \times 9.8\text{m/s}^2 \times 0.2\text{m} \times \left(\frac{13{,}600\text{kgf/m}^3 - 1{,}000\text{kgf/m}^3}{1{,}000\text{kgf/m}^3}\right)}$$

$$= 7.03\text{m/s}$$

∴ 7.03m/s

13 방호구역의 체적이 400m³인 특정소방대상물에 CO_2 소화설비를 설치하였다. 이곳에 CO_2 80kg을 방사하였을 때 CO_2의 농도(%)를 구하시오(단, 실내압력은 121kPa, 온도는 22℃이다). **4점**

해설 및 정답

$$CO_2\% = \frac{CO_2\text{의 기화체적}}{\text{방호구역 체적} + CO_2\text{의 기화체적}} \times 100 = \frac{36.85\text{m}^3}{400\text{m}^3 + 36.85\text{m}^3} \times 100 = 8.44\%$$

CO_2의 기화체적 $V = \dfrac{WRT}{PM}$

$$= \frac{80\text{kg} \times 8.314\text{kPa} \cdot \text{m}^3/\text{kmol} \cdot \text{K} \times (273+22)\text{K}}{121\text{kPa} \times 44\text{kg}}$$

$$= 36.85\text{m}^3$$

∴ 8.44%

기출문제

14 지하 2층, 지상 11층 사무소 건축물에 아래와 같은 [조건]에서 스프링클러 소화설비를 설계하고자 할 때 다음 각 물음에 답하시오. [8점]

조건
1. 건축물은 내화구조이며, 기준 층(1층~11층)평면은 다음과 같다.

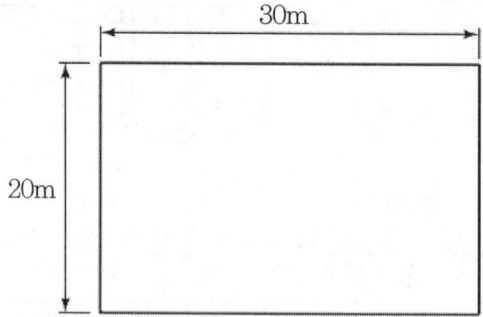

2. 실 양정은 48m이며, 배관의 마찰손실과 관 부속품에 대한 마찰손실의 합은 12m이다.
3. 모든 규격 치는 최소량을 적용한다.
4. 펌프의 효율은 65%이며, 동력전달 여유율은 10%로 한다.
5. 연결 송수관 설비를 겸용한다.

가) 지상 층에 설치된 스프링클러 헤드의 개수를 구하시오(단, 정방형으로 배치한다).

해설및정답 헤드간의 수평거리 = $2 \times 2.3m \times \cos 45° = 3.25m$

가로열 설치개수 = $\dfrac{30m}{3.25m/개} = 9.22 = 10$(절상)

세로열 설치개수 = $\dfrac{20m}{3.25m/개} = 6.15 = 7$(절상)

∴ 10개×7개 = 70개
지상층 전체 스프링클러헤드의 수 = 11층×70개 = 770개
∴ 770개

나) 펌프의 전양정[m]을 구하시오.

해설및정답 H(전양정) = 배관의 마찰손실양정 + 실양정 + 방사압력 환산양정
H(전양정) = 12m + 48m + 10m = 70m
∴ 70m

다) 송수펌프의 전동기용량[kW]을 구하시오.

해설및정답 11층 이상이므로 기준개수 30개
∴ 토출량 = 30×80L/min = 2,400L/min

$$P(\text{kW}) = \frac{\gamma QH}{102\eta} K = \frac{1{,}000 \times \left(\frac{2.4}{60}\right) \times 70}{102 \times 0.65} \times 1.1 = 46.46\text{kW}$$

∴ 46.46kW

15 폐쇄형헤드를 사용한 스프링클러설비의 [도면]이다. 스프링클러헤드 중 A지점에 설치된 헤드 1개만이 개방되었을 때 각 다음 물음에 답하시오(단, 주어진 [조건]을 적용하여 계산하고, 설비도면의 길이단위는 mm이다). **7점**

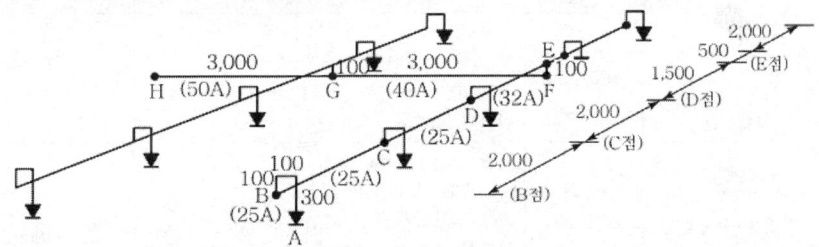

조건

1. 급수관 중 「H점」에서의 가압수 압력은 0.15MPa로 계산한다.
2. 엘보는 배관 지름과 동일한 지름의 엘보를 사용하고 티의 크기는 다음 표와 같이 사용한다. 그리고 관경 축소는 오직 리듀서만을 사용한다.

지점	C 지점	D 지점	E 지점	G 지점
티의 크기	25A	32A	40A	50A

3. 스프링클러 헤드는 「15A」용 헤드가 설치된 것으로 한다.
4. 직관의 100m당 마찰손실수두(단위 : m)(단, A점에서의 헤드방수량을 80L/min으로 계산한다.)

유량	25A	32A	40A	50A
80 L/min	39.82	11.38	5.40	1.68

5. 관이음쇠의 마찰손실에 해당되는 직관길이(등가길이)(단위 : m)

구분	25A	32A	40A	50A
엘보(90°)	0.90	1.20	1.50	2.10
리듀서	0.54(25A×15A)	0.72(32A×25A)	0.90(40A×32A)	1.20(50A×40A)
티(직류)	0.27	0.36	0.45	0.60
티(분류)	1.50	1.80	2.10	3.00

※ 25A 크기의 90° 엘보의 손실수두는 25A 직관 0.9m의 손실수두와 같다.

6. 가지배관 말단(B 지점)과 교차배관 말단(F 지점)은 엘보로 한다.
7. 관경이 변하는 관 부속품은 관경이 큰 쪽으로 손실수두를 계산한다.

기출문제

8. 중력가속도는 9.8m/s^2로 한다.
9. 구간별 관경은 다음 표와 같다.

구간	관경	구간	관경
A~D	25A	E~G	40A
D~E	32A	G~H	50A

가) A~H까지의 전체 배관 마찰손실수두[m] (단, 직관 및 관 이음새를 모두 고려하여 구한다)

해설 및 정답

관경	유량	직관 및 등가길이(m)	마찰손실수두
50A	80L/min	직관 : 3m 티(직류) : 1×0.6m=0.6m 리듀서(50A×40A) : 1×1.2m=1.2m 전길이=4.8m	$4.8\text{m} \times \dfrac{1.68\text{m}}{100\text{m}} = 0.0806\text{m}$
40A	80L/min	직관 : 3m+0.1m=3.1m 90° 엘보 : 1×1.5m=1.5m 티(분류) : 1×2.1m=2.1m 리듀서(40A×32A) : 1×0.9m=0.9m 전길이=7.6m	$7.6\text{m} \times \dfrac{5.4\text{m}}{100\text{m}} = 0.4104\text{m}$
32A	80L/min	직관 : 1.5m 티(직류) : 1×0.36m=0.36m 리듀서(32A×25A) : 1×0.72m=0.72m 전길이=2.58m	$2.58\text{m} \times \dfrac{11.38\text{m}}{100\text{m}} = 0.2936\text{m}$
25A	80L/min	직관 : 2m+2m+0.1m+0.1m+0.3m=4.5m 티(직류) : 1×0.27m=0.27m 90° 엘보 : 3×0.9m=2.7m 리듀서(25A×15A) : 1×0.54m=0.54m 전길이=8.01m	$8.01\text{m} \times \dfrac{39.82\text{m}}{100\text{m}} = 3.1896\text{m}$
		합계	3.9742m

∴ 3.97m

나) H와 A 사이의 위치수두 차[m]

해설 및 정답 위치수두 차(낙차)=0.1m+0.1m-0.3m=-0.1m

∴ -0.1m

다) A에서의 방사압력[kPa]

해설 및 정답 전양정=배관 및 부속물의 마찰손실양정+낙차+방사압력 환산양정

∴ 방사압력=출발압력-배관 및 관부속물의 마찰손실압력-낙차환산압력

∴ 방사압력=150kPa-39.742kPa-(-1kPa)=111.26kPa

∴ 111.26kPa

16 수원의 수위가 펌프보다 낮은 위치에 있는 가압송수장치에 설치해야 하는 물올림장치의 설치기준을 2가지 쓰시오. 5점

해설및정답
1. 물올림장치에는 전용의 탱크를 설치할 것
2. 탱크의 유효수량은 100L 이상으로 하되, 구경 15mm 이상의 급수배관에 따라 해당 탱크에 물이 계속 보급되도록 할 것

2016년 제 4 회 소방설비기사[기계분야] 2차 실기

2016년 11월 12일 시행

01 옥내소화전설비의 계통을 나타내는 구조도(Isometric Diagram)이다. 이 설비에서 펌프의 정격 토출량이 200L/min일 때 주어진 [조건]을 이용하여 물음에 답하시오. **10점**

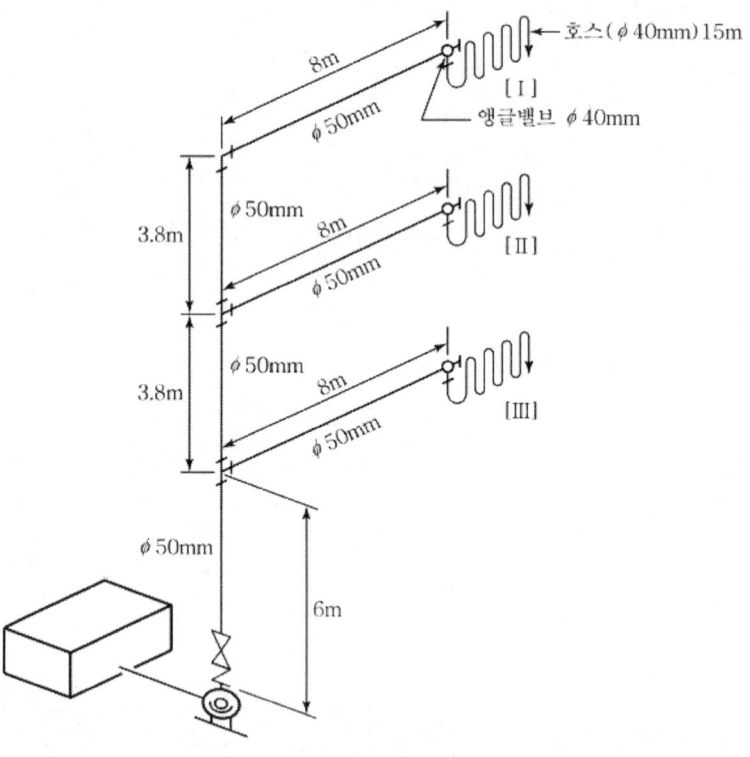

조건

1. 옥내소화전[I]에서 호스 관창 선단의 방수압과 방수량은 각각 0.17MPa, 130L/min이다.
2. 호스길이 100m당 130L/min의 유량에서 마찰손실수두는 15m이다.
3. 각 밸브와 배관부속의 등가길이는 다음과 같다.
   앵글밸브(ϕ40mm) : 10m, 게이트밸브(ϕ50mm) : 1m
   체크밸브(ϕ50mm) : 5m, 티(ϕ50mm, 분류) : 4m, 엘보(ϕ50m) : 1m
4. 전 층에 소화설비가 없는 것으로 가정한다.

$$\Delta P = \frac{6 \times 10^4 \times Q^2}{120^2 \times d^5}$$

ΔP : 배관길이 1m당 마찰손실압력[MPa], Q : 유량[L/min]
d : 관의 내경[mm](ϕ50mm 배관의 경우 내경은 53mm, ϕ40mm의 경우 내경은 42mm로 한다)

5. 펌프의 양정은 토출량의 대소에 관계없이 일정하다고 가정한다.
6. 정답을 산출할 때 펌프 흡입측의 마찰손실수두, 정압, 동압 등은 일체 계산에 포함시키지 않는다.
7. 본 조건에 자료가 제시되지 아니한 것은 계산에 포함시키지 않는다.

가) 최고위 소방호스의 마찰손실수두[m]를 구하시오.

해설 및 정답 유량 130L/min일 때 호스 100m당 마찰손실수두는 15m이다.

$$\therefore \text{호스의 마찰손실수두} = \frac{15m}{100m} \times 15m = 2.25m$$

∴ 2.25m

나) 최고위 앵글밸브에서의 마찰손실압력[kPa]을 구하시오.

해설 및 정답 ϕ40mm인 최고위 앵글밸브의 실제 내경은 42mm, 등가길이는 10m이다.

$$\Delta P = \frac{6 \times 10^4 \times 130^2}{120^2 \times 42^5} \times 10m = 0.0054 MPa = 5.4 kPa$$

∴ 5.4kPa

다) 최고위 앵글밸브의 인입구로부터 펌프 토출구까지 배관의 총 등가길이[m]을 구하시오.

해설 및 정답 총 등가길이 = 직관길이 + 부속물의 등가길이의 합
직관의 길이 : 6m + (3.8m×2) + 8m = 21.6m
부속물의 종류 : ϕ50mm 체크밸브 1개 (5m) + ϕ50mm 게이트밸브 1개(1m)
　　　　　　　+ ϕ50mm 90°엘보 1개(1m) = 7m
∴ 총 등가길이 = 21.6m + 7m = 28.6m
∴ 28.6m

라) 최고위 앵글밸브의 인입구(앵글밸브 제외)로부터 펌프 토출구까지의 마찰손실압력[kPa]을 구하시오.

해설 및 정답
$$\Delta P = \frac{6 \times 10^4 \times 130^2}{120^2 \times 53^5} \times 28.6m = 0.0048 MPa = 4.8 kPa$$

∴ 4.8kPa

마) 펌프 전동기의 소요동력[kW]을 구하시오(단, 펌프의 효율은 0.6, 전달계수는 1.1이다).

해설 및 정답
$$P(kW) = \frac{H \times \gamma \times Q}{\eta \times 102} \times K$$

$$= \frac{33.87m \times 1,000 kgf/m^3 \times \left(\frac{0.2}{60}\right) m^3/\sec}{0.6 \times 102} \times 1.1 = 2.03 kW$$

기출문제

$Q : 200\text{L/min} = \left(\dfrac{0.2}{60}\right) \text{m}^3/\text{sec}$

$H = h_1 + h_2 + h_3 + h_4 = 13.6\text{m} + 1.02\text{m} + 2.25\text{m} + 17\text{m} = 33.87\text{m}$

h_1(실양정) $= 6\text{m} + (3.8\text{m} \times 2) = 13.6\text{m}$

h_2(배관마찰손실수두) $= 0.48\text{m} + 0.54\text{m} = 1.02\text{m}$

h_3(호스마찰손실수두) $= 2.25\text{m}$

h_4(방수압환산수두) $= 17\text{m}$

∴ 2.03kW

바) 옥내소화전[Ⅲ]을 조작하여 방수하였을 때의 방수량을 Q(L/min)라고 할 때,

1) 이 옥내소화전 호스를 통하여 일어나는 마찰손실압력[Pa]은 얼마인지 쓰시오(단, Q는 기호 그대로 사용하고, 마찰손실의 크기는 유량의 제곱에 정비례한다).

해설및정답 옥내소화전 Ⅲ. 호스는 옥내소화전 Ⅰ호스와 같은 구경, 같은 길이이다.
하지만 유량은 200L/min로 옥내소화전 Ⅰ호스의 유량인 130L/min보다 크며, 마찰손실은 유량의 제곱에 정비례 한다.

$130^2 : 2.25\text{m} = Q^2 : X$

∴ $X = \dfrac{Q^2}{130^2} \times 2.25\text{m} = 1.33 \times 10^{-4} Q^2 m \times \dfrac{101,325 Pa}{10.332 m} = 1.3 Q^2 \text{Pa}$

∴ $1.3 Q^2 \text{Pa}$

2) 당해 앵글밸브 인입구로부터 펌프 토출구까지의 마찰손실 압력[Pa]을 구하시오(단, Q는 기호 그대로 사용한다).

해설및정답 $\Delta P(\text{MPa}) = \dfrac{6 \times 10^4 \times Q^2}{120^2 \times 53^5} \times L = \dfrac{6 \times 10^4 \times Q^2}{120^2 \times 53^5} \times 24\text{m} = 2.391 \times 10^{-7} \times Q^2 \text{MPa}$

$= 0.2391 \times Q^2 \text{Pa}$

총 등가길이 = 직관길이 + 부속물의 등가길이의 합

직관의 길이 : 8m + 6m = 14m

부속물의 등가길이 : ϕ50mm 체크밸브 1개(5m) + ϕ50mm 게이트밸브 1개(1m)
   + ϕ50mm 분류티 1개(4m) = 10m

∴ 총 등가길이 L = 14m + 10m = 24m

∴ $0.2391 \times Q^2 \text{Pa}$

3) 당해 앵글밸브의 마찰손실압력[Pa]을 구하시오(단, Q는 기호 그대로 사용한다).

해설및정답 $\Delta P(\text{MPa}) = \dfrac{6 \times 10^4 \times Q^2}{120^2 \times 42^5} \times 10\text{m} = 3.188 \times 10^{-7} \times Q^2 \text{MPa} = 0.3188 \times Q^2 \text{Pa}$

∴ $0.3188 \times Q^2 \text{Pa}$

4) 당해 호스 관창선단의 방수압[kPa]과 방수량[L/min]을 각각 구하시오.

해설및정답

Ⅰ 소화전의 방출계수 $K = \dfrac{130\text{L/min}}{\sqrt{10 \times 0.17\text{MPa}}} = 99.7$

Ⅱ 소화전의 방사량 $Q = K\sqrt{10P}$ 에서

Ⅲ 소화전의 방사압력 = ①(펌프의 정격토출압력) − ②(펌프~호스까지의 마찰손실압력)
 − ③(펌프~Ⅲ 소화전 방수구 높이)

① 펌프의 정격토출압력 = 33.87m = 0.3387MPa

② 펌프~호스까지의 마찰손실압력 = $(1.3 \times 10^{-6} + 2.391 \times 10^{-7} + 3.188 \times 10^{-7})Q^2$
 $= 1.888 \times 10^{-6} \times Q^2 \text{MPa}$

③ 펌프~Ⅲ 소화전 방수구 높이 = 6m = 0.06MPa

$Q = 99.7\sqrt{10 \times (0.3387 - 0.06 - 1.888 \times 10^{-6}Q^2)\text{MPa}}$

$Q^2 = (99.7)^2 \times (2.787 - 1.888 \times 10^{-5}Q^2)\text{MPa}$

$Q^2 = 27{,}703.03 - 0.188Q^2$ ∴ $1.188Q^2 = 27{,}703.03$

∴ $Q = \sqrt{\dfrac{27{,}703.03}{1.188}} = 152.71\text{L/min}$

$152.7\text{L/min} = 99.7\sqrt{10P(\text{MPa})}$ ∴ $\dfrac{152.7}{99.7} = \sqrt{10P}$

$P = 0.234\text{MPa} = 234\text{kPa}$

∴ ① 방수압력 = 234kPa, ② 방수량 = 152.7L/min

---

02 위험물의 옥외탱크에 Ⅰ형 고정포방출구로 포 소화설비를 다음 [조건]과 같이 설치하고자 할 때 다음을 구하시오. **7점**

> **조건**
> 1. 탱크의 지름 : 12m
> 2. 사용약제는 수성막포(6%)로 단위 포소화수용액의 양은 2.27L/m²·min이며, 방사시간은 30분이다.
> 3. 보조포소화전은 1개소 설치한다.
> 4. 배관의 길이는 20m(포원액탱크에서 포 방출구까지), 관내경은 150mm이며 기타 조건은 무시한다.

가) 포 원액량(L)을 구하시오.

해설및정답

① 고정포 방출구 원액의 양 = $\dfrac{\pi \times 12^2}{4}\text{m}^2 \times 2.27\text{L/m}^2 \cdot \text{min} \times 30\text{min} \times 0.06 = 462.12\text{L}$

② 보조포소화전 원액의 양 = $1 \times 400\text{L/min} \times 20\text{min} \times 0.06 = 480\text{L}$

③ 송액관 원액의 양 = $\dfrac{\pi \times 0.15^2}{4}\text{m}^2 \times 20\text{m} \times 0.06 \times 1{,}000\text{L/m}^3 = 21.2\text{L}$

∴ 포원액의 양 = 461.88L + 480L + 21.2L = 963.08L

∴ 963.08L

기출문제

나) 전용 수원의 양(m³)을 구하시오.

해설 및 정답 6%에 해당하는 포원액의 양이 963.08L이므로 94%에 해당하는 수원의 양을 구하면 된다.
6% : 963.08L = 94% : 수원의 양(X)

$$\therefore X = \frac{94\%}{6\%} \times 963.08\text{L} = 15,088.25\text{L} = 15.09\text{m}^3$$

∴ 15.09m³

03 일제개방형 스프링클러 설비의 배관계통을 나타내는 구조도이다. 다음의 [조건]으로 설비가 작동되었을 경우 방수압, 방수량 등을 각각의 요구 순서에 따라 구하시오. **12점**

조건

1. 설치된 개방형 헤드의 방출계수(K)는 모두 각각 80이다.
2. 살수시 최저 방수압이 걸리는 헤드(① 헤드)에서의 방수압은 0.1MPa이다.
3. 호칭구경 50mm 이하의 배관은 나사접속식, 65mm 이상의 배관은 용접접속식이다.
4. 배관 내의 유수에 따른 마찰손실압력은 헤이젠-윌리엄스공식을 적용하되, 계산의 편의상 공식은 다음과 같다고 가정한다.

$$\Delta P = \frac{6 \times Q^2 \times 10^7}{120^2 \times d^5}$$

(단, ΔP=배관의 길이 1m당 마찰손실 압력(kPa/m), Q=배관 내의 유수량(L/min),
d=배관의 내경(mm))

5. 배관의 내경은 호칭구경별로 다음과 같다.

호칭구경	25	32	40	50	65	80	100
내경(mm)	27	36	42	53	69	81	105

6. 배관부속 및 밸브류의 마찰손실은 무시한다.
7. 수리계산 시 속도수두는 무시한다.

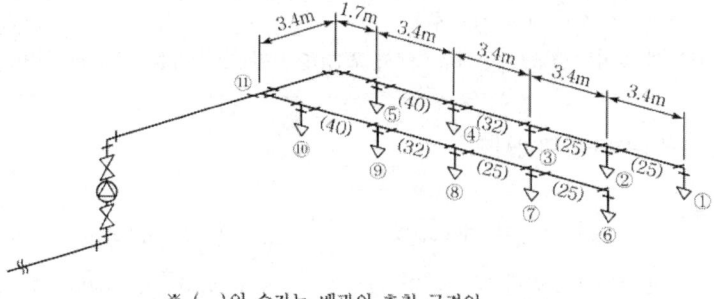

※ ( )의 숫자는 배관의 호칭 구경임

가) 각각의 스프링클러 헤드별 방수압(kPa) 및 방수량(L/min)을 구하시오.

1) ①헤드의 방수량(L/min)

해설 및 정답 $Q_1 = 80 \times \sqrt{10 \times 0.1\mathrm{MPa}} = 80\mathrm{L/min}$

∴ 80L/min

2) ②헤드의 방수압(kPa) 및 방수량(L/min)

해설 및 정답   ②헤드의 방수압 $= 100\mathrm{kPa} + \left(\dfrac{6 \times 10^7 \times 80^2}{120^2 \times 27^5} \times 3.4\mathrm{m}\right) = 106.318\mathrm{kPa} ≒ 106.32\mathrm{kPa}$

②헤드의 방수량 $= 80\sqrt{10 \times 0.10632\mathrm{MPa}} = 82.489\mathrm{L/min} ≒ 82.49\mathrm{L/min}$

∴ 106.32kPa, 82.49L/min

3) ③헤드의 방수압(kPa) 및 방수량(L/min)

③헤드의 방수압 $= 106.32\mathrm{kPa} + \left(\dfrac{6 \times 10^7 \times (80+82.49)^2}{120^2 \times 27^5} \times 3.4\mathrm{m}\right)$

$= 132.387\mathrm{kPa} ≒ 132.39\mathrm{kPa}$

③헤드의 방수량 $= 80\sqrt{10 \times 0.13239\mathrm{MPa}} = 92.048\mathrm{L/min} ≒ 92.05\mathrm{L/min}$

∴ 132.39kPa, 92.05L/min

4) ④헤드의 방수압(kPa) 및 방수량(L/min)

해설 및 정답   ④헤드의 방수압 $= 132.39\mathrm{kPa} + \left(\dfrac{6 \times 10^7 \times (80+82.49+92.05)^2}{120^2 \times 36^5} \times 3.4\mathrm{m}\right) = 147.57\mathrm{kPa}$

④헤드의 방수량 $= 80\sqrt{10 \times 0.14757\mathrm{MPa}} = 97.182\mathrm{L/min} ≒ 97.18\mathrm{L/min}$

∴ 147.57kPa, 97.18L/min

5) ⑤헤드의 방수압(kPa) 및 방수량(L/min)

해설 및 정답   ⑤헤드의 방수압 $= 147.57\mathrm{kPa} + \left(\dfrac{6 \times 10^7 \times (80+82.49+92.05+97.18)^2}{120^2 \times 42^5} \times 3.4\mathrm{m}\right)$

$= 160.979\mathrm{kPa} ≒ 160.98\mathrm{kPa}$

⑤헤드의 방수량 $= 80\sqrt{10 \times 0.16098\mathrm{MPa}} = 101.502\mathrm{L/min} ≒ 101.5\mathrm{L/min}$

∴ 160.98kPa, 101.5L/min

나) [도면]의 배관구간 ⑤~⑪의 매분 유수량 Q_A(L/min)을 구하시오.

해설 및 정답 $(80 + 82.49 + 92.05 + 97.18 + 101.5)\mathrm{L/min} = 453.22\mathrm{L/min}$

∴ 453.22L/min

기출문제

04 옥내소화전설비의 감시제어반이 갖추어야 할 기능을 6가지 쓰시오. `5점`

> **해설 및 정답**
> 1. 각 펌프의 작동여부를 확인할 수 있는 표시등 및 음향경보기능이 있어야 할 것
> 2. 각 펌프를 자동 및 수동으로 작동시키거나 중단시킬 수 있어야 할 것
> 3. 비상전원을 설치한 경우에는 상용전원 및 비상전원의 공급여부를 확인할 수 있어야 할 것
> 4. 수조 또는 물올림탱크가 저수위로 될 때 표시등 및 음향으로 경보할 것
> 5. 각 확인회로(기동용수압개폐장치의 압력스위치회로·수조 또는 물올림탱크의 감시회로를 말한다)마다 도통시험 및 작동시험을 할 수 있어야 할 것
> 6. 예비전원이 확보되고 예비전원의 적합여부를 시험할 수 있어야 할 것

05 소방용 배관을 소방용 합성수지배관으로 설치할 수 있는 경우를 3가지 쓰시오(단, 소방용 합성수지배관의 성능인증 및 제품검사의 기술기준에 적합한 것이다). `5점`

> **해설 및 정답**
> 1. 배관을 지하에 매설하는 경우
> 2. 다른 부분과 내화구조로 구획된 덕트 또는 피트의 내부에 설치하는 경우
> 3. 천장과 반자를 불연재료 또는 준불연 재료로 설치하고 그 내부에 습식으로 배관을 설치하는 경우

06 주어진 평면도와 설계조건을 기준으로 방호대상 구역별로 소요되는 전역방출방식의 할론 소화설비에서 각 실의 방출 노즐 당 설계 방출량(kg/s)을 계산하시오. `8점`

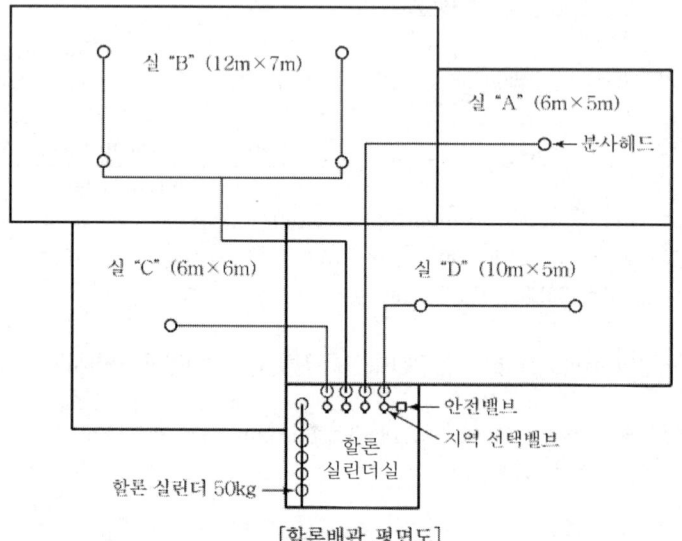

[할론배관 평면도]

조건

1. 할론 저장용기는 고압식 용기로서 각 용기의 약제용량은 50kg이다.
2. 용기밸브의 작동방식은 가스압력식으로 한다.
3. 방호대상구역은 4개 구역으로서 각 구역마다 개구부의 존재는 무시한다.
4. 각 방호대상구역에서의 체적(m^3)당 약제 소요량 기준은 다음과 같다.
   실 A : 0.33kg/m^3 실 B : 0.52kg/m^3
   실 C : 0.33kg/m^3 실 D : 0.52kg/m^3
5. 각 실의 바닥으로부터 천장까지의 높이는 모두 5m이다.
6. 분사 헤드의 수량은 [도면] 수량 기준으로 한다.
7. 설계 방출량(kg/s) 계산 시 약제 용량은 적용되는 용기의 용량 기준으로 한다.

가) 실 "A"의 방출 노즐 당 설계 방출량(kg/s)

해설 및 정답 $W(kg) = Vm^3 \times \alpha\,kg/m^3 = 150m^3 \times 0.33kg/m^3 = 49.5kg$

방호구역의 체적 $V = 6m \times 5m \times 5m = 150m^3$

병수 $= \dfrac{49.5kg}{50kg/병} = 0.99 = 1병$

∴ 노즐당 설계방출량 $= \dfrac{방출량}{헤드수 \times 방사시간} = \dfrac{50kg}{1개 \times 10sec} = 5kg/s$

∴ 5kg/s

나) 실 "B"의 방출 노즐 당 설계 방출량(kg/s)

해설 및 정답 $W(kg) = 420m^3 \times 0.52kg/m^3 = 218.4kg$

∴ 병수 $= \dfrac{218.4kg}{50kg/병} = 4.37 = 5병$

∴ 노즐당 설계방출량 $= \dfrac{5 \times 50kg}{4개 \times 10sec} = 6.25kg/s$

∴ 6.25kg/s

다) 실 "C"의 방출 노즐 당 설계 방출량(kg/s)

해설 및 정답 $W(kg) = 180m^3 \times 0.33kg/m^3 = 59.4kg$

∴ 병수 $= \dfrac{59.4kg}{50kg/병} = 1.19 = 2병$

∴ 노즐당 설계방출량 $= \dfrac{2 \times 50kg}{1개 \times 10sec} = 10kg/s$

∴ 10kg/s

라) 실 "D"의 방출 노즐 당 설계 방출량(kg/s)

해설 및 정답 $W(\text{kg}) = 250\text{m}^3 \times 0.52\text{kg/m}^3 = 130\text{kg}$

$$\therefore \text{병수} = \frac{130\text{kg}}{50\text{kg/병}} = 2.6 = 3\text{병}$$

$$\therefore \text{노즐당 설계방출량} = \frac{3 \times 50\text{kg}}{2\text{개} \times 10\text{sec}} = 7.5\text{kg/s}$$

$$\therefore 7.5\text{kg/s}$$

07 스프링클러설비 급수배관의 개폐밸브에 설치하는 탬퍼스위치(Temper switch)의 설치목적과 실제 설치 위치 4개소를 적으시오. [5점]

가) 설치목적

해설 및 정답 급수배관에 설치된 개폐밸브의 개폐상태를 감시제어반에서 확인하기 위하여

나) 설치위치

해설 및 정답
① 펌프 흡입측 배관에 설치하는 개폐밸브
② 펌프 토출측 배관에 설치하는 개폐밸브
③ 유수검지장치등 1, 2차측에 설치하는 개폐밸브
④ 옥상수조에 설치하는 개폐밸브

08 스프링클러설비 배관의 안지름을 수리계산에 의하여 선정하고자 한다. [그림]에서 B∼C 구간의 유량을 165L/min, E∼F 구간의 유량을 330L/min이라고 가정할 때 다음을 구하시오(단, 화재안전기준에서 정하는 유속 기준을 만족하도록 하여야 한다). [6점]

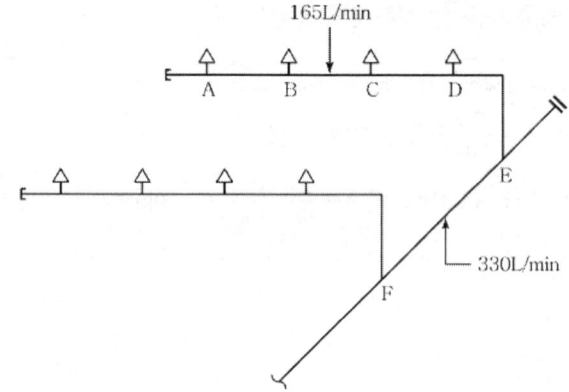

가) B~C 구간의 배관 안지름(mm)의 최솟값을 구하시오.

해설및정답 $Q = A \times U = \dfrac{\pi D^2}{4} \times U \qquad \therefore D = \sqrt{\dfrac{4 \times Q}{\pi \times U}}$

스프링클러설비 가지배관의 구경은 유속 6m/sec 이하이어야 하므로

$D = \sqrt{\dfrac{4 \times \left(\dfrac{0.165}{60}\right) \text{m}^3/\text{sec}}{\pi \times 6\text{m}/\text{sec}}} = 0.02416\text{m} = 24.16\text{mm}$

∴ 24.16mm

나) E~F 구간의 배관 안지름(mm)의 최솟값을 구하시오.

해설및정답 교차배관의 구경은 유속 10m/sec 이하이어야 하므로

$D = \sqrt{\dfrac{4 \times \left(\dfrac{0.33}{60}\right) \text{m}^3/\text{sec}}{\pi \times 10\text{m}/\text{sec}}} = 0.02647\text{m} = 26.47\text{mm}$

∴ 26.47mm

09 다음 [조건]을 참고하여 펌프가 가져야 할 유효흡입양정을 구하시오. **4점**

> **조건**
> 1. 소화수조의 수증기압 0.0022MPa, 대기압 0.1MPa, 흡입배관의 마찰손실수두 2m
> 2. 흡상일 때 풋밸브에서 펌프까지 수직거리 4m

해설및정답 유효흡입양정(NPSH$_{av}$) = $\dfrac{P}{\gamma} - \dfrac{P_v}{\gamma} - \dfrac{P_h}{\gamma} - h = \dfrac{100\text{kN}/\text{m}^2}{9.8\text{kN}/\text{m}^3} - \dfrac{2.2\text{kN}/\text{m}^2}{9.8\text{kN}/\text{m}^3} - 2\text{m} - 4\text{m}$

유효흡입양정(NPSH$_{av}$) = 10.2m − 0.22m − 2m − 4m = 3.98m

∴ 3.98m

10 할로겐화합물 및 불활성기체 소화설비에 다음 [조건]과 같은 압력배관용 탄소강관(SPPS 420, Sch 40)을 사용할 때 최대 허용압력(MPa)을 구하시오. 6점

> **조건**
> 1. 압력배관용 탄소강관(SPPS 420)의 인장강도는 420MPa, 항복점은 250MPa이다.
> 2. 용접이음에 따른 허용값(mm)은 무시한다.
> 3. 배관이음효율은 0.85로 한다.
> 4. 배관의 최대허용응력(SE)은 배관재질 인장강도의 1/4과 항복점의 2/3 중 적은 값(σ_t)을 기준으로 다음의 식을 적용한다.
> $SE = \sigma_t \times$ 배관이음효율 $\times 1.2$
> 5. 적용되는 배관 바깥지름은 114.3mm이고, 두께는 6.0mm이다.
> 6. 헤드 설치부분은 제외한다.

해설및정답 관의두께$(t) = \dfrac{PD}{2SE} + A$ 로부터 $P = \dfrac{2 \times SE \times t}{D} - A$

420MPa $\times \dfrac{1}{4}$ = 105MPa(인장강도의 1/4)와 250MPa $\times \dfrac{2}{3}$ = 166.68MPa(항복점의 2/3) 중 작은 값인 105MPa로 선정. 용접이음에 따른 허용값 A는 무시한다.

∴ SE = 105MPa × 0.85 × 1.2 = 107.1MPa

∴ $P = \dfrac{2 \times 107.1\text{MPa} \times 6\text{mm}}{114.3\text{mm}}$ = 11.24MPa

∴ 11.24MPa

11 포소화설비의 배관에 설치하는 배액 밸브와 완충 장치에 대한 다음 각 물음에 답하시오. 8점

가) 배액 밸브의 설치목적

해설및정답 포의 방출 종료 후 배관 안의 액을 배출하기 위하여

나) 배액 밸브의 설치위치

해설및정답 송액관의 가장 낮은 부분

다) 완충 장치의 설치목적

해설및정답 송액관과 탱크 접합부분의 충격 또는 진동으로부터 보호하기 위하여

라) 완충 장치의 설치위치

해설및정답 송액관과 탱크 접합부분

12 제연설비 제연구획 ①실, ②실의 소요풍량 합계(m³/min)와 축동력(kW)을 구하시오(단, 송풍기 전압은 100mmAq, 전압효율은 50%임). **4점**

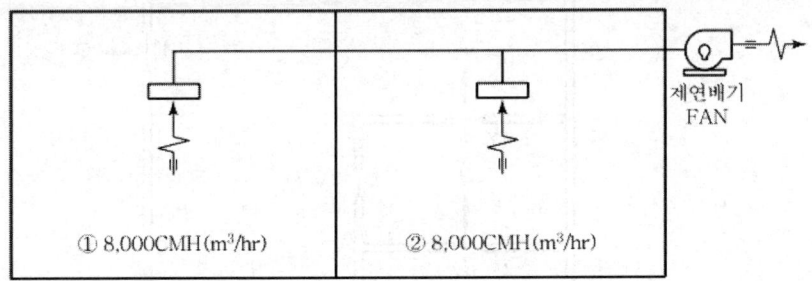

가) 소요 풍량(m³/min) 합계

해설및정답 소요풍량의 합계 = ①실의 배출량 + ②실의 배출량
= (8,000+8,000)m³/hr = 16,000m³/hr = 266.67m³/min
∴ 266.67m³/min(CMM)

나) 축동력(kW)

해설및정답 축동력 $P(kW) = \dfrac{P \times Q}{\eta \times 102} = \dfrac{100 kgf/m^2 \times 4.44 m^3/s}{0.5 \times 102} = 8.705 kW ≒ 8.71 kW$

$P(배출풍압) = 100mmAq = 100kgf/m^2$

$Q(풍량) = \dfrac{266.67 m^3}{60s} = 4.44 m^3/sec$, $\eta(효율) = 0.5$

∴ 8.71kW

기출문제

13 어느 건축물의 평면도이다. 이 실들 중 A실에 급기가압을 하고 창문 A_4, A_5, A_6는 외기와 접해있을 경우 A실을 기준으로 외기와의 유효 개구 틈새면적을 구하시오(단, 각 문의 틈새면적은 $0.01m^2$이다). **5점**

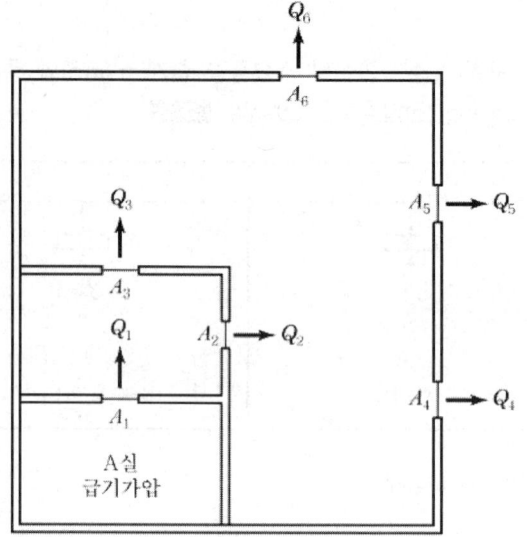

해설및정답 A_4, A_5, A_6 병렬이므로 $A_4+A_5+A_6=(0.01+0.01+0.01)m^2=0.03m^2(=A'_4)$
A_2, A_3 병렬이므로 $A_2+A_3=(0.01+0.01)m^2=0.02m^2(=A'_2)$
$A_1=0.01m^2$
A'_4, A'_2, A_1은 직렬이므로

∴ 유효개구 틈새면적 $=\left(\dfrac{1}{{A'_4}^2}+\dfrac{1}{{A'_2}^2}+\dfrac{1}{{A_1}^2}\right)^{-\frac{1}{2}}$

$=\left(\dfrac{1}{0.03^2}+\dfrac{1}{0.02^2}+\dfrac{1}{0.01^2}\right)^{-\frac{1}{2}}≒0.00857m^2$

∴ $0.00857m^2$

14 관 부속품에 대한 다음 각 물음에 답하시오. **5점**

가) 설비된 배관 내의 이물질 제거(여과) 기능을 하는 것을 쓰시오.

해설및정답 스트레이너

나) 관내 유체의 흐름 방향을 변경시킬 때 사용되는 밸브를 쓰시오.

해설및정답 앵글밸브

다) 순환배관에 설치하는 안전밸브를 쓰시오.

해설 및 정답 릴리프밸브

라) 관경이 서로 다른 두 관을 연결하는 경우에 사용되는 관 부속품을 쓰시오.

해설 및 정답 리듀서

마) 유량이 흐름 반대로 흐를 수 있는 것을 방지하기 위해서 설치하는 밸브를 쓰시오.

해설 및 정답 체크밸브

---

15 가로×세로×높이가 15m×20m×5m의 발전기실(연료는 경유를 사용, B급 화재)에 2가지 할로 겐화합물 및 불활성기체 소화설비를 비교 검토하여 설치하려고 한다. 다음 [조건]을 이용하여 각 물음에 답하시오. **10점**

조건
1. 방사 시 발전기실의 최소 예상 온도는 상온(20℃)으로 한다.
2. HCFC Blend A 용기는 68L용 50kg으로 하며, IG-541 용기는 80L용 12.4m³로 적용한다.
3. 할로겐화합물 및 불활성기체 소화약제의 소화농도는 아래와 같으며, 최대허용설계농도는 무시한다.

약제명	상품명	소화농도(%)	
		A급	B급
HCFC Blend A	HCFC B/A DYC	7.2	10
IG-541	Ansul Inergen	31.25	31.25

4. 각 할로겐화합물 및 불활성기체 소화약제에 대한 선형상수를 구하기 위한 요소는 다음과 같다.

소화약제의 종류	K_1	K_2
HCFC Blend A	0.2413	0.00088
IG-541	0.65799	0.00239

5. 소화약제의 설계농도 및 그 외 사항은 화재안전기준에 따른다.
6. 설계농도 산정시 보정계수 : A급 : 1.2, B급 : 1.3, C급 : 1.35 적용

가) 발전기실에 필요한 HCFC Blend A의 최소 소화약제량(kg)을 구하시오.

해설 및 정답

$$W = \frac{V}{S} \times \frac{C}{100-C} = \frac{1,500\text{m}^3}{0.2589\text{m}^3/\text{kg}} \times \frac{13}{100-13} = 865.73\text{kg}$$

V = 15m × 20m × 5m = 1,500m³
S = 0.2413 + 0.00088 × 20℃ = 0.2589m³/kg
C = 10% × 1.3 = 13%
∴ 865.73kg

기출문제

나) 발전기실에 필요한 HCFC Blend A의 최소 소화약제 용기(병)를 구하시오.

해설 및 정답

$$\text{병수} = \frac{865.73\,\text{kg}}{50\,\text{kg/병}} = 17.31 = 18(\text{절상})$$

∴ 18병

다) 발전기실에 필요한 IG-541의 최소 소화약제량(m^3)을 구하시오(단, 발전기실 온도는 20℃이므로 소화약제의 비체적은 소화약제의 선형상수와 같다고 한다).

해설 및 정답

소화약제량 $Q = 2.303 \times \dfrac{V_s}{S} \times \log\dfrac{100}{100-C} \times V$

$\qquad\qquad\quad = 2.303 \times 1 \times \log\dfrac{100}{100-40.625} \times 1{,}500\,\text{m}^3$

$\qquad\qquad\quad = 782.09\,\text{m}^3$

V(방호구역의 체적) = 15m × 20m × 5m = 1,500m³

$V_S = S$ 이므로 $V_S/S = 1$

C(설계농도) = 소화농도 × 1.3 = 31.25% × 1.3 = 40.625%

∴ 782.09m³

라) 발전기실에 필요한 IG-541의 최소 소화약제용기의 병수를 구하시오.

해설 및 정답

$$\text{병수} = \frac{782.09\,\text{m}^3}{12.4\,\text{m}^3} = 63.07$$

∴ 64병

2017년 제1회 소방설비기사[기계분야] 2차 실기

2017년 4월 16일 시행

01 헤드의 방수압력이 0.1MPa일 때 방수량이 80L/min인 폐쇄형 스프링클러설비에서 수리계산으로 배관의 관경을 결정하는 경우 다음 [조건]을 보고 답을 쓰시오(단, 풀이과정을 쓰고 최종 답을 반올림하여 소수점 둘째 자리까지 구할 것) **9점**

조건
1) 스프링클러헤드 H-1에서 H-5까지의 각 헤드마다의 방수압력의 차이는 0.02MPa이다(단, 계산 시 스프링클러헤드와 가지배관 사이의 배관에서의 마찰손실은 무시한다).
2) A~B구간의 마찰손실은 0.03MPa이다.
3) H-1에서의 방수량은 80L/min이다.

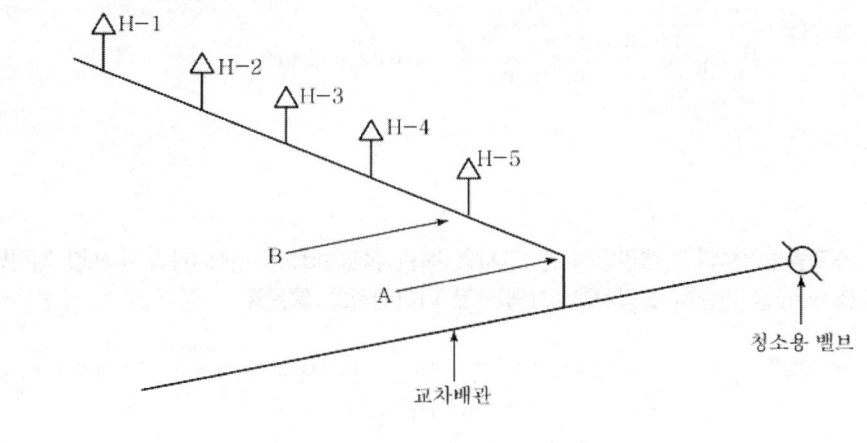

가) A지점에서의 필요 최소압력은 몇 MPa인가?

해설 및 정답 A지점의 최소 압력 = 0.1MPa + (0.02 + 0.02 + 0.02 + 0.02)MPa + 0.03MPa
= 0.21MPa

∴ 0.21MPa

나) 각 헤드(H-1~H-5)에서의 방수량은 몇 L/min인가?

해설 및 정답 $K = \dfrac{Q}{\sqrt{10P}} = \dfrac{80\text{L/min}}{\sqrt{10 \times 0.1\text{MPa}}} = 80$

① H-1의 방수량 $Q = 80\sqrt{10 \times 0.1\text{MPa}} = 80\text{L/min}$

∴ 80L/min

② H-2의 방수량 $Q = 80\sqrt{10 \times 0.12\text{MPa}} = 87.635\text{L/min}$
∴ 87.64L/min

③ H-3의 방수량 $Q = 80\sqrt{10 \times 0.14\text{MPa}} = 94.657\text{L/min}$
∴ 94.66L/min

④ H-4의 방수량 $Q = 80\sqrt{10 \times 0.16\text{MPa}} = 101.192\text{L/min}$
∴ 101.19L/min

⑤ H-5의 방수량 $Q = 80\sqrt{10 \times 0.18\text{MPa}} = 107.331\text{L/min}$
∴ 107.33L/min

다) A~B 구간에서의 유량은 몇 L/min인가?

해설 및 정답 유량 = (80 + 87.64 + 94.66 + 101.19 + 107.33)L/min = 470.82L/min
∴ 470.82L/min

라) A~B 구간 배관의 최소내경은 몇 mm인가?

해설 및 정답
$$D = \sqrt{\frac{4 \times (0.471/60)\text{m}^3/\text{sec}}{\pi \times 6\text{m/sec}}} = 0.0408\text{m} ≒ 40.8\text{mm}$$
∴ 40.8mm

02 스프링클러설비의 배관방식 중 격자형 배관방식(Gridded System)과 루프형 배관방식(Looped System)을 간단히 설명하고 [그림]으로 나타내시오. **4점**

해설 및 정답 ① 격자형 배관방식 : 교차배관 사이에 가지배관을 접속하고 가지배관에 의해 교차배관이 상호 연결되는 배관방식

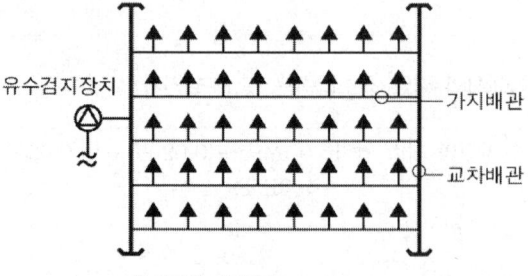

① 격자형 배관방식(Gridded System)

② 루프형 배관방식 : 교차배관은 상호 연결되고 교차배관에 접속되는 가지배관은 상호 연결되지 않는 배관방식

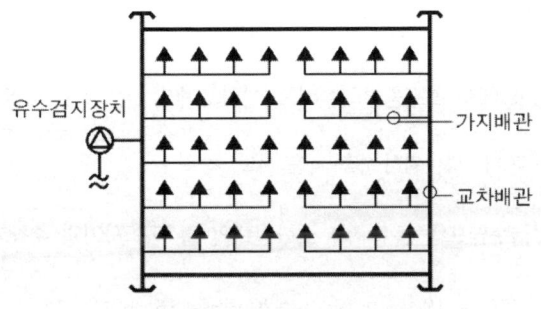

② 루프형 배관방식(Looped System)

03 펌프의 흡입측 배관에는 버터플라이밸브 이외의 개폐밸브를 설치하여야 한다. 그 이유를 2가지 쓰시오. 4점

해설 및 정답
1. 마찰손실이 크므로 흡입양정이 감소하여 공동현상 발생 우려가 있다.
2. 개폐가 순간적으로 이루어지므로 수격작용 발생 우려가 있다.

04 교육연구시설(연구소)에 스프링클러설비를 설치하고자 한다. 아래의 [조건]을 참조하여 각 물음에 답하시오. 10점

조건
1. 건물의 층별 높이는 다음과 같으며 지상층은 모두 창문이 있는 건물이다.
2. 지상 1층에 있는 국제회의실은 바닥으로부터 반자까지의 높이가 8.5m이다.
3. 지하 2층 물탱크실의 저수조에는 바닥으로부터 3m 높이에 소방용흡수구가 위치해 있으며, 이 높이까지 항상 물이 차있고 저수조는 일반급수용과 소방용을 겸용하며 내부 크기는 가로 8m, 세로 5m, 높이 4m이다.
4. 스프링클러 헤드 설치 시 반자(헤드 부착면) 높이는 다음 표에 따른다.

구분	지하 2층	지하 1층	지상 1층	지상 2층	지상 3층	지상 4층	지상 5층
총높이[m]	5.5	4.5	4.5	4.5	4	4	4
반자높이[m] (헤드 설치 시)	5.0	4.0	4.0	4.0	3.5	3.5	3.5
바닥면적[m²]	2,500	2,500	2,000	2,000	2,000	1,800	900

5. 배관 및 관 부속의 마찰손실수두는 실양정의 30%이다.
6. 펌프의 효율은 60%, 전달계수는 1.1이다.

기출문제

```
7. 산출량은 최소치를 적용한다.
8. 소방관련법령 및 화재안전기준을 따른다.
```

가) 이 건물에서 스프링클러설비를 설치하여야 하는 층을 모두 써라.

해설및정답 지하 1층, 지하 2층, 4층

나) 일반급수펌프의 흡수구와 소화펌프의 흡수구 사이의 수직거리는 몇 m인가?

해설및정답 수원 $= 10 \times 80\text{L/min} \times 20\text{min} = 16{,}000\text{L} = 16\text{m}^3$

$16\text{m}^3 = 8\text{m} \times 5\text{m} \times H$

$\therefore H = \dfrac{16\text{m}^3}{40\text{m}^2} = 0.4\text{m}$

$\therefore 0.4\text{m}$ 이상

다) 옥상수조를 설치할 경우 옥상수조에 보유하여야 할 저수량은 몇 m³인가?

해설및정답 옥상수조의 저수량 $= 16\text{m}^3 \times \dfrac{1}{3} = 5.333\text{m}^3$

$\therefore 5.33\text{m}^3$ 이상

라) 소방펌프의 정격 토출량은 몇 L/min인가?

해설및정답 토출량 $= 10 \times 80\text{L/min} = 800\text{L/min}$

$\therefore 800\text{L/min}$ 이상

마) 소화펌프의 전양정은 몇 m인가?

해설및정답 $h_1 = 2.5\text{m} + (4.5\text{m} \times 3) + 4\text{m} + 3.5\text{m} = 23.5\text{m}$

$h_2 = 23.5\text{m} \times 0.3 = 7.05\text{m}$

$\therefore H = 23.5\text{m} + 7.05\text{m} + 10\text{m} = 40.55\text{m}$

$\therefore 40.55\text{m}$

바) 소화펌프의 전동기 동력은 몇 kW인가?

해설및정답 Q : 토출유량 $= \dfrac{0.8\text{m}^3}{60\text{sec}} = 0.013\text{m}^3/\text{sec}$

$\therefore P(\text{kW}) = \dfrac{1{,}000 \times \dfrac{0.8}{60} \times 40.55}{102 \times 0.6} \times 1.1 = 9.717 \fallingdotseq 9.72\text{kW}$

$\therefore 9.72\text{kW}$

05
다음은 각 가스의 연소상한계, 하한계 및 혼합가스의 조성농도를 나타낸 것이다. 다음 물음에 답하시오. **8점**

가스의 종류	연소범위		조성농도(%)
	LFL(%)	UFL(%)	
수소	4	75	10
메탄	5	15	5
에탄	3	12.4	10
프로판	2.1	9.5	5
공기	–	–	70

가) 혼합가스의 연소상한계를 구하시오.

해설 및 정답
$$\frac{30}{연소상한계} = \frac{10\%}{75\%} + \frac{5\%}{15\%} + \frac{10\%}{12.4\%} + \frac{5\%}{9.5\%} \quad \therefore \text{연소상한계} = 16.67\%$$
∴ 16.67%

나) 혼합가스의 연소하한계를 구하시오.

해설 및 정답
$$\frac{30}{연소하한계} = \frac{10\%}{4\%} + \frac{5\%}{5\%} + \frac{10\%}{3\%} + \frac{5\%}{2.1\%} \quad \therefore \text{연소하한계} = 3.26\%$$
∴ 3.26%

다) 혼합가스의 연소 가능 여부를 설명하시오.

해설 및 정답 혼합가스의 폭발범위는 3.26~16.67%이고, 현재 혼합가스의 농도는 30%이므로 연소범위를 벗어나 있어 연소가 불가능하다.

기출문제

06 [그림]은 CO_2 소화설비의 소화약제 저장용기 주위의 배관 계통도이다. 방호구역은 A, B 두 부분으로 나누어지고, 각 구역의 소요 약제량은 A구역은 2병, B구역은 5병이라 할 때 [그림]을 보고 다음 물음에 답하시오. **7점**

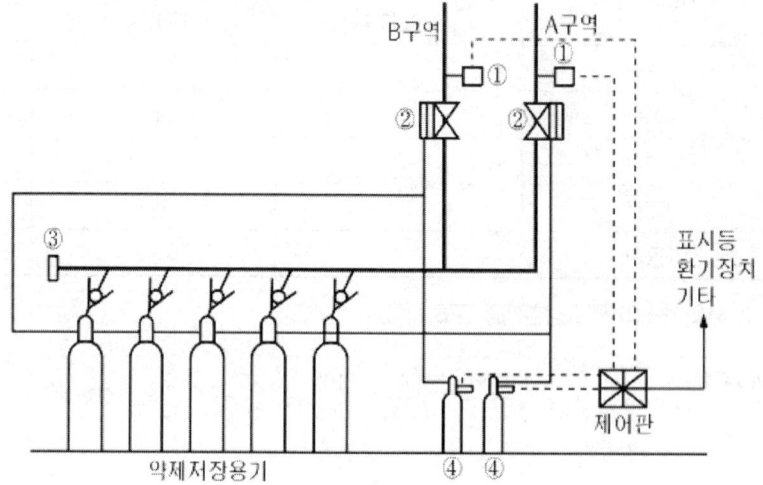

가) 각 방호구역에 소요 약제량을 방출할 수 있게 동관에 설치할 체크밸브의 위치를 표시하시오.

해설 및 정답

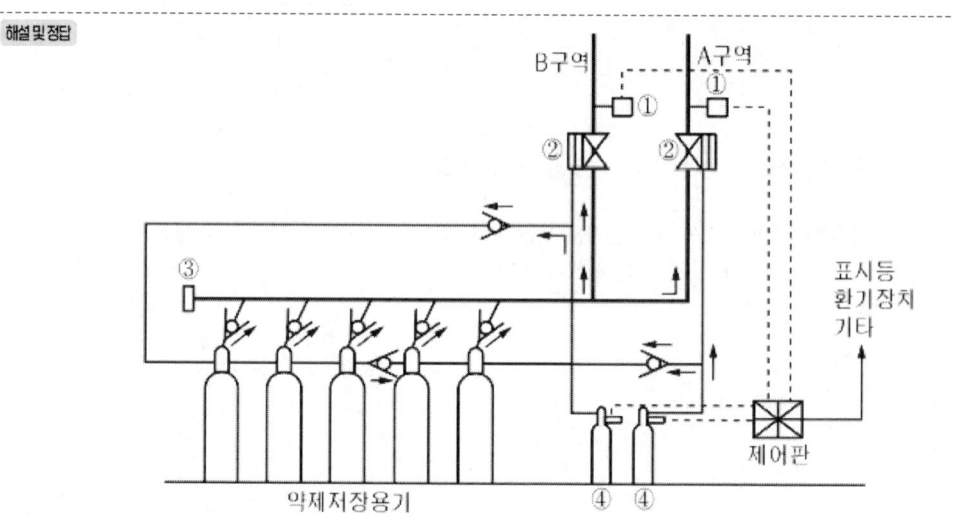

나) ①, ②, ③, ④ 기구의 명칭은 무엇인가?

해설 및 정답
① 압력스위치
② 선택밸브
③ 안전밸브
④ 기동용 가스용기

07 [그림]은 서로 직렬연결된 2개의 실 Ⅰ·Ⅱ의 평면도로서 A_1, A_2는 출입문이며, 각 실은 출입문 이외의 틈새가 없다고 한다. 출입문이 닫혀진 상태에서 실Ⅰ을 급기·가압하여 실Ⅰ과 외부 간의 50Pa의 기압차를 얻기 위하여 실Ⅰ에 급기시켜야 할 풍량은 몇 m³/sec인가? (단, 닫힌문 A_1, A_2에 의해 공기가 유통될 수 있는 면적은 각각 0.02㎡이며, 임의의 어느 실에 대한 급기량 $Q[m^3/sec]$와 얻고자 하는 기압차 P(파스칼)의 관계식은 $Q=0.827 \times A \times \sqrt{P}$ 이다) 4점

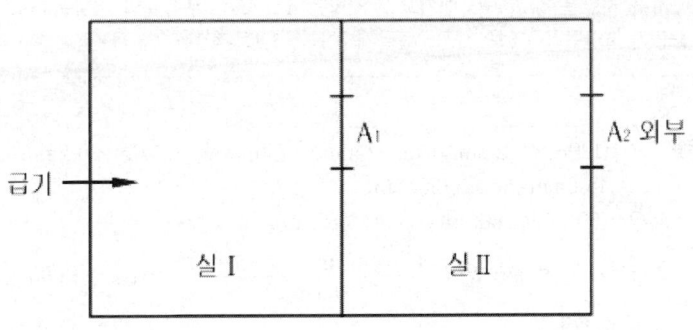

해설 및 정답

$A = \left(\dfrac{1}{0.02^2} + \dfrac{1}{0.02^2}\right)^{-\frac{1}{2}} = 0.01414 m^2$

급기풍량 $= 0.827 \times 0.01414 m^2 \times \sqrt{50Pa} = 0.0827 m^3/s$

∴ $0.0827 m^3/s$

08 지하 1층 용도가 판매시설로서 본 용도로 사용하는 바닥면적이 3,000㎡일 경우 이 장소에 수동식 분말소화기 1개의 소화능력단위가 A급 화재 기준으로 3단위의 소화기로 설치할 경우 본 판매장소에 필요한 수동식 분말소화기의 개수는 최소 몇 개인가? 4점

해설 및 정답

능력단위 $= \dfrac{3,000 m^2}{100 m^2} = 30$ 능력단위

∴ 소화기의 개수 $= \dfrac{30 능력단위}{3 능력단위/개} = 10$ 개

∴ 10개

기출문제

09 판매장에 제연설비를 아래 [조건]과 같이 설치할 때 전동기의 출력(kW)은 최소 얼마이어야 하는지 구하시오. 5점

조건
1. 팬(FAN)의 풍량은 50,000CMH이다.
2. 덕트의 길이는 120m, 단위 길이당 덕트저항은 0.2mmAq/m로 한다.
3. 배기구 저항은 8mmAq, 배기그릴 저항은 4mmAq, 부속류의 저항은 덕트저항의 40%로 한다.
4. 송풍기 효율은 50%로 하고, 전달계수 K는 1.1로 한다.

해설및정답
$P = (120\text{m} \times 0.2\text{mmAq/m}) + 8\text{mmAq} + 4\text{mmAq} + (120\text{m} \times 0.2\text{mmAq/m} \times 0.4)$
$= 45.6\text{mmAq} = 45.6\text{kgf/m}^2$
$Q = (50,000/3,600)\text{m}^3/\text{sec} = 13.89\text{m}^3/\text{s}$

전동기 출력 $P(\text{kW}) = \dfrac{45.6\text{kgf/m}^2 \times 13.89\text{m}^3/\text{s}}{0.5 \times 102} \times 1.1 = 13.661\text{kW} \fallingdotseq 13.66\text{kW}$

∴ 13.66kW

10 경유를 저장하는 내부직경 40m인 플로팅루프탱크(Floating Roof Tank)에 포말소화설비 중 특형방출구를 설치하여 방호하려고 할 때 다음의 물음에 답하시오. 7점

조건
1. 소화약제는 3%형의 단백포를 사용하며 수용액의 분당방출량은 8L/m²이고 방사시간은 20min을 기준으로 한다.
2. 탱크 내면과 굽도리판의 간격은 2.5m로 한다.
3. 펌프의 효율은 55%, 전동기의 전달계수는 1.1로 한다.

가) 상기 탱크의 특형 고정포방출구에 의하여 소화하는 데 필요한 수용액의 양(m³), 수원의 양(m³), 포소화약제 원액의 양(m³)은 각각 얼마 이상이어야 하는가?

해설및정답
① 포수용액의 양
$Q = \dfrac{\pi}{4}(40^2 - 35^2)\text{m}^2 \times 8\text{L/m}^2 \cdot \text{min} \times 20\text{min} = 47,100\text{L} = 47.1\text{m}^3$
∴ 포수용액의 양 = 47.1m³
② 수원의 양 : 47.1m³ × 0.97 = 45.69m³
∴ 수원의 양 = 45.69m³
③ 포소화약제 원액의 양 : 47.1m³ × 0.03 = 1.41m³
∴ 포소화약제 원액의 양 = 1.41m³

나) 가압송수장치의 분당토출량(L/min)은 얼마 이상이어야 하는가?

해설 및 정답
$Q = \frac{\pi}{4}(40^2 - 35^2)\text{m}^2 \times 8\text{L/m}^2 \cdot \text{min} = 2356.19\text{L/min}$

∴ 2,356.19 L/min

다) 펌프의 전양정을 65m라고 할 때 전동기의 출력(kW)은 얼마 이상이어야 하는가?

해설 및 정답
$P(\text{kW}) = \dfrac{65\text{m} \times 1,000\text{kgf/m}^3 \times \dfrac{2.356\text{m}^3}{60\text{sec}}}{0.55 \times 102} \times 1.1 = 50.02\text{kW}$

∴ 50.02kW

11 다음은 연결송수관설비의 송수구 설치기준이다. (   )을 채우시오. 10점

1) 지면으로부터 높이가 (①)m 이상 (②)m 이하의 위치에 설치할 것
2) 건식의 경우에는 송수구·(③)밸브·(④)밸브·(⑤)밸브의 순으로 설치할 것
3) 구경 (⑥)mm의 (⑦)형으로 할 것
4) 송수구는 연결송수관의 수직배관마다 (⑧)개 이상을 설치할 것 다만, 하나의 건축물에 설치된 각 수직배관이 중간에 (⑨)밸브가 설치되지 아니한 배관으로 상호 연결되어 있는 경우에는 건축물마다 (⑩)개씩 설치할 수 있다.

해설 및 정답
① 0.5   ② 1   ③ 자동배수   ④ 체크밸브   ⑤ 자동배수
⑥ 65   ⑦ 쌍구   ⑧ 1   ⑨ 개폐   ⑩ 1

12 스프링클러설비 가압송수장치의 성능시험을 위하여 오리피스로 시험한 결과 아래 [그림]과 같았다. 이 오리피스를 통과하는 유량은 몇 m³/s인가? (단, 수은의 비중은 13.6, 유량계수 C는 0.93, 중력가속도 $g = 9.8$m/s²이다) 5점

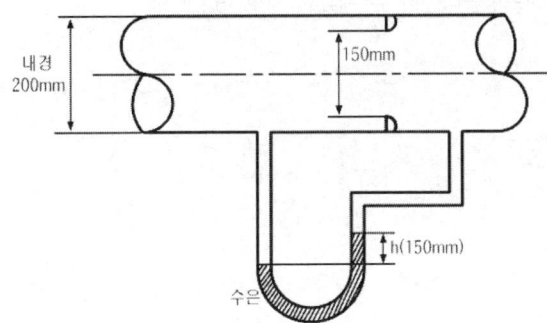

기출문제

해설 및 정답
$Q = A_O U_O$
$C_O = 0.93$, $g = 9.8 \text{m/s}^2$, $H = 0.15 \text{m}$, $\gamma_A = 13.6$, $\gamma_B = 1$

$$m = \left(\frac{D_O}{D}\right)^2 = \left(\frac{150}{200}\right)^2 = 0.5625$$

$$Q = \left(\frac{\pi \times (0.15m)^2}{4}\right)\left(\frac{0.93}{\sqrt{1-0.5625^2}}\right)\sqrt{2 \times 9.8 \text{m/s}^2 \times 0.15 \text{m} \times \left(\frac{13.6-1}{1}\right)}$$

$= 0.121 \text{m}^3/\text{s}$

∴ $0.121 \text{m}^3/\text{s}$

---

13 소화펌프는 상사법칙에 의하면 펌프의 임펠러(Impeller) 회전속도에 따라 유량, 양정, 축동력이 변한다. 어느 소화펌프의 전양정이 150m이고, 토출량 30m³/min으로 운전하다가 소화펌프의 회전수를 증가시켜 토출량이 40m³/min으로 변환되었을 때 전양정은 몇 m인지 계산하시오. **5점**

해설 및 정답 유량은 회전수에 비례하므로

∴ $N_2 = \dfrac{40 \text{m}^3/\text{min}}{30 \text{m}^3/\text{min}} \times 1 = 1.33$

회전수는 처음의 1.33배 증가하고 양정은 회전수의 제곱에 비례하므로

∴ $H_2 = \left(\dfrac{1.33}{1}\right)^2 \times 150 \text{m} = 266.67 \text{m}$

∴ 266.67m

---

14 수계소화설비에서 앵글밸브를 설치해야 할 곳 3가지를 쓰시오. **6점**

해설 및 정답
1. 옥내소화전설비 방수구
2. 스프링클러설비 교차배관 끝에 설치하는 청소구
3. 스프링클러설비 유수검지장치의 배수밸브

15 옥내소화전설비의 계통을 나타내는 구조도(Isometric Diagram)이다. 이 설비에서 펌프의 정격 토출량이 200L/min일 때 주어진 [조건]을 이용하여 물음에 답하시오. **10점**

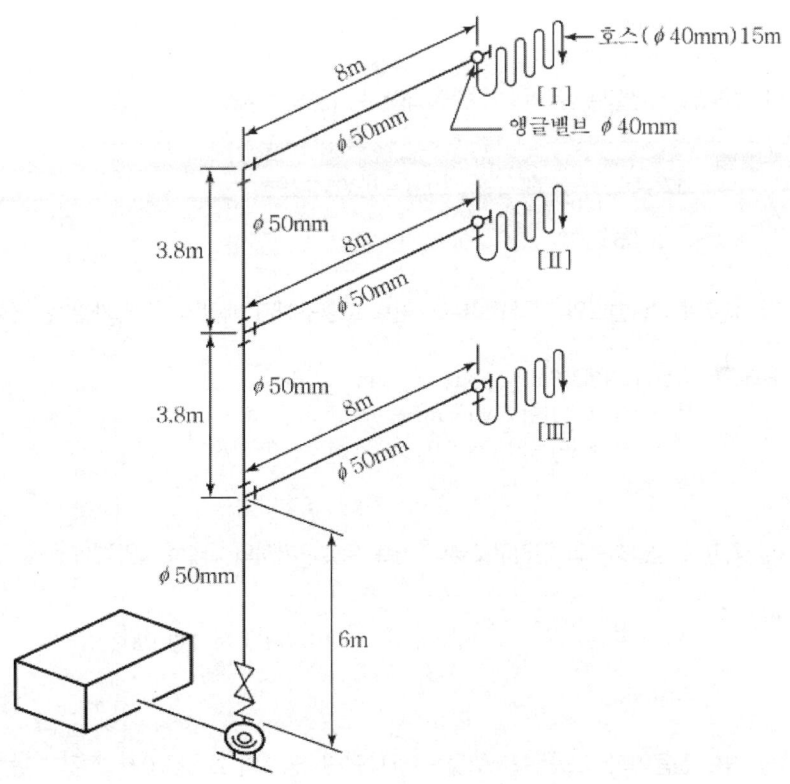

조건

1. 옥내소화전[I]에서 호스 관창 선단의 방수압과 방수량은 각각 0.17MPa, 130L/min이다.
2. 호스길이 100m당 130L/min의 유량에서 마찰손실수두는 15m이다.
3. 각 밸브와 배관부속의 등가길이는 다음과 같다.
   - 앵글밸브(40mm) : 10m, 게이트밸브(50mm) : 1m
   - 체크밸브(50mm) : 5m, 티(50mm, 분류) : 4m, 엘보(50m) : 1m
4. 배관의 마찰 손실압은 다음의 공식을 따른다고 가정한다.

   $$\Delta P = \frac{6 \times 10^4 \times Q^2}{120^2 \times d^5}$$

   ΔP : 배관길이 1m당 마찰손실압력[MPa]
   Q : 유량[L/min]
   d : 관의 내경[mm](50mm 배관의 경우 내경은 53mm, 40mm의 경우 내경은 42mm로 한다)
5. 펌프의 양정은 토출량의 대소에 관계없이 일정하다고 가정한다.
6. 정답을 산출할 때 펌프 흡입측의 마찰손실 수두, 정압, 동압 등은 일체 계산에 포함시키지 않는다.
7. 본 조건에 자료가 제시되지 아니한 것은 계산에 포함시키지 않는다.

기출문제

가) 최고위 소방호스의 마찰손실수두[m]를 구하시오.

해설 및 정답

호스의 마찰손실수두 $= \dfrac{15\text{m}}{100\text{m}} \times 15\text{m} = 2.25\text{m}$

∴ 2.25m

나) 최고위 앵글밸브에서의 마찰손실압력[kPa]을 구하시오.

해설 및 정답

$\Delta P = \dfrac{6 \times 10^4 \times 130^2}{120^2 \times 42^5} \times 10\text{m} = 0.0054\text{MPa}$

∴ 5.4kPa

다) 최고위 앵글밸브의 인입구로부터 펌프 토출구까지 배관의 총 등가길이[m]을 구하시오.

해설 및 정답

직관의 길이 : 6m + (3.8m × 2) + 8m = 21.6m
부속물의 등가길이 : 5m + 1m + 1m = 7m
∴ 총 등가길이 = 21.6m + 7m = 28.6m

∴ 28.6m

라) 최고위 앵글밸브의 인입구로부터 펌프 토출구까지의 마찰손실압력[kPa]을 구하시오.

해설 및 정답

$\Delta P = \dfrac{6 \times 10^4 \times 130^2}{120^2 \times 53^5} \times 28.6\text{m} = 0.0048\text{MPa} = 4.8\text{kPa}$

∴ 4.8kPa

마) 펌프 전동기의 소요동력[kW]을 구하시오(단, 펌프의 효율은 0.6, 전달계수는 1.1이다).

해설 및 정답

h_1(실양정) = 6m + (3.8m²) = 13.6m
h_2(배관마찰손실수두) = 0.48m + 0.54m = 1.02m
h_3(호스마찰손실수두) = 2.25m
h_4(방수압환산수두) = 17m
∴ H = 13.6m + 1.02m + 2.25m + 17m = 33.87m

∴ $P[\text{kW}] = \dfrac{33.87\text{m} \times 1,000\text{kgf/m}^3 \times \left(\dfrac{0.2}{60}\right)\text{m}^3/\text{s}}{102 \times 0.6} \times 1.1 = 2.03\text{kW}$

∴ 2.03kW 이상

바) 옥내소화전[Ⅲ]을 조작하여 방수하였을 때의 방수량을 Q[L/min]라고 할 때,
　1) 이 옥내소화전 호스를 통하여 일어나는 마찰손실압력[Pa]은 얼마인지 쓰시오(단, Q는 기호 그대로 사용하고, 마찰손실의 크기는 유량의 제곱에 정비례한다).

해설 및 정답

호스의 마찰손실압력 $= \dfrac{Q^2}{130^2} \times 2.25\text{m} = 1.33 \times 10^{-4} Q^2 \text{m}$

$$= 1.33 \times 10^{-3} Q^2 \text{kPa} = 1.33 \times Q^2 \text{Pa}$$

∴ $1.33 \times Q^2 \text{Pa}$

2) 당해 앵글밸브 인입구로부터 펌프 토출구까지의 마찰손실압력[Pa]을 구하시오(단, Q는 기호 그대로 사용한다).

해설 및 정답 직관의 길이 = 6m + 8m = 14m
부속물의 종 = 5m + 1m + 4m = 10m
∴ 총 등가길이 = 14m + 10m = 24m

$$\therefore \Delta P[\text{MPa}] = \frac{6 \times 10^4 \times Q^2}{120^2 \times 53^5} \times 24\text{m} = 2.391 \times 10^{-7} \times Q^2 \text{MPa} = 0.2391 \times Q^2 \text{Pa}$$

∴ $0.2391 \times Q^2 \text{Pa}$

3) 당해 앵글밸브의 마찰손실 압력[Pa]을 구하시오(단, Q는 기호 그대로 사용한다).

해설 및 정답 $\Delta P[\text{MPa}] = \dfrac{6 \times 10^4 \times Q^2}{120^2 \times 42^5} \times 10\text{m} = 3.188 \times 10^{-7} \times Q^2 \text{MPa} = 0.3188 \times Q^2 \text{Pa}$

∴ $0.3188 \times Q^2 \text{Pa}$

4) 당해 호스 관창선단의 방수압[kPa]과 방수량[L/min]을 각각 구하시오.

해설 및 정답 Ⅰ 소화전의 방출계수(K) = $\dfrac{130 \text{L/min}}{\sqrt{10 \times 0.17 \text{MPa}}} = 99.7$

Ⅱ 소화전의 방사량 $Q = K\sqrt{10P}$ 에서
Ⅲ 소화전의 방사압력
= ①(펌프의 정격토출압력) − ②(펌프~호스까지의 마찰손실압력)
− ③(펌프~Ⅲ 소화전 방수구 높이)
①(펌프의 정격토출압력) = 33.87m = 0.3387MPa
②(펌프~호스까지의 마찰손실압력) = $(1.33 \times 10^{-6} + 2.391 \times 10^{-7} + 3.188 \times 10^{-7})Q^2$
$= 1.888 \text{MPa} \times 10^{-6} \times Q^2 \text{MPa}$
③(펌프~Ⅲ 소화전 방수구 높이) = 6m = 0.06MPa

$Q = 99.7\sqrt{10 \times (0.3387 - 0.06 - 1.888 \times 10^{-6} Q^2)} \text{MPa}$
$Q^2 = (99.7)^2 \times (2.787 - 1.888 \times 10^{-5} Q^2) \text{MPa}$
$Q^2 = 27{,}703.03 - 0.188 Q^2$
∴ $1.188 Q^2 = 27{,}703.03$

∴ $Q = \sqrt{\dfrac{27{,}703.03}{1.188}} = 152.71 \text{L/min}$

∴ $152.7 \text{L/min} = 99.7\sqrt{10P} \ [\text{MPa}]$

∴ $\dfrac{152.7}{99.7} = \sqrt{10P}$

∴ $P = 0.234 \text{MPa} = 234 \text{kPa}$

∴ 방수압 = 234kPa, 방수량 = 152.7L/min

소방설비기사[기계분야] 2차 실기

2017년 6월 25일 시행

01 가로 15m, 세로 14m, 높이 3.5m인 전산실(C급 화재)에 할로겐화합물 및 불활성기체 소화약제 중 HFC-23과 IG-541을 사용할 때 아래 [조건]에 맞게 설계하시오. **12점**

조건
1. HFC-23의 소화농도는 A, C급 화재는 38%, B급 화재는 35%이다.
2. HFC-23의 저장용기는 68L이며 충전밀도는 720.8kg/m³이다.
3. IG-541의 소화농도는 33%이다.
4. IG-541의 저장용기는 80L용을 적용하며, 충전압력은 19.996MPa이다.
5. 소화약제량 산정 시 선형 상수를 이용하도록 하며 방사 시 기준온도는 30℃이다.

소화약제	K_1	K_2
HFC-23	0.3164	0.0012
IG-541	0.65799	0.00239

가) HFC-23의 약제량은 최소 몇 kg인가?

해설 및 정답

$$W = \frac{V}{S} \times \frac{C}{100-C}$$

V = 15m × 14m × 3.5m = 735m³
S = 0.3164 + 0.0012 × 30℃ = 0.3524m³/kg
C(설계농도) = 38 × 1.35 = 51.3%

$$\therefore W = \frac{735m^3}{0.3524m^3/kg} \times \frac{51.3}{100-51.3} = 2,197.049kg ≒ 2,197.05$$

∴ 2,197.05kg

나) HFC-23의 저장용기 수는 최소 몇 병인가?

해설 및 정답   병당 충전량 = 720.8kg/m³ × 0.068m³ = 49.01kg

$$\therefore 병수 = \frac{2197.05kg}{49.01kg/병} = 44.83$$

∴ 45병

다) 배관 구경 산정 조건에 따라 HFC-23의 약제량 방사시 방사 유량(주배관)은 몇 kg/s 이상인가?

해설 및 정답

$$유량(kg/s) = \frac{\left[\dfrac{V}{S} \times \dfrac{C \times 0.95}{100 - C \times 0.95}\right]}{10sec}$$

V = 15m × 14m × 3.5m = 735m³
S = 0.3164 + 0.0012 × 30℃ = 0.3524m³/kg
C = 51.3 × 0.95 = 48.735% ≒ 48.74%

$$W = \frac{735m^3}{0.3524m^3/kg} \times \frac{48.74}{100-48.74} = 1,983.162kg ≒ 1,983.16kg$$

∴ 방사량 = $\frac{1,983.16kg}{10s}$ = 198.316kg/s ≒ 198.32kg/s

∴ 198.32kg/s

라) IG-541의 약제량은 몇 m³인가?

해설및정답 $Q(m^3) = V(m^3) \times X(m^3/m^3) = V(m^3) \times \left[2.303 \times \frac{V_S}{S} \log\left(\frac{100}{100-C}\right)\right]$

V = 15m × 14m × 3.5m = 735m³
V_S = 0.65799 + 0.00239 × 20℃ = 0.70579m³/kg
S = 0.65799 + 0.00239 × 30℃ = 0.72969m³/kg
C = 33% × 1.35 = 44.55%

$$Q = \left[2.303 \times \frac{0.70579}{0.72969} \times \log\frac{100}{100-44.55}\right] \times 735m^3 = 419.3m^3$$

∴ 419.3m³

마) IG-541의 저장용기 수는 최소 몇 병인가?

해설및정답 $P_1V_1 = P_2V_2$

$$V_2 = V_1 \times \frac{P_1}{P_2}$$

$$V_2 = 419.3m^3 \times \frac{0.101325}{19.996+0.101325} = 211.3m^3 ≒ 2.11m^3$$

∴ $\frac{2.11m^3}{0.08m^3}$ = 26.38

∴ 27병

바) 배관 구경 산정 조건에 따라 IG-541의 약제량 방사시 유량[주배관]은 몇 [kg/s] 이상인가?

해설및정답 V = 15m × 14m × 3.5m = 735m³
S = 0.65799 + 0.00239 × 30℃ = 0.72969m³/kg
C = 44.55% × 0.95 = 42.322% ≒ 42.32%

$$∴ W = \left[2.303 \times \frac{1}{0.72969m^3/kg} \times \log\frac{100}{100-42.32}\right] \times 735m^3$$
$$= 554.363kg ≒ 554.36kg$$

∴ $\frac{554.36kg}{120s}$ = 4.619kg/s ≒ 4.62kg/s

∴ 4.62kg/s

기출문제

02 [그림]과 같이 휘발유 탱크 1기와 경유탱크 1기를 1개의 방유제에 설치하는 옥외 탱크 저장소에 대하여 각 물음에 답하시오(단, [그림]에서 길이 단위는 mm이다). **11점**

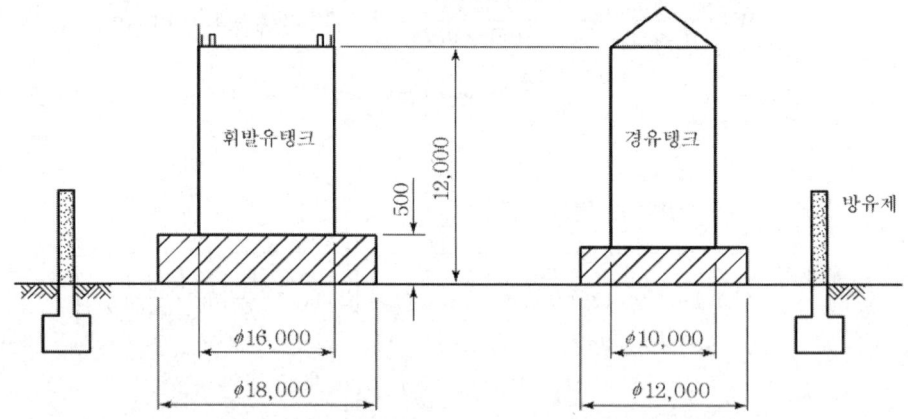

조건

1. 탱크용량 및 형태
   - 휘발유탱크 : 2,000m³(지정수량의 10,000배) 플루팅루프탱크[탱크 내 측면과 굽도리판(Foam Dam) 사이의 거리는 0.6m이다(인화점 : 21℃ 미만).]
2. 고정포 방출구
   - 경유탱크 : Ⅱ형, 휘발유탱크 : 특형
3. 포소화약제의 종류 : 수성막포(사용농도 3%)
4. 보조포 소화전 : 쌍구형 2개 설치
5. 참고사항
   (ㄱ) 옥외탱크 저장소의 보유공지

저장 또는 취급하는 위험물의 최대저장량	공지의 너비
지정수량의 500배 이하	3m 이상
지정수량의 500배 초과 1,000배 이하	5m 이상
지정수량의 1,000배 초과 2,000배 이하	9m 이상
지정수량의 2,000배 초과 3,000배 이하	12m 이상
지정수량의 3,000배 초과 4,000배 이하	15m 이상
지정수량의 4,000배 초과	당해 탱크의 최대지름과 탱크의 높이 또는 길이 중 큰 것과 같은 거리 이상(단, 30m 초과의 경우에는 30m 이상으로 할 수 있고, 15m 미만의 경우는 15m 이상으로 하여야 한다.)

(ㄴ) 고정포 방출구의 방출률 및 방사시간

위험물의 종류	Ⅰ형		Ⅱ형		특형	
	방출률 (L/m²분)	방사 시간(분)	방출률 (L/m²분)	방사 시간(분)	방출용 (L/m²분)	방사 시간(분)
제4류 위험물 중 인화점이 섭씨 21도 미만의 것	4	30	4	55	8	30
제4류 위험물중 인화점이 섭씨 21도 이상 70도 미만일 것	4	20	4	30	8	20
제4류 위험물 중 인화점이 섭씨 70도 이상의 것	4	15	4	25	8	15

가) 다음 A, B, C의 거리를 구하시오(단, 탱크 측판 두께의 보온 두께는 무시한다).

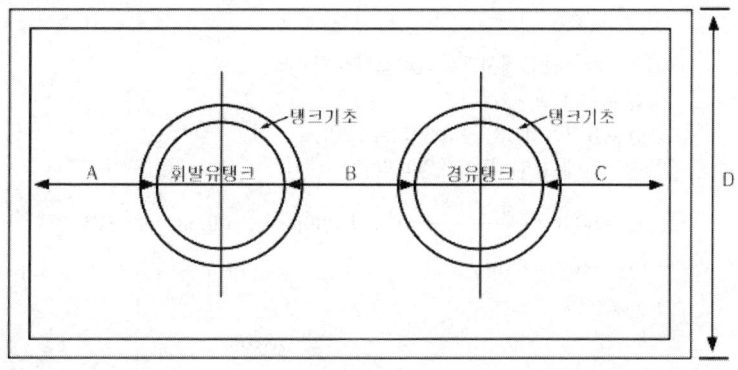

1) A(휘발유탱크 측판과 방유제 내측거리, m)

해설 및 정답

$A = 12m \times \dfrac{1}{2} = 6m$

∴ 6m

2) B(휘발유탱크 측판과 경유탱크 측판 사이의 거리, m) (단, 휘발유 탱크만 보유공지 단축을 위한 기준에 적합한 물분무소화설비가 설치됨)

해설 및 정답

$B = 16m \times \dfrac{1}{2} = 8m$

∴ 8m

3) C(경유탱크 측판과 방유제 내측거리, m)

해설 및 정답

$C = 12m \times \dfrac{1}{3} = 4m$

∴ 4m

기출문제

나) 다음에서 요구하는 각 장비의 용량을 구하시오.
　1) 포소화약제 저장탱크의 최소 용량(L)을 아래의 종류 중에서 선정하시오(단, 75A 이상의 배관길이는 50m이고, 배관크기는 100A이다).
　　　- 포소화약제 저장탱크 종류 : 700L, 750L, 800L, 900L, 1,000L, 1,200L, 1,500L(단, 포소화약제의 저장탱크 용량은 포소화약제의 저장량을 말한다)

해설 및 정답 ① 고정포방출구에서 필요한 양
　　ⅰ) 휘발유탱크에서 필요한 양
$$Q = \frac{\pi}{4}(16^2 - 14.8^2)\text{m}^2 \times 8\text{L/m}^2 \cdot \min \times 30\min \times 0.03$$
$$= 208.9\text{L}$$
　　ⅱ) 경유탱크에서 필요한 양
$$Q = \frac{\pi \times 10^2}{4}\text{m}^2 \times 4\text{L/m}^2 \cdot \min \times 30\min \times 0.03 = 282.6\text{L}$$
　　∴ 282.6L
② 보조포소화전에서 필요한 포약제의 양
$$Q = N \times S \times 8,000\text{L}$$
$$Q = 3개 \times 0.03 \times 8,000\text{L} = 720\text{L}$$
③ 송액관에 유입되는 포원액의 양
$$Q = 50\text{m} \times \left(\frac{\pi \times 0.1^2}{4}\right)\text{m}^2 \times 1,000\text{L/m}^3 \times 0.03 = 11.775\text{L}$$
∴ 포약제의 필요량(Q) = ① + ② + ③ = 282.6L + 720L + 11.775L = 1,014.37L
∴ 1,200L

　2) 가압송수장치(펌프)의 유량(lpm)

해설 및 정답 ① 고정포방출구에서 필요한 토출유량
$$Q = \frac{\pi \times 10^2}{4}\text{m}^2 \times 4\text{L/m}^2 \cdot \min = 314\text{L/min}$$
② 보조포소화전에서 필요한 토출유량
$$Q = 3 \times 400\text{L/min} = 1,200\text{L/min}$$
∴ 가압송수장치의 유량 = 314L/min + 1,200L/min = 1,514L/min
∴ 1,514L/min

　3) 소화설비의 수원(저수량, m³)(단, m³ 이하는 반올림하여 정수로 표시한다)

해설 및 정답 ① 고정포방출구에서 필요량
$$Q = \frac{\pi \times 10^2}{4}\text{m}^2 \times 120\text{L/m}^2 \times 0.97 = 9,142\text{L}$$
② 보조포소화전에서 필요량
$$Q = 3개 \times 8,000\text{L} \times 0.97 = 23,280\text{L}$$

③ 송액관에 채워지는 양

$$Q = 50\text{m} \times \left(\frac{\pi \times 0.1^2}{4}\right) \text{m}^2 \times 1,000\text{L/m}^3 \times 0.97 = 380.9\text{L}$$

∴ 수원의 양(Q) = 9,142L + 23,280L + 380.9L = 32,802L = 32.8m³

∴ 33m³

4) 포소화약제의 혼합장치는 프레져 프로포셔너 방식을 사용할 경우에 최소유량과 최대유량의 범위를 정하시오.
   A. 최소유량(lpm)
   B. 최대유량(lpm)

해설 및 정답
A. 포혼합장치의 최소유량 = 1,514L/min × 0.5
   ∴ 최소유량 : 757lpm
B. 포혼합장치의 최대유량 = 1,514L/min × 2
   ∴ 최대유량 : 3,028lpm

03 다음은 특별피난계단의 계단실 및 부속실 제연설비 화재안전기준 중 차압에 관한 내용이다. ( )을 채우시오. **5점**

1) 제연구역과 옥내와의 사이에 유지하여야 하는 최소차압은 (①)Pa(옥내에 스프링클러설비가 설치된 경우에는 (②)Pa) 이상으로 하여야 한다.
2) 제연설비가 가동되었을 경우 출입문의 개방에 필요한 힘은 (③)N 이하로 하여야 한다.
3) 출입문이 일시적으로 개방되는 경우 개방되지 아니하는 제연구역과 옥내와의 차압은 기준에 따른 차압의 (④)% 미만이 되어서는 아니 된다.
4) 계단실과 부속실을 동시에 제연하는 경우 부속실의 기압은 계단실과 같게 하거나 계단실의 기압보다 낮게 할 경우에는 부속실과 계단실의 압력 차이는 (⑤)Pa 이하가 되도록 하여야 한다.

해설 및 정답   ① 40   ② 12.5   ③ 110   ④ 70   ⑤ 5

기출문제

04 할로겐화합물 및 불활성기체 소화설비 배관의 두께 계산식을 설명하고 아래 [조건]과 같을 때 배관의 두께를 구하시오. **4점**

> **조건**
> 1. 배관을 흐르는 가스의 압력은 최대 2,520kPa이다.
> 2. 배관의 외경은 60.5mm이며, 전기저항 용접배관을 사용한다.
> 3. 배관재질에 따른 인장강도는 185MPa이며, 항복점은 60MPa이다.
> 4. 나사의 높이는 1mm이다.

해설 및 정답 관의 두께 $= \dfrac{P \times D}{2 \times SE} + A$

$\dfrac{185\text{MPa}}{4} = 46.25\text{MPa}, \quad 60\text{MPa} \times \dfrac{2}{3} = 40\text{MPa}$

$SE = 40\text{MPa} \times 0.85 \times 1.2 = 40.8\text{MPa}$

$\therefore$ 관의 두께 $= \dfrac{2.52\text{MPa} \times 60.5\text{mm}}{2 \times 40.8\text{MPa}} = 1.87\text{mm}$

$\therefore$ 1.87mm 이상

05 [그림]은 공장에 설치된 지하매설 소화용 배관도이다. "가"~"마"까지 각각의 옥외소화전의 측정수압이 표와 같을 때 다음 각 물음에 답하시오. **8점**

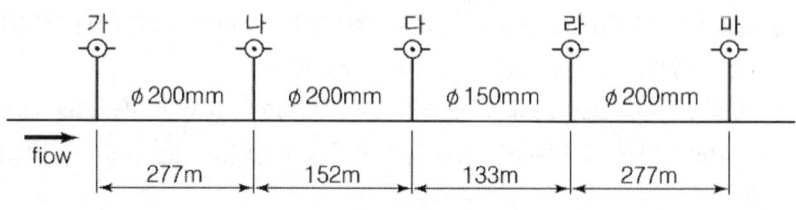

〈소화전 측정압력(MPa)〉

압력 \ 위치	가	나	다	라	마
정압	0.557	0.517	0.572	0.586	0.552
방사압력	0.49	0.379	0.296	0.172	0.069

※ 방사압력은 소화전의 노즐 캡을 열고 소화전 본체 직근에서 측정한 잔류압력(Residual Pressure)을 말한다.

가) 다음은 동수경사선(Hydraulic Gradient)을 작성하기 위한 과정이다. 주어진 자료를 활용하여 표의 빈곳을 채우시오(단, 계산과정을 기록할 것).

항목 소화전	구경 (m)	실관장 (m)	측정압력 (MPa) 정압	측정압력 (MPa) 방사압력	펌프~노즐까지의 마찰손실압력 (MPa)	소화전 간의 배관마찰 손실 (MPa)	Gauge Elevation (MPa)	경사선의 Elevation (MPa)
가	—	—	0.557	0.49	①	—	0.029	0.519
나	200	277	0.517	0.379	②	⑤	0.069	⑩
다	200	152	0.572	0.296	③	0.138	⑧	0.31
라	150	133	0.586	0.172	0.414	⑥	0	⑪
마	200	277	0.552	0.069	④	⑦	⑨	⑫

※ 기준 Elevation에서의 정압은 0.586MPa이다.

해설 및 정답
① (0.557−0.49)MPa = 0.067MPa
② (0.517−0.379)MPa = 0.138MPa
③ (0.572−0.296)MPa = 0.276MPa
④ (0.552−0.069)MPa = 0.483MPa
⑤ (0.138−0.067)MPa = 0.071MPa
⑥ (0.414−0.276)MPa = 0.138MPa
⑦ (0.483−0.414)MPa = 0.069MPa
⑧ (0.586−0.572)MPa = 0.014MPa
⑨ (0.586−0.552)MPa = 0.034MPa
⑩ (0.379+0.069)MPa = 0.448MPa
⑪ (0.172+0)MPa = 0.172MPa
⑫ (0.069+0.034)MPa = 0.103MPa

나) 상기 "가)"항에서 완성된 표를 자료로 하여 답안지의 동수 경사선과 Pipe Profile을 완성하시오.

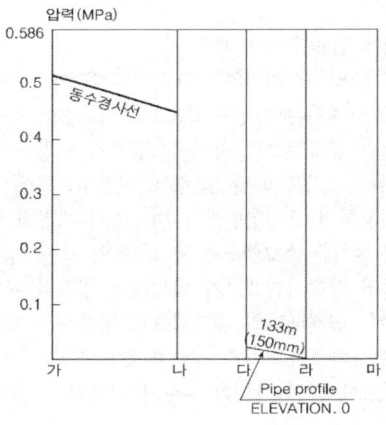

기출문제

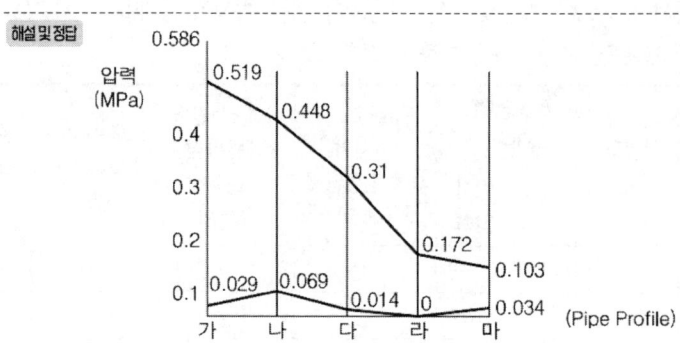

해설 및 정답

06 스프링클러헤드를 방호반경 2.3m로 하여 [그림]과 같이 장방형으로 배열할 때 a의 거리가 최대가 될 수 있는 직선거리는 몇 m인가? (30°~60°) **6점**

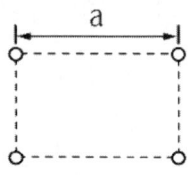

해설 및 정답 a = 2 × 2.3m × cos30° = 3.98m
∴ 3.98m

07 수계소화설비에 설치한 충압펌프가 잦은 기동과 정지를 할 때 원인이라고 생각되는 것 10가지만 쓰시오. **4점**

해설 및 정답
1. 압력챔버에 압축공기가 없을 때
2. 충압펌프용 압력스위치의 Diff값이 작을 때
3. 옥상수조에 설치된 스윙체크밸브에 이물질이 끼어 옥상수조로 역류하는 때
4. 스모렌스키 체크밸브의 바이패스밸브가 개방되어 저수조 쪽으로 역류하는 때
5. 펌프 주밸브 2차측 배관 및 설비 연결부분등에서 누수가 발생되는 때
6. 유수검지장치의 드레인밸브가 미세하게 개방된 때
7. 토출측에 설치된 스모렌스키 체크밸브의 기능이상에 따라 1차측으로 가압수가 역류하는 때
8. 스프링클러 말단시험밸브가 미세하게 개방된 때
9. 옥외송수구 연결배관의 체크밸브로 역류하는 때
10. 알람밸브 1차측과 2차측 압력차이가 근소할 때(통상 2차측 압력이 1차보다 높아야 클레퍼가 시트에 잘 안착되어 누수가 발생하지 않음)

08 유수검지장치의 시험밸브 개방 시 경보가 울리지 않는다면 그 원인을 찾기 위한 방법 7가지만 쓰시오. [4점]

해설및정답
1. 압력스위치의 고장여부 확인
2. 리타딩챔버 또는 압력스위치로 물이 이송되는 관로가 이물질에 의해 막혔는지 확인
3. 전원, 전압의 이상여부 확인
4. 압력스위치와 수신기, 수신기와 경보기구의 배선 단선
5. 수신기의 고장여부 확인
6. 수신기에서 경종스위치의 작동 차단여부 확인
7. 경보기구(경종, 사이렌)의 고장여부 확인

09 스프링클러설비의 종합정밀점검 중 전동기의 점검항목을 5가지만 쓰시오.[현행삭제] [8점]

해설및정답
1. 베이스에 고정 및 커플링 결합상태
2. 원활한 회전 여부(진동 및 소음상태)
3. 운전시 과열 발생여부
4. 베어링부의 윤활유 충진상태 및 변질여부
5. 본체 방청의 보존상태

10 다음 소방시설 도시기호를 그리시오. [4점]

가) 선택밸브
나) 편심리듀서
다) 풋밸브
라) 라인프로포셔너

해설및정답

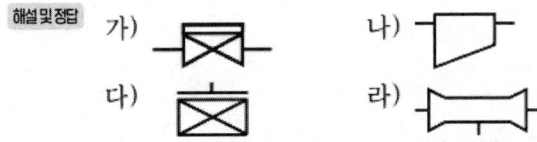

기출문제

11 다음은 연결살수설비 화재안전기준 중 송수구 설치기준이다. ( )를 알맞게 채우시오. `5점`

1) 소방차가 쉽게 접근할 수 있고 노출된 장소에 설치하여야 한다. 이 경우 가연성 가스의 저장·취급시설에 설치하는 연결살수설비의 송수구는 그 방호대상물로부터 (①) 이상의 거리를 두거나 방호대상물에 면하는 부분이 높이 1.5m 이상, 폭 2.5m 이상의 철근콘크리트벽으로 가려진 장소에 설치하여야 한다.
2) 송수구는 구경 (②)mm의 (③)으로 하여야 한다(단, 하나의 송수구역에 부착하는 살수헤드의 수가 (④) 이하인 것에 있어서는 단구형의 것으로 할 수 있다).
3) 개방형 헤드를 사용하는 송수구의 호스접결구는 각 송수구역마다 설치하여야 한다(단, 송수구역을 선택할 수 있는 선택밸브가 설치되어 있고 각 송수구역의 주요구조부가 내화구조로 되어 있는 경우 제외).
4) 송수구의 부근에는 "연결살수설비 송수구"라고 표시한 표지와 (⑤)를 설치할 것

해설 및 정답 ① 20m ② 65 ③ 쌍구형 ④ 10개
⑤ 송수구역 일람표

12 어떤 특정소방대상물에 옥외소화전 5개를 화재안전기준과 다음 [조건]에 따라 설치하려고 한다. 다음 각 물음에 답하시오. `11점`

> **조건**
> 1. 옥외소화전은 지상용 A형을 사용한다.
> 2. 펌프에서 첫 번째 옥외소화전까지의 직관길이는 200m, 관의 내경은 100mm이다.
> 3. 펌프의 양정 H=50m, 효율=65%이다.
> 4. 모든 규격치는 최소량을 적용한다.

가) 수원의 최소 유효저수량은 몇 m^3인가?

해설 및 정답 수원=$2 \times 7m^3 = 14m^3$
∴ $14m^3$

나) 펌프의 최소 토출유량(m^3/min)은 얼마인가?

해설 및 정답 토출유량=$2 \times 350L/min = 700L/min$
∴ $0.7m^3/min$

다) 관부분에서의 마찰손실수두는 얼마인가? (Darcy Weisbach의 식을 사용하고 마찰계수는 0.02 이다)

해설및정답

$$유속 = \frac{\frac{0.7}{60} \text{m}^3/\text{s}}{\frac{\pi \times 0.1^2}{4} \text{m}^2} = 1.486 \text{m/s}$$

$$h_L = 0.02 \times \frac{200\text{m}}{0.1\text{m}} \times \frac{(1.486\text{m/s})^2}{2 \times 9.8\text{m/s}^2} = 4.506\text{m}$$

∴ 4.51m

라) 펌프의 최소 동력은 몇 kW인가?

해설및정답

$$P(\text{kW}) = \frac{1,000 \times \left(\frac{0.7}{60}\right) \times 50}{102 \times 0.65} = 8.798 ≒ 8.8\text{kW}$$

∴ 8.8kW

13 다음 수계소화설비에 사용하는 부속물에 대한 설명을 읽고 해당되는 부속물의 명칭을 쓰시오. [6점]

가) 펌프 토출측 순환배관에 설치하여 체절압력 미만에서 개방되는 밸브
나) 펌프 흡입측 배관에 설치되는 여과장치
다) 옥내소화전 방수구, 유수검지장치 2차측에 설치하는 배수밸브로 사용되는 밸브
라) 급수배관에 설치되어 급수를 차단할 수 있는 밸브
마) 펌프성능시험배관의 유량측정장치 후단 직관부에 설치하는 밸브
바) 배관을 볼트, 너트를 이용하여 접속시키는 이음으로 배관의 증설, 이설이 필요한 경우의 이음 방식

해설및정답
가) 릴리프밸브
나) 스트레이너
다) 앵글밸브
라) 개폐표시형 개폐밸브
마) 유량조절밸브
바) 플랜지이음

기출문제

14 다음은 10층 건물에 설치한 옥내소화전설비의 계통도이다. 각 물음에 답하시오. 12점

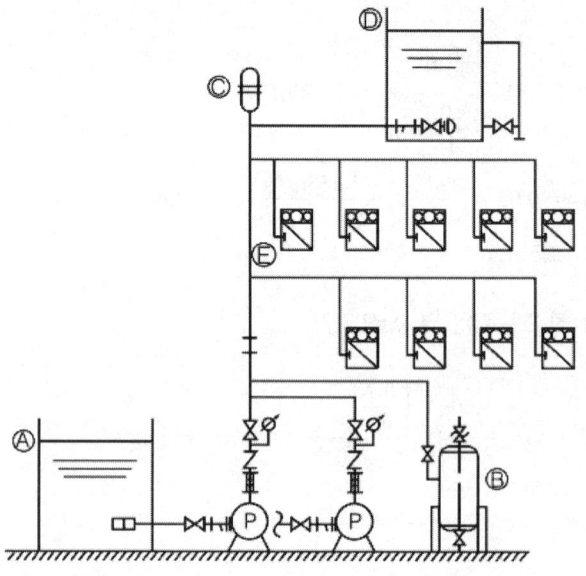

조건

1. 배관의 마찰손실수두는 40m(소방호스, 관 부속품의 마찰손실수두 포함)이다.
2. 실양정은 15m이다.
3. 펌프의 효율은 65%이다.
4. 펌프의 여유율은 10%를 적용한다.

가) Ⓐ ~ Ⓔ의 명칭을 쓰시오.

해설및정답   Ⓐ 저수조   Ⓑ 기동용 수압개폐장치   Ⓒ 수격방지기
     Ⓓ 옥상수조   Ⓔ 옥내소화전

나) Ⓓ에 보유하여야 할 최소 유효저수량(m^3)은?

해설및정답   옥상수원의 양(m^3) = $2 \times 2.6 m^3 \times \dfrac{1}{3} = 1.73 m^3$

∴ $1.73 m^3$

다) Ⓑ의 주된 기능은?

해설및정답   배관 내 압력변동에 따라 주펌프를 자동기동(자동정지는 불가)시키고, 충압펌프를 자동기동 또는 자동정지시키는 기능

라) ⓒ의 설치목적은 무엇인가?

해설 및 정답 수격작용의 방지 및 완화

마) Ⓔ의 문짝 면적은 얼마 이상이어야 하는가?

해설 및 정답 $0.5m^2$

바) 펌프의 전동기 용량(kW)을 계산하시오.

해설 및 정답 전양정(H) = 40m + 15m + 17m = 72m
Q = 2×130L/min = 260L/min

$$\therefore P(kW) = \frac{\gamma QH}{102\eta}K = \frac{1,000 \times \frac{0.26}{60} \times 72}{102 \times 0.65} \times 1.1 = 5.176 ≒ 5.18kW$$

∴ 5.18kW

2017년 제4회 소방설비기사[기계분야] 2차 실기

2017년 11월 11일 시행

01 분말소화설비에 설치하는 정압작동 장치의 기능과 압력스위치 방식에 대하여 작성하시오. [6점]

가) 정압작동 장치 기능

해설 및 정답 ▸ 가압용 가스가 분말용기 내부로 유입되어 분말약제 용기 내부 압력이 설정 압력이 되었을 때 주밸브를 개방하는 기능

나) 압력스위치 방식

해설 및 정답 ▸ 분말용기의 내부압력이 설정 압력이 될 때 압력스위치의 동작으로 솔레노이드밸브를 동작시키는 방식

02 소방시설의 가압송수장치에서 주로 사용하는 펌프로는 터빈 펌프와 볼류트 펌프가 있다. 이들 펌프의 특징을 비교하여 다음 표의 빈칸에 유, 무, 대, 소, 고, 저 등으로 작성하시오. [4점]

	볼류트 펌프	터빈 펌프
임펠러에 안내날개(유, 무)		
송출 유량(대, 소)		
송수 압력(고, 저)		

해설 및 정답 ▸

	볼류트 펌프	터빈 펌프
임펠러에 안내날개(유, 무)	무	유
송출 유량(대, 소)	대	소
송수 압력(고, 저)	저	고

03 물분무소화설비의 화재안전기술기준(NFTC 104)에 관하여 다음 각 물음에 답하시오. 8점

조건

[그림]과 같이 바닥면이 자갈로 되어있는 절연유 봉입변압기에 물분무소화설비를 설치하고자 한다.

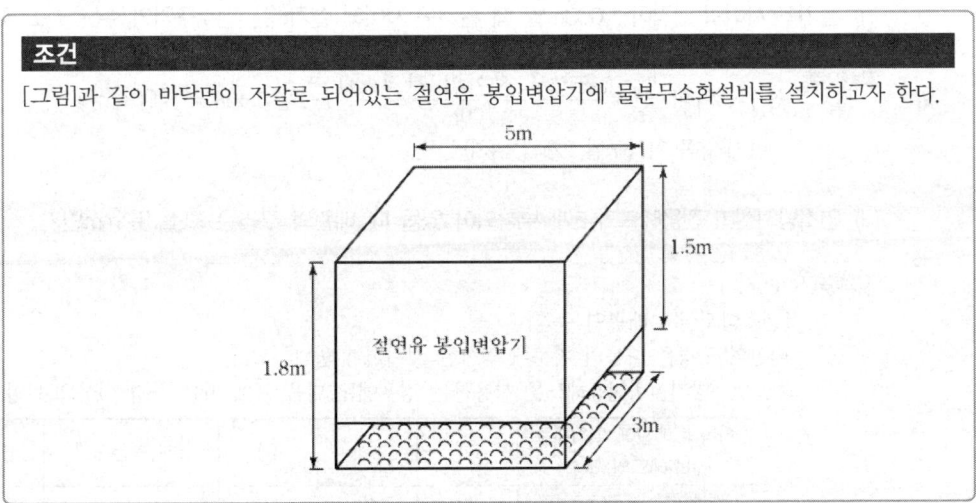

가) 소화펌프의 최소토출량(L/min)을 구하시오(단, 계산과정을 쓰시오).

해설및정답 $A = (5m \times 3m) + (3m \times 1.5m \times 2) + (5m \times 1.5m \times 2) = 39m^2$
∴ 최소토출량 $= 39m^2 \times 10L/m^2 \cdot min = 390L/min$
∴ 390L/min

나) 필요한 최소수원의 양(m^3)을 구하시오.

해설및정답 수원 $= 39m^2 \times 10L/m^2 \cdot min \times 20min = 7,800L = 7.8m^3$
∴ 7.8m^3

다) 다음 표의 빈칸을 채우시오

전압(kV)	거리(cm)	전압(KV)	거리(cm)
66kV 이하	(①)cm 이상	154kV 초과 181kV 이하	180cm 이상
66kV 초과 77kV 이하	80cm 이상	181kV 초과 220kV 이하	(②)cm 이상
77kV 초과 110kV 이하	110cm 이상	220kV 초과 275kV 이하	260cm 이상
110kV 초과 154kV 이하	150cm 이상		

해설및정답 ∴ ① 70   ② 210

기출문제

04 지하구에 설치하는 연소방지설비에 대한 다음 물음에 답하시오. [6점]

가) 환기구 사이의 간격이 1,000m일 때 환기구 사이에 설치하는 살수구역의 수는 최소 몇 개인가?

> **해설 및 정답**
> 살수구역의 수 $= \dfrac{환기구\ 사이의\ 간격(m)}{700m} - 1 = 0.428 ≒ 1개(절상)$
> ∴ 1개(양쪽 환기구별 2개씩 설치)

나) 연소방지설비 전용헤드가 5개 부착되어 있을 때 배관의 구경은 최소 몇 mm인가?

> **해설 및 정답** 65mm
>
> [연소방지설비 배관의 구경]
> 배관의 구경은 다음의 기준에 적합한 것이어야 한다.
> 가. 연소방지설비전용헤드를 사용하는 경우에는 다음 표에 따른 구경 이상으로 할 것
>
> | 하나의 배관에 부착하는 살수헤드의 개수 | 1개 | 2개 | 3개 | 4개 또는 5개 | 6개 이상 |
> |---|---|---|---|---|---|
> | 배관의 구경(mm) | 32 | 40 | 50 | 65 | 80 |
>
> 나. 개방형 스프링클러헤드를 사용하는 경우에는 「스프링클러설비의 화재안전기술기준(NFTC 103)」 2.5.3.3의 표에 따를 것

다) 다음 ( )를 채우시오
  1) 연소방지설비의 헤드는 (①) 또는 (②)에 설치할 것
  2) 헤드간의 수평거리는 연소방지설비 전용헤드의 경우에는 (③) 이하, 스프링클러헤드의 경우에는 (④) 이하로 할 것
  3) 소방대원의 출입이 가능한 환기구·작업구마다 지하구의 양쪽방향으로 살수헤드를 설정하되, 한쪽 방향의 살수구역의 길이는 3m 이상으로 할 것. 다만, 환기구 사이의 간격이 (⑤)를 초과할 경우에는 (⑤) 이내마다 살수구역을 설정하되, 지하구의 구조를 고려하여 방화벽을 설치한 경우에는 그렇지 않다.

> **해설 및 정답** ① 천장 ② 벽면 ③ 2m ④ 1.5m ⑤ 700m

05 스프링클러설비의 개방형 헤드와 폐쇄형 헤드에 대한 다음 표의 빈칸에 알맞은 답을 쓰시오.

[5점]

물음	폐쇄형 헤드	개방형 헤드
설비의 종류	① ② ③	④
차이점	⑤	⑥

해설 및 정답 ① 습식 스프링클러설비
② 건식 스프링클러설비
③ 준비작동식 스프링클러설비
④ 일제살수식 스프링클러설비
⑤ 감열부 있음
⑥ 감열부 없음

06 헤드의 방수압력이 0.1MPa일 때 방수량이 80L/min인 폐쇄형 스프링클러설비에서 수리계산으로 배관의 관경을 결정하는 경우 다음 [조건]을 보고 답을 쓰시오(단, 풀이과정을 쓰고 최종 답을 반올림하여 소수점 둘째 자리까지 구할 것). [8점]

조건
1. 스프링클러헤드 H-1에서 H-5까지의 각 헤드마다의 방수압력의 차이는 0.02MPa이다(단, 계산 시 스프링클러헤드와 가지배관 사이의 배관에서의 마찰손실은 무시한다).
2. A~B구간의 마찰손실은 0.03MPa이다.
3. H-1에서의 방수량은 80L/min이다.

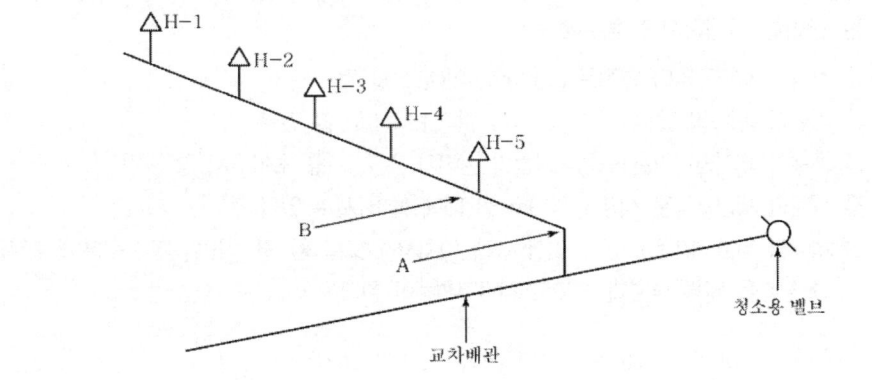

기출문제

가) A지점에서의 필요 최소압력은 몇 MPa인가?

해설 및 정답 A지점의 최소 압력 = 0.1MPa + (0.02 + 0.02 + 0.02 + 0.02)MPa + 0.03MPa = 0.21MPa
∴ 0.21MPa

나) 각 헤드(H-1~H-5)에서의 방수량은 몇 L/min인가?

해설 및 정답 $K = \dfrac{Q}{\sqrt{10P}} = \dfrac{80\text{L/min}}{\sqrt{10 \times 0.1\text{MPa}}} = 80$

① H-1의 방수량 $Q = 80\sqrt{10 \times 0.1\text{MPa}} = 80\text{L/min}$
② H-2의 방수량 $Q = 80\sqrt{10 \times 0.12\text{MPa}} = 87.635\text{L/min}$
③ H-3의 방수량 $Q = 80\sqrt{10 \times 0.14\text{MPa}} = 94.657\text{L/min}$
④ H-4의 방수량 $Q = 80\sqrt{10 \times 0.16\text{MPa}} = 101.192\text{L/min}$
⑤ H-5의 방수량 $Q = 80\sqrt{10 \times 0.18\text{MPa}} = 107.331\text{L/min}$

다) A~B 구간에서의 유량은 몇 L/min인가?

해설 및 정답 유량 = (80 + 87.64 + 94.66 + 101.19 + 107.33)L/min = 470.82L/min
∴ 470.82L/min

라) A~B 구간 배관의 최소내경은 몇 mm인가?

해설 및 정답 배관의 구간 = $\sqrt{\dfrac{4 \times (0.471/60)\text{m}^3/\text{s}}{\pi \times 6\text{m/s}}} = 0.0408\text{m}$
∴ 40.8mm

07 제연설비의 설치장소는 제연구역으로 구획하도록 명시하고 있다. 아래의 (   ) 안에 해당되는 단어를 기재하시오. **5점**

1) 하나의 제연구역의 면적은 (①)m² 이내로 할 것
2) 거실과 통로(복도를 포함한다. 이하 같다)는 (②)할 것
3) 통로상의 제연구역은 보행중심선의 길이가 (③)m를 초과하지 않을 것
4) 하나의 제연구역은 직경 (④)m 원 내에 들어갈 수 있을 것
5) 하나의 제연구역은 (⑤) 이상 층에 미치지 않도록 할 것 다만, 층의 구분이 불분명한 부분은 그 부분을 다른 부분과 별도로 제연구획해야 한다.

해설 및 정답 ① 1,000   ② 각각 제연구획   ③ 60   ④ 60   ⑤ 2

08 다음은 어느 실들의 평면도이다. 이 중 A실을 급기가압 하고자 할 때 주어진 [조건]을 이용하여 다음을 구하시오. [8점]

조건
1. 실 외부 대기의 기압은 101,300Pa로서 일정하다.
2. A실에 유지하고자 하는 기압은 101,500Pa이다.
3. 각 실의 문들의 틈새면적은 $0.01m^2$이다.
4. 어느 실을 급기가압할 때 그 실의 문 틈새를 통하여 누출되는 공기의 양은 다음의 식을 따른다.
   - $Q = 0.827A\sqrt{P}$
   ($Q[m^3/s]$: 누출되는 공기의 양, $A[m^2]$: 문의 틈새면적, $P[Pa]$: 실내·외의 기압차)

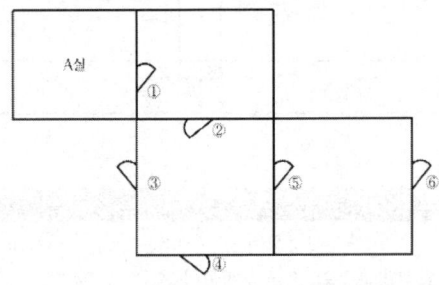

가) A실의 전체 누설 틈새 면적 $A[m^2]$(단, 소수점 아래 6자리에서 반올림하여 소수점 아래 5자리까지 나타내시오)

해설 및 정답 출입문 ⑤⑥은 직렬연결이므로(⑤´)

$$A = \left(\frac{1}{0.01^2} + \frac{1}{0.01^2}\right)^{-\frac{1}{2}} = 0.00707m^2$$

출입문 ③④⑤´는 병렬연결이므로
$A = 0.01m^2 + 0.01m^2 + 0.00707m^2 = 0.02707m^2$(③´)

출입문 ①②③´는 직렬연결이므로

$$A = \left(\frac{1}{0.01^2} + \frac{1}{0.01^2} + \frac{1}{0.02707^2}\right)^{-\frac{1}{2}} = 0.00684m^2$$

∴ $0.00684m^2$

나) A실에 유입해야 할 풍량 $Q[L/s]$

해설 및 정답 $Q = 0.827 \times 0.00684\sqrt{200Pa} = 0.079997m^3/sec$
∴ 80L/s

기출문제

09 다음은 위험물 옥외저장탱크에 포소화설비를 설치한 도면이다. 도면 및 주어진 [조건]을 참조하여 각 물음에 답하시오. 14점

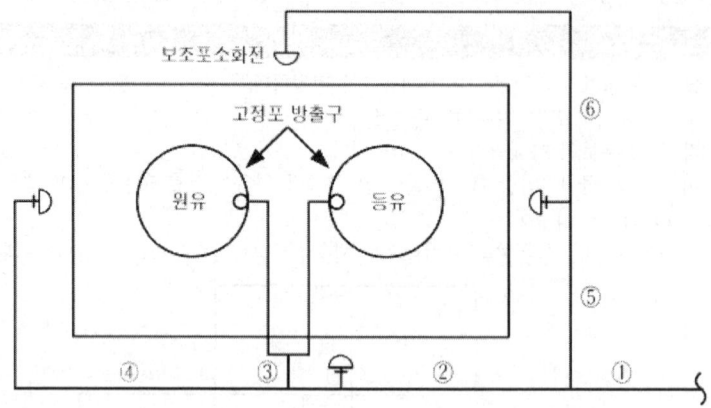

조건

1. 원유저장탱크는 플로팅루프탱크이며 탱크직경은 16m, 탱크 내 측면과 굽도리판(Foam Dam) 사이의 거리는 0.5m, 특형방출구의 수는 2개이다.
2. 등유저장탱크는 콘루프탱크이며 탱크직경은 10m, Ⅱ형 방출구수는 2개이다.
3. 포약제는 3%형 단백포이다.
4. 각 탱크별 포수용액의 방수량 및 방사시간은 아래와 같다.

구분	원유저장탱크	등유저장탱크
방수량	8L/m²·분	4L/m²·분
방사시간	30분	30분

5. 보조포소화전은 4개이다.
6. 구간별 배관의 길이는 다음과 같다.

번호	①	②	③	④	⑤	⑥
배관길이(m)	20	10	50	100	20	150

7. 송액배관의 내경 산출식 $D(\text{mm}) = 2.66\sqrt{Q(\text{L/min})}$ 공식을 이용한다.
8. 송액배관 내의 유속은 3m/s로 한다.
9. 화재는 저장탱크 2개에서 동시에 발생하는 경우는 없는 것으로 간주한다.
10. 위험물안전관리법의 기준에 의거한다.

가) 각 옥외저장탱크에 필요한 포수용액의 양은 몇 L/min인지 산출하시오.

해설 및 정답 ① 원유탱크

$$Q = \frac{\pi}{4}(16^2 - 15^2)\text{m}^2 \times 8\text{L/m}^2 \cdot \min = 194.68\text{L/min}$$

∴ 원유탱크 = 194.68L/min

② 등유탱크

$$Q = \frac{\pi \times 10^2}{4} m^2 \times 4L/m^2 \cdot min = 314L/min$$

∴ 등유탱크 = 314L/min

나) 각 옥외저장탱크에 필요한 포원액의 양은 몇 L인지 산출하시오.

해설및정답 ① 원유탱크

$$포원액의 \; 양 = \frac{\pi}{4}(16^2 - 15^2)m^2 \times 8L/m^2 \cdot min \times 30min \times 0.03 = 175.21L$$

∴ 원유탱크 = 175.21L

② 등유탱크

$$포원액의 \; 양 = \frac{\pi \times 10^2}{4}m^2 \times 4L/m^2 \cdot min \times 30min \times 0.03 = 282.6L$$

∴ 등유탱크 = 282.6L

다) 보조포소화전에 필요한 포수용액의 양은 몇 L/min인가?

해설및정답 포수용액의 양 = 3개 × 400L/min = 1,200L/min

∴ 1,200L/min

라) 보조포소화전에 필요한 포원액의 양은 몇 L인가?

해설및정답 포원액의 양 = 3개 × 0.03 × 8,000L = 720L

∴ 720L

마) 번호별로 각 송액배관의 구경(mm)을 산출하시오.

해설및정답 ① 배관의 구경mm = $2.66\sqrt{1,514L/min} = 103.5mm$
(∵ Q = 314L/min + (3 × 400)L/min = 1,514L/min)

∴ 125mm

② 배관의 구경mm = $2.66\sqrt{1,114L/min} = 88.78mm$
(∵ Q = 314Lmin + (2 × 400)L/min = 1,114L/min)

∴ 100mm

③ 배관의 구경mm = $2.66\sqrt{314L/min} = 47.14mm$ (∵ Q = 314L/min)

∴ 50mm

④ 배관의 구경mm = $2.66\sqrt{400L/min} = 53.2mm$ (∵ Q = 400L/min)

∴ 65mm

⑤ 배관의 구경mm = $2.66\sqrt{800L/min} = 75.24mm$ (∵ Q = 2 × 400L/min = 800L/min)

∴ 80mm

⑥ 배관의 구경mm = $2.66\sqrt{400L/min} = 53.2mm$ (∵ Q = 400L/min)

∴ 65mm

기출문제

바) 송액배관에 필요한 포약제의 양은 몇 L인가?

해설및정답

$$송액관\ 전체\ 내용적 = \left(\frac{\pi \times 0.125^2}{4}m^2 \times 20m\right) + \left(\frac{\pi \times 0.1^2}{4}m^2 \times 10m\right)$$
$$+ \left(\frac{\pi \times 0.05^2}{4}m^2 \times 50m\right) + \left(\frac{\pi \times 0.065^2}{4}m^2 \times 100m\right)$$
$$+ \left(\frac{\pi \times 0.08^2}{4}m^2 \times 20m\right) + \left(\frac{\pi \times 0.065^2}{4}m^2 \times 150m\right)$$
$$= 1.3521 m^3$$

∴ 포약제의 양 = 1,352.1L × 0.03 = 40.56L

∴ 40.56L

사) 포소화설비에 필요한 포약제의 양은 몇 L인가?

해설및정답 포약제의 양 = 282.6L + 720L + 40.56L = 1,043.16L

∴ 1,043.16L

10 다음과 같이 아파트에 스프링클러설비가 설치되어 있을 때 [조건]을 참고하여 다음 물음에 답하시오. 8점

> **조건**
> 1. 펌프에서 최상층 헤드까지의 수직거리는 45m이다.
> 2. 배관의 마찰손실은 실양정의 20%로 한다.
> 3. 펌프의 전효율은 65%이다.
> 4. 주차장이 연결되어 있지 않은 아파트이다.

가) 펌프의 정격토출량은 최소 몇 L/min인가?

해설및정답 정격토출량 = 10 × 80L/min = 800L/min

∴ 800L/min

나) 펌프의 축동력은 몇 kW인가?

해설및정답 전양정 = 45m + (45m × 0.2) + 10m = 64m

$$P(kW) = \frac{\gamma Q H}{102\eta} = \frac{1000 \times \frac{0.8}{60} \times 64}{102 \times 0.65} = 12.870 ≒ 12.87kW$$

∴ 12.87kW

11 인명구조기구의 종류 3가지를 쓰시오. [6점]

해설및정답 방열복 또는 방화복, 인공소생기, 공기호흡기

12 옥내소화전설비가 층당 3개씩 설치되어 있는 특정소방대상물에 대한 다음 물음에 답하시오. [14점]

> **조건**
> 1. 배관 및 호스의 마찰손실수두는 10m이다.
> 2. 펌프에서 최상층 방수구까지의 수직높이는 25m이다.
> 3. 중력가속도는 9.8m/s²이며, 물의 비중은 1이다.

가) 펌프의 정격토출량은 최소 몇 L/min인가?

해설및정답 펌프의 정격토출량 = 2×130L/min = 260L/min
∴ 260L/min

나) 배관의 최소 구경은 호칭경으로 몇 mm인가?

해설및정답 배관 구경 = $\sqrt{\dfrac{4\times(0.26/60)\mathrm{m}^3/\mathrm{s}}{\pi\times 4\mathrm{m/s}}} = 0.037\mathrm{m} = 37\mathrm{mm}$
∴ 50mm

다) 펌프 성능시험배관상에 설치된 유량측정장치의 최대 측정유량은 몇 L/min인가?

해설및정답 최대 측정유량 = 260L/min × 1.75 = 455L/min
∴ 455L/min

라) 펌프 성능시험배관상에 설치된 유량측정장치의 전단 직관부와 후단 직관부에 설치된 밸브의 명칭을 각각 쓰시오.

해설및정답 ① 개폐밸브
② 유량조절밸브

마) 펌프의 성능시험시 정격토출량의 150%일 때 토출압력은 몇 MPa 이상이어야 하는가?

해설및정답 전양정 = 10m + 25m + 17m = 52m
정격토출압력 = 9.8kN/m³ × 52m = 509.6kN/m² = 0.51MPa
토출압력 = 0.51MPa × 0.65 = 0.33MPa
∴ 0.33MPa

기출문제

바) 체절압력은 최대 몇 MPa이어야 하는가?

해설 및 정답 체절압력 = 0.51MPa × 1.4 = 0.714MPa
∴ 0.71MPa

13 미분무소화설비 국가화재안전기준의 내용이다. (   )에 알맞은 답을 쓰시오. `4점`

> "미분무"란 물만을 사용하여 소화하는 방식으로 최소설계압력에서 헤드로부터 방출되는 물입자 중 (①)%의 누적체적 분포가 (②)μm 이하로 분무되고 (③)급 화재에 적응성을 갖는 것을 말한다.

해설 및 정답
① 99
② 400
③ A, B, C

14 옥내소화전설비의 펌프 토출측 압력계는 540kPa, 흡입측의 진공계는 25kPa을 지시하고 있을 때 이 펌프의 전양정은 몇 m인가? (단, 압력계와 진공계의 높이 차이는 40cm이다) `4점`

해설 및 정답 펌프의 전양정 = 54m - (-2.5m) + 0.4m = 56.9m
∴ 56.9m

2018년 제1회 소방설비기사[기계분야] 2차 실기

2018년 4월 14일 시행

01 경유를 저장하는 탱크의 내부직경 50m인 플루팅루프탱크(부상지붕구조)에 포소화설비를 설치하여 방호하려고 할 때 다음 물음에 답하시오.

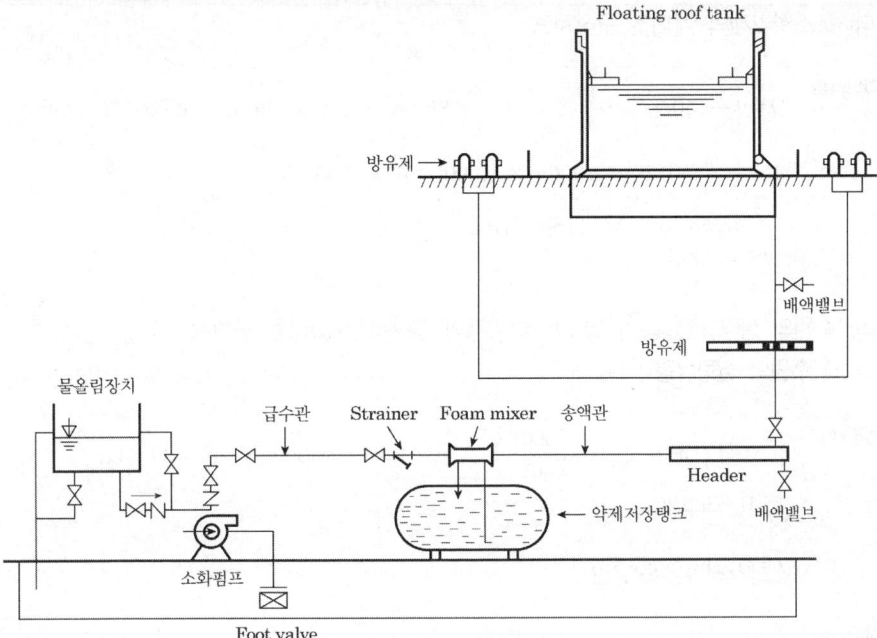

조건
① 소화약제는 6%용의 단백포를 사용하며, 수용액의 분당방출량은 $8L/m^2 \cdot min$이고, 방사시간은 30분으로 한다.
② 탱크내면과 굽도리판의 간격은 1.2m로 한다.
③ 고정포방출구의 보조포소화전은 5개 설치되어 있으며 방사량은 400L/min이다.
④ 송액관의 내경은 100mm이고, 배관길이는 200m이다.
⑤ 수원의 밀도는 $1,000kg/m^3$, 포소화약제의 밀도는 $1,050kg/m^3$이다.

(가) 가압송수장치의 분당토출량[L/min]을 구하시오.

해설 및 정답
$$Q = \left[\frac{\pi}{4}(50m)^2 - \frac{\pi}{4}(47.6m)^2\right] \times 8L/m^2 min + 400L/min \times 3$$
$$= 2,671.773 \fallingdotseq 2,671.77 L/min$$
∴ 2,671.77L/min

기출문제

(나) 수원의 양[m³]을 구하시오.

해설 및 정답

$$Q = \left[\frac{\pi}{4}(50\text{m})^2 - \frac{\pi}{4}(47.6\text{m})^2\right] \times 8\text{L/m}^2 \cdot \min \times 30\min \times 0.94 + 3 \times 8,000\text{L} \times 0.94$$
$$+ \frac{\pi}{4} \times 0.1\text{m}^2 \times 200\text{m} \times 1,000\text{L/m}^3 \times 0.94$$
$$= 65,540.55\text{L} \fallingdotseq 65.54\text{m}^3$$
$$\therefore 65.54\text{m}^3$$

(다) 포소화약제의 양[L]을 구하시오.

해설 및 정답

$$Q = \left[\frac{\pi}{4}(50\text{m})^2 - \frac{\pi}{4}(47.6\text{m})^2\right] \times 8\text{L/m}^2 \cdot \min \times 30\min \times 0.06 + 3 \times 8,000\text{L} \times 0.06$$
$$+ \frac{\pi}{4} \times 0.1\text{m}^2 \times 200\text{m} \times 1,000\text{L/m}^3 \times 0.06$$
$$= 4,183.439\text{L} \fallingdotseq 4,183.44\text{L}$$
$$\therefore 4,183.44\text{L}$$

(라) 수원의 질량유량[kg/s] 및 포소화약제의 질량유량[kg/s]을 구하시오.

① 수원의 질량유량

해설 및 정답

$$m = AU\rho = Q\rho = \left(\frac{2.67}{60}\right)\text{m}^3/\text{s} \times 0.94 \times 1,000\text{kg/m}^3 = 41.83\text{kg/s}$$
$$\therefore 41.83\text{kg/s}$$

② 포소화약제의 질량유량

해설 및 정답

$$m = AU\rho = Q\rho = \left(\frac{2.67}{60}\right)\text{m}^3/\text{s} \times 0.06 \times 1,050\text{kg/m}^3 = 2.803 \fallingdotseq 2.8\text{kg/s}$$
$$\therefore 2.8\text{kg/s}$$

(마) 고정포방출구의 종류는 무엇인지 쓰시오.

해설 및 정답 특형포방출구

(바) 포소화약제의 혼합방식을 쓰시오.

해설 및 정답 라인프로포셔너방식

02 스프링클러설비의 화재안전기준에서 조기반응형 스프링클러헤드를 설치하여야 하는 장소 6가지를 쓰시오.

해설및정답
1. 공동주택의 거실
2. 노유자시설의 거실
3. 오피스텔의 침실
4. 숙박시설의 침실
5. 병원의 입원실
6. 의원의 입원실

03 간이스프링클러설비의 화재안전기준에서 소방대상물의 보와 가장 가까운 간이헤드는 다음 표의 기준에 따라 설치한다. 표 안을 완성하시오(단, 천장면에서 보의 하단까지의 길이가 55cm를 초과하고 보의 하단 측면 끝부분으로부터 간이헤드까지의 거리가 간이헤드 상호간 거리의 $\frac{1}{2}$ 이하가 되는 경우에는 간이헤드와 그 부착면과의 거리를 55cm 이하로 할 수 있다).

간이헤드의 반사판 중심과 보의 수평거리	간이헤드의 반사판높이와 보의 하단높이의 수직거리
0.75m 미만	(①)
0.75m 이상 1m 미만	(②)
1m 이상 1.5m 미만	(③)
1.5m 이상	(④)

해설및정답
① 보의 하단보다 낮을 것
② 0.1m 미만일 것
③ 0.15m 미만일 것
④ 0.3m 미만일 것

04 연결살수설비 점검표에 따른 헤드점검항목 3가지를 쓰시오.

해설및정답
1. 헤드의 변형, 손상 유무
2. 헤드의 설치위치, 장소, 상태(고정) 적정 여부
3. 헤드살수장애 여부

기출문제

05 다음 [그림]과 같이 스프링클러설비의 가압송수장치를 고가수조방식으로 할 경우 다음을 구하시오(단, 중력가속도는 반드시 9.8m/s² 를 적용한다).

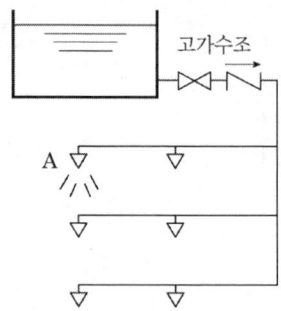

(가) 고가수조에서 최상부층 말단 스프링클러헤드 A까지의 낙차가 15m이고, 배관 마찰손실압력이 0.04MPa일 때 최상부층 말단 스프링클러헤드 선단에서의 방수압력[kPa]을 구하시오.

해설 및 정답

$$방수압환산수두 = 15\text{m} \times \frac{101.325\text{kPa}}{10.332\text{m}} - 40\text{kPa} = 107.1\text{kPa}$$

∴ 107.1kPa

(나) (가)에서 "A"헤드 선단에서의 방수압력을 0.12MPa 이상으로 나오게 하려면 현재 위치에서 고가수조를 몇 m 더 높여야 하는지 구하시오(단, 배관 마찰손실압력은 0.04MPa 기준이다).

해설 및 정답

$$(15m + xm) \times \frac{101.325 kPa}{10.332 m} = 40 kPa + 120 kPa$$

$x = 1.315 ≒ 1.32\text{m}$

∴ 1.32m

06 [그림]과 같은 위험물탱크에 국소방출방식으로 이산화탄소 소화설비를 설치하려고 한다. 다음 물음에 답하시오(단, 고압식이며, 방호대상물 주위에는 방호대상물과 동일한 크기의 고정벽이 설치되어 있다).

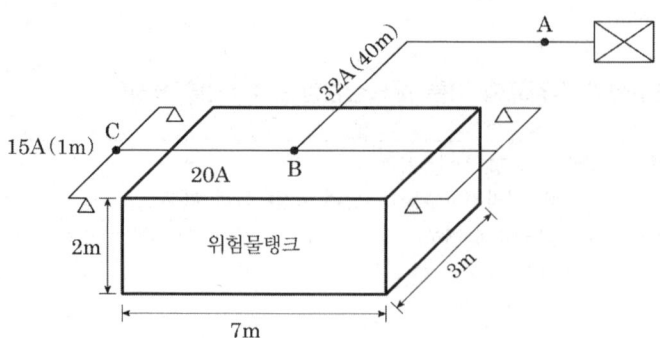

(가) 방호공간의 체적[m³]을 구하시오

해설 및 정답
$V = (7m + 0.6m \times 2) \times (3m + 0.6m \times 2) \times (2m + 0.6m) = 89.544 \fallingdotseq 89.54 m^3$
∴ 89.54m³

(나) 소화약제저장량[kg]을 구하시오.

해설 및 정답
$W(kg) = V \times \left(8 - 6\dfrac{a}{A}\right) \times 1.4$

$V = 89.54, \ a = A \quad \therefore \dfrac{a}{A} = 1$

∴ $W = 89.54 m^3 \times 2 kg/m^3 \times 1.4 = 250.712 \fallingdotseq 250.71 kg$
∴ 250.71kg

(다) 이산화탄소 소화설비를 저압식으로 설치하였을 경우 소화약제저장량[kg]을 구하시오

해설 및 정답
$W(kg) = V \times \left(8 - 6\dfrac{a}{A}\right) \times 1.1$

$V = 89.54, \ a = A \quad \therefore \dfrac{a}{A} = 1$

∴ $W = 89.5 m^3 \times 2 kg/m^3 \times 1.1 = 196.988 \fallingdotseq 196.99 kg$
∴ 196.99kg

07 옥외소화전설비의 배관에 물을 송수하고 있다. 배관 중의 A지점과 B지점의 압력을 각각 측정하니, A지점은 0.45MPa이고, B지점은 0.4MPa이었다. 만일 유량을 2배로 증가시켰을 경우 두 지점의 압력차는 몇 MPa인지 계산하시오(단, A, B지점 간의 배관관경 및 유량계수는 동일하며, 다음 하젠-윌리엄스 공식을 이용한다).

> 하젠-윌리엄스 공식
> $\triangle P = 6.174 \times 10^4 \times \dfrac{Q^{1.85}}{C^{1.85} \times D^{4.87}}$
> 여기서, Q : 유량[L/min], C : 조도, D : 관내경[mm]
> $\triangle P$: 단위길이당 압력손실[MPa/m]

해설 및 정답
$\Delta P_2 = \Delta P_1 \times \left(\dfrac{Q_2}{Q_1}\right)^{1.85} = (0.45 MPa - 0.4 MPa) \times \left(\dfrac{2}{1}\right)^{1.85} = 0.180 \fallingdotseq 0.18 MPa$

∴ 0.18MPa

기출문제

08 건축물 내부에 설치된 주차장에 전역방출방식의 분말소화설비를 설치하고자 한다. [조건]을 참조하여 다음 각 물음에 답하시오.

조건
① 방호구역의 바닥면적은 600m²이고 높이는 4m이다.
② 방호구역에는 자동폐쇄장치가 설치되지 아니한 개구부가 있으며 그 면적은 10m²이다.
③ 소화약제는 제1인산암모늄을 주성분으로 하는 분말소화약제를 사용한다.
④ 축압용 가스는 질소가스를 사용한다.

(가) 필요한 최소약제량[kg]을 구하시오.

해설및정답 $W = V \times \alpha + A \times \beta = (600 \times 4)\text{m}^3 \times 0.36\text{kg/m}^3 + 10\text{m}^2 \times 2.7\text{kg/m}^2 = 891\text{kg}$
∴ 891kg

(나) 필요한 축압용 가스의 최소량[m³]을 구하시오.

해설및정답 $891\text{kg} \times 10\text{L/kg} = 8910\text{L} \risingdotseq 8.91\text{m}^3$
∴ 8.91m³

09 건식 스프링클러설비 가압송수장치(펌프방식)의 성능시험을 실시하고자 한다. 다음 주어진 도면을 참조하여 성능시험순서 및 시험결과 판정기준을 쓰시오.

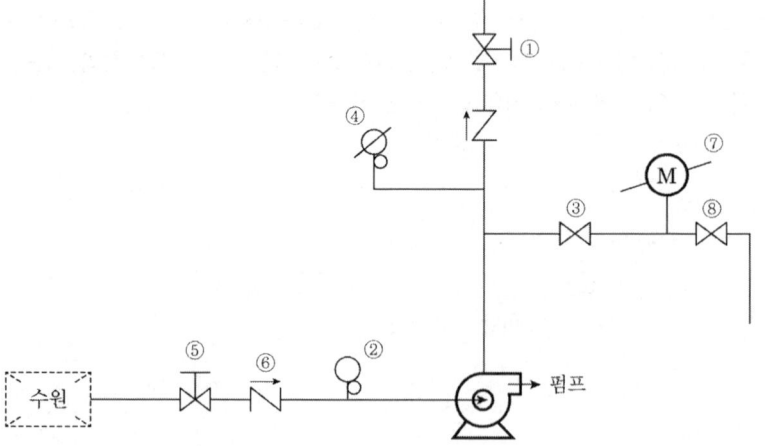

(가) 성능시험순서

해설및정답
1. 펌프 토출측 개폐밸브(①) 폐쇄
2. 성능시험배관 유량계전단부 개폐밸브(③) 개방

3. 주펌프 수동기동
4. 성능시험배관 유량계후단부 유량조절밸브(⑧) 닫힌상태에서 체절운전압력(④) 확인
5. 체절운전시 토출압력(④)이 정격토출압력의 140% 이하인지 확인
6. 유량조절밸브(⑧) 서서히 개방
7. 정격토출량(100%)으로 운전시 토출압력이 정격토출압력 이상인지 확인
8. 유량조절밸브(⑧) 더욱 개방
9. 정격토출량의 150%운전시 토출압력이 정격토출압력의 65% 이상인지 확인
10. 주펌프 수동정지
11. 펌프 토출측 개폐밸브 개방, 성능시험배관 개폐밸브 및 유량조절밸브 폐쇄

(나) 판정기준

> **해설및정답** 체절운전시 토출압력은 정격토출압력의 140%를 초과하지 아니하여야 하고 정격토출량의 150% 운전시 토출압력은 정격토출압력의 65% 이상이어야 한다.

10

가로×세로×높이가 15m×20m×5m의 발전기실(연료는 경유를 사용, B급 화재)에 할로겐화합물 소화설비를 비교 검토하여 설치하려고 한다. 다음 [조건]을 이용하여 각 물음에 답하시오.

조건

① 방사시 발전기실의 최소 예상온도는 상온(20℃)으로 한다.
② HCFC BLEND A 용기의 내용적은 68L이고 충전비는 1.4이다.
③ 소화약제의 설계농도는 다음과 같으며, 최대 허용설계농도는 무시한다.

약제명	상품명	설계농도	
		A급	B급
HCFC BLEND A	HCFC B/A DYC	8.64	12

④ 소화약제에 대한 선형 상수를 구하기 위한 요소는 다음과 같다.

소화약제	K_1	K_2
HCFC BLEND A	0.2413	0.00088

⑤ 그 외 사항은 화재안전기준에 따른다.

(가) 발전기실에 필요한 HCFC BLEND A의 최소 소화약제량[kg]을 구하시오.

> **해설및정답**
> $$W = \frac{V}{S} \times \frac{C}{100-C}, \quad S = K_1 + K_2 \times t = 0.2413 + 0.00088 \times 20 = 0.2589 \text{m}^3/\text{kg}$$
> $$W = \frac{15 \times 20 \times 5}{0.2589} \times \frac{12}{100-12} = 790.055 ≒ 790.06 \text{kg}$$
> ∴ 790.06kg

기출문제

(나) HCFC BLEND A 용기의 저장량[kg]을 구하시오.

해설 및 정답

$$G = \frac{V}{C} = \frac{68}{1.4} = 48.571 ≒ 48.57\text{kg/병}$$

∴ 48.57kg

(다) 발전기실에 필요한 HCFC BLEND A의 최소 소화약제용기[병]를 구하시오.

해설 및 정답

용기수 $= \dfrac{790.06\text{kg}}{48.57\text{kg/병}} = 16.2$ ∴ 17병

∴ 17병

11 [그림]과 같이 제연설비를 설계하고자 한다. [조건]을 참조하여 각 물음에 답하여라.

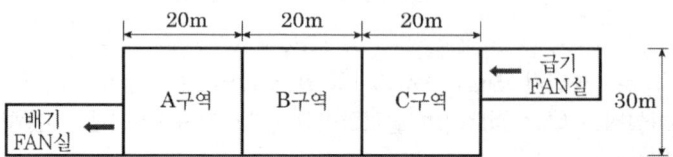

조건
① 덕트는 단선으로 표시할 것
② 급기구의 풍속은 15m/s이며, 배기구의 풍속은 20m/s이다.
③ FAN의 정압은 40mmAq이다.
④ 천장의 높이는 2.5m이다.
⑤ 제연방식은 상호제연방식으로 공동예상제연구역이 각각 제연경계로 구획되어 있다.
⑥ 제연경계의 수직거리는 2m 이내이다.

(가) 예상제연구역의 배출기의 배출량[m³/h]은 얼마 이상으로 하여야 하는지 구하시오.

해설 및 정답 바닥면적 600m²이므로 400m² 이상
대각선길이 $= \sqrt{30^2 + 20^2} = 36.05\text{m}$, 제연경계수직거리 2m 이내
따라서 40,000m³/hr로 선정
∴ 40,000m³/hr

(나) FAN의 동력을 구하시오(단, 효율은 0.55이며, 여유율은 10%이다).

해설 및 정답

$$P(kW) = \frac{PQ}{102\eta}K = \frac{40 \times \dfrac{40,000}{3,600}}{102 \times 0.55} \times 1.1 = 8.714 ≒ 8.71\text{kW}$$

∴ 8.71kW

(다) [그림]과 같이 급기구와 배기구를 설치할 경우 각 [설계조건] 및 물음에 따라 도면을 참조하여 설계하시오.

설계조건
① 덕트의 크기(각형 덕트로 하되 높이는 400mm로 한다)
② 급기구, 배기구의 크기(정사각형) : 구역당 배기구 4개소, 급기구 3개소로 하고 크기는 급기배기량 m^3/min당 $35cm^2$ 이상으로 한다.
③ 덕트는 단선으로 표시한다.
④ 댐퍼작동순서에 대해서는 표에 표기하시오.
⑤ 설계도면은 다음 [그림]을 기반으로 그 위에 나타내시오.
  [도면]

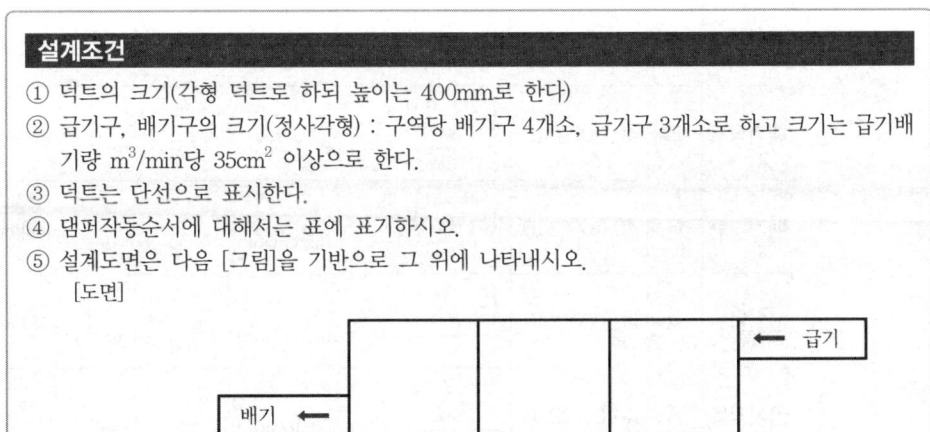

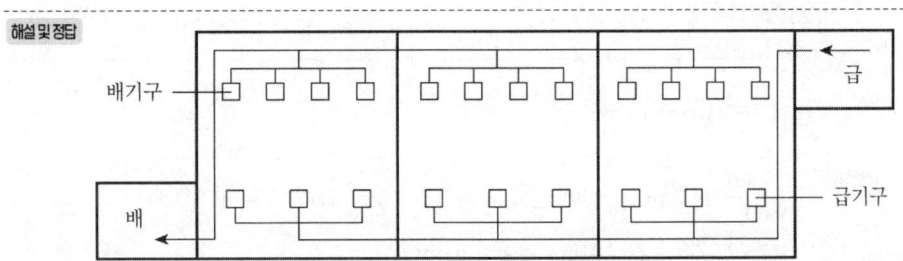

(라) 급기구와 배기구로 구분하여 필요한 개소별 풍량, 덕트단면적, 덕트크기를 설계하시오(단, 풍량, 덕트단면적, 덕트크기는 소수점 이하 첫째자리에서 반올림하여 정수로 나타내시오).

덕트의 구분		풍량[CMH]	덕트단면적[mm^2]	덕트크기 (가로[mm]×높이[mm])
배기덕트	A	①	⑦	⑬
배기덕트	B	②	⑧	⑭
배기덕트	C	③	⑨	⑮
급기덕트	A	④	⑩	⑯
급기덕트	B	⑤	⑪	⑰
급기덕트	C	⑥	⑫	⑱

기출문제

덕트의 구분		풍량[CMH]	덕트단면적[mm²]	덕트크기 (가로[mm]×높이[mm])
배기덕트	A	40,000CMH	$\dfrac{\left(\dfrac{40,000}{3600}\right)m^3/s}{20m/s} = 0.555555m^2 \fallingdotseq 555,556mm^2$	1,389mm×400mm
배기덕트	B	40,000CMH	$\dfrac{\left(\dfrac{40,000}{3,600}\right)m^3/s}{20m/s} = 0.555555m^2 \fallingdotseq 555,556mm^2$	1,389mm×400mm
배기덕트	C	40,000CMH	$\dfrac{\left(\dfrac{40,000}{3,600}\right)m^3/s}{20m/s} = 0.555555m^2 \fallingdotseq 555,556mm^2$	1,389mm×400mm
급기덕트	A	40,000CMH	$\dfrac{\left(\dfrac{40,000}{3,600}\right)m^3/s}{15m/s} = 0.740740m^2 \fallingdotseq 740,741mm^2$	1,852mm×400mm
급기덕트	B	40,000CMH	$\dfrac{\left(\dfrac{40,000}{3,600}\right)m^3/s}{15m/s} = 0.740740m^2 \fallingdotseq 740,741mm^2$	1,852mm×400mm
급기덕트	C	40,000CMH	$\dfrac{\left(\dfrac{40,000}{3,600}\right)m^3/s}{15m/s} = 0.740740m^2 \fallingdotseq 740,741mm^2$	1,852mm×400mm

① 급기구크기[mm×mm]

해설 및 정답
$\dfrac{40000}{60}(m^3/\min) \times 35cm^2/m^3/\min \div 3 = 7,777.77cm^2$

$\sqrt{7,777.77} = 88.191cm \fallingdotseq 881.91mm$

∴ 가로 881.91mm, 세로 881.91mm

② 배기구크기[mm×mm]

해설 및 정답
$\dfrac{40,000}{60}(m^3/\min) \times 35cm^2/m^3/\min \div 4 = 5,833.33cm^2$

$\sqrt{5,833.33} = 76.376cm \fallingdotseq 763.76mm$

∴ 가로 763.76mm, 세로 763.76mm

③ 댐퍼의 작동 여부(○ : open, ● : close)

구분	배기댐퍼			급기댐퍼		
	A구역	B구역	C구역	A구역	B구역	C구역
A구역 화재시						
B구역 화재시						
C구역 화재시						

해설 및 정답

구분	배기댐퍼			급기댐퍼		
	A구역	B구역	C구역	A구역	B구역	C구역
A구역 화재시	○	●	●	●	○	○
B구역 화재시	●	○	●	○	●	○
C구역 화재시	●	●	○	○	○	●

12 [그림]은 폐쇄형 스프링클러설비의 Isometric Diagram이다. 다음 [조건]을 참고하여 각 부분의 부속품을 산출하여 빈칸을 채우시오.

조건
① 답란에 주어진 관이음쇠만 산출한다.
② 크로스티는 사용하지 못한다.

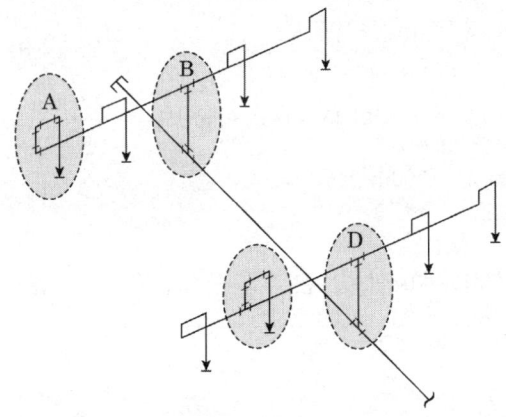

지점	품명	규격	수량	지점	품명	규격	수량
A	엘보	25A	( )	B	티	40×40×40A	( )
	리듀서	25×15A	( )		리듀서	40×25A	( )
C	티	25×25×25A	( )	D	티	50×50×40A	( )
	엘보	25A	( )		티	40×40×40A	( )
	리듀서	25×15A	( )		리듀서	50×40A	( )
−	−	−	−		리듀서	40×25A	( )

기출문제

지점	품명	규격	수량	지점	품명	규격	수량
A	엘보	25A	(3)	B	티	40×40×40A	(2)
	리듀서	25×15A	(1)		리듀서	40×25A	(2)
C	티	25×25×25A	(1)	D	티	50×50×40A	(1)
	엘보	25A	(2)		티	40×40×40A	(1)
	리듀서	25×15A	(1)		리듀서	50×40A	(1)
–	–	–	–		리듀서	40×25A	(2)

13 소화용수설비를 설치하는 지하 2층, 지상 3층의 특정소방대상물의 연면적이 32,500m²이고, 각 층의 바닥면적이 다음과 같을 때 물음에 답하시오.

층 수	지하 2층	지하 1층	지상 1층	지상 2층	지상 3층
바닥면적	2,500m²	2,500m²	13,500m²	13,500m²	500m²

(가) 소화수조의 저수량[m³]을 구하시오.

해설 및 정답
1, 2층 바닥면적 합이 15,000m² 이상이므로 $\frac{32,500\text{m}^2}{7,500\text{m}^2} = 4.33 \quad \therefore 5$

$5 \times 20\text{m}^3 = 100\text{m}^3$

∴ 100m³

(나) 저수조에 설치하여야 할 흡수관 투입구, 채수구의 최소 설치수량을 구하시오.

해설 및 정답
ㅇ 흡수관 투입구수 : 2개
ㅇ 채수구수 : 3개

(다) 저수조에 설치하는 가압송수장치의 1분당 양수량[L]을 구하시오.

해설 및 정답 3,300L

14 실의 크기가 가로 20m×세로 15m×높이 5m인 공간에서 큰 화염의 화재가 발생하여 t초 시간 후의 청결층 높이 y[m]의 값이 1.8m가 되었을 때 다음 [조건]을 이용하여 각 물음에 답하시오.

> **조건**
>
> ① $Q = \dfrac{A(H-y)}{t}$
>
> 여기서, Q : 연기발생량[m³/min], A : 화재실의 면적[m²], H : 화재실의 높이[m]
>
> ② 위 식에서 시간 t초는 다음의 Hinkley식을 만족한다.
>
> 공식 : $t = \dfrac{20A}{P \times \sqrt{g}} \times \left(\dfrac{1}{\sqrt{y}} - \dfrac{1}{\sqrt{H}}\right)$
>
> (단, g는 중력가속도로 9.81m/s²이고 P는 화재경계의 길이[m]로서 큰 화염의 경우 12m, 중간화염의 경우 6m, 작은 화염의 경우 4m를 적용한다)
>
> ③ 연기생성률(M[kg/s])에 관련한 식은 다음과 같다.
>
> $M = 0.188 \times P \times y^{\frac{3}{2}}$

(가) 상부의 배연구로부터 몇 m³/min의 연기를 배출하여야 청결층의 높이가 유지되는지 구하시오.

해설 및 정답

$t = \dfrac{20 \times (20 \times 15)}{12 \times \sqrt{9.81}} \times \left(\dfrac{1}{\sqrt{1.8}} - \dfrac{1}{\sqrt{5}}\right) = 47.594 ≒ 47.59 \text{sec}$

$Q = \dfrac{(20 \times 15) \times (5-1.8)}{47.59} = 20.172 ≒ 20.17 \text{m}^3/\text{s} \times 60 \text{s/min} = 1,210.2 \text{m}^3/\text{min}$

∴ 1,210.2m³/min

(나) 연기생성률[kg/s]을 구하시오.

해설 및 정답

$M = 0.188 \times P \times y^{\frac{3}{2}} = 0.188 \times 12 \times 1.8^{\frac{3}{2}} = 5.448 ≒ 5.45 \text{kg/s}$

∴ 5.45kg/s

소방설비기사[기계분야] 2차 실기

2018년 6월 30일 시행

01

도면은 어느 전기실, 발전기실, 방재반실 및 배터리실을 방호하기 위한 할론 1301설비의 배관평면도이다. 도면과 주어진 [조건]을 참고하여 할론소화약제의 최소 용기개수와 용기집합실에 설치하여야 할 소화약제의 저장용기수를 구하고 적합한지 판정하시오. [8점]

조건
① 약제용기는 고압식이다.
② 용기의 내용적은 68L, 약제충전량은 50kg이다.
③ 용기실 내의 수직배관을 포함한 각 실에 대한 배관내용적은 다음과 같다.

A실(전기실)	B실(발전기실)	C실(방재반실)	D실(배터리실)
198L	78L	28L	10L

④ A실에 대한 할론집합관의 내용적은 88L이다.
⑤ 할론용기밸브와 집합관 간의 연결관에 대한 내용적은 무시한다.
⑥ 설계기준온도는 20℃ 이다.
⑦ 20℃에서의 액화할론 1301의 비중은 1.6이다.
⑧ 각 실의 개구부는 없다고 가정한다.
⑨ 소요약제량 산출시 각 실 내부의 기둥과 내용물의 체적은 무시한다.
⑩ 각 실의 바닥으로부터 천장까지의 높이는 다음과 같다.
 - A실 및 B실 : 5m
 - C실 및 D실 : 3m

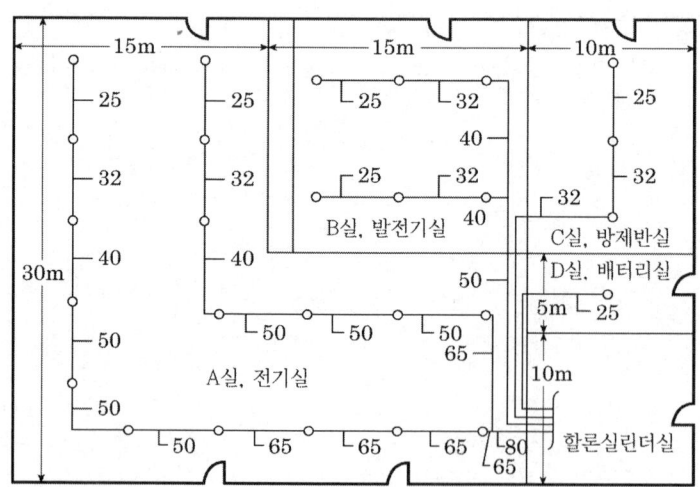

(가) A실

해설및정답　$W = V \times \alpha = [[(30 \times 30) - (15 \times 15)] \times 5]\text{m}^3 \times 0.32\text{kg/m}^3 = 1{,}080\text{kg}$

용기수 $= \dfrac{1{,}080\text{kg}}{50\text{kg/병}} = 21.6$　∴　22병

약제체적 $= 22 \times 50\text{kg} \times \dfrac{1}{1.6\text{kg/L}} = 687.5\text{L}$

배관체적 $= 88\text{L} + 198\text{L} = 286\text{L}$

$\dfrac{286\text{L}}{687.5\text{L}} = 0.416$배　∴　1.5배 미만이므로 적합

∴ (적합·부적합 판정) : 22병, 적합

(나) B실

해설및정답　$W = V \times \alpha = [(15 \times 15) \times 5]\text{m}^3 \times 0.32\text{kg/m}^3 = 360\text{kg}$

용기수 $= \dfrac{360\text{kg}}{50\text{kg/병}} = 7.2$　∴　8병

약제체적 $= 8 \times 50\text{kg} \times \dfrac{1}{1.6\text{kg/L}} = 250\text{L}$

배관체적 $= 88\text{L} + 78\text{L} = 166\text{L}$

$\dfrac{166\text{L}}{250\text{L}} = 0.664$배　∴　1.5배 미만이므로 적합

∴ (적합·부적합 판정) : 8병, 적합

(다) C실

해설및정답　$W = V \times \alpha = [(15 \times 10) \times 3]\text{m}^3 \times 0.32\text{kg/m}^3 = 144\text{kg}$

용기수 $= \dfrac{144\text{kg}}{50\text{kg/병}} = 2.8$　∴　3병

약제체적 $= 3 \times 50\text{kg} \times \dfrac{1}{1.6\text{kg/L}} = 93.75\text{L}$

배관체적 $= 88\text{L} + 28\text{L} = 116\text{L}$

$\dfrac{116\text{L}}{93.75\text{L}} = 1.237$배　∴　1.5배 미만이므로 적합

∴ (적합·부적합 판정) : 3병, 적합

(라) D실

해설및정답　$W = V \times \alpha = [(10 \times 5) \times 3]\text{m}^3 \times 0.32\text{kg/m}^3 = 48\text{kg}$

용기수용기수 $= \dfrac{48\text{kg}}{50\text{kg/병}} = 0.96$　∴　1병

약제체적 $= 1 \times 50\text{kg} \times \dfrac{1}{1.6\text{kg/L}} = 31.25\text{L}$

배관체적 $= 88\text{L} + 10\text{L} = 98\text{L}$

$\dfrac{98L}{31.25L} = 3.136$배 ∴ 1.5배 이상이므로 부적합

∴ (적합・부적합 판정) : 1병, 부적합

02 다음 [그림]은 어느 스프링클러설비의 Isometric Diagram이다. 이 도면과 주어진 [조건]에 의하여 헤드 A만을 개방하였을 때 실제 방수압과 방수량을 계산하시오. **13점**

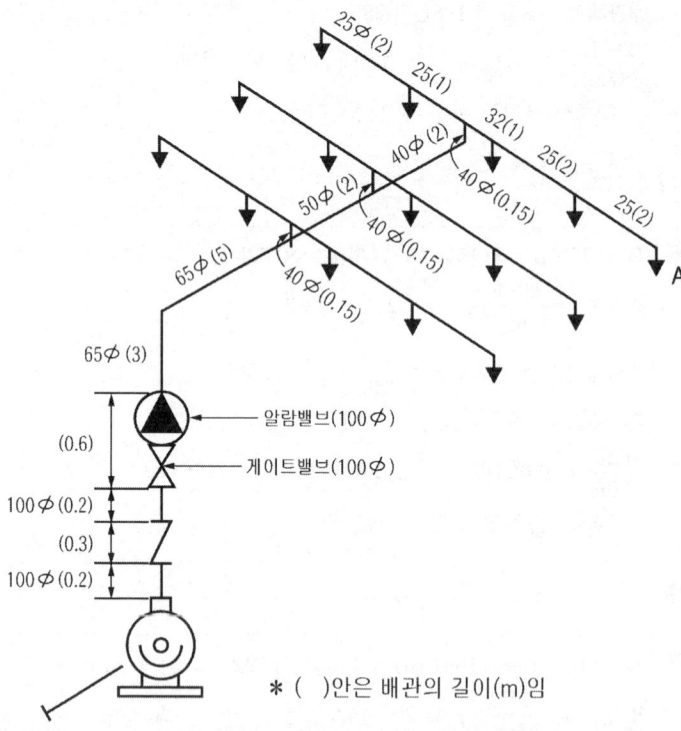

* ( )안은 배관의 길이(m)임

조건

① 펌프의 양정은 토출량에 관계없이 일정하다고 가정한다(펌프토출압=0.3MPa).
② 헤드의 방출계수(K)는 90이다.
③ 배관의 마찰손실은 하젠-윌리엄스의 공식을 따르되 계산의 편의상 다음 식과 같다고 가정한다.

$$\triangle P = \dfrac{6 \times 10^4 \times Q^2}{120^2 \times d^5}$$

여기서, $\triangle P$: 배관 1m당 마찰손실압력[MPa]
　　　　Q : 배관 내의 유수량[L/min]
　　　　d : 배관의 안지름[mm]

④ 배관의 호칭구경별 안지름은 다음과 같다.

호칭구경	25∅	32∅	40∅	50∅	65∅	80∅	100∅
내 경	28	36	44	54	68	83	105

⑤ 배관 부속 및 밸브류의 등가길이[m]는 다음 표와 같으며, 이 표에 없는 부속 또는 밸브류의 등가길이는 무시해도 좋다.

배관 부속 \ 호칭구경	25mm	32mm	40mm	50mm	65mm	80mm	100mm
90° 엘보	0.8	1.1	1.3	1.6	2.0	2.4	3.2
티(측류)	1.7	2.2	2.5	3.2	4.1	4.9	6.3
게이트밸브	0.2	0.2	0.3	0.3	0.4	0.5	0.7
체크밸브	2.3	3.0	3.5	4.4	5.6	6.7	8.7
알람밸브	–	–	–	–	–	–	8.7

⑥ 배관의 마찰손실, 등가길이, 마찰손실압력은 호칭구경 25∅ 와 같이 구하도록 한다.
⑦ 가지관과 헤드 간의 마찰손실은 무시한다.

(가) 다음 표에서 빈칸을 채우시오.

호칭구경	배관의 마찰손실[MPa/m]	등가길이[m]	마찰손실압력[MPa]
25∅	$\Delta P = 2.421 \times 10^{-7} \times Q^2$	직관 : 2+2=4 90° 엘보 : 1개×0.8=0.8 계 : 4.8m	$1.162 \times 10^{-6} \times Q^2$
32∅	$\Delta P = 6 \times 10^4 \times \dfrac{Q^2}{120^2 \times 36^5}$ $= 6.89 \times 10^{-8} \times Q^2$	직관 : 1m 계 1m	$6.89 \times 10^{-8} \times Q^2$
40∅	$\Delta P = 6 \times 10^4 \times \dfrac{Q^2}{120^2 \times 44^5}$ $= 2.53 \times 10^{-8} \times Q^2$	직관 : 2+0.15=2.15m 90°엘보 : 1×1.3=1.3m 측류 T : 1×2.5=2.5m 계 5.95m	$1.51 \times 10^{-7} \times Q^2$
50∅	$\Delta P = 6 \times 10^4 \times \dfrac{Q^2}{120^2 \times 54^5}$ $= 9.1 \times 10^{-9} \times Q^2$	직관 : 2m 계 2m	$1.82 \times 10^{-8} \times Q^2$
65∅	$\Delta P = 6 \times 10^4 \times \dfrac{Q^2}{120^2 \times 68^5}$ $= 2.87 \times 10^{-9} \times Q^2$	직관 : 3+5=8m 90°엘보 : 1×2=2m 계 10m	$2.87 \times 10^{-8} \times Q^2$
100∅	$\Delta P = 6 \times 10^4 \times \dfrac{Q^2}{120^2 \times 105^5}$ $= 3.26 \times 10^{-10} \times Q^2$	직관 : 0.2+0.2=0.4m 알람밸브 : 1×8.7=8.7m 게이트밸브 : 1×0.7=0.7m 체크밸브 : 1×8.7=8.7m 계 18.5m	$6.03 \times 10^{-9} \times Q^2$

기출문제

(나) 배관의 총 마찰손실압력[MPa]을 구하시오.

해설 및 정답
$(1.162 \times 10^{-6} \times Q^2) + (6.89 \times 10^{-8} \times Q^2) + (1.51 \times 10^{-7} \times Q^2)$
$+ (1.82 \times 10^{-8} \times Q^2) + (2.87 \times 10^{-8} \times Q^2) + (6.03 \times 10^{-9} \times Q^2)$
$= 1.4348 \times 10^{-6} \times Q^2$
$\therefore 1.4348 \times 10^{-6} \times Q^2 \text{MPa}$

(다) 실층고의 환산수두[m]를 구하시오.

해설 및 정답
$0.2\text{m} + 0.3\text{m} + 0.2\text{m} + 0.6\text{m} + 3\text{m} + 0.15\text{m} = 4.45\text{m}$
$\therefore 4.45\text{m}$

(라) A점의 방수량[L/min]을 구하시오.

해설 및 정답
$Q = K\sqrt{10P}$
P(방사압력) = 펌프토출압력 − 낙차환산압력 − 마찰손실압력
$\therefore P = (0.3 - 0.0445 - 1.4348 \times 10^{-6} Q^2)\text{MPa}$
$\quad = (0.256 - 1.4348 \times 10^{-6} \times Q^2)\text{MPa}$
$\therefore Q = 90\sqrt{10 \times (0.256 - 1.4348 \times 10^{-6} Q^2)}$
양변에 2승을 한 후 정리하면
$Q^2 = 20,736 - 0.116Q^2$
$\therefore 1.116Q^2 = 20,736$
$Q^2 = \dfrac{20,736}{1.116} \quad \therefore Q = \sqrt{\dfrac{20,736}{1.116}} = 136.31\text{L/min}$
$\therefore 136.31\text{L/min}$

(마) A점의 방수압[MPa]을 구하시오.

해설 및 정답
$Q = K\sqrt{10P}$
$\therefore 10P = \left(\dfrac{Q}{K}\right)^2 = \left(\dfrac{136.31}{90}\right)^2 = 2.29$
$\therefore P = 0.229\text{MPa}$
$\therefore 0.23\text{MPa}$

03 가로 10m, 세로 14m, 높이 4m인 전산실(C급 화재)에 할로겐화합물 및 불활성기체 소화약제 중 IG-541을 사용할 경우 [조건]을 참고하여 다음 각 물음에 답하시오. **6점**

조건
① IG-541의 소화농도는 32%이다.
② IG-541의 저장용기는 80L용을 적용하며, 충전압력은 19.996MPa이다.
③ 소화약제량 산정시 선형 상수를 이용하도록 하며 방사시 기준온도는 20℃이다.

소화약제	K_1	K_2
IG-541	0.65799	0.00239

(가) IG-541의 저장량은 몇 m³인지 구하시오.

해설 및 정답
$$Q(\mathrm{m}^3) = V(\mathrm{m}^3) \times 2.303 \times \frac{V_S}{S} \times \log\left(\frac{100}{100-C}\right)$$
$V = 10\mathrm{m} \times 14\mathrm{m} \times 4\mathrm{m} = 560\mathrm{m}^3$
$V_s = K_1 + K_2 \times 20 = 0.65799 + 0.00239 \times 20 = 0.70579 \mathrm{m}^3/\mathrm{kg}$
$S = K_1 + K_2 \times t = 0.65799 + 0.00239 \times 20 = 0.70579 \mathrm{m}^3/\mathrm{kg}$
$C = 32\% \times 1.35 = 43.2\%$
$Q = V \times X = 560\mathrm{m}^3 \times 2.303 \times \frac{0.70579}{0.70579} \times \log\left(\frac{100}{100-43.2}\right) = 316.812\mathrm{m}^3 \fallingdotseq 316.81\mathrm{m}^3$
∴ $316.81\mathrm{m}^3$

(나) IG-541의 저장용기수는 최소 몇 병인지 구하시오.

해설 및 정답
$P_1 V_1 = P_2 V_2$
$V_2 = V_1 \times \frac{P_1}{P_2}$
$0.08\mathrm{m}^3 \times \frac{19.996 + 0.101325}{0.101325} = 15.867 \fallingdotseq 15.87\mathrm{m}^3$
∴ $\frac{316.81\mathrm{m}^3}{15.37\mathrm{m}^3/병} = 20.61$ ∴ 21병
∴ 21병

(다) 배관구경 산정조건에 따라 IG-541의 약제량 방사시 유량은 몇 m³/s인지 구하시오.

해설 및 정답
$$\frac{560\mathrm{m}^3 \times 2.303 \times 1 \times \log\left(\frac{100}{100-43.2 \times 0.95}\right)}{2 \times 60\mathrm{sec}} = 2.465 \fallingdotseq 2.47\mathrm{m}^3/\mathrm{s}$$
∴ $2.47\mathrm{m}^3/\mathrm{s}$

기출문제

04 경유를 저장하는 위험물 옥외저장탱크의 높이가 7m, 직경 10m인 콘루프탱크(Cone roof tank)에 Ⅱ형 포방출구 및 옥외보조포소화전 2개가 설치되었다. [조건]을 참고하여 다음 각 물음에 답하시오. **10점**

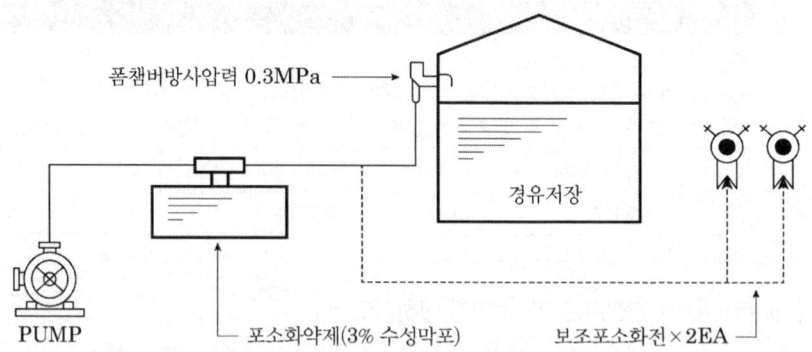

조건
① 배관의 낙차수두와 마찰손실수두는 55m
② 폼챔버압력수두로 양정계산([그림] 참조, 보조포소화전 압력수두는 무시)
③ 펌프의 효율은 65%(전동기와 펌프 직결), K=1.1
④ 배관의 송액량은 제외
⑤ 고정포방출구의 방출량 및 방사시간

포방출구의 종류, 방출량 및 방사시간 위험물의 종류	Ⅰ형		Ⅱ형		특형	
	방출량 [L/m²분]	방사시간 [분]	방출량 [L/m²분]	방사시간 [분]	방출량 [L/m²분]	방사시간 [분]
제4류 위험물(수용성의 것을 제외) 중 인화점이 섭씨 21도 미만의 것	4	30	4	55	12	30
제4류 위험물(수용성의 것을 제외) 중 인화점이 섭씨 21도 이상 70도 미만의 것	4	20	4	30	12	20
제4류 위험물(수용성의 것을 제외) 중 인화점이 섭씨 70도 이상의것	4	15	4	25	12	15
제4류 위험물 중 수용성의 것	8	20	8	30	–	–

(가) 포소화약제량[L]을 구하시오.

해설 및 정답

$\frac{\pi}{4}(10\text{m})^2 \times 4\text{L/m}^2 \cdot \text{min} \times 30\text{min} \times 0.03 + 3 \times 8{,}000\text{L} \times 0.03 = 1{,}002.74\text{L}$

∴ 1,002.74L

(나) 펌프동력[kW]을 계산하시오.

해설 및 정답

$P(kW) = \dfrac{\gamma\,Q\,H}{102\,\eta} \times K$

$Q = \dfrac{\pi}{4}(10\text{m})^2 \times 4\text{L/m}^2 \cdot \text{min} + 3 \times 400\text{L/min} = 1{,}514.16\text{L/min}$

$H = 30\text{m} + 55\text{m} = 85\text{m}$

$\therefore P(kW) = \dfrac{1{,}000 \times \dfrac{1.51}{60} \times 85}{102 \times 0.65} \times 1.1 = 35.491 \fallingdotseq 35.49\text{kW}$

∴ 35.49kW

05
가로 20m, 세로 10m의 특수가연물을 저장하는 창고에 포소화설비를 설치하고자 한다. 주어진 [조건]을 참고하여 다음 각 물음에 답하시오. **10점**

조건
① 포원액은 수성막포 3%를 사용하며, 헤드는 포워터 스프링클러헤드를 설치한다.
② 펌프의 전양정은 35m이다.
③ 펌프의 효율은 65%이며, 전동기 전달계수는 1.1이다.

(가) 헤드를 정방형으로 배치할 때 포워터 스프링클러헤드의 설치개수를 구하시오.

해설 및 정답

$S = \sqrt{8\text{m}^2} = 2.82\text{m}$

$\therefore \dfrac{20\text{m}}{2.82m} = 7.09 \fallingdotseq 8개,\ \dfrac{10\text{m}}{2.82\text{m}} = 3.54 \fallingdotseq 4개$

∴ 32개

(나) 수원의 저수량[m³]을 구하시오(단, 포원액의 저수량은 제외한다).

해설 및 정답

$Q = 32 \times 75\text{L/min} \times 10\text{min} \times 0.97 = 23{,}280\text{L} = 23.28\text{m}^3$

∴ 23.28m³

(다) 포원액의 최소 소요량[L]을 구하시오.

해설 및 정답

$Q = 32 \times 75\text{L/min} \times 10\text{min} \times 0.03 = 720\text{L}$

∴ 720L

기출문제

(라) 펌프의 토출량[L/min]을 구하시오.

해설 및 정답 $Q = 32 \times 75\text{L/min} = 2,400\text{L/min}$

∴ 2,400L/min

(마) 펌프의 최소 소요동력[kW]을 구하시오.

해설 및 정답
$$P(kW) = \frac{\gamma QH}{102\eta} \times K = \frac{1,000 \times \frac{2.4}{60} \times 35}{102 \times 0.65} \times 1.1 = 23.227 ≒ 23.23\text{kW}$$

∴ 23.23kW

06

특별피난계단의 계단실 및 부속실 제연설비의 제연구역에 과압의 우려가 있는 경우 과압 방지를 위하여 해당 제연구역에 플랩댐퍼를 설치하고자 한다. 다음 각 물음에 답하시오. **[5점]**

(가) 옥내에 스프링클러설비가 설치되어 있고 급기가압에 따른 17Pa의 차압이 걸려 있는 실의 문의 크기가 1m×2m일 때 문 개방에 필요한 힘[N]을 구하시오(단, 자동폐쇄장치나 경첩 등을 극복할 수 있는 힘은 40N이고, 문의 손잡이는 문 가장자리에서 100mm 위치에 있다).

해설 및 정답 문을 여는데 필요한 힘

$$F = F_{dc} + K \cdot \frac{W \cdot A \cdot \Delta P}{2(W-d)} \quad [W : 문의 폭(m), \ d : 0.1\text{m}]$$

$$F[N] = 40\text{N} + 1 \times \frac{1 \times (2 \times 1) \times 17}{2(1-0.1)}$$

$F = 58.888 ≒ 58.89\text{N}$

∴ 58.89N

(나) 플랩댐퍼의 설치 유무를 답하고 그 이유를 설명하시오(단, 플랩댐퍼에 붙어 있는 경첩을 움직이는 힘은 40N이다).

해설 및 정답
○ 설치 유무 : 설치하지 않음
○ 이유 : 출입문개방에 필요한 힘 110N보다 작은 힘(58.89N)이므로

07 11층의 연면적 15,000m² 업무용 건축물에 옥내소화전설비를 국가화재안전기준에 따라 설치하려고 한다. 다음 [조건]을 참고하여 각 물음에 답하시오. **12점**

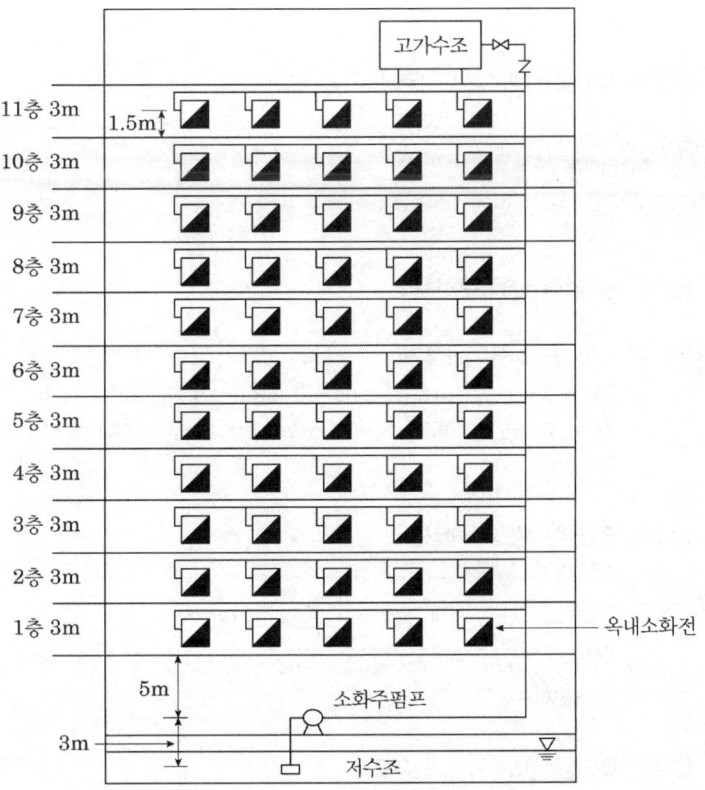

조건
① 펌프의 풋밸브로부터 11층 옥내소화전함 호스접결구까지의 마찰손실수두는 실양정의 25%로 한다.
② 펌프의 효율은 68%이다.
③ 펌프의 전달계수 K값은 1.1로 한다.
④ 각 층당 소화전은 5개씩이다.
⑤ 소방호스의 마찰손실수두는 7.8m이다.

(가) 펌프의 최소 유량[L/min]을 구하시오.

해설및정답 $Q = 2 \times 130 \text{L/min} = 260 \text{L/min}$
∴ 260L/min

기출문제

(나) 수원의 최소 유효저수량[m³]을 구하시오.

해설 및 정답
$Q = 2 \times 2.6\text{m}^3 = 5.2\text{m}^3$
∴ 5.2m^3

(다) 옥상에 설치할 고가수조의 용량[m³]을 구하시오.

해설 및 정답
$5.2\text{m}^3 \times \dfrac{1}{3} = 1.73\text{m}^3$
∴ 1.73m^3

(라) 펌프의 총 양정[m]을 구하시오.

해설 및 정답
$H = h_1 + h_2 + h_3 + 17m$
실양정 $= 3\text{m} + 5\text{m} + (3\text{m} \times 10) + 1.5\text{m} = 39.5\text{m}$
∴ $H = 39.5\text{m} + 39.5\text{m} \times 0.25 + 7.8\text{m} + 17\text{m} = 74.175 ≒ 74.18\text{m}$
∴ 74.18m

(마) 펌프의 축동력[kW]을 구하시오.

해설 및 정답
$P(kW) = \dfrac{\gamma QH}{102\eta} = \dfrac{1{,}000 \times \dfrac{0.26}{60} \times 74.18}{102 \times 0.68} = 4.634 ≒ 4.63\text{kW}$
∴ 4.63kW

(바) 펌프의 모터동력[kW]을 구하시오.

해설 및 정답
$P(kW) = \dfrac{\gamma QH}{102\eta} K = \dfrac{1{,}000 \times \dfrac{0.26}{60} \times 74.18}{102 \times 0.68} \times 1.1 = 5.097 ≒ 5.1\text{kW}$
∴ 5.1kW

(사) 소방호스 노즐에서 방수압 측정 시 측정기구 및 측정방법을 쓰시오.

해설 및 정답
○ 측정기구 : 방수압측정계(피토게이지)
○ 측정방법 : 노즐로부터 노즐구경의 1/2만큼 떨어진 지점의 수류중심선에 일치시킨 후 방수압을 측정

(아) 소방호스 노즐의 방수압력이 0.7MPa 초과 시 감압방법 2가지를 쓰시오.

해설 및 정답
1. 감압밸브에 의한 방법
2. 중간펌프를 설치하는 방법

08 소화설비의 급수배관에 사용하는 개폐표시형 밸브 중 버터플라이밸브(볼형식이 아닌 구조) 외의 밸브를 꼭 사용하여야 하는 배관의 이름과 그 이유를 한 가지만 쓰시오. **5점**

○ 배관 : 펌프의 흡입측 배관
○ 이유 : 마찰손실이 크므로 흡입측배관에서의 유효흡입양정감소로 공동현상 발생우려

09 이산화탄소 소화설비 수동식 기동장치의 종합정밀점검 항목 5가지를 쓰시오. [현행삭제]

1. 방호구역별 또는 방호대상별 설치위치 및 기능확인
2. 조작부의 보호판 및 기동장치의 표지상태
3. 전원 및 위치표시등 상태
4. 음향경보장치와 연동기능
5. 방출지연비상스위치 작동상태

10 스프링클러설비 가압송수장치의 체절운전시 수온의 상승을 방지하기 위하여 릴리프밸브를 설치하였다. 다음 주어진 도면을 참조하여 릴리프밸브의 압력설정 방법을 쓰시오. **7점**

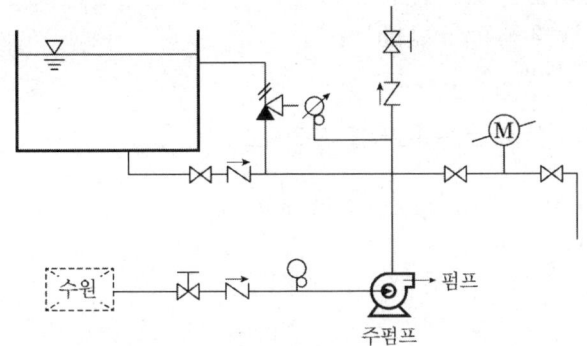

① 펌프 토출측 개폐밸브를 잠근다.
② 동력제어반(MCC)에서 주펌프 및 충압펌프의 운전 선택스위치를 "수동"위치로 한다.
③ 릴리프밸브 상부 캡을 열고 스패너로 조정나사를 시계방향으로 돌려 개방압력을 최대치로 만든다.
④ 성능시험배관의 개폐밸브 및 유량조절밸브를 개방한다.
⑤ 동력제어반에서 주펌프를 수동으로 기동시킨다.
⑥ 성능시험배관상의 유량조절밸브를 서서히 잠그면서 펌프 토출측의 압력계 지침이 릴리프밸브를 개방시키고자 하는 압력이 되도록 한다.
⑦ 릴리프밸브 상부의 조정나사를 스패너를 이용하여 반시계방향으로(개방압력을 낮춤) 돌려서 릴리프밸브를 개방(작동)되게 한다(순환배관으로 물이 흐르는 것으로 확인).

⑧ 주펌프를 "수동-OFF"로 하여 주펌프를 수동으로 정지시킨다.
⑨ 성능시험배관의 개폐밸브 및 유량조절밸브를 폐쇄하고 펌프토출측 개폐밸브를 개방한다.
⑩ 동력제어반에서 충압펌프 및 주펌프의 운전선택스위치를 "자동" 위치로 한다.

11 [그림]은 어느 특정소방대상물을 방호하기 위한 옥외소화전설비의 평면도이다. 다음 각 물음에 답하시오. **6점**

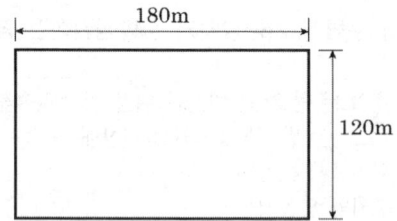

(가) 옥외소화전의 최소 설치개수를 구하시오.

해설및정답 $\dfrac{180\text{m} \times 2 + 120\text{m} \times 2}{80\text{m}} = 7.8$ ∴ 8개

(나) 수원의 저수량[m³]을 구하시오.

해설및정답 $Q = 2 \times 7\text{m}^3 = 14\text{m}^3$
∴ 14m^3

(다) 가압송수장치의 토출량[LPM]을 구하시오.

해설및정답 $Q = 2 \times 350\text{L/min} = 700\text{L/min}$
∴ 700L/min

12 건식 스프링클러설비에 하향식 헤드를 부착하는 경우 드라이펜던트헤드를 사용한다. 사용목적 및 구조에 대해 간단히 쓰시오. **4점**

해설및정답 ○ 사용목적 : 동파방지
○ 구조 : 헤드연결 롱니플 내에 질소가스 또는 부동액 주입

13 건식 스프링클러설비에 쓰이는 건식 밸브의 기능을 평상시와 화재시를 구분하여 쓰시오.

[4점]

> **해설및정답**
> - 평상시 : 체크밸브 기능
> - 화재시 : 자동경보 기능

14 온도 20℃, 압력 1.2kPa, 밀도 1.96kg/m³인 이산화탄소가 50kg/s의 질량유속으로 배출되고 있다. 이산화탄소의 압력배출구 단면적[m²]을 구하시오(단, 중력가속도는 9.8m/s²이다).

> **해설및정답**
> $m = AU\rho$, $50\text{kg/s} = A(\text{m}^2) \times \sqrt{2 \times 9.8 \times \dfrac{1.2 \times 10^3 \text{N/m}^2}{1.96 \times 9.8 \text{N/m}^3}} \times 1.96 \text{kg/m}^3$
> $A = 0.729 \risingdotseq 0.73\text{m}^2$
> ∴ 0.73m²

2018년 제4회 소방설비기사[기계분야] 2차 실기

2018년 11월 10일 시행

01 분말소화설비에서 분말약제 저장용기와 연결 설치되는 정압작동장치에 대한 다음 각 물음에 답하시오. [4점]

(가) 정압작동장치의 설치목적이 무엇인지 쓰시오.

해설및정답 저장용기 내부압력이 설정압력이 되었을 때 주밸브를 개방시키는 장치

(나) 정압작동장치의 종류 중 압력스위치방식에 대해 설명하시오.

해설및정답 저장용기 내부에 가압용가스가 유입되어 설정압력이 되었을 때 압력스위치가 동작하여 주 밸브를 개방시키는 방식

02 스프링클러설비에 사용되는 개방형 헤드와 폐쇄형 헤드의 차이점과 적용설비를 쓰시오. [6점]

해설및정답
- 차이점 : 감열체의 유무
- 적용설비

개방형 헤드	폐쇄형 헤드
• 일제살수식스프링클러설비	• 습식스프링클러설비 • 건식스프링클러설비 • 준비작동식스프링클러설비

03 운전 중인 펌프의 압력계를 측정하였더니 흡입측 진공계의 눈금이 150mmHg, 토출측 압력계는 0.294MPa이었다. 펌프의 전양정[m]을 구하시오(단, 토출측 압력계는 흡입측 진공계보다 50cm 높은 곳에 있고, 직경은 동일하며, 수은의 비중은 13.6이다). [5점]

해설및정답
$$H = 13{,}600\text{kgf}/\text{m}^3 \times 0.15\text{m} \times \frac{10.332\text{m}}{10{,}332\text{kgf}/\text{m}^2} + 0.294\text{MPa} \times \frac{10.332\text{m}}{0.101325\text{MPa}} + 0.5\text{m}$$
$$= 32.518 \fallingdotseq 32.52\text{m}$$

[참고] $H = 150\text{mmHg} \times \dfrac{10.332\text{m}}{760\text{mmHg}} + 29.4\text{m} + 0.5\text{m} = 30.1\text{m}$

∴ 32.52m

04
다음 보기는 제연설비에서 제연구역을 구획하는 기준을 나열한 것이다. ㉮~㉲까지의 빈칸을 채우시오. **5점**

> **보기**
> ① 하나의 제연구역의 면적은 (㉮) 이내로 한다.
> ② 거실과 통로는 (㉯)한다.
> ③ 통로상 제연구역은 보행중심선의 길이가 (㉰)를 초과하지 않아야 한다.
> ④ 하나의 제연구역은 직경 (㉱) 원 내에 들어갈 수 있도록 한다.
> ⑤ 하나의 제연구역은 (㉲)개 이상의 층에 미치지 않도록 한다. (단, 층의 구분이 불분명한 부분은 다른 부분과 별도로 제연구획할 것)

해설 및 정답
㉮ 1,000m²
㉯ 각각 제연구획
㉰ 60m
㉱ 60m
㉲ 2

05
지하구에 설치하는 연소방지설비에 대한 다음 물음에 답하시오. **5점**

가) 환기구 사이의 간격이 1,000m일 때 환기구 사이에 설치하는 살수구역의 수는 최소 몇 개인가?

해설 및 정답
$$살수구역의\ 수 = \frac{환기구\ 사이의\ 간격(m)}{700m} - 1 = 0.428 ≒ 1개(절상)$$
∴ 1개(양쪽 환기구별 2개씩 설치)

나) 연소방지설비 전용헤드가 5개 부착되어 있을 때 배관의 구경은 최소 몇 mm인가?

해설 및 정답 65mm

[연소방지설비 배관의 구경]
배관의 구경은 다음의 기준에 적합한 것이어야 한다.
가. 연소방지설비전용헤드를 사용하는 경우에는 다음 표에 따른 구경 이상으로 할 것

하나의 배관에 부착하는 살수헤드의 개수	1개	2개	3개	4개 또는 5개	6개 이상
배관의 구경(mm)	32	40	50	65	80

나. 개방형 스프링클러헤드를 사용하는 경우에는 「스프링클러설비의 화재안전기술기준(NFTC 103)」 2.5.3.3의 표에 따를 것

기출문제

다) 다음 ( )를 채우시오.
1) 연소방지설비의 헤드는 (①) 또는 (②)에 설치할 것
2) 헤드간의 수평거리는 연소방지설비 전용헤드의 경우에는 (③) 이하, 스프링클러헤드의 경우에는 (④) 이하로 할 것
3) 소방대원의 출입이 가능한 환기구·작업구마다 지하구의 양쪽방향으로 살수헤드를 설정하되, 한쪽 방향의 살수구역의 길이는 3m 이상으로 할 것. 다만, 환기구 사이의 간격이 (⑤)를 초과할 경우에는 (⑤) 이내마다 살수구역을 설정하되, 지하구의 구조를 고려하여 방화벽을 설치한 경우에는 그렇지 않다.

해설및정답 ① 천장 ② 벽면 ③ 2m ④ 1.5m ⑤ 700m

---

06 피난구조설비 중 인명구조기구 종류 3가지만 쓰시오.

해설및정답
1. 방열복 또는 방화복
2. 공기호흡기
3. 인공소생기

---

07 헤드 H-1의 방수압력이 0.1MPa이고 방수량이 80L/min인 폐쇄형 스프링클러설비의 수리계산에 대하여 [조건]을 참고하여 다음 각 물음에 답하시오(단, 계산과정을 쓰고 최종 답은 반올림하여 소수점 둘째자리까지 구할 것). **12점**

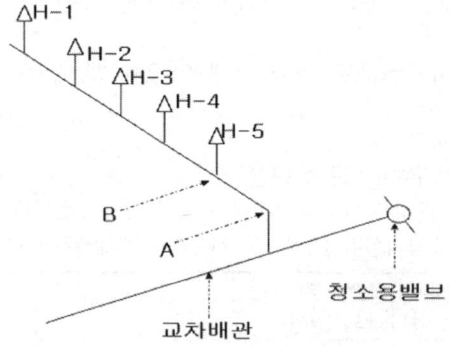

> **조건**
> ① 스프링클러헤드 H-1에서 H-5까지의 각 헤드마다의 방수압력의 차이는 0.02MPa이다(단, 계산 시 스프링클러헤드와 가지배관 사이의 배관에서의 마찰손실은 무시한다).
> ② A~B구간은 마찰손실은 0.03MPa이다.
> ③ H-1에서의 방수량은 80(L/min)이다.
> ④ 관경은 32mm, 40mm, 50mm, 65mm, 80mm 중에서 적용한다.

(가) A지점에서의 필요최소압력은 몇 MPa인지 구하시오.

해설및정답 $0.1 + 0.02 + 0.02 + 0.02 + 0.02 + 0.03 = 0.21$
∴ $0.21(MPa)$

(나) H-1, H-2, H-3, H-4, H-5의 방수량은 몇 L/min인지 구하시오.

해설및정답 $Q = K\sqrt{10P}$ ∴ $K = \dfrac{Q}{\sqrt{10P}} = \dfrac{80}{\sqrt{10 \times 0.1}} = 80$

① H-1의 방수량 $q = 80\sqrt{1} = 80$ ∴ 80L/min
∴ 80L/min
② H-2의 방수량 $q = 80\sqrt{1.2} = 87.635$ ∴ 87.64L/min
∴ 87.64L/min
③ H-3의 방수량 $q = 80\sqrt{1.4} = 94.657$ ∴ 94.66L/min
∴ 94.66L/min
④ H-4의 방수량 $q = 80\sqrt{1.6} = 101.192$ ∴ 101.19L/min
∴ 101.19L/min
⑤ H-5의 방수량 $q = 80\sqrt{1.8} = 107.331$ ∴ 107.33L/min
∴ 107.33L/min

(다) A~B구간에서의 유량은 몇 L/min인지 구하시오.

해설및정답 A ~ B 구간에서의 유량은 각 헤드에서의 방수량의 합이므로
$80 + 87.64 + 94.66 + 101.19 + 107.33 = 470.82$
∴ 470.82L/min

(라) A~B구간에서의 관경은 몇 mm인지 구하시오.

해설및정답 $Q = A \cdot V = \dfrac{\pi d^2}{4} \cdot V$ 이므로:

$d = \sqrt{\dfrac{4 \cdot Q}{\pi \cdot V}} = \sqrt{\dfrac{4 \times 470.82}{\pi \times 6 \times 1,000 \times 60}} = 0.0408 ≒ 40.8\text{mm}$

∴ 50mm

기출문제

08 미분무소화설비의 화재안전기준에 관한 다음 ( ) 안을 완성하시오. [5점]

> "미분무"란 물만을 사용하여 소화하는 방식으로 최소 설계압력에서 헤드로부터 방출되는 물입자 중 99%의 누적체적분포가 (㉮)㎛ 이하로 분무되고 (㉯), (㉰), (㉱)급 화재에 적응성을 갖는 것을 말한다.

해설 및 정답 ㉮ : 400
　　　　　　㉯ : A
　　　　　　㉰ : B
　　　　　　㉱ : C

09 관 내에서 발생하는 공동현상(Cavitation)의 발생원인과 방지대책 4가지를 쓰시오(단, 펌프 내의 압력과 관련하여 발생원인을 쓰시오). [6점]

해설 및 정답 1. 발생원인 : 펌프로 유입되는 유체의 절대압력이 해당온도에서의 증기압보다 작을 때 기포가 생성
　　　　　　2. 방지대책
　　　　　　　① 펌프의 흡입수두를 작게 한다.
　　　　　　　② 흡입측 마찰손실을 작게 한다.
　　　　　　　③ 펌프의 임펠러회전속도를 작게 한다.
　　　　　　　④ 펌프를 2대 이상 병렬설치한다.

10 지상 18층짜리 아파트에 스프링클러설비를 설치하려고 할 때 [조건]을 보고 다음 각 물음에 답하시오(단, 층별 방호면적은 990m^2로서 헤드의 방사압력은 0.1MPa이다). [8점]

> **조건**
> ① 실양정 : 65m
> ② 배관, 관부속품의 총 마찰손실수두 : 25m
> ③ 배관 내 유속 : 2m/s
> ④ 효율 : 60%
> ⑤ 주차장이 연결되지 않은 구조이다.

(가) 이 설비의 펌프의 토출량을 구하시오(단, 헤드의 기준개수는 최대치를 적용한다).

해설 및 정답 $Q = N \times 80\text{L/min} = 10 \times 80\text{L/min} = 800\text{L/min}$
∴ 800L/min

(나) 이 설비가 확보하여야 할 수원의 양을 구하시오.

해설 및 정답 $Q = N \times 1.6\text{m}^3 = 10 \times 1.6\text{m}^3 = 16\text{m}^3$
∴ 16m³

(다) 가압송수장치의 동력[kW]을 구하시오.

해설 및 정답
$$P(kW) = \frac{\gamma QH}{102\eta} = \frac{1,000 \times \frac{0.8}{60} \times (65+25+10)}{102 \times 0.6} = 21.786 ≒ 21.79\text{kW}$$
∴ 21.79kW

11 다음은 어느 실들의 평면도이다. 이 중 A실을 급기가압하고자 할 때 주어진 [조건]을 이용하여 다음을 구하시오. **9점**

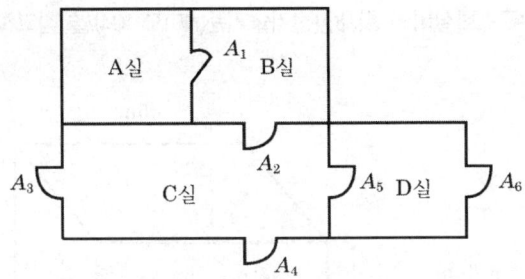

조건
① 실 외부대기의 기압은 101,300Pa로서 일정하다.
② A실에 유지하고자 하는 기압은 101,500Pa이다.
③ 각 실의 문들의 틈새면적은 0.01m²이다.
④ 어느 실을 급기가압할 때 그 실의 문 틈새를 통하여 누출되는 공기의 양은 다음의 식에 따른다.
$Q = 0.827A \cdot P^{\frac{1}{2}}$
여기서, Q : 누출되는 공기의 양[m³/s]
A : 문의 전체 누설틈새면적[m²]
P : 문을 경계로 한 기압차[Pa]

기출문제

(가) A실의 전체 누설틈새면적 A[m²]를 구하시오(단, 소수점 아래 여섯째 자리에서 반올림하여 소수점 아래 다섯째 자리까지 나타내시오).

해설 및 정답

출입문 ⑤⑥은 직렬연결이므로 $A = \left(\dfrac{1}{0.01^2} + \dfrac{1}{0.01^2}\right)^{-\frac{1}{2}} = 0.00707 \text{m}^2$ (⑤')

출입문 ③④⑤'는 병렬연결이므로 $A = 0.01\text{m}^2 + 0.01\text{m}^2 + 0.00707\text{m}^2 = 0.02707\text{m}^2$ (③')

출입문 ①②③'는 직렬연결이므로 $A = \left(\dfrac{1}{0.01^2} + \dfrac{1}{0.01^2} + \dfrac{1}{0.02707^2}\right)^{-\frac{1}{2}} = 0.00684\text{m}^2$

∴ 문의 틈새면적(A) = 0.00684m²

∴ 0.00684m²

(나) A실에 유입해야 할 풍량[L/s]을 구하시오.

해설 및 정답 차압(P) = 101,500Pa − 101,300Pa = 200Pa

$Q = 0.827 \times 0.00684 \sqrt{200} \times 1{,}000\text{L/m}^3 = 79.997535 ≒ 79.9975\text{L/sec}$

∴ 79.9975L/s

12 [그림]과 같이 바닥면이 자갈로 되어 있는 절연유 봉입변압기에 물분무소화설비를 설치하고자 한다. 물분무소화설비의 화재안전기술기준(NFTC 104)을 참고하여 다음 각 물음에 답하시오.

[6점]

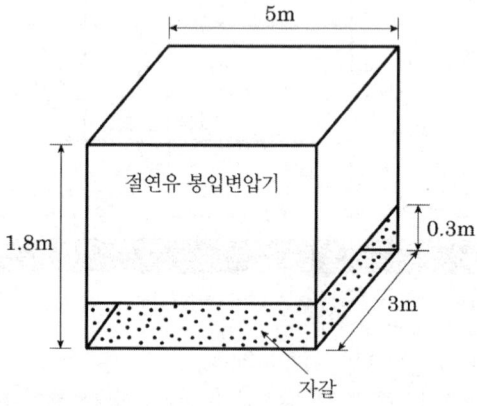

(가) 소화펌프의 최소 토출량[L/min]을 구하시오.

해설 및 정답 A = (5m × 3m) + (1.5m × 3m × 2) + (5m × 1.5m × 2) = 39m²

∴ Q(L/min) = 39m² × 10L/m² · min = 390L/min

∴ 390L/min

(나) 필요한 최소 수원의 양[m³]을 구하시오.

해설 및 정답 $Q(\text{m}^3) = 39\text{m}^2 \times 10\text{L/m}^2 \cdot \text{min} \times 20\text{min} = 7,800\text{L} = 7.8\text{m}^3$
∴ 7.8m^3

(다) 고압의 전기기기가 있을 경우 물분무헤드와 전기기기의 이격기준인 다음의 표를 완성하시오.

전압[kV]	거리[cm]	전압[kV]	거리[cm]
66 이하	(①)	154 초과 181 이하	180 이상
66 초과 77 이하	80 이상	181 초과 220 이하	(②)
77 초과 110 이하	110 이상	220 초과 275 이하	260 이상
110 초과 154 이하	150 이상	–	–

해설 및 정답 ① 70 이상 ② 210 이상

13

어느 건물의 근린생활시설에 옥내소화전설비를 각 층에 4개씩 설치하였다. 다음 각 물음에 답하시오(단, 유속은 4m/s이다). **10점**

(가) 토출측 주배관에서 배관의 최소 구경을 구하시오.

호칭구경	15A	20A	25A	32A	40A	50A	65A	80A	100A
내경[mm]	16.4	21.9	27.5	36.2	42.1	53.2	69	81	105.3

해설 및 정답 $Q = 2 \times 130\text{L/min} = 260\text{L/min} ≒ 0.26\text{m}^3/\text{min}$

$$D = \sqrt{\frac{4Q}{\pi U}} = \sqrt{\frac{4 \times \frac{0.26}{60}}{\pi \times 4}} = 0.0371\text{m} = 37.1\text{mm}$$

∴ 50A

(나) 펌프의 성능시험을 위한 유량측정장치의 최대 측정유량[L/min]을 구하시오.

해설 및 정답 $260\text{L/min} \times 1.75 = 455\text{L/min}$
∴ 455L/min

(다) 소방호스 및 배관의 마찰손실수두가 10m이고 실양정이 25m일 때 정격토출량의 150%로 운전시의 최소 압력[kPa]을 구하시오.

해설 및 정답 $H = 10\text{m} + 25\text{m} + 17\text{m} = 52\text{m} ≒ 520\text{kPa}$
$520\text{kPa} \times 0.65 = 338\text{kPa}$
∴ 338kPa

기출문제

(라) 중력가속도가 9.8m/s²일 때 체절압력[kPa]을 구하시오.

해설 및 정답 $52\text{m} \times 1.4 = 72.8\text{m}$

$72.8\text{m} \times \dfrac{101.325\text{kPa}}{10.332\text{m}} = 713.94\text{kPa}$

∴ 713.94kPa

(마) 다음 (   ) 안을 완성하시오.

> 성능시험배관의 유량계의 선단에는 (①)밸브를, 후단에는 (②)밸브를 설치할 것

해설 및 정답 ① 개폐   ② 유량조절

14 옥외저장탱크에 포소화설비를 설치하려고 한다. [그림] 및 [조건]을 이용하여 다음 각 물음에 답하시오. **14점**

조건
① 탱크용량 및 형태
  - 원유(휘발유)저장탱크 : 플루팅루프탱크(부상지붕)이며 탱크내 측면과 굽도리판 사이의 거리는 1.2m이다.
  - 등유저장탱크 : 콘루프탱크
② 고정포방출구설비
  - 원유(휘발유)저장탱크 : 특형, 방출구수는 2개
  - 등유저장탱크 : Ⅰ형이며, 방출구수는 2개
③ 포소화약제종류 : 단백포 3%
④ 보조포소화전 : 쌍구형 4개설치(각 방유제당 2개)
⑤ 구간별 배관길이

배관번호	①	②	③	④	⑤	⑥	⑦	⑧
배관길이(m)	20	10	10	50	50	100	47.9	50

⑥ 송액관 내의 유속은 3m/sec 이하 적용
⑦ 탱크 2대에서 동시화재는 없는 것으로 간주한다.
⑧ [조건] 외의 것은 무시한다.
⑨ 소수점 3자리에서 반올림하여 2자리까지 구하시오.
⑩ 배관의 관경은 25, 32, 40, 50, 65, 80, 100, 125, 150mm 중 선택하시오.

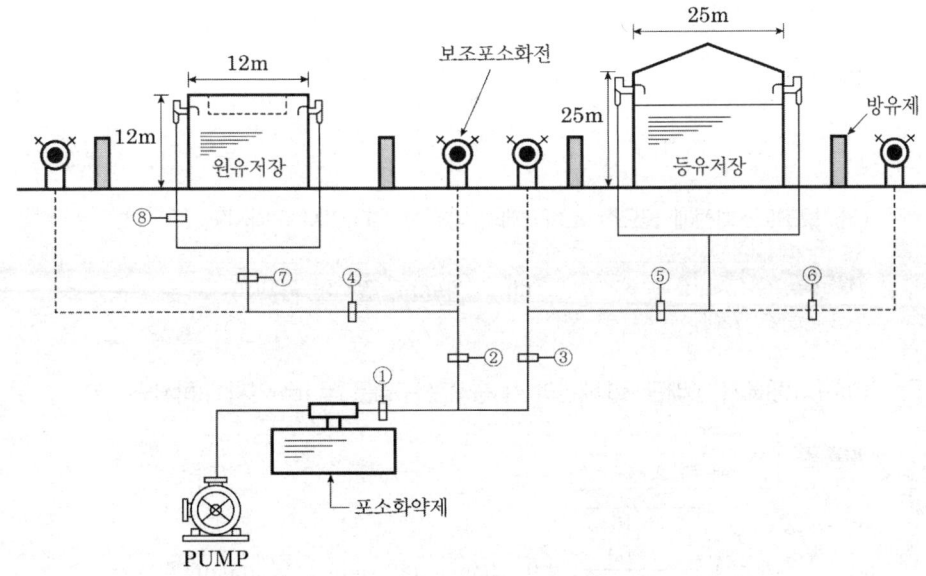

(가) 각 탱크에 필요한 포수용액의 방수량(L/min)은 얼마인지 구하시오.
① 원유저장탱크

해설 및 정답 $Q(\text{L/min}) = \frac{\pi}{4}(12^2 - 9.6^2) \times 8\text{L/m}^2 \cdot \text{min} = 325.72\text{L/min}$

∴ 325.72L/min

② 등유저장탱크

해설 및 정답 $Q(\text{L/min}) = \frac{\pi}{4}(25)^2 \times 4\text{L/m}^2 \cdot \text{min} = 1{,}963.495\text{L/min} ≒ 1{,}963.5\text{L/min}$

∴ 1,963.5L/min

(나) 보조포소화전에 필요한 포수용액의 방수량(L/min)은 얼마인지 구하시오.

해설 및 정답 $Q(\text{L/min}) = 3 \times 400\text{L/min} = 1{,}200\text{L/min}$

∴ 1,200L/min

(다) 각 탱크에 필요한 소화약제의 양(L)은 얼마인지 구하시오.
① 원유저장탱크

해설 및 정답 $Q(\text{L}) = \frac{\pi}{4}(12^2 - 9.6^2) \times 8\text{L/m}^2 \cdot \text{min} \times 30\text{min} \times 0.03 = 293.148\text{L} ≒ 293.15\text{L}$

∴ 293.15L

기출문제

② 등유저장탱크

해설 및 정답
$Q(\text{L/min}) = \dfrac{\pi}{4}(25)^2 \times 4\text{L/m}^2 \cdot \text{min} \times 20\text{min} \times 0.03 = 1{,}178.097\text{L} \fallingdotseq 1{,}178.1\text{L}$

∴ 1,178.1L

(라) 보조포소화전에 필요한 소화약제의 양(L)은 얼마인지 구하시오.

해설 및 정답
$Q(\text{L/min}) = 3 \times 400\text{L/min} \times 20\text{min} \times 0.03 = 720\text{L}$

∴ 720L

(마) [그림]에서 ①배관~⑧배관의 각 송액관 구경은 몇 mm인지 구하시오.

해설 및 정답

배관번호 ①

$D = \sqrt{\dfrac{4 \times \dfrac{3.1635}{60}}{\pi \times 3}} = 0.1495\text{m} = 149.5\text{mm}$ ∴ 150mm

∴ 150mm

배관번호 ②

$D = \sqrt{\dfrac{4 \times \dfrac{1.52572}{60}}{\pi \times 3}} = 0.1038\text{m} = 103.8\text{mm}$ ∴ 125mm

∴ 125mm

배관번호 ③

$D = \sqrt{\dfrac{4 \times \dfrac{3.1635}{60}}{\pi \times 3}} = 0.1495\text{m} = 149.5\text{mm}$ ∴ 150mm

∴ 150mm

배관번호 ④

$D = \sqrt{\dfrac{4 \times \dfrac{1.12572}{60}}{\pi \times 3}} = 0.0892\text{m} = 89.2\text{mm}$ ∴ 100mm

∴ 100mm

배관번호 ⑤

$$D = \sqrt{\frac{4 \times \frac{2.7635}{60}}{\pi \times 3}} = 0.1398\text{m} = 139.8\text{mm} \quad \therefore 150\text{mm}$$

∴ 150mm

배관번호 ⑥

$$D = \sqrt{\frac{4 \times \frac{0.8}{60}}{\pi \times 3}} = 0.0752\text{m} = 75.2\text{mm} \quad \therefore 80\text{mm}$$

∴ 80mm

배관번호 ⑦

$$D = \sqrt{\frac{4 \times \frac{0.32572}{60}}{\pi \times 3}} = 0.0479\text{m} = 47.9\text{mm} \quad \therefore 50\text{mm}$$

∴ 50mm

배관번호 ⑧

$$D = \sqrt{\frac{4 \times \frac{0.16286}{60}}{\pi \times 3}} = 0.0339\text{m} = 33.9\text{mm} \quad \therefore 40\text{mm}$$

∴ 40mm

(바) 각 탱크화재시 송액관에 필요한 포소화약제의 양(L)은 얼마인지 구하시오(단, 화재안전기준을 따르며 75mm 이하 배관은 제외).

해설 및 정답 ① 원유탱크화재시

$$Q[\text{L}] = \left[\frac{\pi}{4}(0.15)^2 \times 20 + \frac{\pi}{4}(0.125)^2 \times 10 + \frac{\pi}{4}(0.1)^2 \times 50 + \frac{\pi}{4}(0.08)^2 \times 100\right]$$
$$\times 1{,}000\text{L/m}^3 \times 0.03 = 41.145\text{L} \fallingdotseq 41.15\text{L}$$

∴ 원유탱크화재시 − 41.15L

② 등유탱크화재시

$$Q[\text{L}] = \left[\frac{\pi}{4}(0.15)^2 \times 20 + \frac{\pi}{4}(0.15)^2 \times 10 + \frac{\pi}{4}(0.15)^2 \times 50 + \frac{\pi}{4}(0.08)^2 \times 100\right]$$
$$\times 1{,}000\text{L/m}^3 \times 0.03 = 57.491\text{L} \fallingdotseq 57.49\text{L}$$

∴ 등유탱크화재시 − 57.49L

(사) 펌프실에 필요한 포소화약제의 양(L)은 얼마인지 구하시오.

해설 및 정답 $Q[\text{L}] = 1178.1 + 720 + 57.49 = 1{,}955.59\text{L}$

∴ 1,955.59L

2019년 제1회 소방설비기사[기계분야] 2차 실기

2019년 4월 14일 시행

01 포소화설비의 배관에 설치하는 배액 밸브와 완충 장치에 대한 다음 각 물음에 답하시오. [4점]

가) 배액 밸브의 설치목적

해설및정답 포방출 종료 후 배관 내의 잔류 포수용액을 배출하기 위하여

나) 배액 밸브의 설치위치

해설및정답 송액관의 가장 낮은 부분

다) 완충 장치의 설치목적

해설및정답 송액관과 탱크 접합부분의 충격 또는 진동으로 인한 기기 손상방지

라) 완충 장치의 설치위치

해설및정답 송액관과 탱크의 접합부분

02 [그림]과 같은 어느 판매시설에 제연설비를 설치하고자 한다. 아래 [조건]을 이용하여 다음 물음에 답하시오. [10점]

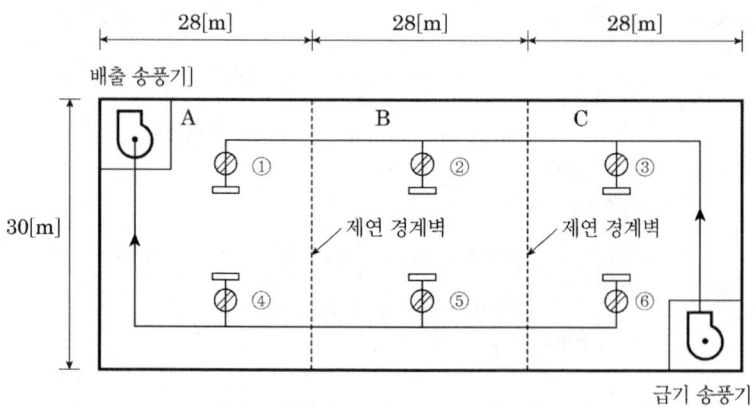

조건

1. 층고는 4.3m이며, 천장고는 3m이다.
2. 제연방식은 상호제연으로 하며, 제연 경계벽은 천장으로부터 0.8m이다.
3. 송풍기 동력 산출과 관련하여 덕트의 손실은 24mmAq, 덕트 부속류의 손실은 13mmAq, 배출구의 손실은 8mmAq, 송풍기 효율은 65%, 여유율은 20%로 한다.
4. 예상 제연구역의 배출량은 다음 기준으로 한다.
   ① 예상 제연구역이 바닥면적 400m² 미만일 경우
      − 바닥면적 1m²당 1m³/h 이상으로 하되, 예상 제연구역 전체에 대한 최저 배출량은 5,000m³/h로 할 것
   ② 예상 제연구역이 바닥면적 400m² 이상으로 직경 40m인 원 안에 있을 경우

수직거리	배출량
2m 이하	40,000m³/h
2m 초과 2.5m 이하	45,000m³/h
2.5m 초과 3m 이하	50,000m³/h
3m 초과	60,000m³/h

   ③ 예상 제연구역이 바닥면적 400m² 이상으로 직경 40m인 원의 범위를 초과할 경우

수직거리	배출량
2m 이하	45,000m³/h
2m 초과 2.5m 이하	50,000m³/h
2.5m 초과 3m 이하	55,000m³/h
3m 초과	65,000m³/h

5. 배출 풍도의 강판의 최소 두께 기준은 다음과 같다.

풍도 단면의 긴변 또는 지름의 크기	450mm 이하	450mm 초과 750mm 이하	750mm 초과 1,500mm 이하	1,500mm 초과 2,250mm 이하	2,250mm 초과
강판 두께	0.5mm	0.6mm	0.7mm	1.0mm	1.2mm

가) 필요한 배출량(m³/h)은 얼마인지 구하시오.

해설 및 정답
- 제연구역의 면적 = 28m × 30m = 840m²
- 제연구역의 직경 = $\sqrt{28^2 + 30^2}$ = 41.04m
- 수직거리 = 3m − 0.8m = 2.2m
- ∴ 50,000m³/hr

기출문제

나) 배출기의 배출측 덕트의 폭(mm)은 얼마 이상이어야 하는지 구하시오(단, 덕트의 높이는 700mm로 일정하다고 가정한다).

해설및정답

배출측 덕트의 단면적 = $\dfrac{50{,}000\text{m}^3/3{,}600\text{sec}}{20\text{m/sec}} = 0.694 ≒ 0.69\text{m}^2$

덕트의 폭 = $\dfrac{0.69\text{m}^2}{0.7\text{m}} = 0.985\text{m} ≒ 985\text{mm}$

∴ 985mm 이상

다) 배출 송풍기의 전동기에 요구되는 최소 동력(kW)을 구하시오.

해설및정답

송풍기 전동기동력[kW] = $\dfrac{P \times Q}{102 \times \eta} \times K$

송풍기의 전압 = $(24+13+8)\text{mmAq} = 45\text{mmAq}(\text{kgf/m}^2)$

송풍기의 배출량 = $\dfrac{50{,}000\text{m}^3}{3{,}600\text{sec}} = 13.89\text{m}^3/\text{sec}$

∴ $P[\text{kW}] = \dfrac{45\text{kgf/m}^2 \times 13.89\text{m}^3/\text{sec}}{102 \times 0.65} \times 1.2 = 11.31\text{kW}$

∴ 11.31kW

라) 배출 풍도 강판의 최소 두께(mm)를 구하시오(단, 배출 풍도의 크기는 "나"에서 구한 값을 기준으로 한다).

해설및정답 0.7mm

마) B구역 화재 시 배출 및 급기댐퍼(①~⑥)의 개폐를 구분하여 해당하는 부분에 각각의 번호를 쓰시오.
   1) 열린 댐퍼 :
   2) 닫힌 댐퍼 :

해설및정답
   1) 열린 댐퍼 : ①, ③, ⑤
   2) 닫힌 댐퍼 : ②, ④, ⑥

03
바닥면적 400m², 높이 3.5m인 전기실(유압기기는 없음)에 이산화탄소 소화설비를 설치할 때 저장용기(68L/45kg)에 저장된 약제량을 표준대기압, 온도 20℃인 방호구역 내에 전부 방사한다고 할 때 다음을 구하시오. **5점**

> **조건**
> 1. 방호구역 내에는 5m²인 출입문이 있으며, 이 문은 자동폐쇄장치가 설치되어 있지 않다.
> 2. 심부화재이고, 전역방출방식을 적용하였다.
> 3. 이산화탄소의 분자량은 44이고, 이상기체상수는 8.3143kJ/kmol·K이다.
> 4. 선택밸브 내의 온도와 압력조건은 방호구역의 온도 및 압력과 동일하다고 가정한다.
> 5. 이산화탄소 저장용기는 한 병당 45kg의 이산화탄소가 저장되어 있다.

가) 이산화탄소 최소 저장용기 수(병)를 구하시오.

해설 및 정답 전기실의 체적 = 400m² × 3.5m = 1,400m³

∴ 이산화탄소의 양(kg) = (1,400m³ × 1.3kg/m³) + (5m² × 10kg/m²) = 1,870kg

이산화탄소의 용기 수 = $\frac{1,870kg}{45kg/병}$ = 41.55

∴ 42병

나) 최소 저장용기를 기준으로 이산화탄소를 모두 방사할 때 선택밸브 1차측 배관에서의 최소 유량(m³/min)을 구하시오.

해설 및 정답
$$유량(m^3/min) = \left[\frac{42 \times 45kg \times 8.3143kPa \cdot m^3/kmol \cdot K \times (20+273)K}{101.325kPa \times 44kg/kmol}\right] \div 7min$$
$$= 147.532 ≒ 147.53m^3/mm$$

∴ 147.53m³/min

기출문제

04 옥내소화전설비의 계통을 나타내는 구조도(Isometric Diagram)이다. 이 설비에서 펌프의 정격 토출량이 200L/min일 때 주어진 [조건]을 이용하여 물음에 답하시오. **10점**

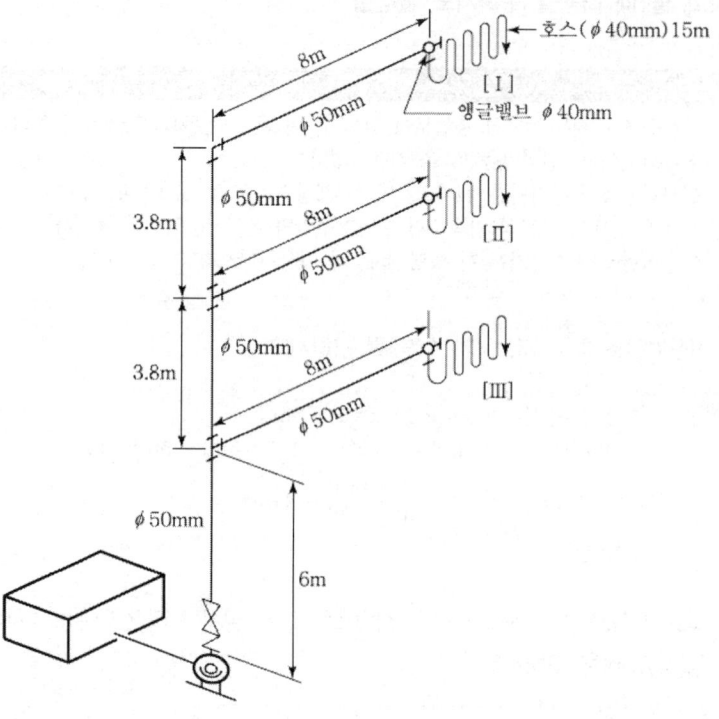

조건

1. 옥내소화전[I]에서 호스 관창 선단의 방수압과 방수량은 각각 0.17MPa, 130L/min이다.
2. 호스길이 100m당 130L/min의 유량에서 마찰손실수두는 15m이다.
3. 각 밸브와 배관부속의 등가길이는 다음과 같다.
   앵글밸브(ϕ40mm) : 10m, 게이트밸브(ϕ50mm) : 1m
   체크밸브(ϕ50mm) : 5m, 티(ϕ50mm, 분류) : 4m, 엘보(ϕ50m) : 1m
4. 배관의 마찰 손실압은 다음의 공식을 따른다고 가정한다.

   $$\Delta P = \frac{6 \times 10^4 \times Q^2}{120^2 \times d^5}$$

   ΔP : 배관길이 1m당 마찰손실압력[MPa]
   Q : 유량[L/min]
   d : 관의 내경[mm](ϕ50mm 배관의 경우 내경은 53mm, ϕ40mm 배관의 경우 내경은 42mm로 한다)
5. 펌프의 양정은 토출량의 대소에 관계없이 일정하다고 가정한다.
6. 정답을 산출할 때 펌프 흡입측의 마찰손실 수두, 정압, 동압 등은 일체 계산에 포함시키지 않는다.
7. 본 [조건]에 자료가 제시되지 아니한 것은 계산에 포함시키지 않는다.

가) 소방호스의 마찰손실수두(m)는 얼마인가?

해설 및 정답
$h_L = 15\text{m} \times \dfrac{15\text{m}}{100\text{m}} = 2.25\text{m}$

∴ 2.25m

나) 최고위 앵글밸브에서의 마찰손실압력(MPa)은 얼마인가?

해설 및 정답
$\Delta P = \dfrac{6 \times 10^4 \times 130^2}{120^2 \times 42^5} \times 10\text{m} = 0.00538 ≒ 0.0054\text{MPa}$

∴ 0.0054MPa

다) 최고위 앵글밸브의 인입구로부터 펌프 토출구까지의 전길이(m)는 얼마인가?

해설 및 정답 전길이 L = 직관길이 + 상당길이
= 8m + (3.8m × 2) + 6m + 엘보(1m) + 게이트밸브(1m) + 체크밸브(5m)
= 28.6m

∴ 28.6m

라) 최고위 앵글밸브의 인입구로부터 펌프 토출구까지의 마찰손실압력(MPa)은 얼마인가?

해설 및 정답
$\Delta P = \dfrac{6 \times 10^4 \times 130^2}{120^2 \times 53^5} \times 28.6 = 0.00481 ≒ 0.0048\text{MPa}$

∴ 0.0048MPa

마) 펌프 전동기의 소요동력은 몇 [kW]인가? (단, 펌프의 효율은 0.6, 축동력계수는 1.1이다)

해설 및 정답
$H = h_1 + h_2 + h_3 + 17\text{m}$
$= (0.48\text{m} + 0.54\text{m}) + 2.25\text{m} + (6\text{m} + 3.8\text{m} \times 2) + 17\text{m} = 33.87\text{m}$

$P(kW) = \dfrac{1000 \times \dfrac{0.2}{60} \times 33.87}{102 \times 0.6} \times 1.1 = 2.029 ≒ 2.03\text{kW}$

∴ 2.03kW

바) 옥내소화전(Ⅲ)을 조작하여 방수하였을 때의 방수량은 QL/min라고 할 때
 1) 이 소화전호스를 통하여 일어나는 마찰손실압력(MPa)은? (단, Q는 기호 그대로 사용한다)

해설 및 정답
$\Delta P = 15\text{m} \times \dfrac{15\text{m}}{100\text{m}} \times \dfrac{Q^2}{130^2} \times \dfrac{0.1\text{MPa}}{10\text{m}} = 1.33 \times 10^{-6} Q^2 \text{MPa}$

∴ $1.33 \times 10^{-6} Q^2 \text{MPa}$

기출문제

2) 당해 앵글밸브 인입구로부터 펌프 토출구까지의 마찰손실압력(MPa)은? (단, Q는 기호 그대로 사용한다)

해설 및 정답

$$\Delta P = \frac{6 \times 10^4 \times Q^2}{120^2 \times 53^5} \times (14\text{m} + \text{체크밸브 } 5\text{m} + \text{게이트밸브 } 1\text{m} + \text{분류티 } 4\text{m})$$
$$= 2.39 \times 10^{-7} Q^2 \text{MPa}$$
$$\therefore 2.39 \times 10^{-7} Q^2 \text{MPa}$$

3) 당해 앵글밸브의 마찰손실압력(MPa)은? (단, Q는 기호 그대로 사용한다)

해설 및 정답

$$\Delta P = \frac{6 \times 10^4 \times Q^2}{120^2 \times 42^5} \times 10\text{m} = 3.19 \times 10^{-7} Q^2 \text{MPa}$$
$$\therefore 3.19 \times 10^{-7} Q^2 \text{MPa}$$

4) 호스 관창선단의 방수량(L/min)과 방수압력(MPa)은 각각 얼마인가?

해설 및 정답

$130 = K\sqrt{10 \times 0.17}$
$K = 99.705 ≒ 99.71$
$Q = 99.71\sqrt{10P}$
$Q = 99.71\sqrt{10 \times (\text{펌프토출압} - \text{마찰손실압} - \text{낙차})}$
$Q = 99.71\sqrt{10 \times \{0.3387 - (1.89 \times 10^{-6} Q^2) - 0.06\}}$
$Q = 99.71\sqrt{10 \times (0.2787 - 1.89 \times 10^{-6} Q^2)}$
$Q = 99.71\sqrt{2.787 - 1.89 \times 10^{-5} Q^2}$
$Q^2 = (99.71)^2 \times (2.787 - 1.89 \times 10^5 Q^2)$
$Q^2 = 27,708.59 - 0.19 Q^2$
$1.19 Q^2 = 27,708.59$
$Q = \sqrt{\dfrac{27,708.59}{1.19}} = 152.592 ≒ 152.59\text{L/min}$
$152.59\text{L/min} = 99.71\sqrt{10 \times P}$
$P = 0.23419 ≒ 0.2342\text{MPa}$

05 가로 4m, 세로 3m, 높이 2m인 방호대상물에 국소방출방식의 이산화탄소 소화설비를 설치할 경우 이산화탄소 소화약제의 최소 저장량(kg)을 구하시오(단, 고압식이며 방호대상물 주위에는 벽이 없다). 4점

해설및정답 방호공간의 체적=5.2m×4.2m×2.6m=56.784m³

$Q = 8 - 6\dfrac{a}{A}$ 에서 a=0이므로 8kg/m³

∴ 이산화탄소의 저장량=56.784m³×8kg/m³×1.4=635.98kg

∴ 635.98kg

06 [그림]은 위험물을 저장하는 플로팅 루프 탱크 포소화설비의 계통도이다. [그림]과 [조건]을 참고하여 다음 각 물음에 답하시오. 9점

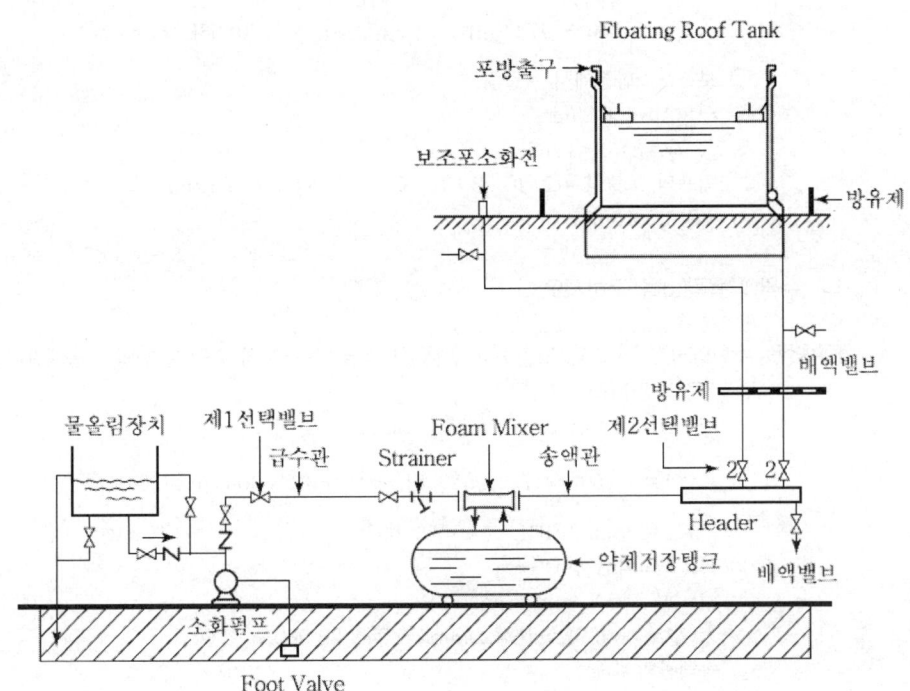

기출문제

> **조건**
> 1. Tank의 안지름=50m
> 2. 보조포소화전=7개
> 3. 포소화약제 사용농도=6%
> 4. 굽도리 판과 탱크 벽과의 이격거리=1.4m
> 5. 송액관 안지름=100mm, 송액관 길이=150m
> 6. 고정포방출구의 방출률은 8L/(m²·min), 방사시간은 30분
> 7. 보조포소화전의 방출률은 400L/min, 방사시간은 20분
> 8. [조건]에 제시되지 않은 사항은 무시한다.

가) 소화펌프의 토출량(L/min)을 구하시오.

해설 및 정답 펌프의 토출량(L/min)=고정포방출구의 토출량+보조포의 토출량

① 고정포방출구에서 토출량

$$Q = A(\text{m}^2) \times Q_1(\text{L/m}^2 \cdot \text{min})$$

$$\therefore Q = \frac{\pi}{4}(50^2 - 47.2^2)\text{m}^2 \times 8\text{L/m}^2 \cdot \text{min} = 1,710.03\text{L/min}$$

② 보조포소화전에서 토출량

$$Q = N \times 400\text{L/min}$$

$$\therefore Q = 3 \times 400\text{L/min} = 1,200\text{L/min}$$

∴ 펌프의 토출량=(1,710.03+1,200)L/min=2,910.03L/min

∴ 2,910.03L/min

나) 수원의 용량(L)을 구하시오.

해설 및 정답 수원의 양(L)=고정포방출구의 수원(물의 양)+보조포의 수원(물의 양)+송액관의 수원(물의 양)

① 고정포방출구의 수원

$$Q = A(\text{m}^2) \times Q_1(\text{L/m}^2 \cdot \text{min}) \times T\text{min} \times 0.94$$

$$\therefore Q = \frac{\pi}{4}(50^2 - 47.2^2)\text{m}^2 \times 8\text{L/m}^2 \cdot \text{min} \times 30\text{min} \times 0.94$$

$$= 48,222.894\text{L} \fallingdotseq 48,222.89\text{L}$$

② 보조포소화전에서 수원

$$Q = N \times 400\text{L/min} \times T\text{min} \times S$$

$$\therefore Q = 3 \times 400\text{L/min} \times 20\text{min} \times 0.94 = 22,560\text{L}$$

③ 송액관의 수원

$$Q = \frac{\pi \times 0.1^2}{4}\text{m}^2 \times 150\text{m} \times 1000\text{L/m}^3 \times 0.94 = 1,107.411\text{L} \fallingdotseq 1,107.41\text{L}$$

∴ 수원의 양=(48,222.89+22,560+1,107.41)L=71,890.3L

∴ 71,890.3L

다) 포소화약제의 저장량(L)을 구하시오.

> **해설및정답** 포소화약제의 저장량(L) = 고정포방출구에 필요한 포약제량 + 보조포소화전에서 필요한 포약제량 + 송액관에 필요한 포약제량
>
> ① 고정포방출구에 필요한 포약제량
>
> $Q = A(m^2) \times Q_1(L/m^2 \cdot min) \times T min \times S$
>
> $\therefore Q = \dfrac{\pi}{4}(50^2 - 47.2^2)m^2 \times 8L/m^2 \cdot min \times 30min \times 0.06$
>
> $= 3,078.06L$
>
> ② 보조포소화전에 필요한 포약제량
>
> $Q = N \times 400L/min \times T min \times S$
>
> $\therefore Q = 3 \times 400L/min \times 20min \times 0.06 = 1,440L$
>
> ③ 송액관에 필요한 포약제량
>
> $Q = \dfrac{\pi \times 0.1^2}{4}m^2 \times 150m \times 0.06 = 0.07069m^3 = 70.69L$
>
> $\therefore$ 포약제량 = (3,078.06 + 1,440 + 70.69)L = 4,588.75L
>
> $\therefore$ 4,588.75L

라) 탱크에 설치되는 고정포 방출구의 종류와 설치된 포소화약제 혼합방식의 명칭을 쓰시오.
   ① 고정포 방출구의 종류
   ② 포소화약제 혼합방식

> **해설및정답** ① 고정포 방출구의 종류 : 특형 포방출구
> ② 포소화약제 혼합방식 : 라인프로포셔너 방식

07 지하수조의 물을 펌프를 사용하여 옥상수조로 0.37m³/min으로 양수하고자 할 때 주어진 [조건]을 참조하여 다음 물음에 답하시오. **8점**

> **조건**
>
> 1. 배관의 전체 길이 100m, 풋 밸브로부터 옥상수조 최상단까지의 높이는 50m이다.
> 2. 관 부속품은 90° 엘보 4개, 게이트 밸브 1개, 체크 밸브 1개, 풋 밸브 1개 사용한다.
> 3. 관 이음쇠 및 밸브류의 상당 관 길이(m)
>
> | | 항목별 호칭사양에 따른 관 상당길이(m) | | | |
> |---|---|---|---|---|
> | | 90° 엘보 | 게이트 밸브 | 체크 밸브 | 풋 밸브 |
> | DN40 | 1.5 | 0.3 | 13.5 | 13.5 |
> | DN50 | 2.1 | 0.39 | 16.5 | 16.5 |
> | DN65 | 2.4 | 0.48 | 19.5 | 19.5 |
> | DN80 | 3.0 | 0.6 | 24 | 24.0 |

기출문제

4. 배관의 치수

치수(mm)	DN40	DN50	DN65	DN80
바깥지름	48.6	60.5	76.3	89.1
두께	3.25	3.65	3.65	4.05

5. 펌프 구경부터 배관, 관 이음쇠 및 밸브류는 모두 동일한 사양을 적용한다.

가) 배관 내 유속을 2.4m/s 이하로 하고자 할 때 펌프의 출구의 최소 호칭사양을 구하시오.

해설 및 정답
$$D = \sqrt{\frac{4 \times 0.37\text{m}^3/60\sec}{\pi \times 2.4\text{m}/\sec}} = 0.0572\text{m} = 57.2\text{mm}$$
∴ DN65

! Reference
DN50의 내경 = 60.5mm − (3.65mm × 2) = 53.2mm
DN65의 내경 = 76.3mm − (3.65mm × 2) = 69mm

나) "가"에서 구한 호칭사양의 적용 시 배관의 총 등가길이(m)를 구하시오(배관의 전체 길이와 관 이음쇠 및 밸브류의 등가길이를 모두 포함하여 구하시오).

해설 및 정답 총 등가길이 = 배관의 길이 + 관 이음쇠 및 밸브류의 등가길이
관 부속물의 등가길이 = (2.4m × 4개) + 0.48m + 19.5m + 19.5m
= 49.08m
∴ 총 등가길이 = 100m + 49.08m = 149.08m
∴ 149.08m

다) 총 손실수두(m)를 구하시오(단, 관의 마찰저항은 관 길이 1m당 80mmAq로 구하시오).

해설 및 정답 총 손실수두 = 149.08m × 0.08mAq/m = 11.93mAq
∴ 11.93m

라) 펌프에서 요구되는 동력(kW)을 구하시오(단, 펌프의 효율은 50%, 전달계수는 1로 간주한다).

해설 및 정답 $H = 11.93\text{m} + 50\text{m} = 61.93\text{m}$
$$P(\text{kW}) = \frac{61.93\text{m} \times 1{,}000\text{kgf}/\text{m}^3 \times 0.37\text{m}^3/60\sec}{102 \times 0.5} = 7.49\text{kW}$$
∴ 7.49kW

08
할로겐화합물소화설비 중에서 FK-5-1-12 소화약제를 사용하여 가로×세로×높이(8m×10m×4m) 축전지실(C급 화재)에 소화설비를 설치하였다. 저장용기의 체적은 80L이고 축전지실내 온도는 21℃일 때 다음을 구하시오(단, FK-5-1-12의 설계농도는 12%, 선형상수는 $K_1 = 0.0664$, $K_2 = 0.0002741$이며, 최대충전밀도는 1,441kg/m³이다). **5점**

가) 소화약제량(kg)을 구하시오.

해설 및 정답

$$W = \frac{V}{S} \times \frac{C}{100 - C}$$

$V = 8m \times 10m \times 4m = 320m^3$
$S = 0.0664 + 0.0002741 \times 21℃ = 0.0722 m^3/kg$
$C = 12\%$

$\therefore W = \frac{320m^3}{0.0722 m^3/kg} \times \frac{12}{100 - 12} = 604.38kg$

∴ 604.38kg

나) 필요한 저장용기의 수(병)를 구하시오.

해설 및 정답 병당 충전질량 = 80L × 1.441kg/L = 115.28kg

∴ 병수 = $\frac{604.38kg}{115.28kg/병}$ = 5.24

∴ 6병

09
스프링클러 소화설비에 설치하는 가압송수장치를 펌프 방식으로 하는 경우 다음 물음에 답하시오. **5점**

가) 화재안전기준에서 요구하는 펌프의 토출압력과 토출량에 대한 성능기준에 대해 2가지를 쓰고 이를 아래 [그림]의 그래프에 특성곡선을 그려서 나타내시오(단, 그래프에는 특성곡선과 함께 가로축과 세로축의 중요 치수(크기)도 명시하시오).

1) 펌프의 성능기준

해설 및 정답
① 체절운전 시 토출압력은 정격토출압력의 140%를 초과하지 아니할 것
② 정격토출량의 150%로 운전 시 토출압력은 정격토출압력의 65% 이상일 것

기출문제

2) 펌프의 특성곡선(단, 가로축은 토출량, 세로축은 토출압력에 대한 수두이고, 모두 정격량에 대한 백분율을 나타낸다)

해설 및 정답

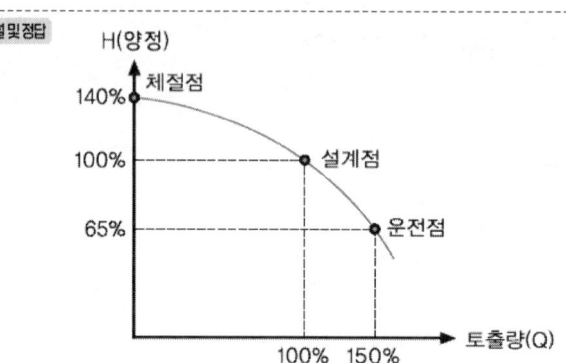

나) 화재안전기준에서 규정하는 성능시험배관 및 유량측정장치 설치 기준을 2가지 작성하시오.

해설 및 정답
1. 성능시험배관은 펌프의 토출측에 설치된 개폐밸브 이전에서 분기하여 설치하고, 유량측정장치를 기준으로 전단 직관부에는 개폐밸브를, 후단 직관부에는 유량조절밸브를 설치할 것
2. 유량측정장치는 성능시험배관의 직관부에 설치하되, 펌프의 정격토출량의 175% 이상 측정할 수 있는 성능이 있을 것

10 가로 5m, 세로 3m, 바닥면으로부터의 높이는 1.9m인 절연유 봉입변압기에 물분무소화설비를 설치하고자 할 때 다음 물음에 답하시오(단, 절연유 봉입변압기 하부는 바닥면에서 0.4m 높이까지 자갈로 채워져 있다). **8점**

가) 소화펌프의 최소 토출량(L/min)을 구하시오.

해설 및 정답 $A = (5m \times 3m) + (5m \times 1.5m \times 2) + (3m \times 1.5m \times 2) = 39m^2$
  ∴ 최소 토출량 $= 39m^2 \times 10L/m^2 \cdot min = 390L/min$
  ∴ 390L/min

나) 필요한 최소 수원의 양(m^3)을 구하시오.

해설및정답 수원 = $39m^2 \times 10L/m^2 \cdot min \times 20min = 7,800L$

∴ $7.8m^3$

다) 고압의 전기기기가 있는 경우 물분무헤드와 전기기기의 이격거리 기준을 나타낸 아래 표의 빈칸을 채우시오.

전압(kV)	거리(cm)	전압(kV)	거리(cm)
66 이하	(①) 이상	154 초과 181 이하	(④) 이상
66 초과 77 이하	(②) 이상	181 초과 220 이하	(⑤) 이상
77 초과 110 이하	(③) 이상	220 초과 275 이하	(⑥) 이상
110 초과 154 이하	150 이상	–	–

해설및정답 ① 70 ② 80 ③ 110 ④ 180 ⑤ 210 ⑥ 260

11 지하 1층, 지상 9층의 백화점 건물에 다음 [조건] 및 화재안전기준에 따라 스프링클러설비를 설계하려고 할 때 다음을 구하시오. **8점**

> **조건**
> 1. 펌프는 지하층에 설치되어 있고 펌프로부터 최상층 스프링클러 헤드까지 수직거리는 50m이다.
> 2. 배관 및 관부속의 마찰손실수두는 펌프로부터 최상층 스프링클러 헤드까지 수직거리의 20%로 한다.
> 3. 펌프의 흡입측 배관에 설치된 연성계는 300mmHg를 나타낸다.
> 4. 각 층에 설치된 스프링클러 헤드(폐쇄형)는 80개씩이다.
> 5. 최상층 말단 스프링클러 헤드의 방수압은 0.11MPa로 설정하고, 오리피스 안지름은 11mm이다(C = 0.99).
> 6. 펌프 효율은 68%이다.

가) 펌프에 요구되는 전양정(m)을 구하시오.

해설및정답 전양정 = $(50m \times 0.2) + \left(300mmHg \times \dfrac{10.332m}{760mmHg}\right) + 50m + 11m$

= 75.08m

∴ 75.08m

기출문제

나) 펌프에 요구되는 최소 토출량(L/min)을 구하시오(단, 방사헤드는 화재안전기준의 최소기준개수를 적용하고, 토출량을 구하는 [조건]은 ⑤항을 이용한다).

해설 및 정답
$Q = 0.6597 \times 0.99 \times 11^2 \sqrt{10 \times 0.11\text{MPa}} = 82.87\text{L/min}$
펌프의 토출량 = 30개 × 82.87L/min = 2,486.1L/min
∴ 2,486.1L/min

다) 스프링클러설비에 요구되는 최소 유효수원의 양(m^3)을 구하시오.

해설 및 정답 유효수량 = 30개 × 1.6m^3 = 48m^3
∴ 48m^3

라) 펌프의 효율을 고려한 축동력(kW)을 구하시오.

해설 및 정답
$P(\text{kW}) = \dfrac{1{,}000\text{kgf/m}^3 \times (2.486/60)\text{m}^3/\text{sec} \times 75.08m}{102 \times 0.68}$
$= 44.85\text{kW}$
∴ 44.85kW

12. 지하구에 설치하는 연소방지설비에 대한 다음 물음에 답하시오. [5점]

가) 환기구 사이의 간격이 1,000m일 때 환기구 사이에 설치하는 살수구역의 수는 최소 몇 개인가?

해설 및 정답
살수구역의 수 = $\dfrac{\text{환기구 사이의 간격(m)}}{700\text{m}} - 1 = 0.428 ≒ 1$개(절상)
∴ 1개(양쪽 환기구별 2개씩 설치)

나) 연소방지설비 전용헤드가 5개 부착되어 있을 때 배관의 구경은 최소 몇 mm인가?

해설 및 정답 65mm

[연소방지설비 배관의 구경]
배관의 구경은 다음의 기준에 적합한 것이어야 한다.
가. 연소방지설비전용헤드를 사용하는 경우에는 다음 표에 따른 구경 이상으로 할 것

하나의 배관에 부착하는 살수헤드의 개수	1개	2개	3개	4개 또는 5개	6개 이상
배관의 구경(mm)	32	40	50	65	80

나. 개방형 스프링클러헤드를 사용하는 경우에는 「스프링클러설비의 화재안전기술기준(NFTC 103)」 2.5.3.3의 표에 따를 것

다) 다음 (   )를 채우시오.
1) 연소방지설비의 헤드는 (①) 또는 (②)에 설치할 것
2) 헤드간의 수평거리는 연소방지설비 전용헤드의 경우에는 (③) 이하, 스프링클러헤드의 경우에는 (④) 이하로 할 것
3) 소방대원의 출입이 가능한 환기구·작업구마다 지하구의 양쪽방향으로 살수헤드를 설정하되, 한쪽 방향의 살수구역의 길이는 3m 이상으로 할 것. 다만, 환기구 사이의 간격이 (⑤)를 초과할 경우에는 (⑤) 이내마다 살수구역을 설정하되, 지하구의 구조를 고려하여 방화벽을 설치한 경우에는 그렇지 않다.

해설 및 정답 ① 천장   ② 벽면   ③ 2m   ④ 1.5m   ⑤ 700m

13
다음 소방대상물 각 층에 A급 3단위 소화기를 국가화재안전기준에 맞도록 설치하고자 한다. 다음 [조건]을 참고하여 건물의 각 층별 최소 소화기 수를 구하시오. [5점]

조건
1. 각 층의 바닥면적은 층마다 1,500m²이다.
2. 지하 1층은 전체가 주차장 용도로 이용되며, 지하 2층은 100m² 면적은 보일러실로 사용되고, 나머지는 주차장으로 이용된다.
3. 지상 1층에서 3층까지는 업무시설이다.
4. 전 층에 소화설비가 없는 것으로 가정한다.
5. 건물구조는 전체적으로 내화구조가 아니다.
6. 자동확산소화기는 계산에 고려하지 않는다.

가) 지하 2층

해설 및 정답

$$주차장의\ 능력단위 = \frac{1,500\text{m}^2}{100\text{m}^2/단위} = 15단위$$

$$\therefore 주차장의\ 능력단위\ 충족개수 = \frac{15단위}{3단위/개} = 5개$$

$$보일러실\ 추가소화기 = \frac{100\text{m}^2}{25\text{m}^2/1단위} = 4단위 \quad \therefore \frac{4단위}{3단위/개} = 1.33 ≒ 2개$$

∴ 소화기의 설치개수 = 5개 + 2개 = 7개
∴ 7개

기출문제

나) 지하 1층

해설 및 정답

주차장의 능력단위 $= \dfrac{1{,}500\text{m}^2}{100\text{m}^2/\text{단위}} = 15\text{단위}$

∴ 주차장의 소화기 개수 $= \dfrac{15\text{단위}}{3\text{단위}/\text{개}} = 5\text{개}$

∴ 5개

다) 지상 1층~3층

해설 및 정답

업무시설의 능력단위 $= \dfrac{1{,}500\text{m}^2}{100\text{m}^2/\text{단위}} = 15\text{단위}$

∴ 업무시설의 소화기 개수 $= \dfrac{15\text{단위}}{3\text{단위}/\text{개}} = 5\text{개}$

총 3개층 15개 설치

∴ 15개

14 지하 1층, 지상 9층의 백화점 건물에 스프링클러설비를 설계하려고 한다. 다음 [조건]을 참고하여 각 물음에 답하시오. **6점**

> **조건**
> 1. 각 층에 설치하는 스프링클러 헤드 수는 각각 80개이다.
> 2. 펌프의 흡입측 배관에 설치된 연성계는 350mmHg를 나타내고 있다.
> 3. 펌프는 지하에 설치되어 있고, 펌프부터 최상층 헤드까지의 수직 높이는 45m이다.
> 4. 배관 및 관부속의 마찰손실수두는 펌프로부터 자연낙차의 20%이다.
> 5. 펌프 효율은 68%, 전달계수는 1.1이다.
> 6. 체절압력조건은 화재안전기준의 최대 조건을 적용한다.

가) 펌프의 체절압력[kPa]

해설 및 정답

실양정 $= \left(\dfrac{350\text{mmHg}}{760\text{mmHg}} \times 10.332\text{m}\right) + 45\text{m} = 49.76\text{m}$

$H = (45\text{m} \times 0.2) + 49.76\text{m} + 10\text{m} = 68.76\text{m}$

정격토출압력 $= \dfrac{68.76\text{m}}{10.332\text{m}} \times 101.325\text{kPa} = 674.32\text{kPa}$

체절압력 $= 674.32\text{kPa} \times 1.4 = 944.05\text{kPa}$

∴ 944.05kPa

나) 펌프의 축동력[kW]

해설 및 정답

$Q(\text{토출량}) = 30 \times 80\text{L/min} = 2{,}400\text{L/min} = 0.04\text{m}^3/\text{sec}$

$\therefore P(\text{kW}) = \dfrac{1{,}000\text{kgf/m}^3 \times 0.04\text{m}^3/\text{sec} \times 68.76m}{102 \times 0.68} = 39.653 ≒ 39.65\text{kW}$

∴ 39.65kW

---

15 다음 제연설비 설치장소의 제연구역 구획기준에 대한 설명이다. 괄호 안에 알맞은 숫자를 쓰시오. 3점

> **조건**
> 1. 하나의 제연구역의 면적은 (①)m² 이내로 할 것
> 2. 거실과 통로(복도를 포함한다. 이하 같다)는 각각 제연구획 할 것
> 3. 하나의 제연구역은 직경 (②)m 원 내에 들어갈 수 있을 것
> 4. 하나의 제연구역은 (③)개 이상 층에 미치지 않도록 할 것. 다만, 층의 구분이 불분명한 부분은 그 부분을 다른 부분과 별도로 제연구획해야 한다.

해설 및 정답 ① 1,000 ② 60 ③ 2

---

16 주차장에 할론소화설비(Halon 1301)를 설치하였다. 방호구역 1m³에 대한 소화약제량이 0.52kg 이라 할 때 약제량에 해당하는 소화약제의 농도(%)를 구하시오(단, 무유출(No efflux) 상태로 적용하여 농도계산을 하고, Halon 1301 비체적은 0.162m³/kg이다). 5점

해설 및 정답 할론 1301 0.52kg의 기화체적 = 0.52kg × 0.162m³/kg = 0.08424m³

할론 1301의 % = $\dfrac{0.08424\text{m}^3}{1\text{m}^3 + 0.08424\text{m}^3} \times 100 = 7.77\%$

∴ 7.77%

소방설비기사[기계분야] 2차 실기

2019년 6월 29일 시행

01 폐쇄형 습식스프링클러설비에 대한 말단 가지배관의 헤드설치 도면 및 [조건]을 참고하여 다음 각 물음에 답하시오. 9점

조건

1. 헤드설치 도면

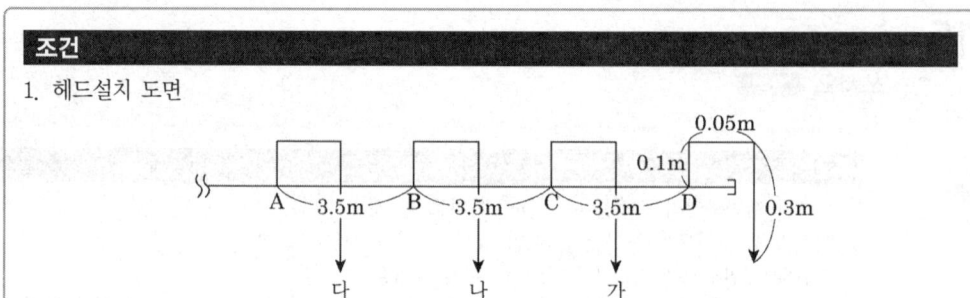

〈각 구간별 배관 호칭지름〉	
A → B	DN32
B → C	DN25
C → D	DN25
C → 헤드	DN25
D → 헤드	DN25

2. 배관에 설치된 관 부속품의 마찰손실 등가길이(m)는 아래 표와 같다(단, 관 지름이 줄어드는 곳은 리듀서를 사용한다).

호칭지름	90° 엘보	분류 티	직류 티	호칭지름	리듀서
DN50	2.1	3.0	0.6	DN50/DN40	1.2
DN40	1.5	2.1	0.45	DN40/DN32	0.9
DN32	1.2	1.8	0.36	DN32/DN25	0.72
DN25	0.9	1.5	0.27	DN25/DN15	0.50

3. 호칭 지름에 따른 안지름은 아래와 같다.

호칭지름	DN50	DN40	DN32	DN25
안지름(mm)	53	42	36	28

4. 스프링클러 헤드는 15A용 헤드가 설치된 것으로 한다.
5. D의 최종 헤드 방사압력은 0.1MPa이고, 각 헤드별 방수량은 화재안전기준에서 지정하는 최소 방수량을 모두 동일하게 적용한다.

6. 배관의 단위 길이당 마찰손실압력(ΔP, MPa/m)은 다음과 같은 하젠-윌리엄스 식에 따르며, 이 식에서 조도계수(C)값은 120으로 한다.

$$\Delta P = 6.053 \times 10^4 \times \frac{Q^{1.85}}{C^{1.85} \times D_i^{4.87}}$$

(단, D_i는 배관 안지름(mm)이고, Q는 관의 유량(L/min)이다.)

가) A에서 D부 헤드까지 발생하는 마찰손실압력을 각 구간별로 표를 이용하여 구하고자 한다. ( ) 안 구간별 마찰손실압력(kPa)을 구하시오.

구간	유량(L/min)	마찰손실부품	구간별 마찰손실 압력(kPa)
A → B	240	배관(A → B), B부 티	((a))
B → C	160	리듀서, 배관(B → C), C부 티	((b))
C → D	80	배관(C → D), D부 티	((c))
D → 헤드	80	배관(D → 헤드), 엘보 2개, 리듀서	((d))

1) (a) 값을 구하시오.

해설및정답

$6.053 \times 10^7 \times \dfrac{240^{1.85}}{120^{1.85} \times 36^{4.87}} \times 3.86(3.5\text{m} + \text{직류 티 } 0.36\text{m}) = 22.195 \fallingdotseq 22.2\text{kPa}$

∴ 22.2kPa

2) (b) 값을 구하시오.

해설및정답

$6.053 \times 10^7 \times \dfrac{160^{1.85}}{120^{1.85} \times 28^{4.87}} \times 4.49(3.5\text{m} + \text{리듀서 } 0.72\text{m} + \text{직류 티 } 0.27\text{m})$
$= 41.466 \fallingdotseq 41.47\text{kPa}$

∴ 41.47kPa

3) (c) 값을 구하시오.

해설및정답

$6.053 \times 10^7 \times \dfrac{80^{1.85}}{120^{1.85} \times 28^{4.87}} \times 5(3.5\text{m} + \text{분류 티 } 1.5\text{m}) = 12.808 \fallingdotseq 12.81\text{kPa}$

∴ 12.81kPa

4) (d) 값을 구하시오.

해설및정답
$$6.053 \times 10^7 \times \frac{80^{1.85}}{120^{1.85} \times 28^{4.87}} \times 2.75(0.45m + 엘보0.9m \times 2 + 리듀서0.5m)$$
$$= 7.044 ≒ 7.04 kPa$$
∴ 7.04kPa

나) 마찰손실과 그 외 수직배관에 따른 손실까지 고려하여 A부에 발생되어야 할 압력(kPa)을 구하시오.

해설및정답 A부에서의 압력 = 100kPa + (22.2 + 41.47 + 12.81 + 7.04)kPa − 2kPa(낙차) = 181.52kPa
∴ 181.52kPa

다) C부에 설치된 스프링클러 말단 헤드에서 발생하는 압력(kPa)을 구하시오.

해설및정답 C부에 설치된 헤드의 압력 = (181.52 − 22.2 − 41.47 − 7.04 + 2)kPa
= 112.81kPa
∴ 112.81kPa

---

02 어느 노유자시설에 설치된 호스릴 옥내소화전설비 주펌프의 성능시험과 관련하여 다음 각 물음에 답하시오. **5점**

> **조건**
> 1. 호스릴 옥내소화전의 층별 설치개수는 지하 1층 2개, 지상 1층 및 2층은 4개, 3층은 3개, 4층은 2개이다.
> 2. 호스릴 옥내소화전의 방수구는 바닥으로부터 1m의 높이에 설치되어 있다.
> 3. 펌프가 저수조보다 높은 위치이며 수조의 흡수면으로부터 펌프까지의 수직거리는 4m이다.
> 4. 펌프로부터 최상층인 4층 바닥까지의 높이는 15m이다.
> 5. 배관(관부속 포함) 및 호스의 마찰손실은 실양정의 30%를 적용한다.

가) 호스릴 옥내소화전에 운전에 필요한 펌프의 최소 전양정(m)과 최소 유량(L/min)을 구하시오.

해설및정답
① 최소 전양정
  실양정 = 4m + 15m + 1m = 20m
  최소 전양정 = 20m + (20m × 0.3) + 17m = 43m
② 최소 유량
  최소유량 = 2개 × 130L/min = 260L/min

나) "가"에서 구한 펌프의 최소 전양정과 최소 유량을 정격토출압력과 정격유량으로 한 펌프를 사용하고자 한다. 이 펌프를 가지고 과부하 운전(정격토출량의 150% 운전)하였을 때 펌프 토출압력이 0.24MPa로 측정되었다면, 이 펌프는 화재안전기준에서 요구하는 성능을 만족하는지 여부를 구하시오(단, 반드시 계산과정이 작성되어야 하며 답란에는 결과에 따라 "만족" 또는 "불만족"으로 작성하시오).

해설 및 정답 정격토출량의 150%에서 정격토출압력의 65% 이상이어야 한다.
∴ 과부하 운전 시 최소압력 = 0.43MPa × 0.65 = 0.28MPa
0.24MPa은 최소 필요압력인 0.28MPa 미만이므로 불만족
∴ 불만족

03 옥내소화전설비와 스프링클러설비가 설치된 아파트에서 [조건]을 참고하여 다음 각 물음에 답하시오. 10점

조건
1. 계단식형 아파트로서 지하 2층(주차장 연결), 지상 12층(아파트 각 층별로 2세대)인 건축물이다.
2. 각 층에 옥내소화전 및 스프링클러설비가 설치되어 있다.
3. 지하층에는 옥내소화전 방수구가 층마다 3조씩, 지상층에는 옥내소화전 방수구가 층마다 1조씩 설치되어 있다.
4. 아파트의 각 세대별로 설치된 스프링클러헤드의 설치 수량은 12개이다.
5. 각 설비가 설치되어 있는 장소는 방화벽과 방화문으로 구획되어 있지 않고, 저수조, 펌프 및 입상배관은 겸용으로 설치되어 있다.
6. 옥내소화전설비의 경우 실양정 50m, 배관마찰손실은 실양정의 15%, 호스의 마찰손실수두는 실양정의 30%를 적용한다.
7. 스프링클러설비의 경우 실양정 52m, 배관마찰손실은 실양정의 35%를 적용한다.
8. 펌프의 효율은 체적효율 90%, 기계효율 80%, 수력효율 75%이다.
9. 펌프 작동에 요구되는 동력전달계수는 1.1을 적용한다.

가) 주펌프의 최소 전양정(m)을 구하시오(단, 최소 전양정을 산출할 때 옥내소화전설비와 스프링클러설비를 모두 고려해야 한다).

해설 및 정답
- 옥내소화전설비의 전양정 = 50m + (50m × 0.15) + (50m × 0.3) + 17m = 89.5m
- 스프링클러설비의 전양정 = 52m + (52m × 0.35) + 10m = 80.2m
∴ 주펌프의 전양정 = 89.5m
∴ 89.5m

기출문제

나) 옥상수조를 포함하여 두 설비에 필요한 총 수원의 양(m^3) 및 최소 펌프 토출량(L/min)을 구하시오.

해설및정답 ① 총 수원의 양
- 옥내소화전설비의 유효수량 = $2 \times 2.6 m^3 = 5.2 m^3$
- 스프링클러설비의 유효수량 = $30 \times 0.08 m^3/min \times 20min = 48 m^3$
- ∴ 유효수량 = $5.2 m^3 + 48 m^3 = 53.2 m^3$
  주된 수원의 양 = $53.2 m^3$ 이상
  옥상수원의 양 = $53.2 m^3 \times 1/3 = 17.73 m^3$ 이상
- ∴ 총 수원 = $53.2 m^3 + 17.73 m^3 = 70.93 m^3$ 이상
- ∴ 수원의 양 : $70.93 m^3$ 이상

② 최소 펌프 토출량
  겸용 펌프의 토출량 = $(2 \times 130 L/min) + (30 \times 80 L/min) = 2,660 L/min$
- ∴ 최소 펌프 토출량 : 2,660L/min

다) 펌프 작동에 필요한 전동기의 최소 동력(kW)을 구하시오.

해설및정답
$$P(kW) = \frac{1,000 kgf/m^3 \times \frac{2.66}{60} m^3/sec \times 89.5m}{102 \times (0.8 \times 0.75 \times 0.9)} \times 1.1 = 79.241 kW ≒ 79.24 kW$$

∴ 79.24kW

라) 스프링클러설비에는 감시제어반과 동력제어반으로 구분하여 설치하여야 하는데, 구분하여 설치하지 않아도 되는 경우 3가지를 쓰시오.

해설및정답
1. 내연기관에 따른 가압송수장치를 사용하는 스프링클러설비
2. 고가수조에 따른 가압송수장치를 사용하는 스프링클러설비
3. 가압수조에 따른 가압송수장치를 사용하는 스프링클러설비

04 다음 [조건]을 기준으로 옥내소화전설비에 대한 물음에 답하시오. 12점

조건
1. 소방대상물은 10층의 백화점 용도이다.
2. 5층까지는 각 층에 6개씩, 그 이상 층에는 각 층에 5개씩의 옥내소화전이 설치되어 있다.
3. 소화전 함의 호스는 15m이고, 호스 길이 100m당 호스의 마찰손실수두는 26m로 한다.
4. 옥내소화전 펌프의 풋 밸브로부터 최고층 소화전까지 배관의 실양정은 40m, 관마찰 및 관부속품에 의한 최대 손실수두는 20m이다.
5. 옥내소화전 주펌프 주변기기는 아래 도면과 같고, 주배관은 연결송수관과 겸용한다.
6. 주어진 [조건] 외는 화재안전기준에 준한다.

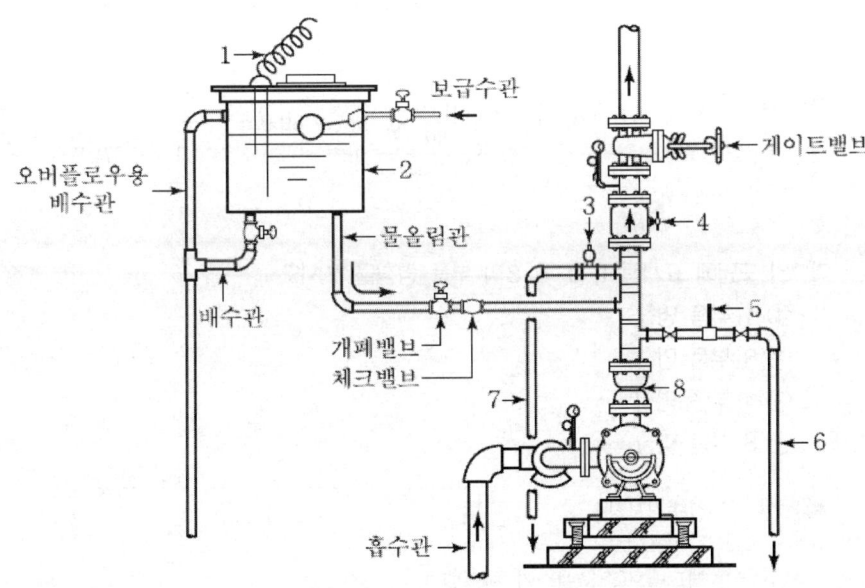

가) 옥내소화전설비에 필요한 총 수원의 최소 양(m³)을 구하시오(단, 옥상수조의 수원의 양까지 포함하여 구하시오).

해설및정답 주된 수원의 양 = $2 \times 2.6m^3 = 5.2m^3$
옥상수원의 양 = $5.2m^3 \times 1/3 = 1.73m^3$
∴ 총 수원 = $5.2m^3 + 1.73m^3 = 6.93m^3$
∴ $6.93m^3$

나) 펌프의 분당 토출량(L/min)을 구하시오.

해설및정답 펌프 토출량 = $2 \times 130L/min = 260L/min$
∴ 260L/min

다) 화재안전기준에 따라 펌프에 요구되는 최소 전양정(m)을 구하시오.

해설및정답 호스의 마찰손실수두 = $15m \times \dfrac{26m}{100m} = 3.9m$
전양정 = $40m + 20m + 3.9m + 17m = 80.9m$
∴ 80.9m

기출문제

라) 펌프를 구동하기 위한 원동기 최소 동력(kW)을 구하시오(단, 펌프 효율은 55%, 동력전달계수는 1.1로 한다).

해설 및 정답
$$P(kW) = \frac{1,000 kgf/m^3 \times \frac{0.26}{60} m^3/sec \times 80.9m}{102 \times 0.55} \times 1.1 = 6.87 kW$$
∴ 6.87kW

마) 위 도면에 표시된 1, 3, 4, 8의 부품 명칭을 쓰시오.
① 1 부품 명칭
② 3 부품 명칭
③ 4 부품 명칭
④ 8 부품 명칭

해설 및 정답
① 감수경보장치
② 릴리프밸브
③ 체크밸브(스모렌스키 체크밸브)
④ 플렉시블조인트

바) 위 도면의 8번 부품을 사용하는 이유를 설명하시오.

해설 및 정답 펌프의 기동 시 발생되는 진동이 배관에 전달되지 않도록 하기 위하여 설치한다.

사) 위 도면의 7번 배관을 설치하는 목적을 설명하시오.

해설 및 정답 체절 운전 시 수온상승을 방지하기 위하여 설치한다.

아) 최상단 소화전에서 안지름이 13mm인 노즐로 0.25MPa의 방사압력으로 10분간 물을 방수할 때 10분 동안 발생된 물의 방수량(L)을 구하시오.

해설 및 정답
$Q = 0.653 \times 13^2 \sqrt{10 \times 0.25 MPa} = 174.49 L/min$
10분 동안 방수량 = 174.49L/min × 10min = 1,744.9L
∴ 1,744.9L

05 소화설비에 사용되는 진공계, 압력계의 각 설치위치와 측정범위를 [보기]에서 골라 쓰시오. 2점

> **보기**
> 1. 설치위치 : 펌프 흡입측 배관, 펌프 토출측 배관
> 2. 측정범위 : 대기압 이하의 압력, 대기압 이상의 압력

가) 진공계
   ① 설치위치
   ② 측정범위

해설및정답 ① 펌프 흡입측 배관 ② 대기압 이하의 압력

나) 압력계
   ① 설치위치
   ② 측정범위

해설및정답 ① 펌프 토출측 배관 ② 대기압 이상의 압력

06 다음과 같은 직육면체(바닥면적은 6m×6m)의 물 탱크에서 밸브를 완전히 개방하였을 때 최저 유효 수면까지 물이 배수되는 소요시간(분)을 구하시오(단, 토출측 관 안지름은 80mm이고, 탱크 수면 하강속도가 변화하는 점을 고려하여 소요시간을 구하시오). 4점

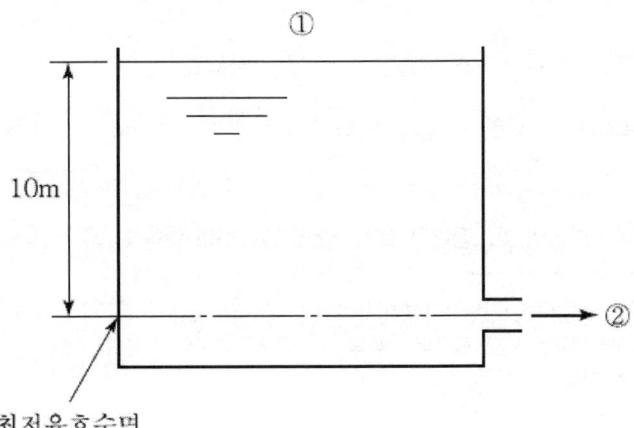

기출문제

해설및정답
$A_1 U_1 = A_2 U_2$

$A_1 \dfrac{dh}{dt} = A_2 \sqrt{2gh}$

$dt = \dfrac{A_1}{A_2} \times \dfrac{1}{\sqrt{2g}} \times \dfrac{1}{\sqrt{h}} \times dh$

$t = \dfrac{A_1}{A_2} \times \dfrac{1}{\sqrt{2g}} \times \displaystyle\int_0^{10} h^{-\frac{1}{2}} dh$

$t = \dfrac{36\text{m}^2}{\dfrac{\pi}{4}(0.08\text{m})^2} \times \dfrac{1}{\sqrt{2\times 9.8}} \times 2 \times \left[h^{\frac{1}{2}}\right]_0^{10}$

$= \dfrac{36\text{m}^2}{\dfrac{\pi}{4}(0.08\text{m})^2} \times \dfrac{1}{\sqrt{2\times 9.8}} \times 2 \times \sqrt{10}$

$= 10{,}231.39\text{sec} ≒ 170.52\text{min}$

$t = \dfrac{2A_1(\sqrt{H_1} - \sqrt{H_2})}{C \cdot A_2 \cdot \sqrt{2g}} = \dfrac{2\times 36 \times (\sqrt{10} - \sqrt{0})}{\dfrac{\pi \times 0.08^2}{4} \times \sqrt{2\times 9.8}} = 10{,}231.39\text{sec} ≒ 170.52\text{min}$

∴ 170.52min

---

07 소방 대상물에 옥외소화전 7개를 설치하였다. 다음 각 물음에 답하시오. **4점**

가) 지하 수원의 최소 유효 저수량(m³)을 구하시오.

해설및정답 $Q = 2 \times 7\text{m}^3 = 14\text{m}^3$
∴ 14m³

나) 가압송수장치의 최소 토출량(L/min)을 구하시오.

해설및정답 $Q = 2 \times 350\text{L/min} = 700\text{L/min}$
∴ 700L/min

다) 옥외소화전의 호스접결구 설치기준과 관련하여 다음 ( ) 안의 내용을 쓰시오

> 호스접결구는 지면으로부터 높이가 (①)m 이상 (②)m 이하의 위치에 설치하고 특정소방대 상물의 각 부분으로부터 하나의 호스접결구까지의 수평거리가 (③)m 이하가 되도록 설치하여 야 한다.

해설및정답 ① 0.5 ② 1 ③ 40

08 포소화설비에서 포소화약제 혼합장치의 혼합방식을 5가지 쓰시오. 3점

해설 및 정답
1. 펌프 프로포셔너 방식
2. 라인 프로포셔너 방식
3. 프레저 프로포셔너 방식
4. 프레저사이드 프로포셔너 방식
5. 압축공기포 혼합방식

> **Reference**
> ① "펌프 프로포셔너방식"이란 펌프의 토출관과 흡입관 사이의 배관도중에 설치한 흡입기에 펌프에서 토출된 물의 일부를 보내고, 농도조정밸브에서 조정된 포소화약제의 필요량을 포소화약제 탱크에서 펌프 흡입측으로 보내어 이를 혼합하는 방식을 말한다.
> ② "프레저 프로포셔너방식"이란 펌프와 발포기의 중간에 설치된 벤추리관의 벤추리작용과 펌프가압수의 포소화약제 저장탱크에 대한 압력에 따라 포소화약제를 흡입·혼합하는 방식을 말한다.
> ③ "라인 프로포셔너방식"이란 펌프와 발포기의 중간에 설치된 벤추리관의 벤추리작용에 따라 포소화약제를 흡입·혼합하는 방식을 말한다.
> ④ "프레저사이드 프로포셔너방식"이란 펌프의 토출관에 압입기를 설치하여 포소화약제 압입용펌프로 포소화약제를 압입시켜 혼합하는 방식을 말한다.
> ⑤ "압축공기포혼합방식"이란 포수용액에 가압원으로 압축된 공기 또는 질소를 일정비율로 혼합하는 방식을 말한다.

09 바닥면적 100m²이고 높이 3.5m의 발전기실에 HFC-125 소화약제를 사용하는 할로겐화합물 소화설비를 설치하려고 한다. 다음 [조건]을 참고하여 각 물음에 답하시오. 6점

조건
1. HFC-125의 설계농도는 8%, 방호구역 최소예상온도는 20℃로 한다.
2. HFC-125 용기는 90L/60kg으로 적용한다.
3. HFC-125의 선형상수는 아래 표와 같다.

소화약제	K_1	K_2
HFC-125	0.1825	0.0007

기출문제

4. 사용하는 배관은 압력배관용 탄소강관(SPPS 250)으로 항복점은 250MPa, 인장강도는 410MPa이다. 이 배관의 호칭지름은 DN400이며, 이음매 없는 배관이고 이 배관의 바깥지름과 스케줄에 따른 두께는 아래 표와 같다. 또한 나사 이음에 따른 나사의 높이(헤드설치부분 제외) 허용 값은 1.5mm를 적용한다.

호칭지름	바깥지름(mm)	배관 두께(mm)					
		스케줄10	스케줄20	스케줄30	스케줄40	스케줄60	스케줄80
DN400	406.4	6.4	7.9	9.5	12.7	16.7	21.4

가) HFC-125의 최소 용기 수를 구하시오.

해설 및 정답

$$W = \frac{V}{S} \times \frac{C}{100-C}$$

소화약제별 선형상수 $= 0.1825 + 0.0007 \times 20℃ = 0.1965 \text{m}^3/\text{kg}$

$$W = \frac{350\text{m}^3}{0.1965\text{m}^3/\text{kg}} \times \frac{8}{100-8} = 154.88\text{kg}$$

$$\therefore \text{용기 수} = \frac{154.88\text{kg}}{60\text{kg}/\text{용기}} = 2.58 \quad \therefore 3\text{병}$$

나) 배관의 최대 허용압력이 6.1MPa일 때 이를 만족하는 배관의 최소 스케줄 번호를 구하시오.

해설 및 정답

$$\text{관의 두께} = \frac{P \times D}{2 \times SE} + A$$

- $P = 6.1\text{MPa}$
- $D = 406.4\text{mm}$
- SE
  - $410\text{MPa} \times 1/4 = 102.5\text{MPa}$
  - $250\text{MPa} \times 2/3 = 166.67\text{MPa}$
  - $\therefore SE = 102.5\text{MPa} \times 1 \times 1.2 = 123\text{MPa}$
- $A = 1.5 \text{ mm}$

$$\therefore \text{관의 두께} = \frac{6.1\text{MPa} \times 406.4\text{mm}}{2 \times 123\text{MPa}} + 1.5\text{mm} = 11.58\text{mm}$$

※ 배관이음 효율
  - 이음매 없는 배관 : 1.0
  - 전기저항 용접배관 : 0.85
  - 가열맞대기 용접배관 : 0.60

$$\therefore \text{관의 두께} = \frac{6.1\text{MPa} \times 406.4\text{mm}}{2 \times 123\text{MPa}} + 1.5\text{mm} = 11.58\text{mm}$$

∴ 스케줄 40

10 피난기구에 대하여 다음의 물음에 답하시오. [6점]

가) 병원(의료시설)에 적응성이 있는 층별 피난기구에 대해 (①)~(⑧)에 적절한 내용을 쓰시오.

지하층	3층	4층 이상 10층 이하
피난용트랩	• (①) • (②) • (③) • (④) • 피난용트랩 • 승강식 피난기	• (⑤) • (⑥) • (⑦) • (⑧) • 피난용트랩

해설및정답
① 미끄럼대 ② 구조대 ③ 피난교 ④ 다수인피난장비
⑤ 구조대 ⑥ 피난교 ⑦ 다수인피난장비 ⑧ 승강식피난기

> **! Reference** — 피난기구의 적응성

장소별 구분 \ 층별설치	지하층	1층	2층	3층	4~10층
1. 노유자시설	피난용 트랩	• 미끄럼대 • 구조대 • 피난교 • 다수인피난장비 • 승강식 피난기	• 미끄럼대 • 구조대 • 피난교 • 다수인피난장비 • 승강식 피난기	• 미끄럼대 • 구조대 • 피난교 • 다수인피난장비 • 승강식 피난기	• 구조대 • 피난교 • 다수인피난장비 • 승강식 피난기
2. 의료시설·근린생활시설 중 입원실이 있는 의원·접골원·조산소	피난용 트랩			• 미끄럼대 • 구조대 • 피난교 • 다수인피난장비 • 승강식 피난기 • 피난용 트랩	• 구조대 • 피난교 • 다수인피난장비 • 승강식 피난기 • 피난용 트랩
3. 그 밖의 것	• 피난용 트랩 • 피난사다리			• 미끄럼대 • 구조대 • 피난교 • 다수인피난장비 • 승강식 피난기 • 피난용 트랩 • 피난사다리 • 완강기 • 간이완강기 • 공기안전 매트	• 구조대 • 피난교 • 다수인피난장비 • 승강식 피난기 • 피난사다리 • 완강기 • 간이완강기 • 공기안전 매트
4. 다중이용업소로서 영업장의 위치가 4층 이하인 다중이용업소			• 미끄럼대 • 구조대 • 다수인피난장비 • 승강식 피난기 • 피난사다리 • 완강기	• 미끄럼대 • 구조대 • 다수인피난장비 • 승강식 피난기 • 피난사다리 • 완강기	• 미끄럼대 • 구조대 • 다수인피난장비 • 승강식 피난기 • 피난사다리 • 완강기

1) 구조대의 적응성은 장애인 관련시설로서 주된 사용자 중 스스로 피난이 불가한 자가 있는 경우 2.1.2.4에 따라 추가로 설치하는 경우에 한한다.
2) 간이완강기의 적응성은 2.1.2.2에 따라 숙박시설의 3층 이상에 있는 객실에 추가로 설치하는 경우에 한한다.

기출문제

나) 피난기구를 고정하여 설치할 수 있는 소화활동상 유효한 개구부에 대하여 ( ) 안의 내용을 쓰시오.

> 개구부의 크기는 가로 (①)m 이상, 세로 (②)m 이상인 것을 말한다. 이 경우 개구부 하단이 바닥에서 (③)m 이상이면 발판 등을 설치하여야 하고, 밀폐된 창문은 쉽게 파괴할 수 있는 파괴장치를 비치하여야 한다.

해설 및 정답 ① 0.5 ② 1 ③ 1.2

> **! Reference**
> 피난기구는 계단·피난구 기타 피난시설로부터 적당한 거리에 있는 안전한 구조로 된 피난 또는 소화활동상 유효한 개구부(가로 0.5m 이상 세로 1m 이상인 것을 말한다. 이 경우 개구부 하단이 바닥에서 1.2m 이상이면, 발판 등을 설치하여야 하고, 밀폐된 창문은 쉽게 파괴할 수 있는 파괴장치를 비치하여야 한다)에 고정하여 설치하거나 필요한 때에 신속하고 유효하게 설치할 수 있는 상태에 둘 것

11 제연설비 설계에서 아래의 [조건]으로 다음 물음에 답하시오. [8점]

> **조건**
> 1. 바닥면적은 390m²이고, 다른 거실의 피난을 위한 경유거실이다.
> 2. 제연덕트 길이는 총 80m이고, 덕트 저항은 단위 길이(m)당 1.96Pa/m로 한다.
> 3. 배기구 저항은 78Pa, 그릴 저항은 29Pa, 부속류 저항은 덕트 길이에 대한 저항의 50%로 한다.
> 4. 송풍기는 다익(Multiblade)형 Fan(또는 Sirocco Fan)을 선정하고 효율은 50%로 한다.

가) 예상제연구역에 필요한 최소 배출량(m³/h)을 구하시오.

해설 및 정답 배출량 = 390m² × 1m³/m²·min × 60min/hr = 23,400m³/hr

∴ 23,400m³/hr

나) 송풍기에 필요한 최소 정압(mmAq)은 얼마인지 구하시오.

해설 및 정답 송풍기에 필요한 정압 = (80m × 1.96Pa/m) + 78Pa + 29Pa + (80m × 1.96Pa/m × 0.5)
= 342.2Pa

∴ $342\text{Pa} \times \dfrac{10,332\text{mmAq}}{101,325\text{Pa}} = 34.87\text{mmAq}$

∴ 34.87mmAq

다) 송풍기를 작동시키기 위한 전동기의 최소 동력(kW)을 구하시오(단, 동력전달계수는 1.1로 한다).

해설및정답
$$P(kW) = \frac{PQ}{102\eta}K = \frac{34.87\text{mmAq} \times (23,400/3,600)\text{m}^3/\text{sec}}{0.5 \times 102} \times 1.1 = 4.89\text{kW}$$
∴ 4.89kW

라) "나"의 정압이 발생될 때 송풍기의 회전수는 1,750rpm이었다. 이 송풍기의 정압을 1.2배로 높이려면 회전수는 얼마로 증가시켜야 하는지 구하시오.

해설및정답 상사법칙 이용
$$H_2 = \left(\frac{N_2}{N_1}\right)^2 \times H_1, \quad 1.2H = \left(\frac{N_2}{1750}\right)^2 \times H$$
∴ $N_2 = 1,917.03\text{rpm}$
∴ 1,917.03rpm

12 특별피난계단의 계단실 및 부속실 제연설비에서는 제연설비가 가동되었을 경우 출입문의 개방에 필요한 힘을 110N 이하로 제한하고 있다. 출입문을 부속실 쪽으로 개방할 때 소요되는 힘이 Push-Pull Scale로 측정한 결과 100N일 때, [참고 공식]을 이용하여 부속실과 거실 사이의 차압(Pa)을 구하시오(단, 출입문은 높이 2.1m×폭 0.9m이며, 도어클로저의 저항력은 30N, 출입문의 상수(K_d)는 1, 손잡이와 출입문 끝단 사이의 거리는 0.1m이다). **4점**

조건 : 참고 공식

$$F = F_{dc} + F_p = F_{dc} + \frac{K_d \times W \times A \times \Delta P}{2(W-d)}$$

여기서, F : 문을 개방하는 데 필요한 전체 힘(N)
F_{dc} : 도어클로저의 저항력(N) F_p : 차압에 의한 문의 저항력(N) K_d : 상수(1)
W : 문의 폭(m) A : 문의 면적(m²) ΔP : 차압(Pa)
d : 손잡이에서 문 끝단까지의 거리(m)

해설및정답 $F_P = F - F_{dc} = 100\text{N} - 30\text{N} = 70\text{N}$

$F = 100\text{N}, \quad F_{dc} = 30\text{N}$

$K_d = 1, \quad W = 0.9\text{m}, \quad A = 1.89\text{m}^2, \quad d = 0.1\text{m}$

ΔP : 비제연구역과의 차압(Pa)

$$F_P = \frac{K_d \cdot W \cdot A \cdot \Delta P}{2(W-d)}$$

$$\therefore \Delta P = \frac{F_P \times 2 \times (W-d)}{K_d \times W \times A} = \frac{70\text{N} \times 2 \times (0.9-0.1)\text{m}}{1 \times 0.9\text{m} \times 1.89\text{m}^2} = 65.84\text{Pa}$$

∴ 65.84Pa

13 [그림]과 같은 Loop 배관에 직결된 살수 노즐로부터 매분 210L의 물이 방사되고 있다. 화살표의 방향으로 흐르는 유량 Q_1 및 Q_2(L/min)를 구하시오. **4점**

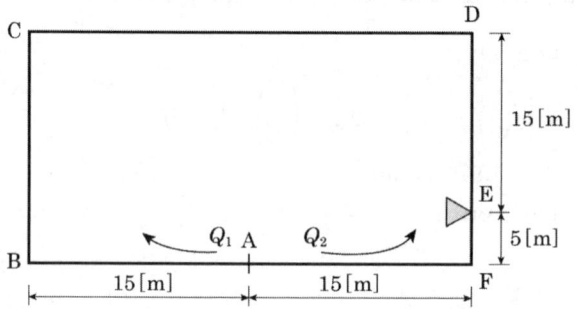

조건

1. 배관 부속의 등가 길이는 모두 무시한다.
2. 계산 시의 마찰손실 공식은 하젠-윌리엄스식을 사용하되, 계산 편의상 다음과 같다고 가정한다.

$$\Delta P = \frac{6 \times 10^4 \times Q^2}{100^2 \times d^5}$$

   ΔP : 배관길이 1m당 마찰손실 압력(MPa), Q : 유량(L/min),
   d : 관의 내경(mm)
3. Loop관의 안지름은 40mm이다.

해설 및 정답 $\Delta P_1 = \Delta P_2$

양변의 동일한 부분을 정리하면 $Q_1^2 \times L_1 = Q_2^2 \times L_2$

$L_1 = 15\text{m} + 20\text{m} + 30\text{m} + 15\text{m} = 80\text{m}$

$L_2 = 15\text{m} + 5\text{m} = 20\text{m}$

$Q_1^2 \times 80 = Q_2^2 \times 20$

식을 재정리하면

∴ $Q_1 + 2Q_1 = 210\text{L/min}$

$Q_1 = \dfrac{210\text{L/min}}{3} = 70\text{L/min}$

$Q_2 = 2 \times Q_1 = 2 \times 70\text{L/min} = 140\text{L/min}$

∴ $Q_1 = 70\text{L/min}$, $Q_2 = 140\text{L/min}$

14

한 개의 방호구역으로 구성된 가로 15m, 세로 15m, 높이 9m의 랙크식 창고(랙크높이 7m)에 특수가연물을 저장하고 있고, 라지드롭형헤드를 정방형으로 설치하려고 한다. 다음 물음에 답하시오. **5점**

가) 설치할 스프링클러헤드 수(개)를 구하시오.

해설 및 정답 [설치열]

천장 : 1열

랙크 : $\dfrac{7m}{3m} = 2.3$ ∴ 3열

→ 총 4열

[가로열 헤드 수]

$\dfrac{15m}{2.4m\,1개} = 6.25$ ∴ 7개

cf) $S = 2 \times 1.7m \times \cos 45° = 2.4m$

[세로열 헤드 수]

$\dfrac{15m}{2.4m\,1개} = 6.25$ ∴ 7개

∴ 49개 × 4열 = 196개

나) 창고시설에 설치하는 스프링클러설비의 설치기준에 대해 빈칸 안에 적절한 내용을 쓰시오.

> 2.3.1 스프링클러설비의 설치방식은 다음 기준에 따른다.
>   2.3.1.1 창고시설에 설치하는 스프링클러설비는 라지드롭형 스프링클러헤드를 습식으로 설치할 것. 다만, 다음의 어느 하나에 해당하는 경우에는 건식스프링클러설비로 설치할 수 있다.
>   (1) 냉동창고 또는 영하의 온도로 저장하는 냉장창고
>   (2) 창고시설 내에 상시 근무자가 없어 난방을 하지 않는 창고시설
>   2.3.1.2 랙식 창고의 경우에는 2.3.1.1에 따라 설치하는 것 외에 라지드롭형 스프링클러헤드를 랙 높이 (①)m 이하마다 설치할 것. 이 경우 수평거리 (②)cm 이상의 송기공간이 있는 랙식 창고에는 랙 높이 (①)m 이하마다 설치하는 스프링클러헤드를 송기공간에 설치할 수 있다.
>   2.3.1.3 창고시설에 적층식 랙을 설치하는 경우 적층식 랙의 각 단 바닥면적을 방호구역 면적으로 포함할 것
>   2.3.1.4 2.3.1.1 내지 2.3.1.3에도 불구하고 천장 높이가 (③)m 이하인 랙식 창고에는 「화재조기진압용 스프링클러설비의 화재안전기술기준(NFTC 103B)」에 따른 화재조기진압용 스프링클러설비를 설치할 수 있다.
>   2.3.1.5 높이가 (④)m 이상인 창고(랙식 창고를 포함한다)에 설치하는 폐쇄형 스프링클러헤드는 그 설치장소의 평상시 최고 주위온도에 관계없이 표시온도 (⑤)℃ 이상의 것으로 할 수 있다.

해설 및 정답 ① 3 ② 15 ③ 13.7 ④ 4 ⑤ 121

기출문제

다) 라지드롭헤드 설치 시 옥상수조를 포함한 총 수원의 양(m^3)을 구하시오.

해설 및 정답
유효수원 $= 30 \times 9.6m^3 = 288m^3$

옥상수원 $= 288m^3 \times \dfrac{1}{3} = 96m^3$

∴ $384m^3$

cf) 라지드롭형헤드 수원량

$Q = $ 시(최대 30)$\times 3.2m^3$(랙식창고 9.6)

15. 지하구에 설치하는 연소방지설비에 대한 다음 물음에 답하시오. [5점]

가) 환기구 사이의 간격이 1,000m일 때 환기구 사이에 설치하는 살수구역의 수는 최소 몇 개인가?

해설 및 정답
살수구역의 수 $= \dfrac{\text{환기구 사이의 간격(m)}}{700m} - 1 = 0.428 ≒ 1$개(절상)

∴ 1개(양쪽 환기구별 2개씩 설치)

나) 연소방지설비 전용헤드가 5개 부착되어 있을 때 배관의 구경은 최소 몇 mm인가?

해설 및 정답 65mm

[연소방지설비 배관의 구경]
배관의 구경은 다음의 기준에 적합한 것이어야 한다.
가. 연소방지설비전용헤드를 사용하는 경우에는 다음 표에 따른 구경 이상으로 할 것

하나의 배관에 부착하는 살수헤드의 개수	1개	2개	3개	4개 또는 5개	6개 이상
배관의 구경(mm)	32	40	50	65	80

나. 개방형 스프링클러헤드를 사용하는 경우에는 「스프링클러설비의 화재안전기술기준(NFTC 103)」 2.5.3.3의 표에 따를 것

다) 다음 (   )를 채우시오

1) 연소방지설비의 헤드는 (①) 또는 (②)에 설치할 것
2) 헤드간의 수평거리는 연소방지설비 전용헤드의 경우에는 (③) 이하, 스프링클러헤드의 경우에는 (④) 이하로 할 것
3) 소방대원의 출입이 가능한 환기구·작업구마다 지하구의 양쪽방향으로 살수헤드를 설정하되, 한쪽 방향의 살수구역의 길이는 3m 이상으로 할 것. 다만, 환기구 사이의 간격이 (⑤)를 초과할 경우에는 (⑤) 이내마다 살수구역을 설정하되, 지하구의 구조를 고려하여 방화벽을 설치한 경우에는 그렇지 않다.

해설 및 정답 ① 천장 ② 벽면 ③ 2m ④ 1.5m ⑤ 700m

16 다음 [조건]을 기준으로 이산화탄소 소화설비를 설치하고자 할 때 다음을 구하시오. **13점**

> **조건**
> 1. 소방대상물의 천장까지의 높이는 3m이고 방호구역의 크기와 용도, 개구부 및 자동폐쇄장치의 설치 여부는 다음과 같다.
>
> | 통신기기실
(전기설비)
가로 12m×세로 10m
자동폐쇄장치 설치 | 전자제품 창고
가로 20m×세로 10m
개구부 2m×2m
자동폐쇄장치 미설치 |
> |---|---|
> | 위험물 저장창고
가로 32m×세로 10m
자동폐쇄장치 설치 | |
>
> 2. 소화약제 저장용기는 고압식으로 하고 저장용기 1개당 이산화탄소 충전량은 45kg이다.
> 3. 통신기기실과 전자제품 창고는 전역방출방식으로 설치하고, 위험물 저장창고에는 국소방출방식을 적용한다.
> 4. 개구부 가산량은 $10kg/m^2$, 헤드의 방사율은 $1.3kg/(mm^2 \cdot min \cdot 개)$이다.
> 5. 위험물저장창고에는 가로, 세로 각각 5m이고, 높이가 2m인 윗면이 개방되고 화재 시 연소면이 한정되어 가연물이 비산할 우려가 없는 용기에 제4류 위험물을 저장한다.
> 6. 주어진 [조건] 외는 화재안전기준에 준한다.

가) 각 방호구역에 대한 약제저장량은 몇 kg 이상이 필요한지 각각 구하시오.

1) 통신기기실(전기설비)

해설및정답 $W = (12 \times 10 \times 3)m^3 \times 1.3kg/m^3 = 468kg$
∴ 468kg

2) 전자제품창고

해설및정답 $W = \{(20 \times 10 \times 3)m^3 \times 2kg/m^3\} + (4m^2 \times 10kg/m^2) = 1,240kg$
∴ 1,240kg

3) 위험물저장창고

해설및정답 $W = \{(5 \times 5)m^2 \times 13kg/m^2\} \times 1.4 = 455kg$
∴ 455kg

기출문제

나) 각 방호구역별 약제저장용기는 몇 병이 필요한지 각각 구하시오
   1) 통신기기실(전기설비)

해설 및 정답

용기 수 = $\dfrac{468\text{kg}}{45\text{kg/병}} = 10.4$병 ∴ 11병

∴ 11병

   2) 전자제품창고

해설 및 정답

용기 수 = $\dfrac{1{,}240\text{kg}}{45\text{kg/병}} = 27.56$병 ∴ 28병

∴ 28병

   3) 위험물저장창고

해설 및 정답

용기 수 = $\dfrac{455\text{kg}}{45\text{kg/병}} = 10.11$병 ∴ 11병

∴ 11병

다) 화재안전기준에 따라 통신기기실 헤드의 방사압력은 몇 MPa 이상이어야 하는지 쓰시오

해설 및 정답 2.1MPa

라) 화재안전기준에 따라 통신기기실에서 이산화탄소 소요량이 몇 분 이내 방사되어야 하는지 쓰시오

해설 및 정답 7분

마) 전자제품창고의 헤드 수를 14개로 할 때, 헤드의 오리피스 안지름은 몇 mm 이상이어야 하는지 구하시오

해설 및 정답

헤드 1개의 방사량 = $\dfrac{(28\text{병} \times 45\text{kg})}{14\text{개}} = 90\text{kg}$

헤드의 분구면적 = $\dfrac{\text{헤드 1개당 방사량(kg)}}{\text{방사율(kg/mm}^2 \cdot \text{min)} \times \text{방출시간(min)}}$

헤드분구의 면적 = $\dfrac{90\text{kg}}{1.3\text{kg/mm}^2 \cdot \text{min} \times 7\text{min}} = 9.89\text{mm}^2$

∴ $D = \sqrt{\dfrac{4 \times 9.89\text{mm}^2}{\pi}} = 3.55\text{mm}$

∴ 3.55mm

바) 고압식 약제 저장용기의 내압시험 압력(MPa)은 얼마 이상인지 쓰시오.

해설및정답 25MPa

사) 전자제품 창고에 저장된 약제가 모두 분사되었을 때 CO_2의 체적은 몇 m^3이 되는지 구하시오 (단, 방출 후 온도는 25℃, 기체상수(R)는 0.082L·atm/mol·K이고, 압력은 대기압 기준으로 하며, 이상기체 상태 방정식을 만족한다고 가정한다).

해설및정답 W(약제의 질량)=28병×45kg/병=1,260kg

$$\therefore V = \frac{WRT}{PM} = \frac{1,260\text{kg} \times 0.082 \times (273+25)\text{K}}{1\text{atm} \times 44\text{kg/kmol}} = 699.76\text{m}^3$$

∴ 699.76m³

아) 이산화탄소 소화설비용으로 강관을 사용할 경우 다음 설명의 ( ) 안에 적절한 내용을 적으시오.

> 강관을 사용하는 경우의 배관은 압력배관용탄소강관(KS D 3562) 중 스케줄 (①)(저압식은 스케줄 40) 이상의 것 또는 이와 동등 이상의 강도를 가진 것으로 아연도금 등으로 방식처리된 것을 사용할 것. 다만, 배관의 호칭구경이 20mm 이하인 경우에는 스케줄 (②) 이상인 것을 사용할 수 있다.

해설및정답 ① 80   ② 40

2019년 제4회 소방설비기사[기계분야] 2차 실기

2019년 11월 9일 시행

01 소화용수설비를 설치하는 지상 5층의 특정소방대상물의 각 층 바닥면적이 6,000m²일 때 다음 물음에 답하시오. **6점**

가) 지하수조를 설치할 경우의 저수조에 확보하여야 할 저수량(m³)을 구하시오.

해설 및 정답

저수량 = $\dfrac{30,000\text{m}^2}{12,500\text{m}^2} = 2.4$ ∴ 3

∴ 소화수조의 용량 = $3 \times 20\text{m}^3 = 60\text{m}^3$

∴ 60m^3

> **! Reference** ── 소화수조, 저수조의 저수량 산정 ──
>
> | 특정소방대상물의 구분 | 수원량 산정 |
> |---|---|
> | 1. 1층 및 2층의 바닥면적 합계가 15,000m² 이상인 특정소방대상물 | 연면적을 7,500m²로 나누어 얻은 올림수×20m³ |
> | 2. 그 밖의 특정소방대상물 | 연면적을 12,500m²로 나누어 얻은 올림수×20m³ |

나) 저수조에 설치하여야 할 흡수관 투입구 설치수량을 구하시오.

해설 및 정답 1개

> **! Reference**
>
> ① 흡수관 투입구는 그 한 변이 0.6m 이상이거나 직경이 0.6m 이상인 것으로 하고 소요수량이 80m³ 미만인 것에 있어서는 1개 이상, 80m³ 이상인 것에 있어서는 2개 이상을 설치하여야 하며 "흡수관 투입구"라고 표시한 표지를 할 것
> ② 채수구의 설치개수
>
> | 소요수량 | 20m³ 이상
40m³ 미만 | 40m³ 이상
100m³ 미만 | 100m³ 이상 |
> |---|---|---|---|
> | 채수구의 수 | 1개 | 2개 | 3개 |

다) 저수조에 설치하는 가압송수장치의 1분당 최소 송수량(L/min)은?

해설 및 정답 2,200L/min

| Reference | 가압송수장치(저수조가 4.5m 이상 아래 설치시) |

소요수량	20m³ 이상 40m³ 미만	40m³ 이상 100m³ 미만	100m³ 이상
가압송수장치의 1분당 양수량	1,100L 이상	2,200L 이상	3,300L 이상

02 어떤 사무소 건물의 지하층에 있는 발전기실 및 축전지실에 전역방출방식의 이산화탄소소화설비를 설치하려고 한다. 화재안전기준과 주어진 [조건]에 의하여 다음 각 물음에 답하시오.

12점

조건
1. 소화설비는 고압식으로 한다.
2. 발전기실의 크기는 가로 8m, 세로 9m, 높이 4m이다.
3. 발전기실의 개구부의 크기 : 1.8m×3m×2개소(자동폐쇄장치 있음)
4. 축전지실의 크기는 가로 5m, 세로 6m, 높이 4m이다.
5. 축전실의 개구부의 크기 : 0.9m×2m×1개소(자동폐쇄장치 없음)
6. 가스용기 1병당 충전량 : 45kg
7. 가스저장용기는 공용으로 한다.
8. 가스량은 다음 표를 이용하여 산출한다.

방호구역의 체적(m³)	소화약제의 양(kg/m³)	소화약제 저장량의 최저량(kg)
45m³ 이상 150m³ 미만	0.9	45
150m³ 이상 1,450m³ 미만	0.8	135

※ 개구부에 대한 소화약제의 가산량은 5kg/m²이다.

가) 각 방호구역별로 필요한 가스용기의 병수는 몇 병씩인가?
  ○ 발전기실 :

해설및정답 $W = V \times \alpha = 288m^3 \times 0.8kg/m^3 = 230.4kg$

용기수 $= \dfrac{230.4kg}{45kg/병} = 5.12 ≒ 6병$

∴ 6병

  ○ 축전지실 :

해설및정답 $W = V \times \alpha + A \times \beta = 120m^3 \times 0.9kg/m^3 + 1.8m^2 \times 5kg/m^2 = 117kg$

용기수 $= \dfrac{117kg}{45kg/병} = 2.6 ≒ 3병$

∴ 3병

기출문제

나) 집합장치에 필요한 저장용기의 수는?

해설 및 정답 6병

다) 각 방호구역별 선택밸브 개폐직후의 유량은 몇 kg/s인가?
　○ 발전기실 :

해설 및 정답
$$유량 = \frac{소요약제량}{방사시간} = \frac{6병 \times 45kg}{60\sec} = 4.5kg/s$$
∴ 4.5kg/s

　○ 축전지실 :

해설 및 정답
$$유량 = \frac{소요약제량}{방사시간} = \frac{3병 \times 45kg}{60\sec} = 2.25kg/s$$
∴ 2.25kg/s

라) 저장용기의 내압시험압력은 몇 MPa인가?

해설 및 정답 25MPa

마) "기동용 가스용기에는 내압시험압력의 (　)배부터 내압시험압력 이하에서 작동하는 안전장치를 설치할 것"에서 (　) 안의 수치를 답하시오.

해설 및 정답 0.8

바) 분사헤드의 방출압력은 21℃에서 몇 MPa 이상이어야 하는가?

해설 및 정답 2.1MPa

사) 가스용기의 개방밸브는 작동방식에 따라 3가지로 분류되는데 3가지의 명칭을 쓰시오.

해설 및 정답 ① 전기식　② 기계식　③ 가스압력식

---

03 포소화약제 중 수성막포의 장점과 단점을 각각 2가지씩 쓰시오. **4점**

해설 및 정답 1) 장점
　　① 유동성이 좋아 신속히 피막을 형성하여 유증기의 증발을 억제한다.
　　② 오염에 강하여 유류와 섞이더라도 소화효과 저하가 적다.
　　③ 안정성이 우수하여 변질이 없어 영구 보존이 가능하다.

2) 단점
   ① 열에 약하여 탱크의 벽면이 가열된 경우 포가 쉽게 파괴된다.
   ② 발포배율이 적어 고발포용으로 사용이 불가능하다.
   ③ 가격이 고가이다.

04 [그림]은 서로 직렬연결된 2개의 실 Ⅰ·Ⅱ의 평면도로서 A_1, A_2는 출입문이며, 각 실은 출입문 이외의 틈새가 없다고 한다. 출입문이 닫혀진 상태에서 실Ⅰ을 급기·가압하여 실Ⅰ과 외부 간의 50Pa의 기압차를 얻기 위하여 실Ⅰ에 급기시켜야 할 풍량은 몇 ㎥/sec인가? (단, 닫힌문 A_1, A_2에 의해 공기가 유통될 수 있는 면적은 각각 0.02㎡이며, 임의의 어느 실에 대한 급기량 Q[㎥/sec]와 얻고자 하는 기압차 P(파스칼)의 관계식은 $Q = 0.827 \times A \times \sqrt{P}$ 이다. 누설틈새면적 및 누설량계산시 소수점 4자리에서 반올림하여 3자리까지 구하시오). 3점

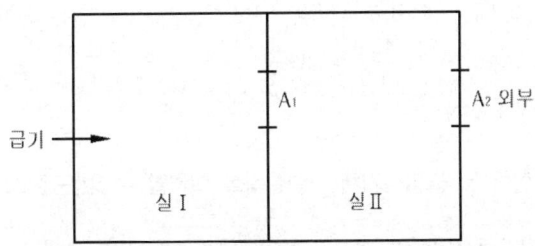

해설 및 정답

$A = \left(\dfrac{1}{0.02^2} + \dfrac{1}{0.02^2}\right)^{-\frac{1}{2}} = 0.0141\text{m}^2 ≒ 0.014\text{m}^2$

급기풍량 $= 0.827 \times 0.014\text{m}^2 \times \sqrt{50\text{Pa}} = 0.0818 ≒ 0.082\text{m}^3/\text{sec}$

∴ $0.082\text{m}^3/\text{sec}$

05 스프링클러설비에 옥상수원을 설치하지 않아도 되는 경우를 6가지만 쓰시오. 4점

해설 및 정답
1. 지하층만 있는 건축물
2. 고가수조를 가압송수장치로 설치한 경우
3. 수원이 건축물의 최상층에 설치된 방수구보다 높은 위치에 설치된 경우
4. 건축물의 높이가 지표면으로부터 10m 이하인 경우
5. 주펌프와 동등 이상의 성능이 있는 별도의 펌프로서 내연기관의 기동과 연동하여 작동되거나 비상전원을 연결하여 설치한 경우
6. 가압수조를 가압송수장치로 설치한 스프링클러설비

기출문제

06 발전기실(경유, B급 화재)에 할로겐화합물 및 불활성기체 소화설비를 설치하고자 한다. 국가화재안전기준을 참조하여 다음 각 물음에 답하시오. [8점]

가) 다음 용어 정의에 대한 ( )안을 답하시오

> ○ (①) 란 불소, 염소, 브롬 또는 요오드 중 하나 이상의 원소를 포함하고 있는 유기화합물을 기본성분으로 하는 소화약제를 말한다.
> ○ (②) 란 헬륨, 네온, 아르곤 또는 질소가스 중 하나 이상의 원소를 기본성분으로 하는 소화약제를 말한다.

해설및정답 ① 할로겐화합물 소화약제 ② 불활성기체 소화약제

나) 설계농도가 42.9%인 할로겐화합물 소화약제의 소화농도(%)를 구하시오.

해설및정답 설계농도 = 소화농도 × 보정계수(A급 화재 1.2, B급 화재 1.3, C급 화재 1.35)
∴ 42.9% = 소화농도(%) × 1.3
∴ 소화농도 = $\frac{42.9}{1.3}$ = 33%
∴ 33%

다) 할로겐화합물 및 불활성기체 소화설비를 설치할 수 없는 장소 2가지를 쓰시오.

해설및정답
1. 사람이 상주하는 곳으로서 최대허용설계농도를 초과하는 장소
2. 제3류위험물 및 제5류위험물을 사용하는 장소

라) 저장용기를 재충전하거나 교체해야 할 경우를 약제별로 쓰시오

해설및정답
1. 할로겐화합물 소화약제 : 저장용기의 약제량 손실이 5%를 초과하거나 압력손실이 10%를 초과할 경우
2. 불활성기체 소화약제 : 압력손실이 5%를 초과할 경우

07 옥내소화전에 관한 설계 시 아래 [조건]을 읽고 답하시오(단, 소수점 이하는 반올림하여 정수만 나타내시오). 12점

조건

1. 건물규모 : 3층×각 층의 바닥면적 1,200m²
2. 옥내소화전 수량 : 총 12개(각 층당 4개 설치)
3. 소화펌프에서 최상층 소화전 호스 접결구까지의 수직거리 : 15m
4. 소방호스 : φ40mm×15m(고무내장)×2
5. 호스의 마찰손실수두 값(호스 100m당)

구분	호스의 호칭구경					
	40mm		50mm		65mm	
유량(L/min)	마호스	고무내장호스	마호스	고무내장호스	마호스	고무내장호스
130	26m	12m	7m	3m	–	–
350	–	–	–	–	10m	4m

6. 배관 및 관부속품의 마찰손실수두 합계 : 30m
7. 배관의 내경

호칭경	15A	20A	25A	32A	40A	50A	65A	80A	100A
내경(mm)	16.4	21.9	27.5	36.2	42.1	53.2	69	81	105.3

8. 펌프의 동력전달계수

동력전달형식	전달계수
전동기	1.1
전동기 이외의 것	1.2

9. 펌프의 구경에 따른 효율(단, 펌프의 구경은 펌프의 토출측 주배관의 구경과 같다)

펌프의 구경(mm)	펌프의 효율(E)
40	0.45
50~65	0.55
80	0.60
100	0.65
125~150	0.70

가) 소방펌프의 정격유량(Lpm)과 정격양정(m)을 계산하시오.

해설 및 정답
① 펌프의 정격유량 = 2×130L/min = 260L/min
∴ 정격유량 = 260L/min

② 정격양정 $H = 30m + 30m \times \dfrac{12m}{100m} + 15m + 17m = 65.6m ≒ 66m$

∴ 정격양정 = 66m

나) 소방펌프 토출측 주배관의 최소관경을 [조건 7]에서 선정하시오.

해설 및 정답

$$D = \sqrt{\frac{4 \times \frac{0.26}{60} \text{m}^3/\text{s}}{\pi \times 4 \text{m/s}}} = 0.037\text{m} = 37\text{mm}$$

∴ 50A

다) 소방펌프를 디젤엔진으로 구동시킬 경우에 필요한 엔진의 동력(PS)은 얼마인가?

해설 및 정답

$$P(\text{PS}) = \frac{\gamma QH}{75\eta} K = \frac{1{,}000 \text{kgf/m}^3 \times \frac{0.26}{60} \text{m}^3/\text{s} \times 66\text{m}}{75 \times 0.55} \times 1.2 = 8.32 \text{PS}$$

∴ 8PS

라) 펌프의 최대 체절압력(MPa)은 얼마인가?

해설 및 정답 최대 체절압력 = 정격토출압력 × 1.4
∴ 0.66MPa × 1.4 = 0.924MPa
∴ 1MPa

마) 펌프에서 가장 가까운 소화전과 가장 먼 거리에 있는 옥내소화전 노즐의 방사압력 차이가 0.4MPa이며, 가장 먼 거리에 있는 옥내소화전 노즐에서의 방사압력이 0.17MPa, 유량이 130Lpm일 경우 펌프에서 가장 가까운 소화전에서의 방사유량(Lpm)은 얼마인가?

해설 및 정답

$$K = \frac{130}{\sqrt{10 \times 0.17 \text{MPa}}} = 99.71$$

방출계수(K) 99.71, 방사압력은 0.57MPa
∴ $Q = 99.71\sqrt{10 \times 0.57 \text{MPa}} = 238.05\text{L/min}$
∴ 238.05L/min

바) 유량측정장치는 몇 Lpm까지 측정이 가능하여야 하는가?

해설 및 정답 520L/min × 1.75 = 910L/min
∴ 910L/min

사) 옥상에 저장하여야 하는 소화수조의 용량은 몇 m³인가?

해설 및 정답 옥상수원의 양 = 2 × 2.6m³ × 1/3 = 1.73m³
∴ 2m³

08
가로 19m, 세로 9m인 무대부에 정방형으로 스프링클러헤드를 설치하려고 할 때 헤드의 최소 개수를 산출하시오. **4점**

해설및정답 $S = 2 \times 1.7\text{m} \times \cos 45° = 2.4\text{m}$

가로열의 헤드 개수 $= \dfrac{19\text{m}}{2.4\text{m}/\text{개}} = 7.9$ ∴ 8개

세로열의 헤드 개수 $= \dfrac{9\text{m}}{2.4\text{m}/\text{개}} = 3.75$ ∴ 4개

∴ 헤드의 개수 = 8개 × 4개 = 32개
∴ 32개

09
연결송수관설비가 설치된 특정소방대상물에 대한 다음 물음에 답하시오. **6점**

조건
1. 지면으로부터 최고층에 설치된 방수구까지의 높이는 110m이다.
2. 특정소방대상물은 근린생활시설 용도로 사용된다.
3. 층당 설치된 방수구는 3개이다.

가) 가압송수장치를 설치해야 하는 이유를 설명하시오

해설및정답 지면으로부터 최상층 방수구의 높이가 70m 이상이므로 가압송수장치를 설치하여야 한다.

나) 가압송수장치의 토출량은 몇 L/min인가?

해설및정답 2,400L/min 이상

! Reference — 펌프의 토출량

층당 방수구 수	1~3개	4개	5개 이상
일반 대상물	2,400L/min 이상	3,200L/min 이상	4,000L/min 이상
계단식 APT	1,200L/min 이상	1,600L/min 이상	2,000L/min 이상

다) 최상층에 설치된 노즐에서의 방사압력은 몇 MPa 이상이어야 하는가?

해설및정답 0.35MPa

기출문제

10 건축물 내부에 설치된 주차장에 전역 방출방식의 분말소화설비를 설치하고자 한다. [조건]을 참조하여 다음 각 물음에 답하시오. **6점**

> **조건**
> 1. 방호구역의 바닥면적은 600m²이고 높이는 4m이다.
> 2. 방호구역에는 자동폐쇄장치가 설치되지 아니한 개구부가 있으며 그 면적은 10m²이다.
> 3. 소화약제는 제1인산암모늄을 주성분으로 하는 분말소화약제를 사용한다.
> 4. 축압용 가스는 질소가스를 사용한다.

가) 필요한 최소 약제량(kg)을 구하시오.

해설 및 정답 약제량 = $(2,400m^3 \times 0.36kg/m^3) + (10m^2 \times 2.7kg/m^2) = 891kg$
∴ 891kg

나) 필요한 축압용 가스의 최소량(m³)을 구하시오.

해설 및 정답 축압용 질소의 양 = $891kg \times 10L/kg = 8,910L = 8.91m^3$
∴ 8.91m³

11 식용유화재에서 분말소화약제 중 중탄산나트륨 분말 약제가 효과가 있다. ① 비누화현상과 ② 소화효과에 대하여 설명하시오. **4점**

해설 및 정답 ① 에스테르가 알칼리에 의해 가수분해되어 알코올과 알칼리염이 되는 반응, 나트륨이온과 기름의 지방산이 반응하여 금속비누가 생성, 거품을 형성하는 현상
② 질식효과, 억제(부촉매)효과

12 어떤 특정소방대상물에 옥외소화전 5개를 화재안전기준과 다음 [조건]에 따라 설치하려고 한다. 다음 각 물음에 답하시오. **8점**

> **조건**
> 1. 옥외소화전은 지상용 A형을 사용한다.
> 2. 펌프에서 첫 번째 옥외소화전까지의 직관길이는 200m, 관의 내경은 100mm이다.
> 3. 펌프의 양정 $H = 50m$, 효율 $\eta = 65\%$이다.
> 4. 모든 규격치는 최소량을 적용한다.

가) 수원의 최소 유효저수량은 몇 m³인가?

해설 및 정답 수원 $= 2 \times 7\text{m}^3 = 14\text{m}^3$

∴ 14m^3

나) 펌프의 최소 토출유량(m³/min)은 얼마인가?

해설 및 정답 토출유량 $= 2 \times 350\text{L/min} = 700\text{L/min}$

∴ 700L/min

다) 직관부분에서의 마찰손실수두는 얼마인가? (Darcy-Weisbach의 식을 사용하고 마찰계수는 0.02이다)

해설 및 정답
$$U = \frac{Q}{A} = \frac{\frac{0.7}{60}\text{m}^3/\text{sec}}{\frac{\pi \times 0.1^2}{4}\text{m}^2} = 1.486\text{m/sec}$$

$$h_L = 0.02 \times \frac{200\text{m}}{0.1\text{m}} \times \frac{(1.486\text{m/sec})^2}{2 \times 9.8\text{m/sec}^2} = 4.506\text{m} \fallingdotseq 4.51\text{m}$$

∴ 4.51m

라) 펌프의 최소 동력은 몇 kW인가?

해설 및 정답
$$P(\text{kW}) = \frac{1000\text{kgf/m}^3 \times \frac{0.7}{60}\text{m}^3/\text{sec} \times 50m}{102 \times 0.65} = 8.8\text{kW}$$

∴ 8.8kW

13 이산화탄소 소화설비의 분사헤드 설치 제외장소에 대한 다음 (   ) 안을 답하시오. **4점**

○ 니트로셀룰로오스, 셀룰로이드 제품 등 (①)을 저장, 취급하는 장소

○ 나트륨, 칼륨, 칼슘 등 (②)을 저장, 취급하는 장소

해설 및 정답 ① 자기연소성 물질
② 활성금속물질

기출문제

14 소방배관을 통해 50톤의 소화수를 1시간 30분동안 방수하고자 한다. 관마찰계수 0.03, 배관의 길이가 350m 관안지름이 155mm일 때 다음을 구하시오. [5점]

가) 소화수의 유속(m/s)을 구하시오

해설및정답
$$U = \frac{Q}{A} = \frac{\frac{50}{60 \times 90} \text{m}^3/\text{sec}}{\frac{\pi \times 0.155^2}{4} \text{m}^2} = 0.49 \text{m/sec}$$

∴ 0.49m/s

나) 배관의 압력차(kPa)를 구하시오(단 Darcy식을 사용할 것).

해설및정답
$$\Delta P(\text{kPa}) = f \frac{L}{D} \frac{U^2}{2g} \times \gamma$$
$$= 0.03 \times \frac{350}{0.155} \times \frac{0.49^2}{2 \times 9.8} \times 9.8 \text{kN/m}^3$$
$$= 8.132 \fallingdotseq 8.13 \text{kPa}$$

∴ 8.13kPa

15 제연설비 제연구획 ①실, ②실의 소요풍량 합계(m³/min)와 축동력(kW)을 구하시오(단, 송풍기 전압은 100mmAq, 전압효율은 50%임). [4점]

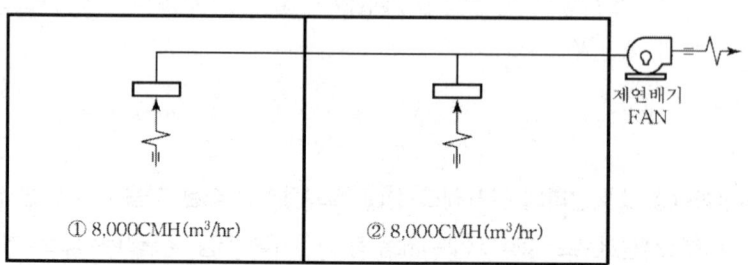

가) 소요 풍량(m³/min) 합계

해설및정답 소요풍량의 합계 = (8,000+8,000)m³/hr = 16,000m³/hr = 266.67m³/min

∴ 266.67m³/min

나) 축동력(kW)

해설 및 정답 $P = 100\text{mmAq} = 100\text{kgf/m}^2$

$Q = \dfrac{266.67\text{m}^3}{60\text{sec}} = 4.44\text{m}^3/\text{sec}$

$\eta = 0.5$

∴ 축동력 $= \dfrac{100\text{kgf/m}^2 \times 4.44\text{m}^3/\text{sec}}{0.5 \times 102} = 8.705 ≒ 8.71\text{kW}$

∴ 8.71kW

16 다음과 같은 [조건]의 경우 불활성기체 소화설비(IG-541)에 대한 다음 각 물음에 답하시오. 10점

조건

1. 실면적 : 300m², 층고 : 3.5m, 소화농도 : 35.84%
2. 전기실로서 예상온도는 10~20℃이다(C급 화재).
3. 1병당 80L, 충전압력 : 19,965kPa(게이지압), 저장용기실 온도 : 20℃
4. 대기압은 101kPa이다.
5. K_1, K_2의 값은 소수점 5자리에서 반올림하여 구할 것

1) 소화약제량[m³] 산출식을 쓰고, 각 기호를 설명하시오.

해설 및 정답 $Q(\text{m}^3) = V(\text{m}^3) \times 2.303 \times \dfrac{V_S}{S} \times \log\left(\dfrac{100}{100-C}\right)$

$Q(\text{m}^3)$: 약제체적(m³)
$V(\text{m}^3)$: 실의 체적(m³)
$V_S(\text{m}^3/\text{kg})$: 1기압 20℃에서의 약제 비체적(m³/kg)
$S(\text{m}^3/\text{kg})$: 선형상수, $(k_1 + k_2 \times t)$
$C(\%)$: 설계농도(%)
$t(℃)$: 방호구역의 최소예상온도(℃)

2) IG-541의 선형상수 K_1과 K_2를 구하시오.

해설 및 정답 $k_1 = \dfrac{22.4}{M}$

$M = 28 \times 0.52 + 40 \times 0.4 + 44 \times 0.08 = 34.08\text{kg/kmol}$

∴ $k_1 = \dfrac{22.4}{34.08} = 0.65727 ≒ 0.6573\text{m}^3/\text{kg}$

$k_2 = \dfrac{k_1}{273} = 0.00240 ≒ 0.0024\text{m}^3/\text{kg}$

∴ $k_1 = 0.6573\text{m}^3/\text{kg}$, $k_2 = 0.0024\text{m}^3/\text{kg}$

기출문제

3) IG-541의 소화약제량(m^3)을 구하시오.

해설 및 정답

$$Q(m^3) = V(m^3) \times 2.303 \times \frac{V_S}{S} \times \log\left(\frac{100}{100-C}\right)$$

$V = 300 \times 3.5 = 1,050 m^3$

$V_S = k_1 + k_2 \times 20 = 0.6573 + 0.0024 \times 20 = 0.7053 m^3/kg$

$S = k_1 + k_2 \times 10 = 0.6573 + 0.0024 \times 10 = 0.6813 m^3/kg$

$C = 35.84\% \times 1.35 = 48.384 ≒ 48.38\%$

∴ $Q(m^3) = 1,050 \times 2.303 \times \frac{0.7053}{0.6813} \times \log\left(\frac{100}{100-48.38}\right) = 718.912 ≒ 718.91 m^3$

∴ $718.91 m^3$

4) IG-541의 최소 저장 용기 수를 구하시오.

해설 및 정답

$$\frac{P_1 V_1}{T_1} = \frac{P_2 V_2}{T_2}$$

$V_2 = V_1 \times \frac{T_2}{T_1} \times \frac{P_1}{P_2} = 718.91 m^3 \times \frac{293}{283} \times \frac{101}{(19,965+101)} = 3.746 ≒ 3.75 m^3 ≒ 3,750 L$

∴ $\frac{3,750 L}{80 L/병} = 46.875$

∴ 47병

5) 선택밸브 통과시 최소유량(m^3/s)을 구하시오.

해설 및 정답 2분 이내에 설계농도 95% 해당하는 약제량

유량(m^3/s) = $\left[1,050 \times 2.303 \times \frac{0.7053}{0.6813} \times \log\left(\frac{100}{100-48.38 \times 0.95}\right)\right] \div 120 sec$

$= 5.576 ≒ 5.58 m^3/s$

∴ $5.58 m^3/s$

2020년 제1회 소방설비기사[기계분야] 2차 실기

2020년 5월 24일 시행

01
바닥면적이 380m²인 다른 거실의 피난을 위한 경유거실의 제연설비에 대해 다음 물음에 답하시오. **12점**

가) 소요 배출량(m³/h)을 구하시오.

해설 및 정답 소요배출량 = 380m² × 1m³/m² · min × 60min/hr = 22,800m³/hr

∴ 22,800m³/hr

나) 배출기의 흡입 측 풍도의 높이를 600mm로 할 때 풍도의 최소 폭(mm)을 구하시오.

해설 및 정답

흡입 측 풍도의 단면적$(A) = \dfrac{\dfrac{22,800}{3,600}\text{m}^3/\text{s}}{15\text{m/s}} = 0.422\text{m}^2$

∴ 폭 $= \dfrac{\text{단면적}(\text{m}^2)}{\text{높이}(\text{m})} = \dfrac{0.422\text{m}^2}{0.6\text{m}} = 0.7\text{m}$

∴ 0.7m

다) 송풍기의 전압이 50mmAq, 회전수는 1,200rpm이고 효율이 55%인 다익송풍기 사용 시 전동기 동력(kW)을 구하시오(단, 송풍기의 여유율은 20%이다).

해설 및 정답
$$P[\text{kW}] = \dfrac{50\text{kgf/m}^2 \times (22,800/3,600)\text{m}^3/\text{s}}{102 \times 0.55} \times 1.2 = 5.64\text{kW}$$

∴ 5.64kW

라) 송풍기의 회전차 크기를 변경하지 않고 배출량을 20% 증가시키고자 할 때 회전수(rpm)를 구하시오.

해설 및 정답
회전수 $= \dfrac{1.2}{1} \times 1,200\text{rpm} = 1,440\text{rpm}$

∴ 1,440rpm

마) "라"항의 계산결과 회전수로 운전할 경우 송풍기의 전압(mmAq)을 구하시오.

해설 및 정답
송풍기의 전압 $= \left(\dfrac{1,440}{1,200}\right)^2 \times 50\text{mmAq} = 72\text{mmAq}$

∴ 72mmAq

기출문제

바) "마"항에서의 계산결과를 근거로 15kW 전동기를 설치 후 풍량의 20%를 증가시켰을 경우 전동기 사용 가능 여부를 설명하시오(단, 전달계수는 1.1이다).

해설 및 정답 $22,800 \text{m}^3/\text{hr} \times 1.2 = 27,360 \text{m}^3/\text{hr}$

풍량 변경 후 전달동력(kW) $= \dfrac{72\text{kgf}/\text{m}^2 \times (27,360/3,600)\text{m}^3/\text{s}}{102 \times 0.55} \times 1.1 = 10.78\text{kW}$

필요 동력인 10.78kW보다 공급하는 동력 15kW가 더 크므로 사용가능

∴ 전동기 사용가능

02 다음은 주거용 주방자동소화장치의 설치기준이다. ( ) 안에 알맞은 내용을 쓰시오. **7점**

1. 소화약제 (①)는 환기구(주방에서 발생하는 열기류 등을 밖으로 배출하는 장치를 말한다. 이하 같다)의 (②)과 분리되어 있어야 하며, 형식승인 받은 유효설치 높이 및 방호면적에 따라 설치할 것
2. (③)는 형식승인 받은 유효한 높이 및 위치에 설치할 것
3. (④)(전기 또는 가스)는 상시 확인 및 점검이 가능하도록 설치할 것
4. 가스용 주방자동소화장치를 사용하는 경우 (⑤)는 수신부와 분리하여 설치하되, 공기보다 가벼운 가스를 사용하는 경우에는 천장 면으로부터 (⑥)cm 이하의 위치에 설치하고, 공기보다 무거운 가스를 사용하는 장소에는 바닥면으로부터 (⑥)cm 이하의 위치에 설치할 것
5. (⑦)는 주위의 열기류 또는 습기 등과 주위온도에 영향을 받지 아니하고 사용자가 상시 볼 수 있는 장소에 설치할 것

해설 및 정답 ① 방출구 ② 청소부분 ③ 감지부 ④ 차단장치
 ⑤ 탐지부 ⑥ 30 ⑦ 수신부

03 옥외소화전이 [그림]과 같이 설치되어 있을 때 아래 [조건]을 이용하여 다음 물음에 답하시오(단, [그림]에서 y는 지면에서 방수구의 중심 간 거리이고, x는 방수구에서 물이 도달하는 부분의 중심 간 거리이다). **4점**

> **조건**
> 1. 방수구의 안지름 : 65mm
> 2. 옥외소화전 방수구의 높이(y) : 800mm

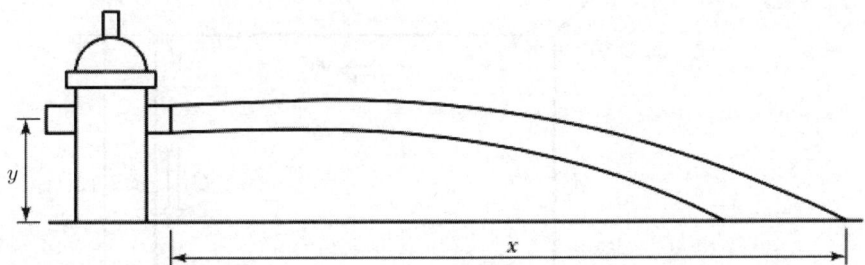

가) 방수된 물이 지면에 도달하는 거리(x)가 16m일 때 방수량 $Q[\text{m}^3/\text{s}]$를 구하시오.

해설 및 정답

$$y(\text{m}) = \frac{1}{2}g \cdot t^2$$

$$\therefore t = \sqrt{\frac{2y}{g}} = \sqrt{\frac{2 \times 0.8\text{m}}{9.8\text{m}/\text{s}^2}} = 0.404s$$

유체의 유속 $= \dfrac{16\text{m}}{0.404\text{s}} = 39.6\text{m}/\text{s}$

$\therefore$ 방수량 $= \dfrac{\pi \times 0.065^2}{4}\text{m}^2 \times 39.6\text{m}/\text{s} = 0.131\text{m}^3/\text{s}$

$\therefore 0.13\text{m}^3/\text{s}$

나) 방수구에 화재안전기준의 방수량을 만족하기 위해서는 방출된 물이 지면에 도달하는 거리(x)가 몇 m 이상이어야 하는지 구하시오.

해설 및 정답

$$U = \frac{\dfrac{0.35}{60}\text{m}^3/\text{s}}{\dfrac{\pi \times 0.065^2}{4}\text{m}^2} = 1.759\text{m}/\text{s} \fallingdotseq 1.76\text{m}/\text{s}$$

$\therefore 1.76\text{m}/\text{s} \times 0.404\text{s} = 0.71\text{m}$

$\therefore 0.71\text{m}$

기출문제

04 [그림]과 같은 직사각형 주철 관로망에서 A지점에서 0.6m³/s 유량으로 물이 들어와서 B와 C 지점에서 각각 0.2m³/s와 0.4m³/s의 유량으로 물이 나갈 때 관 내에서 흐르는 물의 유량 Q_1, Q_2, Q_3는 각각 몇 m³/s인가? (단, 관로가 길기 때문에 관마찰손실 이외의 손실은 무시하고 d_1, d_2 관의 관마찰계수=0.025, d_3, d_4의 관에 대한 관 마찰계수 λ=0.028이다. 그리고 각각의 관의 내경은 d_1=0.4m, d_2=0.4m, d_3=0.322m, d_4=0.322m이며, 또한 본 문제는 Darcy–Weisbach의 방정식을 이용하여 유량을 구한다) 5점

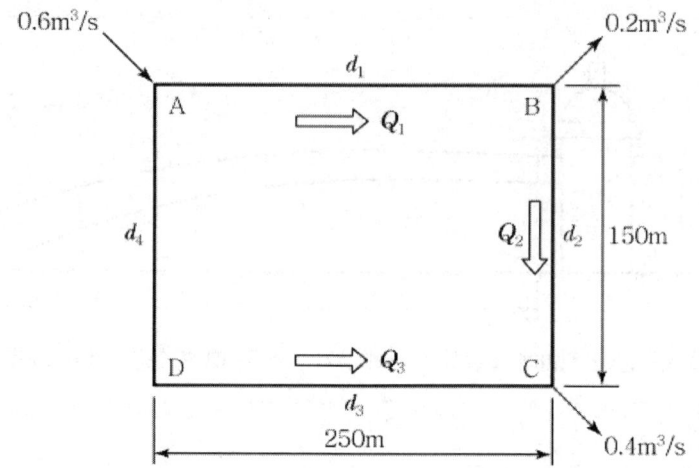

해설 및 정답

$$f_1 \frac{L_1 Q_1^2}{D_1^5} + f_2 \frac{L_2 Q_2^2}{D_2^5} = f_3 \frac{L_3 Q_3^2}{D_3^5}$$

$0.6 = Q_1 + Q_3$, $Q_1 = Q_2 + 0.2$

$Q_2 = Q_1 - 0.2$, $Q_3 = 0.6 - Q_1$을 적용하면

$$\frac{0.025}{400^5}\{250 Q_1^2 + 150(Q_1 - 0.2)^2\} = \frac{0.028}{322^5} 400(0.6 - Q_1)^2$$

∴ $Q_1 = 0.408$m³/s ≒ 0.41m³/s

∴ $Q_2 = (0.41 - 0.2)$m³/s $= 0.21$m³/s

∴ $Q_3 = (0.6 - 0.41)$m³/s $= 0.19$m³/3

∴ $Q_1 = 0.41$m³/s, $Q_2 = 0.21$m³/s, $Q_3 = 0.19$m³/s

05 가로 30m, 세로 20m의 내화구조로 된 특정소방대상물에 스프링클러 헤드를 설치하려고 한다. 헤드를 정방형으로 설치할 때 헤드의 소요개수를 계산하시오. **4점**

해설 및 정답 $S = 2 \times 2.3\text{m} \times \cos 45° = 3.25\text{m}$

가로열 설치개수 $= \dfrac{30\text{m}}{3.25\text{m/개}} = 9.22$ ∴ 10개

세로열 설치개수 $= \dfrac{20\text{m}}{3.25\text{m/개}} = 6.15$ ∴ 7개

∴ 7개 × 10개 = 70개
∴ 70개

06 [그림]은 CO_2 소화설비의 소화약제 저장용기 주위의 배관 계통도이다. 방호구역은 A, B 두 부분으로 나누어지고, 각 구역의 소요 약제량은 A구역은 2병, B구역은 5병이라 할 때 [그림]을 보고 다음 물음에 답하시오. **7점**

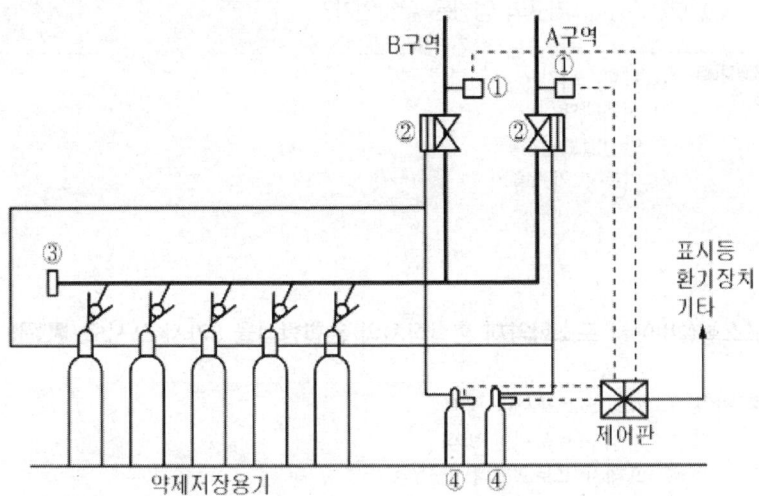

기출문제

가) 각 방호구역에 소요 약제량을 방출할 수 있게 동관에 설치할 체크밸브의 위치를 표시하시오.

해설 및 정답

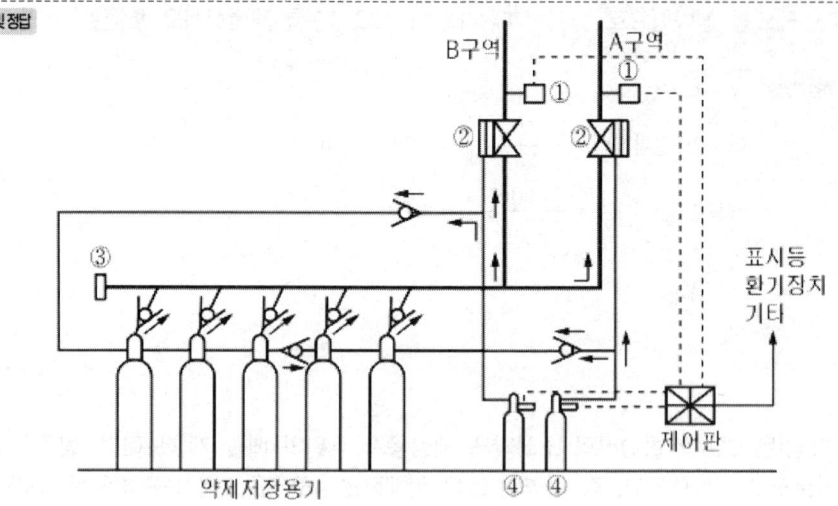

나) ①, ②, ③, ④ 기구의 명칭은 무엇인가?

해설 및 정답
① 압력스위치
② 선택밸브
③ 안전밸브
④ 기동용 가스용기

07 포소화설비에서 포소화약제 혼합장치의 혼합방식을 5가지 쓰시오. 5점

해설 및 정답
1. 펌프 프로포셔너 방식
2. 라인 프로포셔너 방식
3. 프레저 프로포셔너 방식
4. 프레저사이드 프로포셔너 방식
5. 압축공기포 혼합 방식

08
다음은 승강식 피난기 및 하향식 피난구용 내림식 사다리의 설치기준이다. ( ) 안에 알맞은 내용을 쓰시오. `12점`

> 1. 승강식 피난기 및 하향식 피난구용 내림식 사다리는 설치경로가 설치층에서 (①)까지 연계될 수 있는 구조로 설치할 것. 다만, 건축물의 구조 및 설치 여건상 불가피한 경우에는 그러하지 아니 한다.
> 2. 대피실의 면적은 (②)m²(2세대 이상일 경우에는 (③)m²) 이상으로 하고, 「건축법 시행령」 제46조 제4항의 규정에 적합하여야 하며 하강구(개구부) 규격은 직경 (④)cm 이상일 것. 단, 외기와 개방된 장소에는 그러하지 아니 한다.
> 3. (⑤) 내측에는 기구의 연결 금속구 등이 없어야 하며 전개된 피난기구는 (⑤) 수평투영면적 공간 내의 범위를 침범하지 않는 구조이어야 할 것. 단, 직경 (⑥)cm 크기의 범위를 벗어난 경우이거나, 직하층의 바닥면으로부터 높이 (⑦)cm 이하의 범위는 제외한다.
> 4. 대피실의 출입문은 (⑧)으로 설치하고, 피난방향에서 식별할 수 있는 위치에 "대피실"표지판을 부착할 것. 단, 외기와 개방된 장소에는 그러하지 아니 한다.
> 5. 착지점과 하강구는 상호 수평거리 (⑨)cm 이상의 간격을 둘 것
> 6. 대피실 내에는 (⑩)을 설치할 것
> 7. 대피실에는 층의 위치표시와 피난기구 사용설명서 및 주의사항 표지판을 부착할 것
> 8. 대피실 출입문이 개방되거나, 피난기구 작동 시 (⑪) 및 (⑫) 거실에 설치된 표시등 및 경보장치가 작동되고, 감시 제어반에서는 피난기구의 작동을 확인할 수 있어야 할 것
> 9. 사용 시 기울거나 흔들리지 않도록 설치할 것
> 10. 승강식 피난기는 한국소방산업기술원 또는 법 제42조 제1항에 따라 성능시험기관으로 지정받은 기관에서 그 성능을 검증받은 것으로 설치할 것

해설 및 정답 ① 피난층   ② 2   ③ 3   ④ 60   ⑤ 하강구
⑥ 60   ⑦ 50   ⑧ 60분+ 또는 60분 방화문   ⑨ 15
⑩ 비상조명등   ⑪ 해당층   ⑫ 직하층

09
전기실에 할로겐화합물 소화약제 중 HFC-125를 설치하였을 때 다음 물음에 답하시오. `6점`

> **조건**
> 1. 방호대상물은 10m, 세로 8m, 높이 4m이다.
> 2. 화재실의 온도는 20℃이며, HFC-125의 소화농도는 8%이다.
> 3. 선형상수 산정 시 필요한 $K_1 = 0.1825$, $K_2 = 0.0007$이다.
> 4. 소화농도를 통한 설계농도 계산 시 계수는 A급 화재는 1.2, B급 화재는 1.3, C급 화재는 1.35이다.

기출문제

가) HFC-125의 약제량은 최소 몇 kg인가?

해설 및 정답

$$W = \frac{V}{S} \times \frac{C}{100-C} = \frac{320\text{m}^3}{0.1965\text{m}^3/\text{kg}} \times \frac{10.8}{100-10.8} = 197.17\text{kg}$$

V(방호구역의 체적) = 10m × 8m × 4m = 320m³
S(소화약제별 선형상수) = 0.1825 + 0.0007 × 20℃ = 0.1965m³/kg
C(설계농도) = 8% × 1.35 = 10.8%

∴ 197.17kg

나) 배관 구경 산정 시 적용되는 유량은 몇 kg/s인가?

해설 및 정답

$$W = \frac{320\text{m}^3}{0.1965\text{m}^3/\text{kg}} \times \frac{10.26}{100-10.26} = 186.19\text{kg}$$

C(설계농도의 95%) = 8% × 1.35 × 0.95 = 10.26%

∴ $\frac{186.19\text{kg}}{10\text{s}} = 18.62\text{kg/s}$

∴ 18.62kg/s

10 다음 [그림]은 어느 스프링클러설비의 배관계통도이다. 이 도면과 주어진 [조건]에 따라 각 물음에 답하시오. **14점**

[도 면]

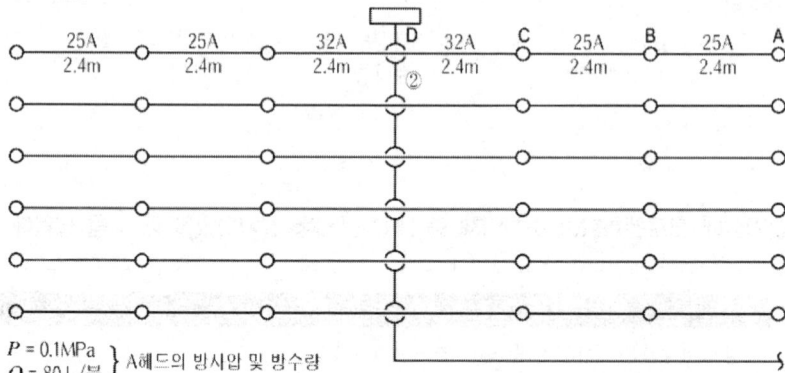

P = 0.1MPa
Q = 80 L/분 } A헤드의 방사압 및 방수량

조건

1. 배관 마찰손실압력은 하젠-윌리엄스 공식을 따르되 계산의 편의상 다음 식과 같다고 가정한다.

$$\Delta P = 6 \times 10^4 \times \frac{Q^2}{C^2 \times D^5} \times L (배관길이)$$

2. 배관 호칭구경과 내경은 같다고 한다.
3. 관부속 마찰손실은 무시한다.
4. 헤드는 개방형이고 조도 C는 100으로 한다.
5. 배관의 구경은 15, 20, 25, 32, 40, 50, 65, 80, 100A로 한다.
6. 소수점 4자리에서 반올림하여 3자리로 답하시오.

가) B~A 사이의 마찰손실압력(MPa)을 구하시오.

해설 및 정답

$$P = 6 \times 10^4 \times \frac{80^2}{100^2 \times 25^5} \times 2.4\text{m} = 0.0094 ≒ 0.009\text{MPa}$$

∴ 0.009MPa

나) B헤드에서의 방사량(L/min)을 계산하시오.

해설 및 정답

$$K = \frac{80}{\sqrt{10 \times 0.1\text{MPa}}} = 80$$

B헤드의 방사압력 = 0.1MPa + 0.009MPa = 0.109MPa

$$\therefore Q = 80\sqrt{10 \times 0.109\text{MPa}} = 83.5224 ≒ 83.522\text{L/min}$$

∴ 83.522L/min

다) C~B 사이의 마찰손실압력(MPa)을 구하시오.

해설 및 정답

$$\Delta P = 6 \times 10^4 \times \frac{(80 + 83.522)^2}{100^2 \times 25^5} \times 2.4\text{m} = 0.0394 ≒ 0.039\text{MPa}$$

∴ 0.039MPa

라) C지점에서의 방사량(L/min)을 계산하시오.

해설 및 정답 C헤드의 방사압력 = 0.109 + 0.039 = 0.148MPa

$$Q = 80\sqrt{10 \times 0.148\text{MPa}} = 97.3242 ≒ 97.324\text{L/min}$$

∴ 97.324L/min

기출문제

마) D지점에서의 압력(MPa)을 구하시오.

해설및정답 D~C의 마찰손실압력

$$\Delta P = 6 \times 10^4 \times \frac{(80+83.522+97.324)^2}{100^2 \times 32^5} \times 2.4\text{m} = 0.0291 \fallingdotseq 0.029\text{MPa}$$

D지점의 압력 = 0.148MPa + 0.029MPa = 0.177MPa

∴ 0.177MPa

바) ②지점의 배관 내 유량(L/min)을 계산하시오.

해설및정답 교차배관을 중심으로 좌측·우측 배관이 대칭이다.

유량 = (80+83.522+97.324)L/min = 521.692L/min

∴ 521.692L/min

사) ②지점의 배관 최소 관경을 화재안전기준에 따른 배관 내 유속에 따라 관경을 계산하여 호칭경으로 답하시오.

해설및정답 교차배관의 유속은 10m/s 이하가 될 수 있는 구경 이상

$$D = \sqrt{\frac{4 \times (0.52/60)\text{m}^3/\text{s}}{\pi \times 10\text{m/s}}} = 0.033\text{m} \fallingdotseq 33\text{mm}$$

∴ 40mm 이상

11 다음은 어느 실들의 평면도이다. 이 중 A실을 급기가압 하고자 할 때 주어진 [조건]을 이용하여 다음을 구하시오. **6점**

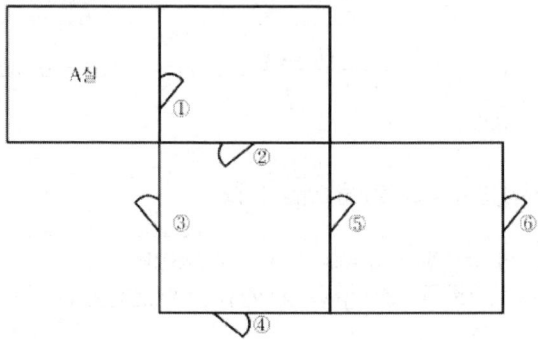

> **조건**
> 1. 실 외부 대기의 기압은 101,300Pa로서 일정하다.
> 2. A실에 유지하고자 하는 기압은 101,500Pa이다.
> 3. 각 실의 문들의 틈새면적은 0.01m²이다.
> 4. 어느 실을 급기가압할 때 그 실의 문 틈새를 통하여 누출되는 공기의 양은 다음의 식을 따른다.
> $- Q = 0.827 A \sqrt{P}$
>   (Q[m³/s] : 누출되는 공기의 양, A[m²] : 문의 틈새면적, P[Pa] : 실내·외의 기압차)

가) A실의 전체 누설 틈새 면적 A[m²](단, 소수점 아래 6자리에서 반올림하여 소수점 아래 5자리까지 나타내시오)

해설및정답 출입문 ⑤⑥은 직렬연결이므로(⑤´)

$$A = \left(\frac{1}{0.01^2} + \frac{1}{0.01^2}\right)^{-\frac{1}{2}} = 0.007071 ≒ 0.00707\text{m}^2$$

출입문 ③④⑤´는 병렬연결이므로
$A = 0.01\text{m}^2 + 0.01\text{m}^2 + 0.00707\text{m}^2 = 0.02707\text{m}^2 (③´)$

출입문 ①②③´는 직렬연결이므로

$$A = \left(\frac{1}{0.01^2} + \frac{1}{0.01^2} + \frac{1}{0.02707^2}\right)^{-\frac{1}{2}} = 0.006841 ≒ 0.00684\text{m}^2$$

∴ 0.00684m²

나) A실에 유입해야 할 풍량 Q[L/s]

해설및정답 $Q = 0.827 \times 0.00684 \sqrt{200} \times 1000 L/m^3 = 79.9975 ≒ 80 L/\sec$

∴ 80L/s

12 건식 스프링클러설비 등에 사용하는 드라이펜던트형 헤드(Dry Pendent Type Sprinkler Head)를 설치하는 목적에 대하여 쓰시오. **3점**

해설및정답 드라이펜던트형 헤드는 미개방된 헤드에는 소화수가 유입되지 않으므로 겨울철 동파의 우려가 없다.

기출문제

13 다음 [조건]에 따른 위험물 옥내저장소에 제1종 분말소화설비를 전역방출방식으로 설치하고자 할 때 다음을 구하시오. [9점]

> **조건**
> 1. 건물크기는 길이 20m, 폭 10m, 높이 3m이고 개구부는 없는 기준이다.
> 2. 분말 분사헤드의 사양은 1.5kg/초, 방사시간은 30초 기준이다.
> 3. 헤드배치는 정방형으로 하고 헤드와 벽과의 간격은 헤드 간격의 1/2 이하로 한다.
> 4. 배관은 최단거리 토너먼트 배관으로 구성한다.

가) 필요한 분말소화약제 최소 소요량(kg)을 구하시오.

해설및정답 약제 소요량 = $(20 \times 10 \times 3)\text{m}^3 \times 0.6\text{kg/m}^3 = 360\text{kg}$
∴ 360kg

나) 가압용 가스(질소)의 최소 필요량(35℃/1기압 환산 리터)을 구하시오.

해설및정답 가압용 질소가스의 최소 필요량 = $360\text{kg} \times 40\text{L/kg} = 14,400\text{L}$
∴ 14,400L

다) 분말 분사헤드의 최소 소요 수량(개)을 구하시오.

해설및정답 분말 분사헤드의 수 = $\dfrac{360\text{kg}}{1.5\text{kg/s} \cdot \text{개} \times 30\text{s}}$ = 8개
∴ 8개

라) 헤드 배치도 및 개략적인 배관도를 작성하시오(단, 눈금 1개의 간격은 1m이고, 헤드 간의 간격 및 벽과의 간격을 표시해야 하며, 분말소화배관 연결지점은 상부 중간에서 분기하며, 토너먼트 방식으로 한다).

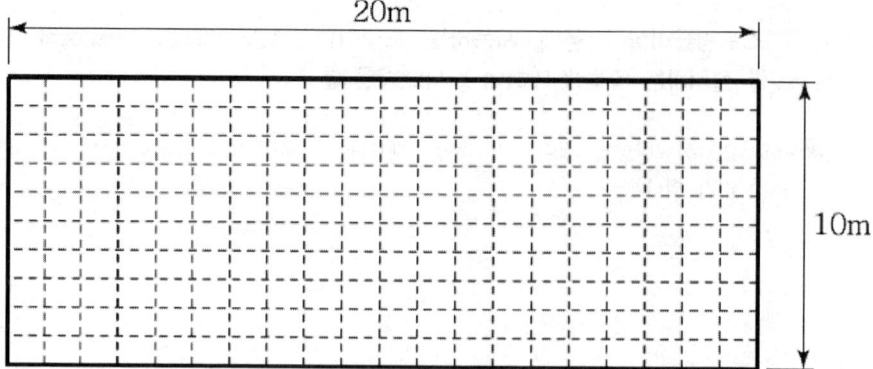

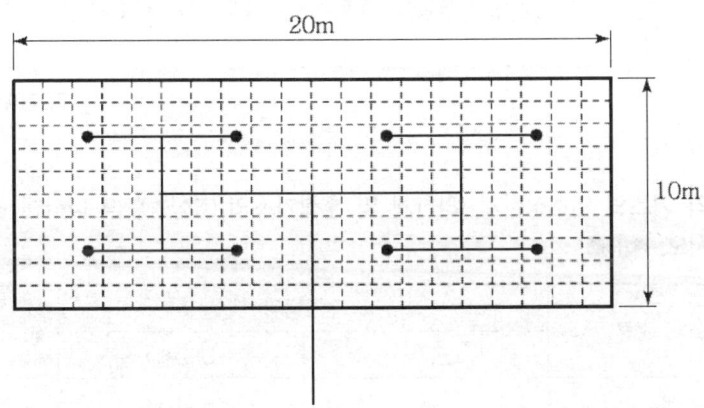

8개의 헤드를 토너먼트 방식으로 설치하려면 헤드 간의 거리를 5m, 헤드와 벽과의 간격은 2.5m로 하면 된다.

14 위험물의 옥외탱크에 Ⅰ형 고정포방출구로 포소화설비를 다음 [조건]과 같이 설치하고자 할 때 다음을 구하시오. **6점**

> **조건**
> 1. 탱크의 지름 : 12m
> 2. 사용약제는 수성막포(6%)로 단위 포소화수용액의 양은 2.27L/m² · min이며, 방사시간은 30분이다.
> 3. 보조포소화전은 1개소 설치한다.
> 4. 배관의 길이는 20m(포원액탱크에서 포 방출구까지), 관내경은 150mm이며 기타 조건은 무시한다.

가) 포 원액량(L)을 구하시오.

해설 및 정답

① 고정포 방출구 원액의 양 = $\frac{\pi \times 12^2}{4} m^2 \times 2.27 L/m^2 \cdot min \times 30 min \times 0.06 = 462.12 L$

② 보조포소화전 원액의 양 = $1 \times 400 L/min \times 20 min \times 0.06 = 480 L$

③ 송액관 원액의 양 = $\frac{\pi \times 0.15^2}{4} m^2 \times 20 m \times 0.06 \times 1,000 L/m^3 = 21.2 L$

∴ 포원액의 양 = $461.88 L + 480 L + 21.2 L = 963.33 L$

∴ 963.33L

나) 전용 수원의 양(m³)을 구하시오.

해설 및 정답 수원의 양 = $\frac{94\%}{6\%} \times 963.08 L = 15,088.25 L = 15.09 m^3$

∴ 15.09m³

소방설비기사[기계분야] 2차 실기

2020년 8월 9일 시행

01 다음은 각 가스의 연소상한계, 하한계 및 혼합가스의 조성농도를 나타낸 것이다. 다음 물음에 답하시오. [4점]

가스의 종류	연소범위		조성농도(%)
	LFL(%)	UFL(%)	
수소	4	75	10
메탄	5	15	5
에탄	3	12.4	10
프로판	2.1	9.5	5
공기	-	-	70

가) 혼합가스의 연소 상한계를 구하시오.

해설 및 정답 $\dfrac{30}{\text{연소상한계}} = \dfrac{10\%}{75\%} + \dfrac{5\%}{15\%} + \dfrac{10\%}{12.4\%} + \dfrac{5\%}{9.5\%}$, ∴ 연소상한계=16.67%
∴ 16.67%

나) 혼합가스의 연소 하한계를 구하시오.

해설 및 정답 $\dfrac{30}{\text{연소하한계}} = \dfrac{10\%}{4\%} + \dfrac{5\%}{5\%} + \dfrac{10\%}{3\%} + \dfrac{5\%}{2.1\%}$, ∴ 연소하한계=3.26%
∴ 3.26%

다) 혼합가스의 연소 가능 여부를 설명하시오.

해설 및 정답 혼합가스의 폭발범위는 3.26~16.67%이고, 현재 혼합가스의 농도는 30%이므로 연소범위를 벗어나 있어 연소가 불가능하다.

02

위험물을 저장하는 저장용기에 제4종 분말소화약제를 국소방출방식으로 설치하려고 할 때 저장하여야 할 약제량(kg)을 구하시오. [5점]

조건
1. 저장용기는 가로 5m×세로 6m×높이 3m이다.
2. 저장용기 주변에는 동일 크기의 벽이 설치되어 있으며, 천장 높이는 5m이다.
3. 약제량 산정에 필요한 X, Y는 다음과 같다.

소화약제별 종별	X의 수치	Y의 수치
제1종 분말	5.2	3.9
제2종·제3종 분말	3.2	2.4
제4종 분말	2.0	1.5

해설 및 정답
방호공간의 체적 = (5m+0.6m×2)×(6m+0.6m×2)×(3+0.6)m = 160.704 ≒ 160.7m³

$A = a$ 이므로 $Q = \left(X - Y \cdot \dfrac{a}{A}\right) = \left(2 - 1.5\dfrac{a}{A}\right) = 0.5$

약제량 = 160.7m³ × 0.5kg/m³ × 1.1 = 88.39kg

∴ 88.39kg

03

소화펌프가 1,800rpm 상태에서 소화수를 전양정 30m, 유량 2,400Lpm으로 방출할 수 있다. 이 펌프의 회전수를 3,600rpm으로 하는 경우, 다음 물음에 답하시오. [4점]

가) 전양정은 얼마인가?

해설 및 정답

$H_2 = \left(\dfrac{3,600}{1,800}\right)^2 \times 30\text{m} = 120\text{m}$

∴ 120m

나) 축동력은 처음 펌프 축동력의 몇 배가 되는가?

해설 및 정답

$L_2 = \left(\dfrac{3,600}{1,800}\right)^3 \times 1 = 8$

∴ 8배

기출문제

04 할로겐화합물 및 불활성기체 소화약제의 구비조건 5가지를 쓰시오. **5점**

해설 및 정답
1. 오존파괴지수(ODP)가 낮을 것
2. 지구온난화지수(GWP)가 낮을 것
3. 인체에 대한 독성이 적을 것
4. 소화성능이 우수할 것
5. 전기전도도가 낮고 안정성이 있을 것

05 자연 제연방식에서 주어진 [조건]을 참조하여 아래 각 물음에 답하시오. **10점**

조건	
연기층과 공기층과의 높이 차 : 3m	외부온도 : 27℃
화재실 온도 : 707℃	공기 평균 분자량 : 28
연기 평균 분자량 : 29	화재실 기압 : 101.325kPa
옥외기압 : 101.325kPa	동력의 여유율 : 10%

가) 연기의 유출속도(m/s)

해설 및 정답

연기의 유출속도 $U(\text{m/s}) = \sqrt{2gh\left(\dfrac{\rho_{\text{air}}}{\rho_{\text{smoke}}}-1\right)}$

연기의 밀도 $\rho_{\text{smoke}} = \dfrac{PM}{RT}$

$= \dfrac{101.325\text{kPa} \times 29\text{kg}}{8.314\text{kPa} \cdot \text{m}^3/\text{kmol} \cdot \text{K} \times (273+707)\text{K}}$

$= 0.36\text{kg/m}^3$

공기의 밀도 $\rho_{\text{air}} = \dfrac{PM}{RT}$

$= \dfrac{101.325\text{kPa} \times 28\text{kg}}{8.314\text{kPa} \cdot \text{m}^3/\text{kmol} \cdot \text{K} \times (273+27)\text{K}}$

$= 1.14\text{kg/m}^3$

∴ 11.29m/s

나) 외부풍속(m/s)

해설 및 정답

$U_{\text{air}} = U_{\text{smoke}} \times \sqrt{\dfrac{\rho_{\text{smoke}}}{\rho_{\text{air}}}} = 11.29\text{m/s} \times \sqrt{\dfrac{0.36\text{kg/m}^3}{1.14\text{kg/m}^3}} = 6.34\text{m/s}$

∴ 6.34m/s

다) 현재 일반적으로 많이 사용하고 있는 제연방식을 3가지만 쓰시오.

해설및정답 기계제연방식, 자연제연방식, 스모크타워제연방식

라) 상기 자연제연방식을 변경하여 화재실 상부에 배연기를 설치하여 배출한다면 그 방식을 쓰시오.

해설및정답 제3종 기계제연방식

마) 화재실 면적 300m², FAN 효율 0.6, 전압이 70mmAq일 때 필요 동력(kW)을 구하시오.

해설및정답 $P = 70\text{mmAq} = 70\text{kgf/m}^2$
$Q = 300\text{m}^2 \times 1\text{m}^3/\text{m}^2 \cdot \text{min} \times 60\text{min} = 18,000\text{m}^3/\text{hr} = 5\text{m}^3/\text{s}$
$\therefore P(\text{kW}) = \dfrac{70\text{kgf/m}^2 \times 5\text{m}^3/\text{s}}{0.6 \times 102} \times 1.1 = 6.29\text{kW}$
∴ 6.29kW

06

어느 사무실 내(내화구조)의 크기가 가로 30m, 세로 20m인 직사각형으로 내부에는 기둥이 없다. 스프링클러헤드를 직사각형으로 배치하고자 할 때 가로 및 세로변의 최대 및 최소개수를 주어진 보기와 같이 작성 산출하시오(단, 반자 속에는 헤드를 설치하지 아니하며 헤드 설치 시 장애물은 모두 무시하고, 헤드 배치간격은 헤드 배치각도(θ)를 30° 및 60° 2가지로 최대/최소 숫자를 결정하시오). **10점**

보기
가로변의 최소 개수(6개), 최대 개수(9개)
세로변의 최소 개수(3개), 최대 개수(9개)

세로변 개수 \ 가로변 개수	6	7	8	9
3	18	21	24	27
4	24	28	32	36
5	30	35	40	45

가) 다음을 구하시오.
  1) 가로변의 최소 개수는 몇 개인가?

해설및정답 헤드 간 최대 거리(S) = $2 \times 2.3\text{m} \times \sin 60° = 3.98\text{m}$
∴ 최소 개수 = $\dfrac{30\text{m}}{3.98\text{m/개}} = 7.54$
∴ 8개

기출문제

2) 가로변의 최대 개수는 몇 개인가?

해설및정답 헤드 간 최소 거리(S) = $2 \times 2.3m \times \sin 30° = 2.3m$

$\therefore$ 최대 개수 = $\dfrac{30m}{2.3m/개} = 13.04$

$\therefore$ 14개

3) 세로변의 최소 개수는 몇 개인가?

해설및정답 헤드 간 최대 거리(S) = $2 \times 2.3m \times \sin 60° = 3.98m$

$\therefore$ 최소 개수 = $\dfrac{20m}{3.98m/개} = 5.02$

$\therefore$ 6개

4) 세로변의 최대 개수는 몇 개인가?

해설및정답 헤드 간 최소 거리(S) = $2 \times 2.3m \times \sin 30° = 2.3m$

$\therefore$ 최대 개수 = $\dfrac{20m}{2.3m/개} = 8.69$

$\therefore$ 9개

5) 보기와 같이 헤드 배치 수량표를 만드시오.

세로변 개수 \ 가로변 개수							

해설및정답

세로변 개수 \ 가로변 개수	8	9	10	11	12	13	14
6	48	54	60	66	72	78	84
7	56	63	70	77	84	91	98
8	64	72	80	88	96	104	112
9	72	81	90	99	108	117	126

나) 정방형으로 설치할 때 다음을 구하시오.

1) 헤드 간의 거리를 몇 m로 하여야 하는가?

해설및정답 $S = 2 \times 2.3m \times \cos 45° = 3.25m$

$\therefore$ 3.25m 이하

2) 헤드와 벽 또는 창문과의 거리는 몇 m로 하여야 하는가?

해설및정답 $\dfrac{3.25m}{2} = 1.625m$

∴ 1.63m 이하

3) 최소 설치개수는 몇 개인가?

해설및정답   가로변의 개수 = $\dfrac{30m}{3.25m/개} = 9.23$ ∴ 10개

세로변의 개수 = $\dfrac{20m}{3.25m/개} = 6.15$ ∴ 7개

∴ 설치개수 = 10개 × 7개 = 70개

∴ 70개

다) 헤드가 폐쇄형으로 표시온도가 79℃일 때 작동온도의 범위는?

해설및정답   폐쇄형 헤드의 작동온도 = (79℃ × 0.97) ~ (79℃ × 1.03)

폐쇄형 헤드의 작동온도 = 76.63℃ ~ 81.37℃

∴ 76.63℃ ~ 81.37℃

07 에탄(Ethane)을 저장하는 창고에 전역방출방식의 고압식 이산화탄소 소화설비를 설치하려고 할 때 다음 물음에 답하시오. 12점

조건
1. 저장창고의 규모는 5m×5m×4m이며, 개구부는 (1m×0.5m) 1개소, (2m×1m) 1개소 등 총 2개소이다.
2. 소화에 필요한 이산화탄소의 설계농도는 40%이며 이때의 보정계수는 1.2이다.
3. 이산화탄소 저장용기의 내용적은 68L이다.
4. 표면화재인 경우 방호구역의 체적당 이산화탄소의 약제량

방호구역의 체적	방호구역의 체적 1m³에 대한 소화약제의 양	소화약제 저장량의 최저한도의 양
45m³ 미만	1kg	45kg
45m³ 이상 150m³ 미만	0.9kg	45kg
150m³ 이상 1,450m³ 미만	0.8kg	135kg
1,450m³ 이상	0.75kg	1,125kg

기출문제

5. 설계농도에 대한 보정계수표

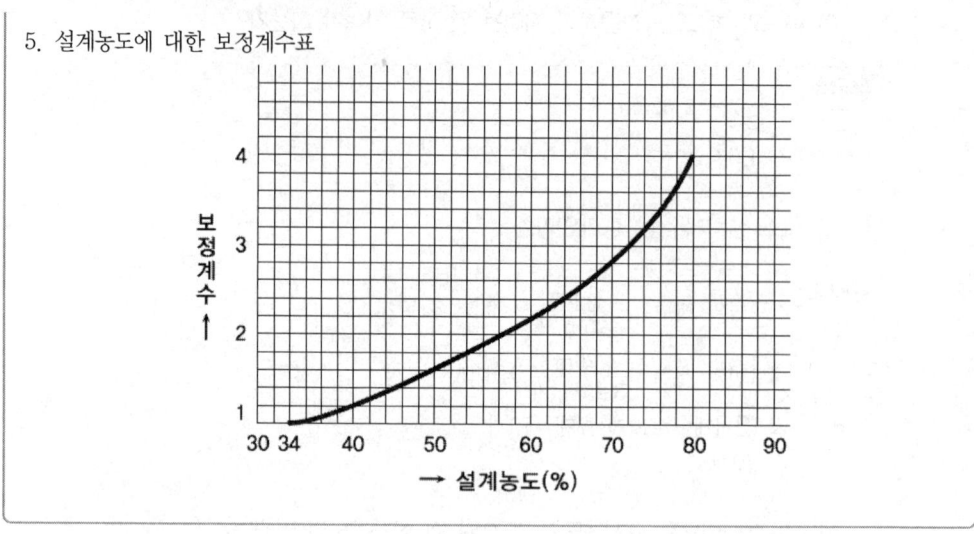

가) 이산화탄소의 필요 약제의 양은 몇 kg인가?

해설 및 정답 약제량 = {($100m^3 \times 0.9kg/m^3$) × 1.2} + ($2.5m^2 \times 5kg/m^2$) = 120.5kg

∴ 120.5kg 이상

나) 방호구역 내에 이산화탄소가 설계농도로 유지될 때 산소의 농도는 얼마인가?

해설 및 정답
$$CO_2\% = \frac{21 - O_2\%}{21} \times 100$$
$$40 = \frac{21 - O_2\%}{21} \times 100$$
$$O_2 = 12.6\%$$
∴ 12.6%

다) 이산화탄소 저장용기의 충전비를 1.9로 할 경우 용기 1병당 저장약제의 중량은 몇 kg인가?

해설 및 정답 병당 충전량 = $\frac{68L}{1.9L/kg}$ = 35.789kg

∴ 35.79kg

라) 충전비를 1.9로 할 경우 필요한 저장용기의 병수는?

해설 및 정답 병수 = $\frac{120.5kg}{35.79kg/병}$ = 3.367

∴ 4병

마) 다음 물음에 답하시오.
  ① 분사헤드의 방사압력은 몇 MPa인가?
  ② 이산화탄소의 방사시간은 몇 분인가?
  ③ 이산화탄소 저장용기의 저장압력은 몇 MPa인가?
  ④ 사용해야 하는 배관의 종류를 쓰시오.

> **해설 및 정답**
> ① 2.1MPa 이상
> ② 1분 이내
> ③ 5.3MPa 이상
> ④ 강관을 사용하는 경우 압력배관용 탄소강관 중 스케줄 수 80 이상인 배관, 동관을 사용하는 경우 이음이 없는 동 및 동합금관으로서 16.5MPa 이상 압력에 견디는 것을 사용

바) 이산화탄소소화설비의 자동식 기동장치에 사용되는 화재감지기회로(일반감지기를 사용할 경우)는 어떤 방식이어야 하는지 그 이름을 쓰고 간단히 설명하시오.

> **해설 및 정답**
> ① 교차회로방식
> ② 하나의 방호구역 내에 2개 이상의 화재감지기회로를 설치하고 1개 회로가 화재를 감지하면 경보만 발령하고 인접한 2개 이상의 회로가 동시에 감지되는 때에는 이산화탄소 소화설비가 동작되도록 하는 방식

08 어떤 지하상가 제연설비를 화재안전기준과 아래 [조건]에 따라 설비하려고 한다. 8점

> **조건**
> 1. 주덕트의 높이 제한은 600mm이다(강판두께, 덕트 플랜지 및 보온두께는 고려하지 않는다).
> 2. 배출기는 원심다익형이다.
> 3. 각종 효율은 무시한다.
> 4. 예상제연구역의 설계 배출량은 45,000(m^3/hr)이다.

가) 배출기의 흡입 측 주덕트의 최소 폭(m)을 계산하시오.

> **해설 및 정답**
> 흡입 측 덕트의 단면적 = $\dfrac{\dfrac{45,000}{3,600} m^3/s}{15 m/s}$ = $0.833 m^2$ ∴ 폭 = $\dfrac{0.833 m^2}{0.6 m}$ = 1.388m
> ∴ 1.39m

기출문제

나) 배출기의 배출 측 주덕트의 최소 폭(m)을 계산하시오.

해설 및 정답

배출 측 덕트의 단면적 $(A) = \dfrac{\frac{45,000}{3,600}\text{m}^3/\text{s}}{20\text{m/s}} = 0.625\text{m}^2$; ∴ 폭 $= \dfrac{0.625\text{m}^2}{0.6\text{m}} = 1.042\text{m}$

∴ 1.04m

다) 준공 후 풍량시험을 한 결과 풍량은 36,000(m³/h), 회전수는 600(rpm), 축동력은 7.5(kW)로 측정되었다. 배출량 45,000(m³/h)를 만족시키기 위한 배출기 회전수(rpm)를 계산하시오.

해설 및 정답

$N_2 = \dfrac{45,000\text{m}^3/\text{hr}}{36,000\text{m}^3/\text{hr}} \times 600\text{rpm} = 750\text{rpm}$

∴ 750rpm

라) 회전수를 높여서 배출량을 만족시킬 경우의 예상 축동력(kW)을 계산하시오.

해설 및 정답

$L_2 = \left(\dfrac{750\text{rpm}}{600\text{rpm}}\right)^3 \times 7.5\text{kW} = 14.648\text{kW}$

∴ 14.65kW

09 다음과 같은 [조건]으로 할로겐화합물 및 불활성기체 소화설비를 설치하였을 때 할로겐화합물 및 불활성기체 소화약제의 필요량을 구하시오. **4점**

조건

1. 방호대상물은 전기실이며 가로 10m, 세로 8m, 높이 3.5m이다.
2. 화재실의 온도는 20℃이므로 선형상수와 비체적은 같은 것으로 한다.
3. 약제량 산정에 있어 최대 설계농도는 무시한다.
4. HFC-125의 소화농도는 8%이며, IG-541의 소화농도는 30%이다.
5. 선형상수 산정 시 필요한 K_1, K_2값은 다음과 같다.

소화약제의 종류	K_1	K_2
HFC-125	0.1825	0.0007
IG-541	0.65799	0.00239

가) HFC-125의 약제량은 최소 몇 kg인가?

해설 및 정답
$$W = \frac{V}{S} \times \frac{C}{100-C}$$
$V = 10\text{m} \times 8\text{m} \times 3.5\text{m} = 280\text{m}^3$
$S = 0.1825 + 0.0007 \times 20℃ = 0.1965\text{m}^3/\text{kg}$
C(설계농도) $= 8\% \times 1.35 = 10.8\%$
$$W = \frac{280\text{m}^3}{0.1965\text{m}^3/\text{kg}} \times \frac{10.8}{100-10.8} = 172.525\text{kg} ≒ 172.53\text{kg}$$
∴ 172.53kg

나) IG-541의 약제량은 몇 m³인가?

해설 및 정답
$$Q = V(\text{m}^3) \times 2.303 \times \frac{V_S}{S} \times \log\left(\frac{100}{100-C}\right)$$
$V = 10\text{m} \times 8\text{m} \times 3.5\text{m} = 280\text{m}^3$
$V_s = S = 0.65799 + 0.00239 \times 20℃ = 0.70579\text{m}^3/\text{kg}$
$C = 30\% \times 1.35 = 40.5\%$
∴ $Q = 2.303 \times \dfrac{0.70579}{0.70579} \times \log\dfrac{100}{100-40.5} \times 280\text{m}^3 = 145.4\text{m}^3$
∴ 145.4m³

10 다음 연결송수관설비에 관한 물음에 답하시오. `6점`

가) 습식설비로 하여야 하는 경우 2가지를 쓰시오.

해설 및 정답
① 지면으로부터의 높이가 31m 이상인 특정소방대상물
② 지상 11층 이상인 특정소방대상물

나) 가압송수장치를 설치해야 하는 경우를 쓰시오

해설 및 정답 지표면에서 최상층 방수구의 높이가 70m 이상의 특정소방대상물

다) 가압송수장치 설치대상이며, 층당 방수구가 3개일 때 펌프의 토출량(L/min)은?

해설 및 정답 2,400L/min

라) 펌프의 양정은 최상층에 설치된 노즐선단의 압력이 몇 MPa 이상이 되도록 하여야 하는가?

해설 및 정답 0.35MPa

11 지하 1층 용도가 판매시설로서 본 용도로 사용하는 바닥면적이 3,000m²일 경우 이 장소에 수동식 분말소화기 1개의 소화능력단위가 A급 화재 기준으로 3단위의 소화기로 설치할 경우 본 판매장소에 필요한 수동식 분말소화기의 개수는 최소 몇 개인가? 3점

해설 및 정답

능력단위 = $\dfrac{3{,}000\text{m}^2}{100\text{m}^2}$ = 30 능력단위

∴ 소화기의 개수 = $\dfrac{30\text{능력단위}}{3\text{능력단위/개}}$ = 10개

∴ 10개

12 옥내소화전에 관한 설계 시 아래 [조건]을 읽고 답하시오(단, 소수점 이하는 반올림하여 정수만 나타내시오). 12점

조건

1. 건물규모 : 3층×각 층의 바닥면적 1,200m²
2. 옥내소화전 수량 : 총 12개(각 층당 4개 설치)
3. 소화펌프에서 최상층 소화전 호스 접결구까지의 수직거리 : 15m
4. 소방호스 : ϕ40mm×15m(고무내장)×2
5. 호스의 마찰손실수두 값(호스 100m당)

구분	호스의 호칭구경					
	40mm		50mm		65mm	
유량(L/min)	마호스	고무내장호스	마호스	고무내장호스	마호스	고무내장호스
130	26m	12m	7m	3m	—	—
350	—	—	—	—	10m	4m

6. 배관 및 관부속품의 마찰손실수두 합계 : 30m
7. 배관의 내경

호칭경	15A	20A	25A	32A	40A	50A	65A	80A	100A
내경(mm)	16.4	21.9	27.5	36.2	42.1	53.2	69	81	105.3

8. 펌프의 동력전달계수

동력전달형식	전달계수
전동기	1.1
전동기 이외의 것	1.2

9. 펌프의 구경에 따른 효율(단, 펌프의 구경은 펌프의 토출측 주배관의 구경과 같다)

펌프의 구경(mm)	펌프의 효율(E)
40	0.45
50~65	0.55
80	0.60
100	0.65
125~150	0.70

가) 소방펌프의 정격유량(Lpm)과 정격양정(m)을 계산하시오.

해설및정답 ① 펌프의 정격유량 = 2×130L/min = 260L/min
∴ 정격유량 = 520L/min 이상

② 펌프의 정격양정 H = $30m + 30m \times \frac{12m}{100m} + 15m + 17m = 65.6m = 66m$

∴ 정격양정 = 66m

나) 소방펌프 토출측 주배관의 최소 관경을 [조건 7]에서 선정하시오.

해설및정답 구경은 유속이 4m/s 이하이어야 한다.

$$D = \sqrt{\frac{4 \times \frac{0.26}{60} m^3/s}{\pi \times 4m/s}} = 0.037m = 37mm$$

∴ 50mm

다) 소방펌프를 디젤엔진으로 구동시킬 경우에 필요한 엔진의 동력(PS)은 얼마인가?

해설및정답

$$PS = \frac{66m \times 1,000 kgf/m^3 \times \frac{0.26}{60} m^3/s}{0.55 \times 75} \times 1.2 = 8.32 PS$$

∴ 8PS

라) 펌프의 최대 체절압력(MPa)은 얼마인가?

해설및정답 최대 체절압력 = 정격토출압력×1.4
∴ 0.656MPa×1.4 = 0.918MPa
∴ 1MPa

마) 펌프에서 가장 가까운 소화전과 가장 먼 거리에 있는 옥내소화전 노즐의 방사압력 차이가 0.4MPa이며, 가장 먼 거리에 있는 옥내소화전 노즐에서의 방사압력이 0.17MPa, 유량이 130Lpm일 경우 펌프에서 가장 가까운 소화전에서의 방사유량(Lpm)은 얼마인가?

해설 및 정답
$$K = \frac{130}{\sqrt{10 \times 0.17 \text{MPa}}} = 99.71$$
방출계수(K) 99.71, 방사압력은 0.57MPa
$$\therefore Q = 99.7\sqrt{10 \times 0.57 \text{MPa}} = 238.03 \text{L/min}$$
∴ 238L/min

바) 유량측정장치는 몇 Lpm까지 측정이 가능하여야 하는가?

해설 및 정답 260L/min × 1.75 = 455L/min
∴ 455L/min 이상

사) 옥상에 저장하여야 하는 소화수조의 용량은 몇 m³인가?

해설 및 정답 옥상수원의 양 = 2 × 2.6m³ × 1/3 = 1.733m³
∴ 2m³

13
[그림]은 어느 배관 평면도이며 화살표의 방향으로 물이 흐르고 있다. 배관의 경로에서 Q_1 및 Q_2의 유량을 주어진 [조건]을 참조하여 각각 구하시오. **4점**

조건

1. 하젠-윌리엄스 공식은 다음과 같다.
$$\Delta P_m = 6.174 \times 10^4 \times \frac{Q^{1.85}}{100^{1.85} \times D^{4.87}}$$
(ΔP_m : 배관 1m당의 마찰손실압력(MPa/m), Q : 배관을 흐르는 유량(L/min), D : 배관의 직경(mm))

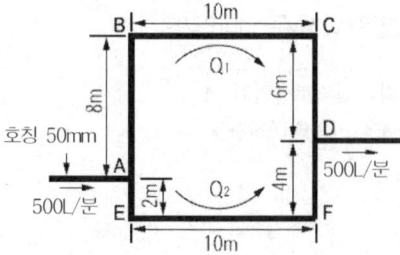

2. 호칭 50mm 배관의 안지름은 54mm이다.
3. 90° 엘보의 등가길이는 1.6m이다.

해설 및 정답
$\Delta P_1 = \Delta P_2$
$Q_1^{1.85} \times L_1 = Q_2^{1.85} \times L_2$
$L_1 = 8m + 10m + 6m + (1.6m \times 2) = 27.2m$
$L_2 = 2m + 10m + 4m + (1.6m \times 2) = 19.2m$
$\therefore Q_1^{1.85} \times 27.2 = Q_2^{1.85} \times 19.2$
식을 재정리하면
$Q_1 \times 1.207 = Q_2 \quad \therefore (1 + 1.207) Q_1 = 500 L/min$
$\therefore Q_1 = \dfrac{500 L/min}{2.207} = 226.55 L/min$
$\therefore Q_2 = 500 L/min - 226.55 L/min = 273.45 L/min$
$\therefore Q_1 = 226.55 L/min, \quad Q_2 = 273.45 L/min$

14 다음은 소방용 배관 설계도에서 표시하는 기호(심벌)를 도시한 것이다. 그 명칭을 기입하시오. [4점]

① 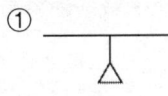   ②

③ 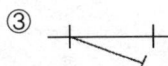   ④

해설 및 정답
① 분말, 탄산가스, 할로겐헤드
② 선택밸브
③ Y형 스트레이너
④ 맹플랜지

기출문제

15 다음 [그림]과 같은 수조에 배관 구경 65mm, 노즐 구경 25mm이며, 배관의 마찰손실계수는 0.025일 때 노즐에서의 방출속도는 몇 m/s인가? [5점]

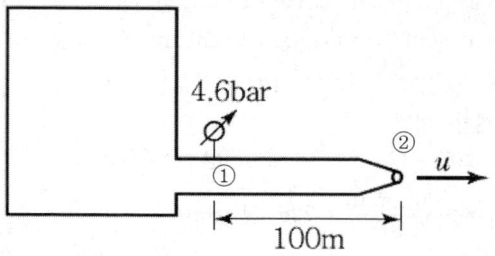

해설 및 정답

$$\frac{P_1}{\gamma} + \frac{U_1^2}{2g} + Z_1 = \frac{P_2}{\gamma} + \frac{U_2^2}{2g} + Z_2 + h_L$$

①, ②는 같은 높이이므로 $Z_1 = Z_2$

②지점의 압력은 대기압이므로 $P_2 = 0$이므로

$$\frac{P_1}{\gamma} + \frac{U_1^2}{2g} = \frac{U_2^2}{2g} + h_L$$

$$P_1 = \frac{4.6\text{bar}}{1.013\text{bar}} \times 101.325\text{kPa} = 460.11\text{kPa}$$

$$U_1 = \frac{0.025^2}{0.065^2} \times U_2 = 0.148\, U_2$$

$$\therefore h_L = 0.025 \times \frac{100\text{m}}{0.065\text{m}} \times \frac{(0.148\,U_2)^2}{2 \times 9.8\text{m/s}^2} = 0.043\,U_2^2$$

$$\frac{460.11\text{kN/m}^2}{9.8\text{kN/m}^3} + \frac{(0.148\,U_2)^2}{2 \times 9.8\text{m/s}^2} = \frac{U_2^2}{2 \times 9.8\text{m/s}^2} + 0.043\,U_2^2$$

$$46.95\text{m} = 0.093\,U_2^2$$

$$\therefore U_2 = \sqrt{\frac{46.95}{0.093}} = 22.47\text{m/s}$$

∴ 22.47m/s

16 포소화설비의 배관에 설치하는 배액 밸브와 완충 장치에 대한 다음 각 물음에 답하시오. [4점]

가) 배액 밸브의 설치목적

해설 및 정답 포의 방출 종료 후 배관 안의 액을 배출하기 위하여

나) 배액 밸브의 설치위치

해설및정답 송액관의 낮은 부분

다) 완충 장치의 설치목적

해설및정답 송악관과 탱크 접합 부분의 충격 또는 진동으로부터 보호하기 위해

라) 완충 장치의 설치위치

해설및정답 송액관과 탱크 접합 부분

소방설비기사[기계분야] 2차 실기

2020년 10월 17일 시행

01 다음과 같은 직육면체(바닥면적은 6m×6m)의 물 탱크에서 밸브를 완전히 개방하였을 때 최저 유효 수면까지 물이 배수되는 소요시간(분)을 구하시오(단, 토출 측 관 안지름은 80mm이고, 탱크 수면 하강속도가 변화하는 점을 고려하여 소요시간을 구하시오). **4점**

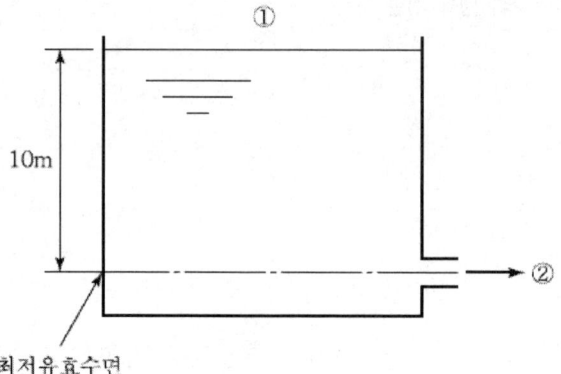

해설 및 정답 $A_1 U_1 = A_2 U_2$

$A_1 \dfrac{dh}{dt} = A_2 \sqrt{2gh}$

$dt = \dfrac{A_1}{A_2} \times \dfrac{1}{\sqrt{2g}} \times \dfrac{1}{\sqrt{h}} \times dh$

$t = \dfrac{A_1}{A_2} \times \dfrac{1}{\sqrt{2g}} \times \displaystyle\int_0^{10} h^{-\frac{1}{2}} dh$

$= \dfrac{36 \text{m}^2}{\dfrac{\pi}{4}(0.08\text{m})^2} \times \dfrac{1}{\sqrt{2 \times 9.8}} \times 2 \times \sqrt{10}$

$= 10,231.39 s ≒ 170.52 \text{min}$

공식 ∴ $t = \dfrac{2A_1 (\sqrt{H_1} - \sqrt{H_2})}{C \cdot A_2 \cdot \sqrt{2g}}$

$= \dfrac{2 \times 36 \times (\sqrt{10} - \sqrt{0})}{\dfrac{\pi}{4}(0.08)^2 \times \sqrt{2 \times 9.8}}$

$= 10,231.39 \sec ≒ 170.52 \text{min}$

∴ 170.52min

02 가로, 세로, 높이가 각각 10m, 15m, 4m인 전기실에 화재로 이산화탄소소화설비가 작동하여 화재가 진압되었다. 개구부는 자동폐쇄장치가 되어 있는 경우 다음 [조건]을 이용하여 아래 물음에 답하시오. **6점**

> **조건**
> 1. 공기 중 산소의 부피농도 = 21%
> 2. 대기압 = 760mmHg
> 3. 실내온도 = 20℃
> 4. 이산화탄소 방출 후 실내기압 = 770mmHg
> 5. 이산화탄소 분자량 = 44

가) 이산화탄소 방출 후 산소 농도를 측정하니 14%이었다면, CO_2의 농도(부피%)를 계산하시오.

해설 및 정답

CO_2의 % = $\dfrac{21-14}{21} \times 100 = 33.3\%$

∴ 33.3%

나) 방출 후 전기실 내의 CO_2양은 몇 kg인가?

해설 및 정답

CO_2의 기화체적 = $\dfrac{21-14}{14} \times 600m^3 = 300m^3$

$PV = \dfrac{W}{M}RT$

$W = \dfrac{PVM}{RT}$

$W = \dfrac{\left(770 \times \dfrac{1}{760}\right) \times 300 \times 44}{0.082 \times 293} = 556.63 kg$

∴ 556.63kg

다) 내용적 68L, 충전비가 1.7인 CO_2의 용기를 사용한다면 필요한 용기 수는 몇 병인가?

해설 및 정답

병당 충전량(kg) = $\dfrac{68L}{1.7L/kg} = 40kg$

∴ 병수 = $\dfrac{556.29kg}{40kg/병} = 13.91$

∴ 14병

기출문제

03 소화설비 배관에 레이놀즈수 1,800으로 350L/min의 물이 흐르고 있다. 배관의 직경 100mm, 배관의 길이가 150m일 때 다음 물음에 답하시오(단, 배관은 수평배관이며 출발점에서의 압력은 0.75MPa이다). [4점]

가) 배관에서의 마찰손실수두는 몇 m인가?

해설 및 정답

$$f = \frac{64}{Re\ No.} = \frac{64}{1,800} = 0.036$$

$$U = \frac{\frac{0.35}{60}\text{m}^3/\text{s}}{\frac{\pi \times 0.1^2}{4}\text{m}^2} = 0.74\text{m/s}$$

$$\therefore\ h_L = 0.036 \times \frac{150\text{m}}{0.1\text{m}} \times \frac{(0.74\text{m/s})^2}{2 \times 9.8\text{m/s}^2} = 1.509\text{m}$$

$$\therefore\ 1.51\text{m}$$

나) 배관 끝 부분에서의 압력은 몇 MPa인가?

해설 및 정답 배관 끝에서의 압력 = 0.75MPa − 0.0151MPa = 0.7349MPa

∴ 0.73MPa

04 다음은 수계소화설비에 사용되는 펌프의 성능에 관한 물음이다. 각 물음에 답하시오. [8점]

가) 펌프의 성능시험곡선(유량-양정 곡선)을 그리시오(단, "체절점", "정격운전점", "과부하점"으로 표기하시오).

해설 및 정답

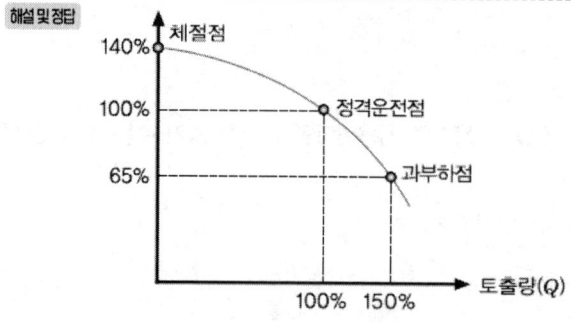

나) 성능시험곡선상의 체절점, 정격운전점, 과부하점을 설명하시오.

해설 및 정답
① 체절점 : 펌프 토출 측의 모든 밸브를 잠근 상태에서 펌프를 기동시킬 때의 양정
② 정격운전점 : 펌프의 명판에 기재된 정격토출량과 정격토출압력
③ 과부하점 : 펌프 정격토출량의 150%의 유량을 토출시킬 때의 양정

다) 옥내소화전설비가 4개 설치되어 있는 특정소방대상물에 설치된 펌프의 성능시험에 관한 빈칸을 채우시오.

구분	체절점	정격운전점	과부하점
유량(L/min)	0	260	①
양정(m)	②	70	③

해설 및 정답 ① 390　② 98　③ 45.5

05 피난기구에 대한 다음 물음에 답하시오. [4점]

가) 의료시설의 다음 층에 설치하는 피난기구의 종류를 쓰시오.

1) 3층에 설치하는 피난기구의 종류

해설 및 정답 미끄럼대, 구조대, 다수인 피난장비, 승강식 피난기, 피난교, 피난용 트랩

2) 4~10층에 설치하는 피난기구의 종류

해설 및 정답 구조대, 다수인 피난장비, 승강식 피난기, 피난교, 피난용 트랩

나) 피난기구를 설치하여야 하는 유효한 개구부의 기준을 답하시오.

해설 및 정답 가로 0.5m 이상, 세로 1m 이상인 것으로서 개구부 하단이 바닥에서 1.2m 이상이면 발판 등을 설치하여야 하고 밀폐된 창문은 쉽게 파괴할 수 있는 파괴 장치를 비치하여야 한다.

06 다음 주어진 [조건]을 참고하여 물음에 답하시오. [8점]

조건

1. 대기압력은 98kPa, 수조 내 물의 포화증기압력은 2.33kPa이다.
2. 흡입구는 펌프보다 3.5m 낮은 위치에 있다.
3. 흡입배관의 길이는 8m이며, 구경은 100mm이다.
4. 흡입배관에 설치된 부속품들의 상당길이는 12m이다.
5. 펌프의 토출량은 $1.2m^3$/min이다.
6. 흡입배관의 마찰손실압력은 다음 식에 따른다.
7. 마찰손실의 계산은 하젠-윌리엄스식을 이용하며 조도는 120이다.

$$\Delta H = 6 \times 10^6 \times \frac{Q^2}{120^2 \times D^5} \times L$$

ΔH : 배관 마찰손실수두(m), Q : 유량(L/min), D : 직경(mm), L : 직관길이(m)

기출문제

가) 유효흡입양정($NPSH_{av}$)은 몇 m인지 구하시오.

해설 및 정답

$$\Delta h = 6 \times 10^6 \times \frac{1,200^2}{120^2 \times 100^5} \times (8+12)\text{m} = 1.2\text{m}$$

$$\therefore NPSH_{av} = \frac{98\text{kN/m}^2}{9.8\text{kN/m}^3} - \frac{2.33\text{kN/m}^2}{9.8\text{kN/m}^3} - 1.2\text{m} - 3.5\text{m} = 5.06\text{m}$$

∴ 5.06m

나) 필요흡입양정($NPSH_{re}$)이 4.3m일 때 펌프의 사용 여부를 설명하시오.

해설 및 정답 유효흡입양정이 필요흡입양정보다 크기 때문에 공동현상(Cavitation)이 발생되지 않아 사용 가능하다.

07 가로 50m, 세로 30m인 일반 창고에 특수가연물을 저장하고, 습식 라지드롭형헤드를 정방형으로 설치하려고 할 때 다음 물음에 답하시오. **10점**

가) 설치해야 할 헤드의 최소 개수를 구하시오.

해설 및 정답 헤드 간의 수평거리 $= 2 \times 1.7\text{m} \times \cos 45° = 2.4\text{m}$

- 가로열 헤드 수 $= \dfrac{50\text{m}}{2.4\text{m/개}} = 20.8$ ∴ 21개

- 세로열 헤드 수 $= \dfrac{30\text{m}}{2.4\text{m/개}} = 12.5$ ∴ 13개

∴ 헤드 수 = 21개 × 13개 = 273개

∴ 273개

나) 수원의 저수량(m^3)을 구하시오.

해설 및 정답 수원의 양 $= 30 \times 160\text{L/min} \times 20\text{min} = 96,000\text{L}$

∴ 96m^3 이상

다) 가압송수장치의 토출량(m^3/min)을 구하시오.

해설 및 정답 토출량 $= 30 \times 160\text{L/min} = 4,800\text{L/min} = 4.8\text{m}^3/\text{min}$

∴ $4.8\text{m}^3/\text{min}$

라) 방호구역은 최소 몇 개인가?

해설 및 정답 방호구역의 수 $= \dfrac{1,500\text{m}^2}{3,000\text{m}^2/\text{방호구역}} = 0.5$

∴ 1개

마) 펌프 전동기의 용량(kW)을 구하시오(단, 펌프의 전양정은 75m, 펌프효율은 65%이다).

해설 및 정답

$$P(kW) = \frac{\gamma Q H}{102 \eta} K = \frac{1,000 \times \left(\frac{4.8}{60}\right) \times 75}{102 \times 0.65} \times 1.1 = 99.547 ≒ 99.55 kW$$

∴ 99.55kW

08 [그림]은 공장에 설치된 지하매설 소화용 배관도이다. "가"~"마"까지 각각의 옥외소화전의 측정수압이 표와 같을 때 다음 각 물음에 답하시오. **8점**

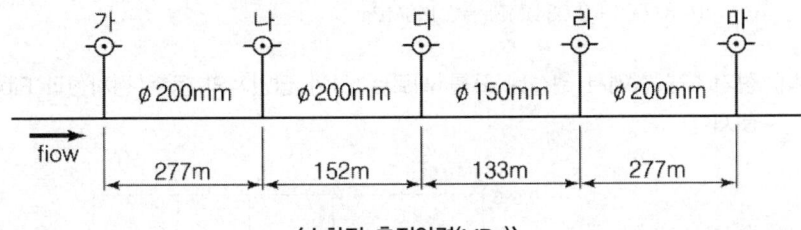

〈소화전 측정압력(MPa)〉

압력 \ 위치	가	나	다	라	마
정압	0.557	0.517	0.572	0.586	0.552
방사압력	0.49	0.379	0.296	0.172	0.069

※ 방사압력은 소화전의 노즐 캡을 열고 소화전 본체 직근에서 측정한 잔류압력(Residual Pressure)을 말한다.

가) 다음은 동수경사선(Hydraulic Gradient)을 작성하기 위한 과정이다. 주어진 자료를 활용하여 표의 빈곳을 채우시오(단, 계산과정을 기록할 것).

항목 \ 소화전	구경 (m)	실관장 (m)	측정압력 (MPa) 정압	측정압력 (MPa) 방사압력	펌프~노즐 까지의 마찰손실압력 (MPa)	소화전 간의 배관마찰 손실 (MPa)	Gauge Elevation (MPa)	경사선의 Elevation (MPa)
가	—	—	0.557	0.49	①	—	0.029	0.519
나	200	277	0.517	0.379	②	⑤	0.069	⑩
다	200	152	0.572	0.296	③	0.138	⑧	0.31
라	150	133	0.586	0.172	0.414	⑥	0	⑪
마	200	277	0.552	0.069	④	⑦	⑨	⑫

※ 기준 Elevation에서의 정압은 0.586MPa이다.

기출문제

해설 및 정답
① $(0.557 - 0.49)\text{MPa} = 0.067\text{MPa}$
② $(0.517 - 0.379)\text{MPa} = 0.138\text{MPa}$
③ $(0.572 - 0.296)\text{MPa} = 0.276\text{MPa}$
④ $(0.552 - 0.069)\text{MPa} = 0.483\text{MPa}$
⑤ $(0.138 - 0.067)\text{MPa} = 0.071\text{MPa}$
⑥ $(0.414 - 0.276)\text{MPa} = 0.138\text{MPa}$
⑦ $(0.483 - 0.414)\text{MPa} = 0.069\text{MPa}$
⑧ $(0.586 - 0.572)\text{MPa} = 0.014\text{MPa}$
⑨ $(0.586 - 0.552)\text{MPa} = 0.034\text{MPa}$
⑩ $(0.379 + 0.069)\text{MPa} = 0.448\text{MPa}$
⑪ $(0.172 + 0)\text{MPa} = 0.172\text{MPa}$
⑫ $(0.069 + 0.034)\text{MPa} = 0.103\text{MPa}$

나) 상기 "가)"항에서 완성된 표를 자료로 하여 답안지의 동수 경사선과 Pipe Profile을 완성하시오.

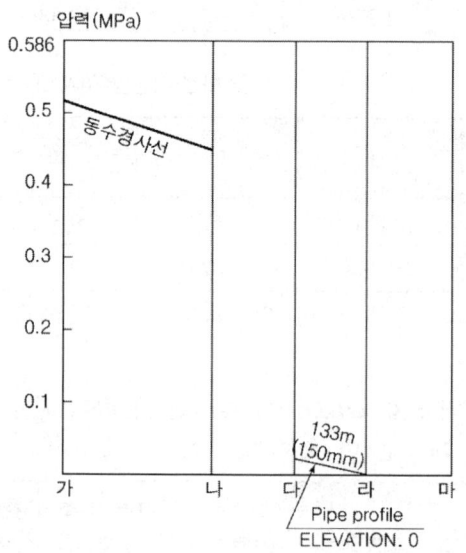

해설 및 정답

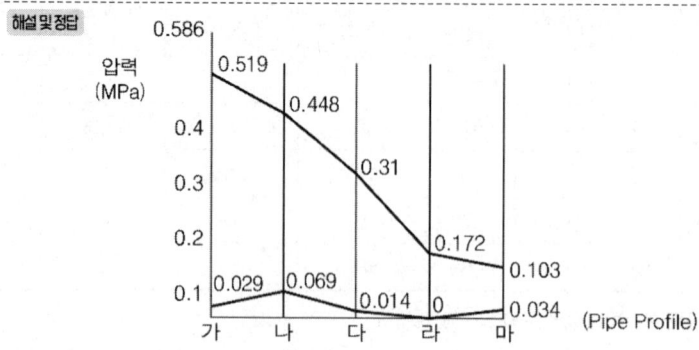

09 지하구에 설치하는 연소방지설비에 대한 다음 물음에 답하시오. [6점]

가) 환기구 사이의 간격이 1,000m일 때 환기구 사이에 설치하는 살수구역의 수는 최소 몇 개인가?

해설 및 정답 살수구역의 수 = $\dfrac{\text{환기구 사이의 간격(m)}}{700\text{m}} - 1 = 0.428 ≒ 1개(절상)$

∴ 1개(양쪽 환기구별 2개씩 설치)

나) 연소방지설비 전용헤드가 5개 부착되어 있을 때 배관의 구경은 최소 몇 mm인가?

해설 및 정답 65mm

[연소방지설비 배관의 구경]
배관의 구경은 다음의 기준에 적합한 것이어야 한다.
가. 연소방지설비전용헤드를 사용하는 경우에는 다음 표에 따른 구경 이상으로 할 것

하나의 배관에 부착하는 살수헤드의 개수	1개	2개	3개	4개 또는 5개	6개 이상
배관의 구경(mm)	32	40	50	65	80

나. 개방형 스프링클러헤드를 사용하는 경우에는 「스프링클러설비의 화재안전기술기준(NFTC 103)」 2.5.3.3의 표에 따를 것

다) 다음 ( )를 채우시오

1) 연소방지설비의 헤드는 (①) 또는 (②)에 설치할 것
2) 헤드간의 수평거리는 연소방지설비 전용헤드의 경우에는 (③) 이하, 스프링클러헤드의 경우에는 (④) 이하로 할 것
3) 소방대원의 출입이 가능한 환기구·작업구마다 지하구의 양쪽방향으로 살수헤드를 설정하되, 한쪽 방향의 살수구역의 길이는 3m 이상으로 할 것. 다만, 환기구 사이의 간격이 (⑤)를 초과할 경우에는 (⑤) 이내마다 살수구역을 설정하되, 지하구의 구조를 고려하여 방화벽을 설치한 경우에는 그렇지 않다.

해설 및 정답 ① 천장 ② 벽면 ③ 2m ④ 1.5m ⑤ 700m

10 분말 소화설비에 설치하는 ① 정압작동 장치의 기능과 ② 압력스위치 방식에 대하여 작성하시오. [4점]

해설 및 정답 ① 가압용 가스가 분말용기 내부로 유입되어 설정 압력이 되었을 때 주밸브를 개방하는 장치
② 분말용기 내부압력이 설정 압력이 될 때 압력스위치의 동작으로 주밸브를 개방시키는 방식

기출문제

11 할로겐화합물 및 불활성기체 소화설비 배관의 두께 계산식을 설명하고 아래 [조건]과 같을 때 배관의 두께를 구하시오. **4점**

> **조건**
> 1. 배관을 흐르는 가스의 압력은 최대 2,520kPa이다.
> 2. 배관의 외경은 60.5mm이며, 전기저항 용접배관을 사용한다.
> 3. 배관재질에 따른 인장강도는 185MPa이며, 항복점은 60MPa이다.
> 4. 나사의 높이는 1mm이다.

해설및정답 SE : 최대허용응력

배관재질 인장강도의 1/4값 = $\dfrac{185\text{MPa}}{4}$ = 46.25MPa

항복점의 2/3값 = 60MPa × $\dfrac{2}{3}$ = 40MPa

∴ SE = 40MPa × 0.85 × 1.2 = 40.8MPa

∴ 관의 두께 = $\dfrac{2.52\text{MPa} \times 60.5\text{mm}}{2 \times 40.8\text{MPa}}$ = 1.87mm

∴ 1.87mm 이상

12 물분무소화설비를 차고 또는 주차장에 설치할 때, 배수설비 기준을 ① 경계턱, ② 기름분리장치, ③ 바닥 기울기에 대하여 각각 기술하시오(단, 배수설비기준에 대하여 주의점을 기술할 것). **6점**

해설및정답 ① 차량이 주차하는 장소의 적당한 곳에 높이 10cm 이상의 경계턱으로 배수구를 설치할 것
② 배수구에는 새어나온 기름을 모아 소화할 수 있도록 길이 40m 이하마다 집수관·소화피트 등 기름분리장치를 설치할 것
③ 차량이 주차하는 바닥은 배수구를 향하여 $\dfrac{2}{100}$ 이상의 기울기를 유지할 것

13 제연과 관련된 다음 물음에 답하시오. **4점**

가) 연돌효과(Stack Effect)의 정의를 쓰시오.

해설및정답 건축물 내부와 외부의 온도차이로 인해 공기가 유동하는 것

나) 연돌효과가 제연에 미치는 영향을 쓰시오.

해설및정답   화재로 인한 온도 상승으로 실내공기가 고온이 되어 밀도가 낮아져, 발생된 연기가 빠르게 상승하므로 화재실보다 높은 곳으로 연기를 배출하면 아주 효과적인데, 스모크타워제연설비가 대표적인 예이다.

14 경유를 저장하는 내부 직경 40m의 플루팅 루프탱크에 포말 소화설비의 특형 방출구를 설치하여 방호하려고 할 때 다음 물음에 답하시오. 16점

> **조건**
> 1. 소화약제는 3%의 단백포를 사용하며, 수용액의 분당 방출량은 12L/m² · min, 방사시간은 20분으로 한다.
> 2. 탱크 내면과 굽도리판의 간격은 2.5m로 한다.
> 3. 펌프의 효율은 60%, 전동기 전달계수는 1.2로 한다.
> 4. 보조포 소화설비는 없는 것으로 한다.

가) 상기 탱크의 특형 방출구에 의하여 소화하는 데 필요한 수용액의 양, 수원의 양, 포소화약제 원액량은 각각 몇 L 이상이어야 하는가?

1) 수용액의 양(L)

해설및정답 $Q(\text{L}) = \frac{\pi}{4}(40^2 - 35^2)\text{m}^2 \times 12\,\text{L}/\text{m}^2 \cdot \text{min} \times 20\text{min} = 70,685.83\text{L}$

∴ 70,685.83L

2) 수원의 양(L)

해설및정답 $Q = 70,685.83\text{L} \times 0.97 = 68,565.25\text{L}$

∴ 68,565.25L

3) 포 소화약제 원액의 양(L)

해설및정답 $Q = 70,685.83\text{L} \times 0.03 = 2,120.57\text{L}$

∴ 2,120.57L

나) 수원을 공급하는 가압송수장치의 분당 토출량(L/min)은 얼마 이상이어야 하는가?

해설및정답 $Q(\text{L}/\text{min}) = \frac{\pi}{4}(40^2 - 35^2)\text{m}^2 \times 12\,\text{L}/\text{m}^2 \cdot \text{min} = 3,534.29\text{L}/\text{min}$

∴ 3,534.29L/min

기출문제

다) 펌프의 전양정이 100m라고 할 때 전동기의 출력은 몇 kW 이상이어야 하는가?

해설 및 정답
$$P(kW) = \frac{\gamma Q H}{102 \eta} K = \frac{1,000 \times \left(\frac{3.534}{60}\right) \times 100}{102 \times 0.6} \times 1.2 = 115.490 ≒ 115.49 kW$$
∴ 115.49kW

라) 고발포와 저발포의 구분은 팽창비로 나타낸다. 다음 물음에 답하시오.

1) 팽창비를 구하는 식을 쓰시오.

해설 및 정답
$$팽창비 = \frac{발포\ 후\ 포체적}{발포\ 전\ 포수용액의\ 체적}$$

2) 고발포의 팽창비 범위를 쓰시오.

해설 및 정답 80 이상 1,000 미만

3) 저발포의 팽창비 범위를 쓰시오.

해설 및 정답 20 이하

마) 저발포 포소화약제 5가지를 쓰시오.

해설 및 정답 ① 단백포소화약제 ② 합성계면활성제포소화약제 ③ 수성막포소화약제
④ 불화단백포소화약제 ⑤ 내알코올포소화약제

바) 포소화약제의 25% 환원시간에 대하여 설명하시오.

해설 및 정답 발포된 포의 25%에 해당하는 체적이 포수용액으로 되어 감소되는 데 소요되는 시간.
즉, 발포된 포의 25%가 터지는 데 소요되는 시간

15 어느 건축물의 평면도이다. 이 실들 중 A실에 급기·가압을 하고 창문 A_4와 A_5, A_6는 외기와 접해 있을 경우 A실을 기준으로 외기와의 유효 개구 틈새면적을 구하시오(단, 각 문의 틈새면적은 0.01m²이다). **4점**

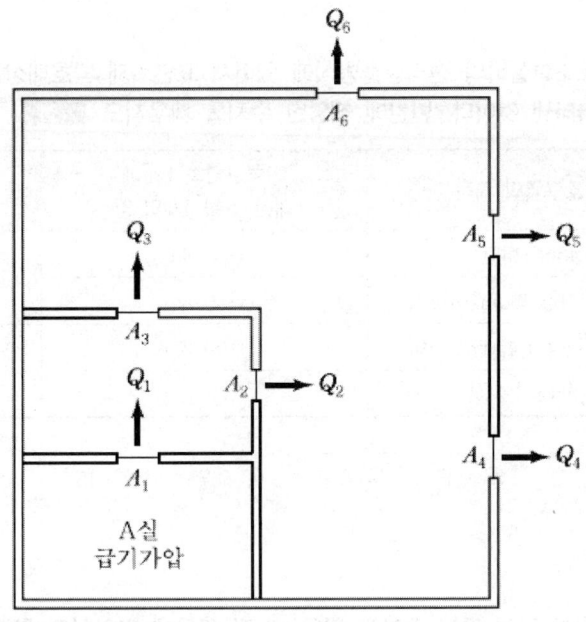

해설및정답 A_4, A_5, A_6 병렬연결=(0.01+0.01+0.01)m²=0.03m²(A'_4)

A_2, A_3 병렬연결=(0.01+0.01)m²=0.02m²(A'_2)

A_1=0.01m²

A'_4, A'_2, A는 직렬연결

∴ 유효개구 틈새면적=$\left(\dfrac{1}{0.01^2}+\dfrac{1}{0.02^2}+\dfrac{1}{0.03^2}\right)^{-\frac{1}{2}}$ ≒ 0.00857m²

∴ 8.57×10^{-3}m²

16 전역방출방식의 할론소화설비 분사헤드 설치기준 4가지를 쓰시오. **4점**

해설및정답
1. 방사된 소화약제가 방호구역의 전역에 균일하게 신속히 확산할 수 있도록 할 것
2. 할론 2402를 방출하는 분사헤드는 해당 소화약제가 무상으로 분무되는 것으로 할 것
3. 분사헤드의 방사압력은 할론 2402를 방사하는 것은 0.1MPa 이상, 할론 1211을 방사하는 것은 0.2MPa 이상, 할론 1301을 방사하는 것은 0.9MPa 이상으로 할 것
4. 기준저장량의 소화약제를 10초 이내에 방사할 수 있는 것으로 할 것

2020년 제4회 소방설비기사[기계분야] 2차 실기

2020년 11월 15일 시행

01
이산화탄소소화설비의 전역방출방식에 있어서 표면화재 방호대상물의 소화약제 저장량에 대한 표를 나타낸 것이다. 빈칸에 적당한 수치를 채우시오. **7점**

방호구역의 체적	방호구역의 1m³에 대한 소화약제의 양	소화약제 저장량의 최저한도의 양
45m³ 미만	(①)kg	(⑤)kg
45m³ 이상 150m³ 미만	(②)kg	
150m³ 이상 1,450m³ 미만	(③)kg	(⑥)kg
1,450m³ 이상	(④)kg	(⑦)kg

해설 및 정답 ① 1 ② 0.9 ③ 0.8 ④ 0.75 ⑤ 45 ⑥ 135 ⑦ 1125

02
다음 [그림]과 같이 물이 흐르고 있을 때 각 물음에 답하시오. **8점**

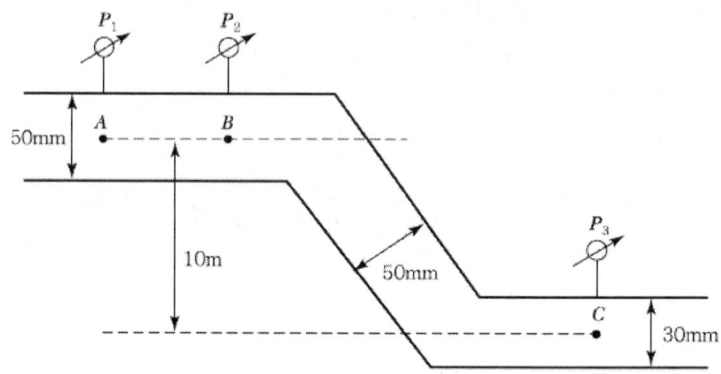

① $P_1=12$kPa ② $P_2=11.5$kPa ③ $P_3=10.3$kPa ④ 유량=5L/sec

가) ①지점의 유속(m/s)을 구하시오.

해설 및 정답

$$\text{유속} = \frac{0.005\text{m}^3/\text{s}}{\frac{\pi \times 0.05^2}{4}\text{m}^2} = 2.548\text{m/s}$$

∴ 2.55m/s

나) ③지점의 유속(m/s)을 구하시오.

해설 및 정답

$$유속 = \frac{0.005 \text{m}^3/\text{s}}{\frac{\pi \times 0.03^2}{4}\text{m}^2} = 7.077 \text{m/s}$$

∴ 7.08m/s

다) ①~②지점 사이의 마찰손실수두(m)를 구하시오.

해설 및 정답 동일 구경, 동일 높이이므로

$$\frac{P_1}{\gamma} = \frac{P_2}{\gamma} + h_L$$

$$\therefore h_L = \frac{12 \text{kN/m}^2}{9.8 \text{kN/m}^3} - \frac{11.5 \text{kN/m}^2}{9.8 \text{kN/m}^3} = 0.051 \text{m}$$

∴ 0.05m

라) ①~③지점 사이의 마찰손실수두(m)를 구하시오.

해설 및 정답

$$h_L = \frac{P_1}{\gamma} + \frac{U_1^2}{2g} + Z_1 - \frac{P_3}{\gamma} - \frac{U_3^2}{2g}$$

$$\therefore h_L = \frac{12 \text{kN/m}^2}{9.8 \text{kN/m}^3} + \frac{(2.55 \text{m/s})^2}{2 \times 9.8 \text{m/s}^2} + 10\text{m} - \frac{10.3 \text{kN/m}^2}{9.8 \text{kN/m}^3} - \frac{(7.08 \text{m/s})^2}{2 \times 9.8 \text{m/s}^2}$$

$$= 1.244\text{m} + 0.332\text{m} + 10\text{m} - 1.05\text{m} - 2.557\text{m} = 7.97\text{m}$$

∴ 7.97m

03 파이프(배관)시스템 설계 시 Moody 차트에서 배관 길이에 대한 마찰손실 이외에 소위 부차적 손실을 고려하게 된다. 부차적 손실은 주로 어떠한 부분에 발생하는지 3가지만 기술하시오. **3점**

해설 및 정답
1. 밸브, 티 등 관 부속품이 설치된 부분
2. 배관의 급격한 축소·확대부분
3. 유체의 흐름경로가 변경되는 부분

기출문제

04 [그림]과 같은 건물에 옥내소화전을 설치하고자 한다. 다음의 [조건]과 같은 상태에서 소화전을 설계하시오. **7점**

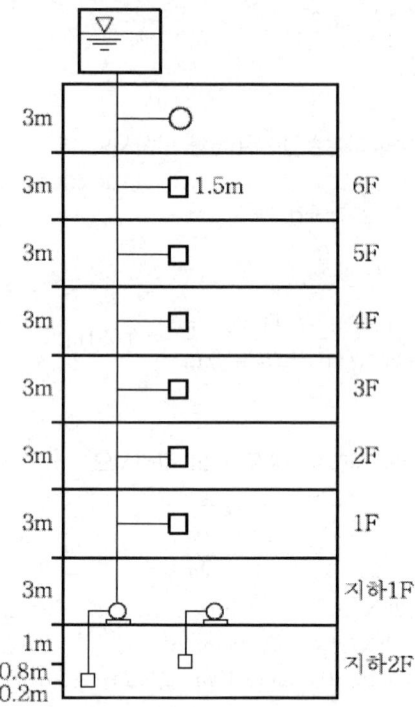

조건
1. P_1 = 옥내소화전 펌프
2. P_2 = 잡용수 양수 펌프
3. 펌프의 풋밸브로부터 6층 옥내소화전 호스 접결구까지의 마찰손실 및 저항 손실수두는 실양정의 30%로 한다.
4. 펌프의 체적효율 = 0.95, 기계효율 = 0.85, 수력효율 = 0.8이다.
5. 옥내소화전의 개수는 각층 3개씩이다.
6. 소방호스의 마찰손실수두는 7m이다.
7. 전동기 전달계수(k)는 1.2이다.

가) 펌프의 최소 토출량은(L/min)은?

해설 및 정답 토출량 = $2 \times 130\text{L/min} = 260\text{L/min}$
∴ 260L/min

나) 수원의 최소 유효 저수량(m³)은?

해설 및 정답 저수량 $= 2 \times 2.6\text{m}^3 = 5.2\text{m}^3$
∴ 5.2m^3

다) 펌프의 최소 양정은 몇 m인가?

해설 및 정답
$h_1 = 0.8\text{m} + 1\text{m} + (3\text{m} \times 6) + 1.5\text{m} = 21.3\text{m}$
$h_2 = 21.3\text{m} \times 0.3 = 6.39\text{m}$
$h_3 = 7\text{m}$
∴ 양정 $= 21.3\text{m} + 6.39\text{m} + 7\text{m} + 17\text{m} = 51.69\text{m}$
∴ 51.69m

라) 펌프의 수동력, 축동력, 모터동력은 각각 몇 kW인가?

해설 및 정답 1) 수동력

$$P(\text{kW}) = \frac{\gamma Q H}{102} = \frac{1{,}000 \times \left(\frac{0.26}{60}\right) \times 51.69}{102} = 2.195 \fallingdotseq 2.2\text{kW}$$

∴ 2.2kW

2) 축동력

$$P(\text{kW}) = \frac{\gamma Q H}{102\eta} = \frac{1{,}000 \times \left(\frac{0.26}{60}\right) \times 51.69}{102 \times (0.95 \times 0.85 \times 0.8)} = 3.399 \fallingdotseq 3.4\text{kW}$$

∴ 3.4kW

3) 모터동력

$$P(\text{kW}) = \frac{\gamma Q H}{102\eta} K = \frac{1{,}000 \times \left(\frac{0.26}{60}\right) \times 51.69}{102 \times (0.95 \times 0.85 \times 0.8)} \times 1.2 = 4.079 \fallingdotseq 4.08\text{kW}$$

∴ 4.08kW

기출문제

05 펌프가 회전수 1,400rpm일 때 토출량 1.6m³/min, 양정 60m이었다. 최소 방사압력 도달을 위해서 양정을 20% 증가시키기 위해서는 펌프 회전수를 몇 rpm으로 하여야 하는가? [3점]

해설 및 정답 필요한 양정 = 60m × 1.2 = 72m

$$\therefore N_2 = \sqrt{\frac{72\text{m}}{60\text{m}}} \times 1,400\text{rpm} = 1,533.62\text{rpm}$$

∴ 1,533.62rpm

06 지하 2층, 지상 12층의 사무소 건물에 있어서 11층 이상에 화재안전기준과 다음 [조건]을 참조하여 스프링클러설비를 설계하려고 한다. 다음 각 물음에 답하시오. [12점]

> **조건**
> 1. 11층 및 12층에 설치하는 폐쇄형 스프링클러헤드의 수량은 각각 80개이다.
> 2. 수직배관의 내경은 150mm이고 높이는 40m이다.
> 3. 펌프의 풋밸브로부터 최상층 스프링클러헤드까지의 실고는 55m이다.
> 4. 수직배관의 마찰손실수두를 제외한 펌프의 풋밸브로부터 최상층 가장 먼 스프링클러헤드까지의 마찰 및 저항손실수두는 15m이다.
> 5. 모든 규격치는 최소량을 적용한다.
> 6. 펌프의 효율은 65%이다.

가) 펌프의 최소 토출량(L/min)을 산정하시오.

해설 및 정답 토출량 = 30 × 80L/min = 2,400L/min

∴ 2,400L/min

나) 수원의 최소 유효저수량(m³)을 산정하시오.

해설 및 정답 저수량 = 30 × 1.6m³ = 48m³   ∴ 48m³

다) 수직배관에서의 마찰손실수두(m)를 계산하시오(수직배관은 직관으로 간주하며, Darcy-Weisbach의 식을 이용하고, 마찰손실계수는 0.02이다).

해설 및 정답
$$U = \frac{\frac{2.4}{60}\text{m}^3/\text{s}}{\frac{\pi \times 0.15^2}{4}\text{m}^2} = 2.265\text{m/s}$$

$$\therefore h_L = 0.02 \times \frac{40\text{m}}{0.15\text{m}} \times \frac{(2.265\text{m/s})^2}{2 \times 9.8\text{m/s}^2} = 1.396\text{m} ≒ 1.4\text{m}$$

∴ 1.4m

라) 펌프의 최소 양정(m)을 계산하시오.

해설 및 정답 $H(전양정) = (15+1.4)\text{m} + 55\text{m} + 10\text{m} = 81.4\text{m}$
∴ 81.4m

마) 펌프의 축동력(kW)을 계산하시오.

해설 및 정답 $\text{P(kW)} = \dfrac{\gamma \text{QH}}{102\eta} = \dfrac{1{,}000 \times \left(\dfrac{2.4}{60}\right) \times 81.4}{102 \times 0.65} = 49.110 ≒ 49.11\text{kW}$
∴ 49.11kW

바) 불연재료로 된 천장에 헤드를 아래 [그림]과 같이 정방형으로 배치하려고 한다. A 및 B의 최대길이를 계산하시오(건물은 내화구조이다).

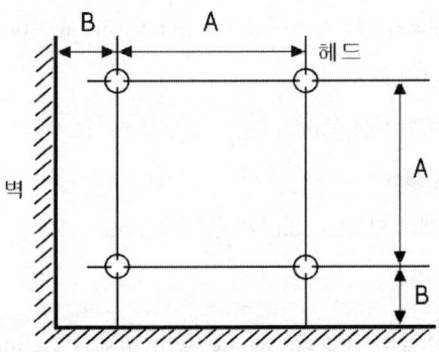

해설 및 정답 $A = 2.3\text{m} \times \cos 45° = 3.25\text{m}$
$B = \dfrac{3.25\text{m}}{2} = 1.625\text{m}$
∴ $A = 3.25\text{m}, \ B = 1.625\text{m}$

기출문제

07 경유를 저장하는 내부직경 50m인 플로팅루프 탱크(Floating Roof Tank)에 포말소화설비 중 특형방출구를 설치하여 방호하려고 할 때 다음의 물음에 답하시오. **7점**

> **조건**
> 1. 소화약제는 3%형의 단백포를 사용하며 수용액의 분당 방출량은 8L/m²이고 방사시간은 20min을 기준으로 한다.
> 2. 탱크 내면과 굽도리판의 간격은 1m로 한다.
> 3. 펌프의 효율은 55%, 전동기의 전달계수는 1.1로 한다.

가) 상기 탱크의 특형 고정포방출구에 의하여 소화하는 데 필요한 수용액의 양(m³), 수원의 양(m³), 포소화약제 원액의 양(m³)은 각각 얼마 이상이어야 하는가?

해설 및 정답

① 포수용액의 양 : $Q = \frac{\pi}{4}(50^2 - 48^2)\text{m}^2 \times 8\text{L/m}^2 \cdot \min \times 20\min = 24,630\text{L} = 24.63\text{m}^3$

∴ 24.63m³

② 수원의 양 : $24.63\text{m}^3 \times \frac{97}{100} = 23.89\text{m}^3$

∴ 23.89m³

③ 포 원액의 양 : $24.63\text{m}^3 \times \frac{3}{100} = 0.74\text{m}^3$

∴ 0.74m³

나) 가압송수장치의 분당 토출량(L/min)은 얼마 이상이어야 하는가?

해설 및 정답

$Q = \frac{\pi}{4}(50^2 - 48^2)\text{m}^2 \times 8\text{L/m}^2 \cdot \min = 1231.5\text{L/min}$

∴ 1,231.5L/min

다) 펌프의 전양정을 65m라고 할 때 전동기의 출력(kW)은 얼마 이상이어야 하는가?

해설 및 정답

$P(\text{kW}) = \frac{\gamma Q H}{102\eta} K = \frac{1,000 \times \left(\frac{1.231}{60}\right) \times 65}{102 \times 0.55} \times 1.1 = 26.148 ≒ 26.15\text{kW}$

∴ 26.15kW

08 가로 10m, 세로 14m, 높이 4m인 전기실(C급 화재)에 불활성기체 소화약제 중 IG-541을 아래 [조건]에 맞게 설계하려고 한다. 다음 물음에 답하시오. **4점**

> **조건**
> 1. IG-541의 소화농도는 32%이다.
> 2. IG-541의 저장용기는 80L이며, 12.5m³가 충전되어 있다.
> 3. 약제량 산정 시 선형상수를 이용하도록 하며 방사 시 화재실 온도는 20℃이다.
>
> | 소화약제 | k_1 | k_2 |
> |---|---|---|
> | IG-541 | 0.65799 | 0.00239 |

가) IG-541의 약제 저장용기 수는 최소 몇 병인가?

해설 및 정답 $V = 10\text{m} \times 14\text{m} \times 4\text{m} = 560\text{m}^3$

$$V_s = \frac{0.082\text{atm} \cdot \text{m}^3/\text{kmol} \cdot \text{K} \times 293\text{K}}{1\text{atm} \times 34\text{kg/kmol}} = 0.7066\text{m}^3/\text{kg}$$

$S = 0.65799 + 0.00239 \times 20℃ = 0.7066\text{m}^3/\text{kg}$

$C = 32\% \times 1.35 = 43.2\%$

$Q = 2.303 \times \dfrac{0.7066}{0.7066} \times \log\left(\dfrac{100}{100-43.2}\right) \times 560\text{m}^3 = 316.812\text{m}^3 ≒ 316.81\text{m}^3$

∴ 병수 $= \dfrac{316.81\text{m}^3}{12.5\text{m}^3/병} = 25.34$

∴ 26병

나) 배관 구경 산정 조건에 따라 IG-541의 약제량 방사시 유량(주배관)은 몇 kg/s 이상인가?

해설 및 정답 $V = 10\text{m} \times 14\text{m} \times 4\text{m} = 560\text{m}^3$

$S = 0.65799 + 0.00239 \times 20℃ = 0.7066\text{m}^3/\text{kg}$

$C = 43.2\% \times 0.95 = 41.04\%$

∴ $W = 2.303 \times \dfrac{1}{0.7066\text{m}^3/\text{kg}} \times \log\left(\dfrac{100}{100-41.04}\right) \times 560\text{m}^3 = 418.776\text{kg} ≒ 418.78\text{kg}$

∴ $\dfrac{418.78\text{kg}}{120s} = 3.489\text{kg/s} ≒ 3.49\text{kg/s}$

∴ 3.49kg/s

기출문제

09 특별피난계단의 계단실 및 부속실 제연설비에서는 제연설비가 가동되었을 경우 출입문의 개방에 필요한 힘을 110N 이하로 제한하고 있다. 출입문을 부속실 쪽으로 개방할 때 소요되는 힘이 Push-Pull Scale로 측정한 결과 100N일 때, [참고 공식]을 이용하여 부속실과 거실 사이의 차압(Pa)을 구하시오(단, 출입문은 높이 2.1m×폭 0.9m이며, 도어클로저의 저항력은 30N, 출입문의 상수(K_d)는 1, 손잡이와 출입문 끝단 사이의 거리는 0.1m이다). **4점**

참고 공식

$$F = F_{dc} + K \frac{W \times A \times \Delta P}{2(W-d)}$$

여기서, F : 문을 개방하는 데 필요한 전체 힘(N), F_{dc} : 도어클로저의 저항력(N)
F_p : 차압에 의한 문의 저항력(N), K_d : 상수(1), W : 문의 폭(m)
A : 문의 면적(m²), ΔP : 차압(Pa)
d : 손잡이에서 문 끝단까지의 거리(m)

해설 및 정답

$$F = F_{dc} + K \frac{W \times A \times \Delta P}{2(W-d)}$$

$$100 = 30 + 1 \times \frac{0.9 \times (2.1 \times 0.9) \times \Delta P}{2 \times (0.9 - 0.1)}$$

$\Delta P = 65.843 ≒ 65.84 Pa$

∴ 65.84Pa

10 아래 [그림]은 옥외소화전 2개가 설치된 도면이다. 각 물음에 답하시오. **6점**

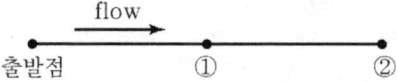

조건

1. 출발점~① 구간의 배관길이는 80m, 관경은 100mm이다.
2. ①~② 구간의 배관길이는 120m, 관경은 80mm이다.
3. 옥외소화전 노즐에서의 방사량은 같으며, 최소 방사량을 방출하는 것으로 한다.
4. 옥외소화전 노즐은 출발점보다 1m 높은 곳에 설치되어 있다.
5. 배관의 마찰손실압력은 다음의 하젠-윌리엄스식을 이용한다.

$$\Delta P = 6.053 \times 10^6 \times \frac{Q^{1.85}}{C^{1.85} \times D^{4.87}} \times L(\text{m})$$

여기서, ΔP : 배관의 마찰손실압력(mAq), Q : 관의 유량(L/min), C : 조도(120)
D : 관의 내경(mm)

가) 출발점~① 구간에서 마찰손실수두는 몇 m인가?

해설 및 정답
$$\Delta P = 6.053 \times 10^6 \times \frac{700^{1.85}}{120^{1.85} \times 100^{4.87}} \times 80\text{m} = 2.3\text{m}$$
∴ 2.3m

나) ①~② 구간에서 마찰손실수두는 몇 m인가?

해설 및 정답
$$\Delta P = 6.053 \times 10^6 \times \frac{350^{1.85}}{120^{1.85} \times 80^{4.87}} \times 120\text{m} = 2.84\text{m}$$
∴ 2.84m

다) 소화전 ②에서 최소 방사압력을 유지하기 위해서 출발점에서의 압력은 수두로 몇 m인가?

해설 및 정답 출발점의 압력 = 2.3m + 2.84m + 1m + 25m = 31.14m
∴ 31.14m

11 아래의 평면도를 가지는 특정소방대상물에 공동배출방식으로 제연설비를 설치하려고 한다. 각 제연구역은 벽으로 구획되어 있으며, 바닥으로부터 천장까지의 높이는 2.7m일 때 다음 각 물음에 답하시오. **6점**

```
        10m    10m    9m
      ┌──────┬──────┬─────┐
10m   │  A   │  B   │  C  │
      └──────┴──────┴─────┘
```

가) 배출기가 배출하여야 할 최소 소요풍량은 몇 CMH인가?

해설 및 정답 A제연구역의 배출량 = 100m² × 1m³/m²·min × 60min/hr = 6,000m³/hr
B제연구역의 배출량 = 100m² × 1m³/m²·min × 60min/hr = 6,000m³/hr
C제연구역의 배출량 = 90m² × 1m³/m²·min × 60min/hr = 5,400m³/hr
∴ 배출량 = 6,000m³/hr + 6,000m³/hr + 5,400m³/hr = 17,400m³/hr(CMH)
∴ 17,400CMH

나) 배출기의 흡입 측 주덕트의 최소 단면적은 몇 m²인가?

해설 및 정답
흡입 측 풍도의 단면적(A) = $\dfrac{\frac{17,400}{3,600}\text{m}^3/\text{s}}{15\text{m/s}} = 0.322\text{m}^2$
∴ 0.322m²

다) 배출기의 배출 측 주덕트의 최소 단면적은 몇 m²인가?

해설 및 정답

흡입 측 풍도의 단면적$(A) = \dfrac{\dfrac{17,400}{3,600}\text{m}^3/\text{s}}{20\text{m/s}} = 0.241\text{m}^2$

∴ 0.241m²

12 주어진 평면도와 [설계조건]을 기준으로 방호대상 구역별로 소요되는 전역방출방식의 할론소화설비에서 각 실의 방출 노즐당 설계 방출량(kg/s)을 계산하시오. 8점

> **설계조건**
> 1. 할론 저장용기는 고압식 용기로서 각 용기의 약제용량은 50kg이다.
> 2. 용기밸브의 작동방식은 가스압력식으로 한다.
> 3. 방호대상구역은 4개 구역으로서 각 구역마다 개구부의 존재는 무시한다.
> 4. 각 방호대상구역에서의 체적(m³)당 약제 소요량 기준은 다음과 같다.
>   실 A : 0.33kg/m³   실 B : 0.52kg/m³
>   실 C : 0.33kg/m³   실 D : 0.52kg/m³
> 5. 각 실의 바닥으로부터 천장까지의 높이는 모두 5m이다.
> 6. 분사 헤드의 수량은 도면 수량 기준으로 한다.
> 7. 설계 방출량(kg/s) 계산 시 약제 용량은 적용되는 용기의 용량 기준으로 한다.

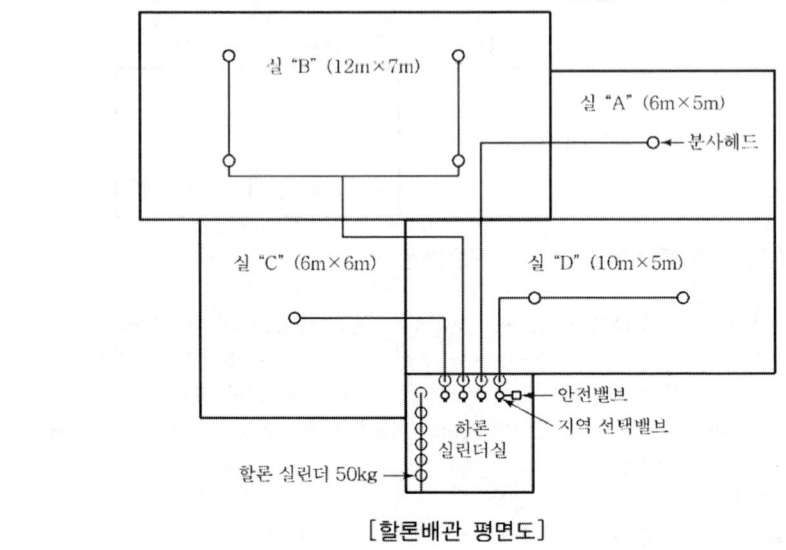

[할론배관 평면도]

가) 실 "A"의 방출 노즐당 설계 방출량(kg/s)

해설및정답 $W(\text{kg}) = 150\text{m}^3 \times 0.33\text{kg/m}^3 = 49.5\text{kg}$

$$\text{병수} = \frac{49.5\text{kg}}{50\text{kg/병}} = 0.99 = 1\text{병}$$

$$\therefore \text{노즐당 설계방출량} = \frac{50\text{kg}}{1\text{개} \times 10s} = 5\text{kg/s}$$

∴ 5kg/s

나) 실 "B"의 방출 노즐당 설계 방출량(kg/s)

해설및정답 $W(\text{kg}) = 420\text{m}^3 \times 0.52\text{kg/m}^3 = 218.4\text{kg}$

$$\text{병수} = \frac{218.4\text{kg}}{50\text{kg/병}} = 4.37 = 5\text{병}$$

$$\therefore \text{노즐당 설계방출량} = \frac{5 \times 50\text{kg}}{4\text{개} \times 10s} = 6.25\text{kg/s}$$

∴ 6.25kg/s

다) 실 "C"의 방출 노즐당 설계 방출량(kg/s)

해설및정답 $W(\text{kg}) = 180\text{m}^3 \times 0.33\text{kg/m}^3 = 59.4\text{kg}$

$$\text{병수} = \frac{59.4\text{kg}}{50\text{kg/병}} = 1.19 = 2\text{병}$$

$$\therefore \text{노즐당 설계방출량} = \frac{2 \times 50\text{kg}}{1\text{개} \times 10s} = 10\text{kg/s}$$

∴ 10kg/s

라) 실 "D"의 방출 노즐당 설계 방출량(kg/s)

해설및정답 $W(\text{kg}) = 250\text{m}^3 \times 0.52\text{kg/m}^3 = 130\text{kg}$

$$\text{병수} = \frac{130\text{kg}}{50\text{kg/병}} = 2.6 = 3\text{병}$$

$$\therefore \text{노즐당 설계방출량} = \frac{3 \times 50\text{kg}}{2\text{개} \times 10s} = 7.5\text{kg/s}$$

∴ 7.5kg/s

기출문제

13 물분무소화설비를 설치하는 차고 또는 주차장의 배수설비 설치기준을 설명한 것이다. ( ) 안에 알맞은 내용을 작성하시오. [3점]

> 1. 차량이 주차하는 장소의 적당한 곳에 높이 (①)cm 이상의 경계턱으로 배수구를 설치할 것
> 2. 배수구에는 새어나온 기름을 모아 소화할 수 있도록 길이 (②)m 이하마다 집수관, 소화피트 등 기름분리장치를 설치할 것
> 3. 차량이 주차하는 바닥은 배수구를 향하여 (③) 이상의 기울기를 유지할 것

해설 및 정답 ① 10   ② 40   ③ $\frac{2}{100}$

14 다음 제연설비에 관한 각 물음에 답하시오. [8점]

가) 제연구역의 바닥면적이 350m², 전압이 90mmAq이며, 송풍기 효율은 70%이다. 송풍기의 전동기 동력을 구하시오(K=1.1).

해설 및 정답 배출 풍량 = 350m² × 1m³/m² · min × 60min/hr = 21,000m³/hr

$$P[kW] = \frac{90kgf/m^2 \times (21,000m^3/3,600s)}{0.7 \times 102} \times 1.1 = 8.09kW$$

∴ 8.09kW

나) 특별피난계단의 계단실 및 부속실 제연설비의 유입공기의 배출방식 3가지를 쓰시오.

해설 및 정답
1. 수직풍도에 따른 배출
2. 배출구에 따른 배출
3. 제연설비에 따른 배출

다) 특별피난계단의 계단실 및 부속실 제연설비의 방연풍속에 관하여 ( ) 안을 채우시오.

제연구역		방연풍속
계단실 및 그 부속실을 동시에 제연하는 것 또는 계단실만 단독으로 제연하는 것		(①)m/s 이상
부속실만 단독으로 제연하는 것	부속실이 면하는 옥내가 거실인 경우	(②)m/s 이상
	부속실이 면하는 옥내가 복도로서 그 구조가 방화구조(내화시간이 30분 이상인 구조를 포함한다.)인 것	(③)m/s 이상

해설 및 정답 ① 0.5   ② 0.7   ③ 0.5

15 스프링클러설비가 설치된 높이 10.5m인 특수가연물을 저장하는 랙크식 창고(랙크높이 8m)에 정방형으로 라지드롭형 스프링클러를 설치하고자 할 때 다음 물음에 답하시오(단. 랙크식 창고 및 랙크는 가로 35m, 세로 68m이다). **8점**

가) 설치해야 할 최소 헤드의 수는 몇 개인가?

해설 및 정답 [설치열]
천장 1열
랙크 $\dfrac{8m}{3m/병} = 2.66$ ∴ 3열
→ 총 4열 설치
$S = 2 \times 1.7m \times \cos 45° = 2.4m$
가로열 헤드 수 $= \dfrac{35m}{2.4m/개} = 14.6$ ∴ 15개
세로열 헤드 수 $= \dfrac{68m}{2.4m/개} = 28.33$ ∴ 29개
열당 헤드 수 $= 15개 \times 29개 = 435개$
∴ $435개/열 \times 4열 = 1,740개$
∴ 1,740개

나) 가압송수장치의 분당 토출량(L/min)은?

해설 및 정답 분당 토출량 $= 30개 \times 160L/min = 4,800L/min$
∴ 4,800L/min

다) 필요한 1차 수원의 양(m^3)은?

해설 및 정답 1차 수원의 양 $= 30 \times 160L/min \times 60min = 288,000L = 288m^3$
∴ $288m^3$

라) 옥상수조에 저장하여야 할 수원의 양(m^3)은?

해설 및 정답 옥상 수원의 양 $= 288m^3 \times 1/3 = 96m^3$
∴ $96m^3$

기출문제

16 방호구역의 체적이 600m³(가로 20m, 세로 10m, 높이 3m)인 실에 전역방출방식의 분말소화설비를 설치하려고 할 때 다음 물음에 답하시오. **6점**

> **조건**
> 1. 분말약제는 1종 분말을 사용한다.
> 2. 분사헤드 1개의 방사량은 1.5kg/s이며 방사시간 30초 기준이다.
> 3. 설비방식은 가압식이며, 추진가스로는 질소를 사용한다.
> 4. 질소용기의 내용적은 68L이다.
> 5. 질소용기의 내부압력은 최대 150kgf/cm²이다(대기압은 1.0332kgf/cm²이다).
> 6. 저장용기실의 온도는 20℃이다.

가) 분말소화약제의 저장량은 몇 kg인가?

해설 및 정답 약제 저장량 = (600m³ × 0.6kg/m³) = 360kg
∴ 360kg

나) 질소용기의 필요병수는 최소 몇 병인가?

해설 및 정답 질소의 저장량 = 360kg × 40L/kg = 14,400L (1기압, 35℃)

$$V_2 = \frac{293K \times 1.0332 kgf/cm^2}{308K \times 151.0332 kgf/cm^2} \times 14,400L = 93.71L$$

∴ 병 수 = $\frac{93.71L}{68L/병}$ = 1.38

∴ 2병

다) 개폐밸브 직후의 유량(kg/s)은?

해설 및 정답 유량 = $\frac{360kg}{30s}$ = 12kg/s

∴ 12kg/s

라) 설치하여야 하는 헤드의 수는 몇 개인지 답하고 헤드 배치도를 그리시오.

해설 및 정답 $\frac{12kg/s}{1.5kg/s \cdot 개}$ = 8개

① 헤드의 수 : 8개, ② 헤드 배치도

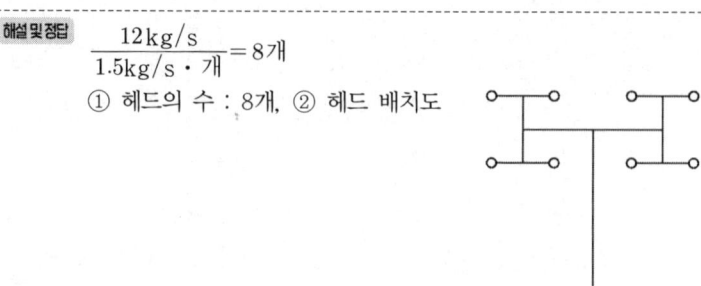

2021년 제1회 소방설비기사[기계분야] 2차 실기

2021년 4월 25일 시행

01 다음의 각 특정대상물에 피난기구를 설치하고자 한다. 다음 물음에 답하시오. [6점]

> **조건**
> 1. 각 특정 소방대상물의 용도 및 구조는 다음과 같다.
>   ① A바닥면적은 1,200m²이며, 주요구조부가 내화구조이고 거실의 각 부분으로 직접 복도로 이어진 4층의 학교(강의실 용도)
>   ② B바닥면적은 800m²이며, 5층의 객실수 6개인 숙박시설
>   ③ C바닥면적은 1,000m²이며, 주요구조부가 내화구조이고 피난계단이 2개소 설치된 8층의 병원
> 2. 피난기구는 완강기를 설치하며, 간이완강기는 설치하지 않는 것으로 가정한다.
> 3. 만약 피난기구를 설치하지 않아도 되는 경우에는 계산과정을 적지 아니하고 답란에 0을 적는다.
> 4. 기타 조건 이외의 감소되거나 면제되는 조건은 없다.

가) A, B, C의 특정대상물에 설치하여야 할 피난기구의 개수를 각각 구하시오.

해설 및 정답 ① A
「피난기구의 화재안전기술기준(NFTC 301) 2.2(설치제외)」
2.2.1.5 주요구조부가 내화구조로서 거실의 각 부분으로 직접 복도로 피난할 수 있는 학교(강의실 용도로 층에 한한다)
∴ 0개

② B

설치대상	설치개수
숙박시설·노유자시설 및 의료시설	그 층의 바닥면적 500m²마다 1개 이상
위락시설·문화집회 및 운동시설·판매시설 복합용도의 층	그 층의 바닥면적 800m²마다 1개 이상
계단실형 아파트	각 세대마다 1개 이상
그 밖의 용도의 층	그 층의 바닥면적 1,000m²마다 1개 이상

※ 숙박시설(휴양콘도미니엄을 제외한다)의 경우에는 추가로 객실마다 완강기 또는 둘 이상의 간이완강기를 설치할 것

기본설치개수 = $\dfrac{바닥면적[m^2]}{500m^2/개} = \dfrac{800m^2}{500m^2/개} = 1.6 ≒ 2개$

객실마다 추가 완강기=6개 (객실수 6개, 조건2에 따라 간이완강기 설치불가)
∴ 2+6=8개

③ C

$$기본설치개수 = \frac{바닥면적[m^2]}{500m^2/개} = \frac{1,000m^2}{500m^2/개} = 2개$$

「피난기구의 화재안전기술기준(NFTC 301) 2.3(피난기구설치의 감소)」
2.3.1 피난기구를 설치하여야 할 소방대상물 중 다음의 기준에 적합한 층에는 2.1.2에 따른 피난기구의 2분의 1을 감소할 수 있다. 이 경우 설치하여야 할 피난기구의 수에 있어서 소수점 이하의 수는 1로 한다.
  2.3.1.1 주요구조부가 내화구조로 되어 있을 것
  2.3.1.2 직통계단인 피난계단 또는 특별피난계단이 2 이상 설치되어 있을 것

∴ $2 \times \frac{1}{2} = 1개$

∴ A : 0개, B : 8개, C : 1개

나) B의 경우 적응성 있는 피난기구 3가지를 쓰시오(단, 완강기와 간이완강기는 제외하고 답할 것).

해설 및 정답 구조대, 다수인 피난장비, 승강식 피난기, 피난교, 피난사다리 중 택 3

02 스프링클러설비의 반응시간지수(Response Time Index)에 대하여 식을 포함해서 설명하시오.
4점

해설 및 정답 $RTI = \tau\sqrt{u}$, 기류의 온도, 속도 및 작동시간에 대하여 스프링클러헤드의 반응을 예상한 지수

03 지하 2층, 지상 11층인 사무소 건축물에 아래와 같은 [조건]에서 스프링클러설비를 설계하고자 할 때 다음 각 물음에 답하시오. 6점

조건
1. 건축물은 내화구조이며 기준층(1~11층)의 평면도는 다음과 같다.
2. 펌프의 풋밸브로부터 최상단 헤드까지의 실양정은 48m이고, 배관 및 관부속품에 대한 마찰손실수두는 12m이다.
3. 모든 규격치는 최소량을 적용한다.
4. 펌프의 효율은 65%이며, 전달계수는 10%로 한다.

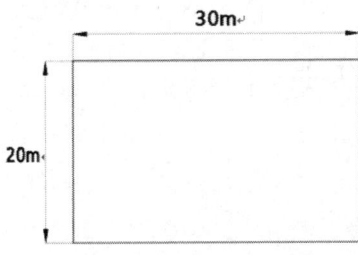

가) 지상층에 설치된 스프링클러헤드 개수는 몇 개인지 구하시오(단, 정방형으로 배치한다).

해설 및 정답 $S = 2 \times 2.3\text{m} \times \cos 45° = 3.25\text{m}$

가로열 설치개수 $= \dfrac{30\text{m}}{3.25\text{m}/개} = 9.22$ ∴ 10개

세로열 설치개수 $= \dfrac{20\text{m}}{3.25\text{m}/개} = 6.15$ ∴ 7개

∴ 7개 × 10개 × 11개층 = 770개
∴ 770개

나) 펌프의 전양정[m]를 구하시오.

해설 및 정답 전양정 $H = h_1 + h_2 + 10\text{m} = 12\text{m} + 48\text{m} + 10\text{m} = 70\text{m}$
∴ 70m

다) 펌프의 전동기 용량[kW]을 구하시오.

해설 및 정답 $P[\text{kW}] = \dfrac{\gamma Q H}{102\eta} K = \dfrac{1,000 \times \dfrac{2.4}{60} \times 70}{102 \times 0.65} \times 1.1 = 46.455\text{kW} ≒ 46.46\text{kW}$

∴ 46.46kW

기출문제

04 원심펌프가 회전수 3,600rpm으로 회전할 때의 전양정은 128m이고, 1.228m³/min의 유량을 가진다. 비속도의 범위가 200~260rpm·m^0.75/min^0.5인 펌프를 설정할 때 몇 단 펌프가 되는지 구하시오. [5점]

해설 및 정답

비속도 $N_s = \dfrac{N\sqrt{Q}}{\left(\dfrac{H}{n}\right)^{\frac{3}{4}}}$

따라서 $200 = \dfrac{3600\sqrt{1.228}}{\left(\dfrac{128}{n}\right)^{\frac{3}{4}}}$, $n = 2.366$

$260 = \dfrac{3600\sqrt{1.228}}{\left(\dfrac{128}{n}\right)^{\frac{3}{4}}}$, $n = 3.357$

∴ 3단

05 분말소화설비의 전역방출방식에 있어서 방호구역의 체적인 400m³일 때 설치되는 최소 분사헤드의 수는 몇 개인지 구하시오(단, 분말은 제3종이며, 분사헤드 1개의 방사량은 10kg/min이다). [3점]

해설 및 정답

분사헤드의 개수 = $\dfrac{총\ 방사유량[kg/\min]}{헤드\ 1개의\ 방사유량[kg/\min]} = \dfrac{144kg/0.5\min}{10kg/\min 개} = 28.8 ≒ 29개$

소화약제의 양 = $V(\text{m}^3) \times \alpha(kg/\text{m}^3) = 400 \times 0.36 = 144kg$

∴ 29개

06 소방용 합성수지배관을 설치할 수 있는 장소 3가지를 쓰시오. [5점]

해설 및 정답
1. 배관을 지하에 매설하는 경우
2. 다른 부분과 내화구조로 구획된 덕트 또는 피트의 내부에 설치하는 경우
3. 천장(상층이 있는 경우에는 상층바닥의 하단을 포함)과 반자를 불연재료 또는 준불연재료로 설치하고, 소화배관 내부에 항상 소화수가 채워진 상태로 배관을 설치하는 경우

07 실의 크기가 가로 20m× 세로 15m×높이 5m인 공간에서 큰 화염의 화재가 발생하여 t초 시간 후의 청결층 높이 y[m]의 값이 1.8m가 되었다. 화염둘레길이가 큰 화염일 경우 다음 [조건]을 이용하여 각 물음에 답하시오. **4점**

조건

1. $Q = \dfrac{A(H-y)}{t}$

    (Q : 연기발생량[m³/s], A : 화재실의 면적[m²], H : 화재실의 높이[m])

2. 위 식에서 시간 t초는 다음의 Hinkley식을 만족한다.

    $t = \dfrac{20A}{P \times \sqrt{g}} \times \left(\dfrac{1}{\sqrt{y}} - \dfrac{1}{\sqrt{H}} \right)$

    (단, g는 중력가속도로 9.81m/s²이고, P는 화재경계의 길이[m]로서 큰 화염의 경우에는 12m, 중간 화염의 경우에는 6m, 작은 화염의 경우에는 4m이다)

3. 연기생성률(M[kg/s])에 관한 식은 다음과 같다.

    $M = 0.188 \times P \times y^{\frac{3}{2}}$

가) 상부의 배연구로부터 몇 m³/min의 연기를 배출하여야 청결층의 높이가 유지되는지 구하시오.

해설 및 정답 연기발생량 $Q = \dfrac{A(H-y)}{t}$

연기하강시간 $t = \dfrac{20A}{P \times \sqrt{g}} \times \left(\dfrac{1}{\sqrt{y}} - \dfrac{1}{\sqrt{H}} \right)$

$= \dfrac{20 \times (20 \times 15)}{12 \times \sqrt{9.81}} \times \left(\dfrac{1}{\sqrt{1.8}} - \dfrac{1}{\sqrt{5}} \right) = 47.595s$

$\therefore Q = \dfrac{A(H-y)}{t} = \dfrac{20 \times 15 \times (5 - 1.8)}{47.595} \times \dfrac{60s}{1\min} = 1{,}210.2 m^3/\min$

$\therefore 1{,}210.2 m^3/\min$

나) 연기생성률[kg/s]을 구하시오.

해설 및 정답

$M = 0.188 \times P \times y^{\frac{3}{2}} = 0.188 \times 12 \times 1.8^{\frac{3}{2}} = 5.448 kg/s ≒ 5.45 kg/s$

$\therefore 5.45 kg/s$

기출문제

08 소화배관에 0.2m³/s의 유량이 흐르고 있다가 A, B의 분기관으로 나뉘어 흐르다 다시 합쳐진다. **6점**

> **조건**
> 1. A, B 분기관의 관마찰계수는 0.02이다.
> 2. A 분기관의 길이는 1,000m이고, 직경은 200mm이다.
> 3. B 분기관의 길이는 300m이고, 직경은 150mm이다.

가) 배관 A와 B의 유속[m/s]을 구하시오.

해설 및 정답 배관 A와 배관 B의 마찰손실수두가 동일하므로

$$H_A = H_B, \quad f \times \frac{L_A}{D_A} \times \frac{U_A^2}{2g} = f \times \frac{L_B}{D_B} \times \frac{U_B^2}{2g}$$

$$0.02 \times \frac{1,000}{0.2} \times \frac{U_A^2}{2 \times 9.8} = 0.02 \times \frac{300}{0.15} \times \frac{U_B^2}{2 \times 9.8}$$

$$\therefore U_A = \sqrt{\frac{300}{1000} \times \frac{0.2}{0.15} \times U_B^2} = 0.632 U_B$$

또한, 합쳐진 유량은 두 분기관의 유량의 합과 같으므로

$$Q = Q_A + Q_B = A_A U_A + A_B U_B = 0.2 m^3/s$$

$$= \left(\frac{\pi}{4} \times 0.2^2\right) U_A + \left(\frac{\pi}{4} \times 0.15^2\right) U_B$$

$$= \left(\frac{\pi}{4} \times 0.2^2\right) \times 0.632 U_B + \left(\frac{\pi}{4} \times 0.15^2\right) \times U_B$$

$$(\because U_A = 0.632 U_B)$$

$$0.2 = \left(\frac{\pi}{4} \times 0.2^2\right) \times 0.632 U_B + \left(\frac{\pi}{4} \times 0.15^2\right) \times U_B$$

$$\therefore U_B = 5.33 m/s, \quad U_A = 0.632 U_B = 0.632 \times 5.33 = 3.37 m/s$$

$$\therefore U_A = 3.37 m/s, \quad U_B = 5.33 m/s$$

나) 배관 A와 B의 유량[m³/s]을 구하시오.

해설 및 정답
① A지점의 유량 $Q_A = A_A U_A = \frac{\pi}{4} \times 0.2^2 \times 3.37 = 0.105 = 0.11 m^3/s$

② B지점의 유량 $Q_B = Q - Q_A = 0.2 - 0.11 = 0.09 m^3/s$

$\therefore Q_A = 0.11 m^3/s, \quad Q_B = 0.09 m^3/s$

09 체크밸브의 종류 중 스윙형, 리프트형의 특징을 각 2개씩 작성하시오. [4점]

해설 및 정답
① 스윙형 체크밸브
- 유체에 대한 마찰저항이 리프트형보다 작다.
- 소구경배관, 수직배관에 주로 사용한다.

② 리프트형 체크밸브
- 유체에 대한 마찰저항이 크다.
- 대구경배관, 수평, 수직배관에 모두 사용한다.

10 경유를 저장하는 위험물 옥외저장탱크의 높이가 7m, 직경 10m인 콘루프탱크(Cone Roof Tank)에 Ⅱ형 포방출구 및 옥외보조포소화전 2개가 설치되었다. [조건]을 참고하여 각 물음에 답하시오. [8점]

조건
1. 배관 및 관부속품의 낙차수두와 마찰손실수두의 합은 55m이다.
2. 폼챔버의 방출압력은 0.3MPa이며, 보조포소화전 압력수두는 무시한다.
3. 펌프의 효율은 65%(전동기와 펌프 직결)이고, 전달계수 K=1.1이다.
4. 포소화약제는 3% 수성막포를 사용하며, 포수용액의 비중이 물의 비중과 같다고 가정한다.
5. 배관의 송액량은 무시한다.
6. 고정포 방출구의 방출량 및 방사시간

위험물의 종류	Ⅰ형 방출률 (L/m²분)	Ⅰ형 방사시간(분)	Ⅱ형 방출률 (L/m²분)	Ⅱ형 방사시간(분)	특형 방출용 (L/m²분)	특형 방사시간(분)
제4류 위험물 중 인화점이 섭씨 21도 미만의 것	4	30	4	55	8	30
제4류 위험물 중 인화점이 섭씨 21도 이상 70도 미만일 것	4	20	4	30	8	20
제4류 위험물 중 인화점이 섭씨 70도 이상의 것	4	15	4	25	8	15

가) 포소화약제량[L]을 구하시오.

해설 및 정답 고정포방출구 포소화약제의 양 $Q_1 = A \times Q_l \times T \times S$

$$= \frac{\pi}{4} \times 10^2 \times 4 \times 30 \times 0.03 = 282.743L$$

보조포소화전 포소화약제의 양 $Q_2 = N \times S \times 8{,}000 = 2 \times 0.03 \times 8{,}000 = 480L$

∴ 포소화약제의 양 $Q = Q_1 + Q_2 = 282.743 + 480 = 762.743 ≒ 762.74L$

∴ 762.74L

기출문제

나) 펌프의 동력[kW]을 구하시오.

해설 및 정답

$$P = \frac{\gamma QH}{102\eta}K = \frac{1,000 \times \frac{1.114}{60} \times 85}{102 \times 0.65} \times 1.1 = 26.183 ≒ 26.18kW$$

토출량 $Q = A \times Q_l + N \times 400 = \frac{\pi}{4}(10)^2 \times 4 + 2 \times 400$

$= 1,114.159 L/min = 1.114 m^3/min$

전양정 $H = h_1 + h_2 + h_3 + h_4 = 30m + 55m = 85m$

∴ 26.18kW

11

다음은 옥내소화전설비의 가압송수방식 중 하나인 압력수조에 따른 설계도이다. 다음 각 물음에 답하시오(단, 배관, 관부속품 및 호스의 마찰손실수두는 6.5m이다). **6점**

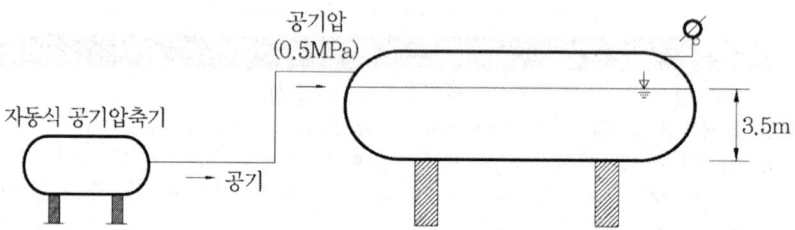

가) 탱크의 바닥압력[MPa]을 구하시오.

해설 및 정답 압력수조탱크의 바닥압력 = 공기압 + 낙차

∴ 0.5MPa + 0.035MPa = 0.535MPa

∴ 0.535MPa

나) 화재안전기준에 의한 규정방수압력에 적합하도록 설계할 수 있는 건축물의 높이[m]를 구하시오.

해설 및 정답 압력수조방식 $P = P_1 + P_2 + 0.17$

P_1 : 배관 및 관부속품, 소방호스의 마찰손실수두압력[MPa]

P_2 : 낙차의 환산수두압력[MPa] = 건축물의 높이[m]

∴ 0.535MPa = 0.065MPa + P_2 + 0.17MPa

$P_2 = 0.3MPa = 30m$

∴ 30m

다) 자동식 공기압축기의 설치목적에 대하여 설명하시오.

해설 및 정답 가압송수장치의 기능 및 규정방수압력 이상 유지

12 할론소화설비에서 [그림]의 방출방식에 대한 종류(명칭)을 쓰고, 해당 방식에 대하여 설명하시오. 4점

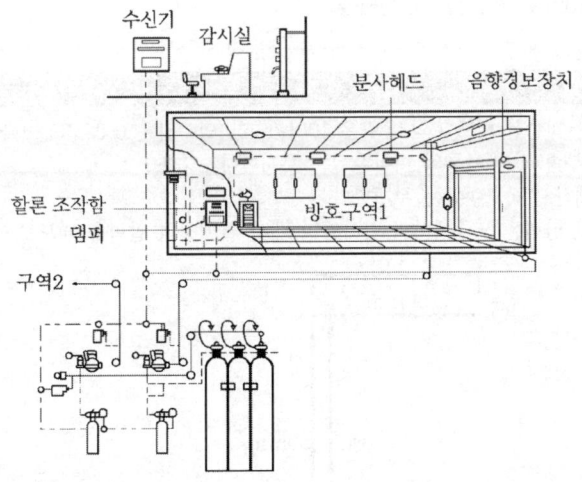

가) 위 [그림]의 방출방식의 종류(명칭)

해설 및 정답 ▸ 전역방출방식

나) 해당 방출방식에 대해 설명하시오.

해설 및 정답 ▸ 고정식 할론 공급장치에 배관 및 분사헤드를 고정 설치하여 밀폐 방호구역 내에 할론을 방출하는 설비

13 흡입측 배관의 마찰손실수두가 2m일 때 공동현상이 일어나지 않을 수원의 수면으로부터 소화펌프까지의 설치높이는 몇 m 미만으로 하는지 구하시오(단, 펌프의 필요흡입수두(NPSH$_{re}$)는 7.5m, 흡입관의 속도수두는 무시하고 대기압은 표준대기압, 물의 온도는 20°C이고, 이때의 포화수증기압은 2,340Pa, 비중량은 9,800N/m³이다). 5점

해설 및 정답 ▸ 유효흡입수두가 필요흡입수두 이상이어야 하므로
$NPSH_{av} \geq NPSH_{re}$
$NPSH_{av} = \dfrac{P_O}{\gamma} - \dfrac{P_v}{\gamma} - \dfrac{P_h}{\gamma} - h$
$7.5m = 10.332m - \dfrac{2340}{9800}(m) - 2m - h$
$h = 0.593 ≒ 0.59\text{m}$
∴ 0.59m 미만

기출문제

14 [그림]은 연결살수설비의 계통도이다. 주어진 [조건]을 참조하여 이 설비가 작동되었을 경우 표의 유량, 구간손실, 손실계 등을 답란의 요구순서대로 수리계산하여 산출하시오(단, 0.1MPa=10m로 계산한다). **12점**

조건
1. 설치된 개방형 헤드 A의 유량은 100L/min, 방수압은 0.25MPa이다.
2. 배관 부속 및 밸브류의 마찰손실은 무시한다.
3. 수리계산시 속도수두는 무시한다.
4. 필요한 압력은 노즐에서의 방사압과 배관 끝에서의 압력을 별도로 구한다.

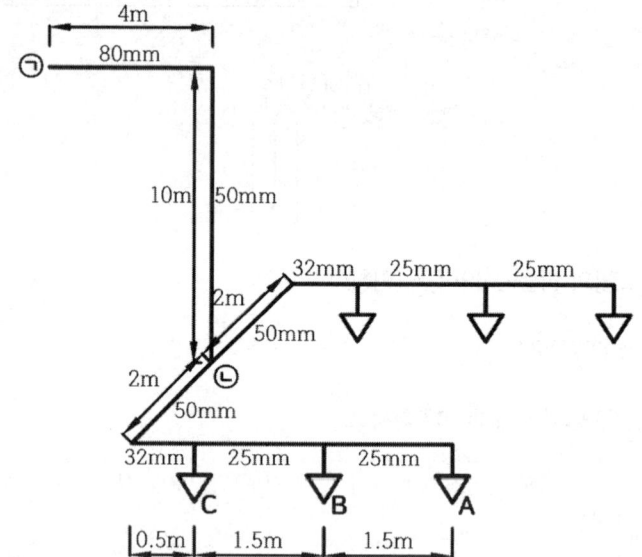

구간	유량[L/min]	길이[m]	1m당 마찰손실[MPa]	구간손실[MPa]	낙차[m]	손실계[MPa]
헤드 A	100	–	–	–	–	0.25
A ~ B	100	1.5	0.02	0.03	0	①
헤드 B	②	–	–	–	–	–
B ~ C	③	1.5	0.04	④	0	⑤
헤드 C	⑥	–	–	–	–	–
C ~ ㉡	⑦	2.5	0.06	⑧	0	⑨
㉡ ~ ㉠	⑩	14	0.01	⑪	-10	⑫

해설 및 정답

① $P_B = P_A + \Delta P_{AB} = 0.25 + 0.03 = 0.28 MPa$ ($\because 0.1 MPa = 10m$)

② $Q_B = K\sqrt{10P_B} = 63.245\sqrt{10 \times 0.28} = 105.829 ≒ 105.83 L/min$

$(\because K = \dfrac{Q}{\sqrt{10P}} = \dfrac{100 L/min}{\sqrt{10 \times 0.25 MPa}} = 63.245)$

③ $Q_{BC} = Q_A + Q_B = 100 + 105.83 = 205.83 \text{L/min}$
④ $\Delta P_{BC} = 1.5 \times 0.04 = 0.06 \text{MPa}$
⑤ $P_C = P_B + \Delta P_{BC} = 0.28 + 0.06 = 0.34 \text{MPa}$
⑥ $Q_C = K\sqrt{10P_C} = 63.245\sqrt{10 \times 0.34} = 116.618 ≒ 116.62 \text{L/min}$
⑦ $Q_{Cⓛ} = Q_A + Q_B + Q_C = 100 + 105.83 + 116.62 = 322.45 \text{L/min}$
⑧ $\Delta P_{Cⓛ} = 2.5 \times 0.06 = 0.15 \text{MPa}$
⑨ $P_ⓛ = P_C + \Delta P_{Cⓛ} = 0.34 + 0.15 = 0.49 \text{MPa}$
⑩ $Q_{ⓛⓘ} = (Q_A + Q_B + Q_C) \times 2 = 322.45 \times 2 = 644.9 \text{L/min}$
⑪ $P_{ⓛⓘ} = 14 \times 0.01 = 0.14 \text{MPa}$
⑫ $P_ⓘ = P_ⓛ + \Delta P_{ⓛⓘ} + P_{낙차} = 0.49 + 0.14 + (-0.1) = 0.53 \text{MPa}$

구간	유량[L/min]	길이[m]	1m당 마찰손실[MPa]	구간손실[MPa]	낙차[m]	손실계[MPa]
헤드 A	100	–	–	–	–	0.25
A ~ B	100	1.5	0.02	0.03	0	① 0.28
헤드 B	② 105.83	–	–	–	–	–
B ~ C	③ 205.83	1.5	0.04	④ 0.06	0	⑤ 0.34
헤드 C	⑥ 116.62	–	–	–	–	–
C ~ ⓛ	⑦ 322.45	2.5	0.06	⑧ 0.15	0	⑨ 0.49
ⓛ ~ ⓘ	⑩ 644.9	14	0.01	⑪ 0.14	–10	⑫ 0.53

15 가로 12m, 세로 18m, 높이 3m인 전기실에 이산화탄소소화설비가 작동하여 화재가 진압되었다. 개구부에 자동폐쇄장치가 되어있는 경우 다음 [조건]을 이용하여 물음에 답하시오. **10점**

> **조건**
> 1. 공기 중 산소의 부피농도는 21%이며, 이산화탄소 방출 후 산소의 농도는 15%이다.
> 2. 대기압은 760mmHg이고, 이산화탄소소화약제의 방출 후 실내기압은 800mmHg이다.
> 3. 저장용기의 충전비는 1.6이고, 체적은 80L이다.
> 4. 실내온도는 18℃이며, 기체상수 R은 0.082atm · L/K · mol로 계산한다.

가) CO_2 농도[%]를 구하시오.

해설 및 정답
$$CO_2\% = \frac{21 - O_2\%}{21} \times 100 = \frac{21-15}{21} \times 100 = 28.571 ≒ 28.57\%$$
∴ 28.57%

기출문제

나) CO_2의 방출량[m^3]을 구하시오.

해설 및 정답
$$CO_2(m^3) = \frac{21-O_2}{O_2} \times V(m^3) = \frac{21-15}{15} \times (12 \times 18 \times 3) = 259.2m^3$$
∴ 259.2m^3

다) 방출된 CO_2의 양[kg]을 구하시오.

해설 및 정답 이상기체방정식 $PV = \frac{W}{M}RT$ 으로부터
$$W = \frac{PVM}{RT} = \frac{\left(800mmHg \times \frac{1atm}{760mmHg}\right) \times 259.2 \times 44}{0.082 \times (18+273)} = 503.1kg$$
∴ 503.1kg

라) 저장용기의 병수[병]을 구하시오.

해설 및 정답 저장용기의 병수(용기수) = $\frac{\text{소화약제의 저장량}[kg]}{\text{저장용기 1병의 저장량}[kg/\text{병}]} = \frac{503.1}{50} = 10.062 ≒ 11$병

$\left(∵ \text{저장용기 1병의 저장량 } C[kg] = \frac{\text{내용적}[L]}{\text{충전비}[L/kg]} = \frac{80}{1.6} = 50kg\right)$

∴ 11병

마) 심부화재일 경우 선택밸브 직후의 유량[kg/min]을 구하시오.

해설 및 정답 선택밸브 직후의 유량[kg/min] = $\frac{\text{저장용기 1병의 저장량}[kg] \times \text{병수}[\text{병}]}{\text{방출시간}[\min]}$

$= \frac{50 \times 11}{7} = 78.571kg/\min$

$≒ 78.57kg/\min$

∴ 78.57kg/min

16 다음의 덕트설계도 및 [조건], [별표]를 참고하여 제연설비의 설계과정을 작성하시오. **12점**

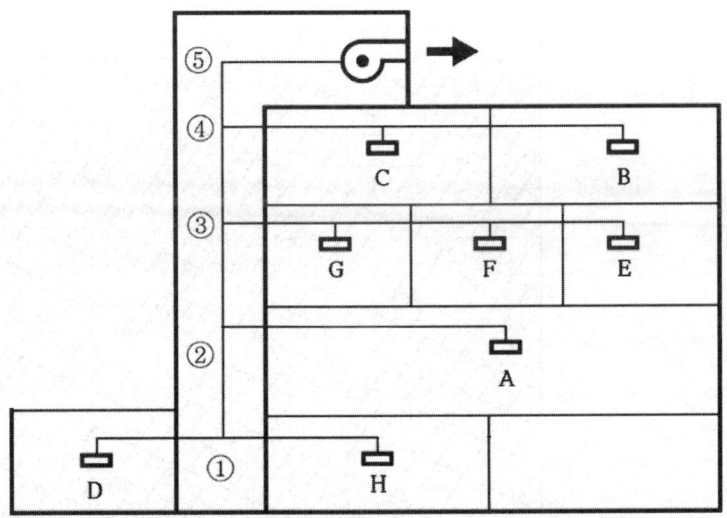

조건

1. A~H는 각 거실의 명칭(제연구획)이다.
2. ①~④지점은 메인 덕트와 분기 덕트의 분기지점이다.
3. A_Q~H_Q는 각 거실의 설계 배연 풍량[m³/min]이다.
4. 배출풍도 계통 중 한 부분의 통과 풍량은 같은 분기덕트에 속하는 말단에 있는 배연구의 해당 풍량 가운데 최대 풍량의 2배가 통과할 수 있게 한다.
5. 각 풍속은 분기덕트 10m/s, 메인덕트 15m/s로 한다.
6. 덕트의 관경은 [별표1]의 그래프를 참고하여 아래의 [보기]에서 선정한다.
   [보기] 32cm, 42cm, 50cm, 62cm, 70cm, 80cm, 92cm, 108cm, 115cm, 130cm
7. 각 거실의 설계 배출풍량은 다음 표와 같다.

구분	배출풍량[m³/min]	구분	배출풍량[m³/min]
A_Q	400	E_Q	180
B_Q	300	F_Q	150
C_Q	250	G_Q	100
D_Q	200	H_Q	80

기출문제

[별표1]

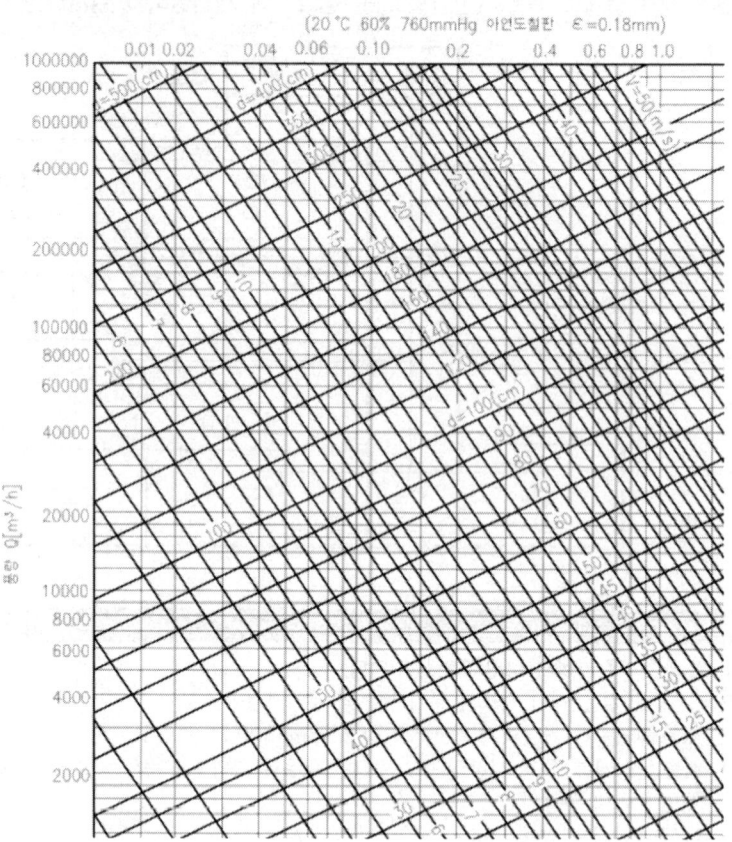

가) 다음 ㉠~㉺을 구하시오.

배출풍도의 부분	통과풍량[m³/min]	덕트의 직경[cm]
D ~ ①	D_Q (200)	70
H ~ ①	H_Q (80)	42
① ~ ②	$2D_Q$ (400)	㉤
A ~ ②	A_Q (400)	108
② ~ ③	$2A_Q$ (800)	108
E ~ F	E_Q (180)	㉥
F ~ G	$2E_Q$ (360)	92
G ~ ③	㉠	㉦
③ ~ ④	㉡	108
B ~ C	B_Q (300)	80
C ~ ④	㉢	115
④ ~ ⑤	㉣	㉧

해설 및 정답 ㉠ $2E_Q$ (360) ㉡ $2A_Q$ (800) ㉢ $2B_Q$ (600) ㉣ $2A_Q$ (800)

㉤ $D = \sqrt{\dfrac{4Q}{\pi U}} = \sqrt{\dfrac{4 \times \dfrac{400}{60}}{\pi \times 15}} = 0.752m = 75.2cm \quad \therefore 80cm$

㉥ $D = \sqrt{\dfrac{4Q}{\pi U}} = \sqrt{\dfrac{4 \times \dfrac{180}{60}}{\pi \times 10}} = 0.618m = 61.8cm \quad \therefore 62cm$

㉦ $D = \sqrt{\dfrac{4Q}{\pi U}} = \sqrt{\dfrac{4 \times \dfrac{360}{60}}{\pi \times 10}} = 0.874m = 87.4cm \quad \therefore 92cm$

㉧ $D = \sqrt{\dfrac{4Q}{\pi U}} = \sqrt{\dfrac{4 \times \dfrac{800}{60}}{\pi \times 15}} = 1.063m = 106.3cm \quad \therefore 108cm$

나) 이 덕트의 소요전압이 19.98mmAq이고, 배출기는 터보형 원심송풍기를 사용하려고 한다. 이 배출기의 이론소요동력[kW]을 구하시오(단, 송풍기의 효율은 50%이며, 여유율은 고려하지 않는다).

해설 및 정답

$P(kW) = \dfrac{P_T \times Q}{102 \times \eta} \times K = \dfrac{19.98 \times \dfrac{800}{60}}{102 \times 0.5} = 5.223 kW ≒ 5.22 kW$

(풍량 Q[m³/min]는 최대 풍량 $2A_Q = 800$m³/min 적용)

∴ 5.22kW

2021년 제2회 소방설비기사[기계분야] 2차 실기

2021년 7월 10일 시행

01 다음과 같이 옥내소화전을 설치하고자 한다. 물음에 답하시오. [9점]

조건
1. 지표면으로부터 최상층 방수구까지의 거리는 28m이고, 소방펌프는 지표면으로부터 3.5m 아래에 설치되어 있으며, 흡입고는 1.5m이다.
2. 직관의 마찰손실 6m, 호스의 마찰손실 6.5m, 관부속품의 마찰손실 8m이다.
3. 소화전의 설치개수는 1층 2개소, 2~4층까지 각 4개소씩, 5, 6층에 각 3개소, 옥상층에는 시험용 소화전을 설치하였다.
4. 수원의 양은 옥상수조의 양을 포함하여 산정한다.
5. 수원의 양 및 가압펌프의 토출량은 15% 가산한 양으로 한다(단, 중복 가산하지 않는다).

가) 전용수원의 용량[m³]을 구하시오.

해설 및 정답 전용수원의 용량 $Q[\text{m}^3] = 2 \times 2.6 \times 1.15 + 2 \times 2.6 \times \dfrac{1}{3} \times 1.15 = 7.973 ≒ 7.97\text{m}^3$

∴ 7.97m^3

나) 옥내소화전 가압송수장치의 펌프토출량[L/min]을 구하시오.

해설 및 정답 펌프토출량 $Q[\text{L/min}] = \text{N} \times 130\text{L/min} \times 1.15 = 2 \times 130 \times 1.15 = 299\text{L/min}$

∴ 299L/min

다) 펌프의 양정[m]을 구하시오.

해설 및 정답 펌프양정 $H = h_1 + h_2 + h_3 + 17$

h_1 : 소방호스 마찰손실수두, h_2 : 배관 및 관부속품 마찰손실수두

h_3 : 실양정(=흡입양정+토출양정)

∴ $H = 6.5\text{m} + (6\text{m} + 8\text{m}) + (1.5\text{m} + 3.5\text{m} + 28\text{m}) + 17\text{m} = 70.5\text{m}$

∴ 70.5m

라) 가압송수장치의 전동기 용량[kW]을 구하시오(단, 효율은 65%, 여유율은 1.1이다).

해설 및 정답

$P = \dfrac{\gamma QH}{102\eta} \times K = \dfrac{1{,}000 \times \dfrac{0.299}{60} \times 70.5}{102 \times 0.65} \times 1.1 = 5.828 ≒ 5.83\text{kW}$

∴ 5.83kW

02

지하 1층의 판매시설로서 해당 용도로 사용하는 바닥면적은 3,000m²이다. 판매시설에 능력단위가 A급 3단위인 분말소화기를 설치할 경우 소화기의 최소 개수를 구하시오. **4점**

해설 및 정답

소화기의 능력단위 = $\dfrac{\text{바닥면적}}{\text{기준면적}} = \dfrac{3{,}000m^2}{100m^2/\text{단위}} = 30\text{단위}$

소화기의 최소 개수 = $\dfrac{30\text{단위}}{3\text{단위/개}} = 10\text{개}$

∴ 10개

03

다음 [그림]은 내화구조로 된 15층 업무시설의 1층 평면도이다. 이 건물의 1층에 정방형으로 습식 폐쇄형 스프링클러헤드를 설치하려고 한다. 다음 물음에 답하시오. **5점**

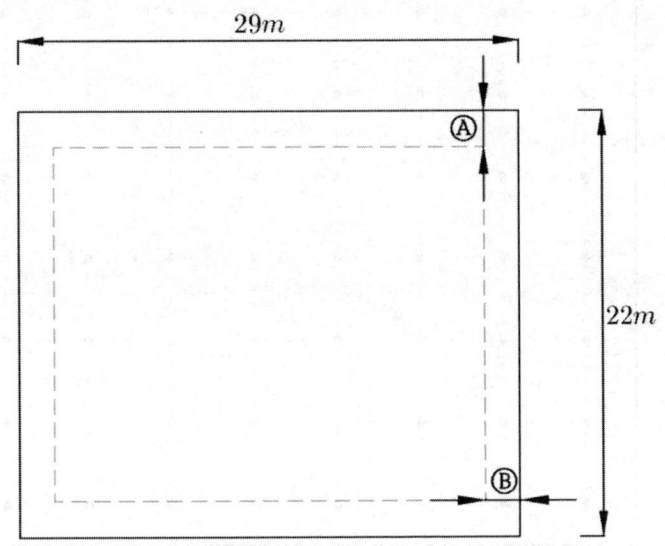

가) 스프링클러헤드의 최소 소요개수를 구하시오.

해설 및 정답 $S = 2 \times 2.3m \times \cos 45° = 3.25m$

가로열 설치개수 = $\dfrac{29m}{3.25m/\text{개}} = 8.92$ ∴ 9개

세로열 설치개수 = $\dfrac{22m}{3.25m/\text{개}} = 6.77$ ∴ 7개

∴ 9개 × 7개 = 63개

∴ 63개

기출문제

나) 다음의 도면에 헤드를 배치하시오(단, 헤드 배치 시에는 배치의 위치를 차수로서 표시하여야 하며, 헤드간 거리는 최대로 배치하고, Ⓐ, Ⓑ간 거리는 최소치로 한쪽으로 치우치지 않게 그리시오).

해설및정답
① 가로의 헤드 배치 간격
  ⅰ) 헤드 간의 최대배치거리 = $3.25m \times (9-1) = 26m$
  ⅱ) 한쪽 벽에서 헤드까지의 거리(Ⓑ) = $\dfrac{29-26}{2} = 1.5m$

② 세로의 헤드 배치 간격
  ⅰ) 헤드 간의 최대배치거리 = $3.25m \times (7-1) = 19.5m$
  ⅱ) 한쪽 벽에서 헤드까지의 거리(Ⓐ) = $\dfrac{22-19.5}{2} = 1.25m$

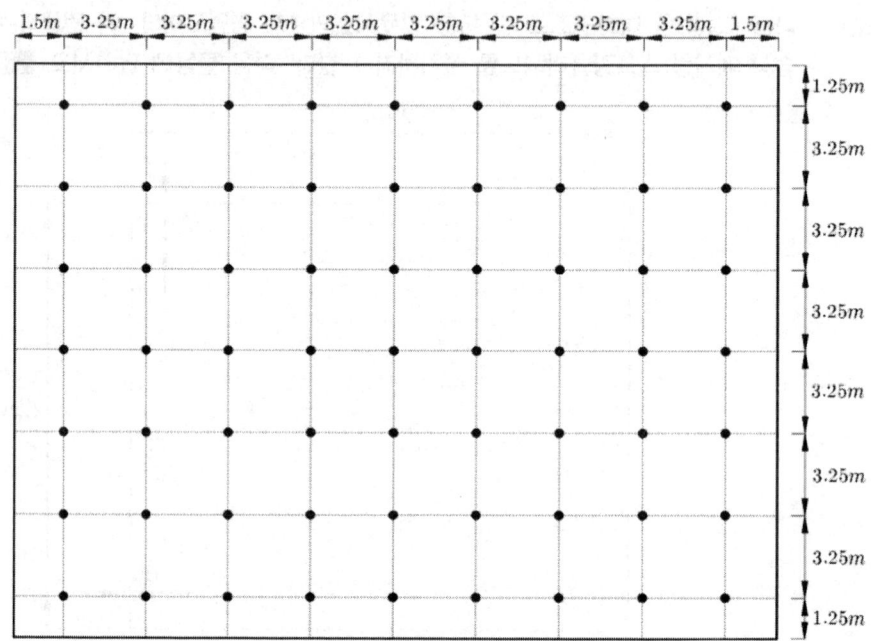

04 다음은 분말소화설비에 관한 사항이다. 빈칸에 알맞은 답을 쓰시오. **8점**

소화약제 주성분		기타사항		
제1종 분말		안전밸브 작동압력	가압식	
제2종 분말			축압식	
제3종 분말		저장용기 충전비		
제4종 분말		가압용 가스용기를 3병 이상 설치한 경우의 전자개방밸브수		

해설 및 정답

소화약제 주성분		기타사항		
제1종 분말	탄산수소나트륨 (NaHCO$_3$)	안전밸브 작동압력	가압식	최고사용압력의 1.8배 이하
제2종 분말	탄산수소칼륨 (KHCO$_3$)		축압식	내압시험압력의 0.8배 이하
제3종 분말	인산암모늄 (NH$_4$H$_2$PO$_4$)	저장용기 충전비		0.8 이상
제4종 분말	탄산수소칼륨+요소 (KHCO$_3$+(NH$_2$)$_2$CO)	가압용 가스용기를 3병 이상 설치한 경우의 전자개방밸브수		2병 이상

05 다음은 지하구의 화재안전기술기준 중 일부이다. 다음 물음에 답하시오. **4점**

가) 다음은 지하구의 정의이다. ( ) 안에 들어갈 내용으로 적합한 것을 쓰시오

> 전력통신용의 전선이나 가스냉난방용의 배관 또는 이와 비슷한 것을 집합수용하기 위하여 설치한 지하 인공구조물로서 사람이 점검 또는 보수를 하기 위하여 출입이 가능한 것 중 다음의 어느 하나에 해당하는 것
> 1) 전력 또는 통신사업용 지하 인공구조물로서 전력구(케이블 접속부가 없는 경우는 제외한다) 또는 통신구 방식으로 설치된 것
> 2) 1) 외의 지하 인공구조물로서 폭이 (①)m 이상이고, 높이가 (②)m 이상이며, 길이가 (③)m 이상인 것

해설 및 정답 ① 1.8 ② 2 ③ 50

나) 연소방지설비의 교차배관의 최소 구경 기준을 쓰시오

해설 및 정답 40mm 이상

기출문제

06 다음 [조건]을 기준으로 전역방출방식 이산화탄소소화설비의 심부화재에 대한 물음에 답하시오. 11점

> **조건**
> 1. 특정소방대상물의 천장까지의 높이는 3m이고, 방호구역의 크기와 용도는 다음과 같다.
>
> | 전기실
가로 8m×세로 3m
개구부 1m×2m(자동폐쇄장치 미설치) | 모피창고
가로 10m×세로 3m
개구부 1m×2m(자동폐쇄장치 미설치) |
> |---|---|
> | 케이블실
가로 4m×세로 3m
자동폐쇄장치 설치 | 서고
가로 10m×세로 7m
자동폐쇄장치 설치 |
> | 저장용기실 | |
>
> 2. 소화약제는 고압저장방식으로 하고, 약제저장방출방식은 전역방출방식이다.
> 3. 저장용기의 내용적은 68L이고, 충전비는 1.511이다.
> 4. 유압기기가 설치된 실은 없으며, 케이블실과 전기실은 약제가 동시에 방출된다고 가정한다.
> 5. 헤드의 방사율은 1.3kg/mm²·min·개이며, 헤드당 분구면적은 10mm²이다.
> 6. 주어진 [조건] 외에는 소방관련법규 및 화재안전기준을 따른다.

가) 저장용기 1병당 저장량[kg]을 구하시오.

해설 및 정답 저장용기 1병당 저장량 = $\dfrac{\text{내용적}}{\text{충전비}} = \dfrac{68}{1.511} = 45.003 ≒ 45kg$

∴ 45kg

나) 집합관의 용기수[병]를 구하시오.

해설 및 정답 ① 전기실 약제량 $W = V \times \alpha + A \times \beta = (8 \times 3 \times 3) \times 1.3 + (1 \times 2) \times 10 = 113.6$ kg

전기실 용기수 $= \dfrac{113.6}{45} = 2.524 ≒ 3$병

② 모피창고 약제량 $W = V \times \alpha + A \times \beta = (10 \times 3 \times 3) \times 2.7 + (1 \times 2) \times 10 = 263$ kg

모피창고 용기수 $= \dfrac{263}{45} = 5.844 ≒ 6$병

③ 케이블실 약제량 $W = V \times \alpha = (4 \times 3 \times 3) \times 1.6 = 57.6$ kg

케이블실 용기수 $= \dfrac{57.6}{45} = 1.28 ≒ 2$병

④ 서고 약제량 $W = V \times \alpha = (10 \times 7 \times 3) \times 2 = 420$ kg

서고 용기수 $= \dfrac{420}{45} = 9.333 ≒ 10$병

∴ 집합관의 저장용기수는 최대 용기수로 선정해야 하므로 10병 선정

∴ 10병

다) 모피창고에 설치되는 헤드의 개수를 구하시오

해설 및 정답 헤드의 개수 = $\dfrac{\text{총 방사량}(kg)}{\text{헤드 1개 방사량}(kg/\text{개})}$

분구면적 = $\dfrac{\text{헤드 1개 방사량}}{\text{방출율} \times \text{방사시간}}$

$10mm^2 = \dfrac{\text{헤드 1개 방사량}(kg)}{1.3kg/mm^2 \cdot \min \times 7\min}$ ∴ 헤드 1개 방사량 = $91kg$

∴ 헤드수 = $\dfrac{6 \times 45kg}{91(kg/\text{개})} = 2.967$ ∴ 3개

라) 선택밸브의 개수를 구하시오.

해설 및 정답 각 방호구역마다 1개씩 설치하되, 전기실과 케이블은 조건4에 따라 동시방출이므로 선택밸브 3개 선정
∴ 3개

라) 서고의 선택밸브의 직후의 유량[kg/min]을 구하시오

해설 및 정답 선택밸브 직후의 유량 = $\dfrac{\text{저장용기 1병의 저장량}[kg/\text{병}] \times \text{병수}[\text{병}]}{\text{방출시간}[\min]}$

$= \dfrac{45 \times 10}{7} = 64.285 ≒ 64.29 kg/\min$

∴ 64.29kg/min

07 소화배관에 1,500L/min의 유량이 흐르고 있다가 Q_1, Q_2, Q_3의 분기배관으로 나누어 흐르다가 다시 합쳐져 있다. 다음 [조건]을 참고하여 각 배관에 흐르는 유량 Q_1, Q_2, Q_3[L/min]을 구하시오(단, 최종 답안은 정수로 나타내시오). **5점**

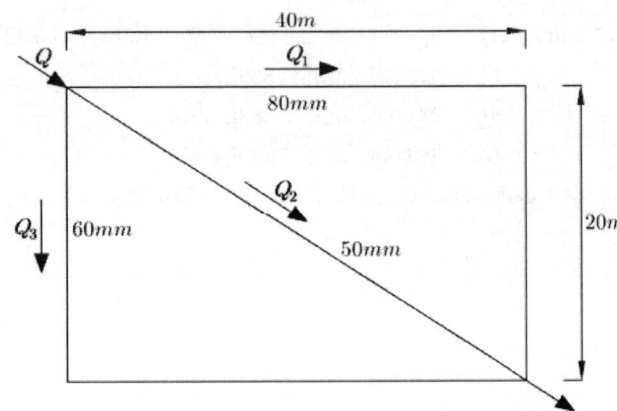

기출문제

> **조건**
> 1. 각 분기관에서의 마찰손실은 10m로 모두 동일하며, 배관의 마찰손실은 다음의 하젠-윌리엄스 식으로 산정한다.
>
> $$\Delta P_m = 6.055 \times 10^4 \times \frac{Q^{1.85}}{C^{1.85} \times D^{4.87}}$$
>
> 여기서, ΔP : 1m당 배관의 마찰손실압력[MPa/m]
> Q : 유량[L/min]
> C : 조도
> D : 배관의 내경[mm]
> 2. 배관의 조도는 모두 동일하며, 비중량(γ)은 9.8kN/m^3

해설 및 정답

$1500 = Q_1 + Q_2 + Q_3$

$\Delta P_1 = \Delta P_2 = \Delta P_3$

$\Delta P_1 = \Delta P_2$

$6.055 \times 10^4 \times \dfrac{Q_1^{1.85}}{C^{1.85} \times 80^{4.87}} \times 60 = 6.055 \times 10^4 \times \dfrac{Q_2^{1.85}}{C^{1.85} \times 50^{4.87}} \times \sqrt{40^2 + 20^2}$

$\dfrac{Q_1^{1.85}}{80^{4.87}} \times 60 = \dfrac{Q_2^{1.85}}{50^{4.87}} \times \sqrt{40^2 + 20^2}$

$Q_1^{1.85} = \dfrac{80^{4.87}}{50^{4.87}} \times \dfrac{44.72}{60} \times Q_2^{1.85}$

$Q_1 = 2.94\, Q_2$

$\Delta P_2 = \Delta P_3$

$\dfrac{Q_2^{1.85}}{50^{4.87}} \times 44.72 = \dfrac{Q_3^{1.85}}{60^{4.87}} \times 60$

$Q_3^{1.85} = \dfrac{60^{4.87}}{50^{4.87}} \times \dfrac{44.72}{60} \times Q_2^{1.85}$

$Q_3 = 1.38\, Q_2$

$\therefore 1500 = Q_1 + Q_2 + Q_3 = 2.94 Q_2 + Q_2 + 1.38 Q_2 = 5.32 Q_2$

$\qquad Q_1 = 828.93\text{L/min} ≒ 829\text{L/min}$
$\qquad Q_2 = 281.95\text{L/min} ≒ 282\text{L/min}$
$\qquad Q_3 = 389.09\text{L/min} ≒ 389\text{L/min}$

$\therefore Q_1 = 829\text{L/min},\ Q_2 = 282\text{L/min},\ Q_3 = 389\text{L/min}$

08 안지름이 각각 300mm와 450mm의 원관이 직접 연결되어 있다. 안지름이 작은 관에서 큰 관 방향으로 매초 230L의 물이 흐르고 있을 때 돌연확대부분에서의 손실[m]을 구하시오(단, 중력가속도는 9.8m/s²이다). **6점**

해설 및 정답 돌연확대관의 손실수두 $H = \dfrac{(V_1 - V_2)^2}{2g}$

$$V_1 = \frac{Q}{A_1} = \frac{0.23}{\frac{\pi}{4} \times 0.3^2} = 3.253 m/s$$

$$V_2 = \frac{Q}{A_2} = \frac{0.23}{\frac{\pi}{4} \times 0.45^2} = 1.446 m/s$$

$\therefore H = \dfrac{(3.253 - 1.446)^2}{2 \times 9.8} = 0.166 ≒ 0.17m$

∴ 0.17m

---

09 특별피난계단의 계단실 및 부속실 제연설비에 대하여 주어진 [조건]을 참고하여 다음 각 물음에 답하시오. **4점**

> **조건**
> 1. 평상시 거실과 부속실의 출입문 개방에 필요한 힘 F_1 =60N이다.
> 2. 화재시 거실과 부속실의 출입문 개방에 필요한 힘 F_2 =110N이다.
> 3. 출입문 폭(W)은 1m이고, 높이(H)는 2.4m이다.
> 4. 손잡이는 출입문 끝에 있다고 가정한다.
> 5. 스프링클러설비는 설치되어 있지 않다.

가) 제연구역 선정기준 3가지만 쓰시오.

해설 및 정답
1. 계단실 및 부속실을 동시에 제연하는 것
2. 계단실을 단독으로 제연하는 것
3. 부속실을 단독으로 제연하는 것

기출문제

나) 제시된 [조건]을 이용하여 부속실과 거실 사이의 차압[Pa]을 구하고, 국가화재안전기준에 따른 최소차압기준과 비교하여 적합여부를 설명하시오.

해설 및 정답

문 개방에 필요한 힘 $F = F_{dc} + K\dfrac{WA\Delta P}{2(W-d)}$

$F = 110N$, $F_{DC} = 60N$

K_d : 상수
W : 방화문의 폭
A : 방화문의 면적
d : 문 손잡이에서 문 가장자리까지의 거리

$\therefore 110 = 60 + 1 \times \dfrac{1 \times (1 \times 2.4) \times \Delta P}{2 \times (1-0)}$

$\Delta P = 41.666 \fallingdotseq 41.67 Pa$

∴ 차압은 41.67Pa로서 국가화재안전기준 최소차압기준 40Pa 이상이므로 적합하다.

---

10 [그림]에서 A실을 급기가압하여 옥외와의 압력차가 50Pa이 유지되도록 하려고 한다. 다음 물음에 답하시오. **6점**

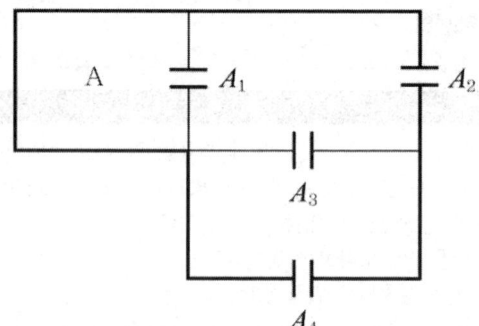

조건

1. 급기량은 $Q = 0.827 \times A \times \sqrt{P_1 - P_2}$ 로 구한다.
2. [그림]에서 A_1, A_2, A_3, A_4는 닫힌 출입문으로 공기누설 틈새면적은 모두 $0.01m^2$로 한다.
   (여기서, Q : 급기량[m^3/s], A : 틈새면적[m^2], P_1, P_2 : 급기·가압실 내외의 기압[Pa])

가) 실의 전체 누설틈새면적[m^2]을 구하시오(단, 소수점 아래 다섯째 자리까지 나타내시오).

해설 및 정답

① $A_3 \sim A_4$ (직렬) = $\dfrac{1}{\sqrt{\dfrac{1}{0.01^2 m^2} + \dfrac{1}{0.01^2 m^2}}}$ = $0.007071 m^2 ≒ 0.00707 m^2$

② $A_2 \sim$ ① (병렬) = $0.01 m^2 + 0.00707 m^2 = 0.01707 m^2$

③ $A_1 \sim$ ② (직렬) = $\dfrac{1}{\sqrt{\dfrac{1}{0.01707^2 m^2} + \dfrac{1}{0.01^2 m^2}}}$ = $0.008628 m^2 ≒ 0.00863 m^2$

∴ $0.00863 m^2$

나) 유입해야 할 풍량[m^3/min]을 구하시오.

해설 및 정답

$Q = 0.827 A \sqrt{P} = 0.827 \times 0.00863 \times \sqrt{50} \times \dfrac{60s}{1min} = 3.027 m^3/min ≒ 3.03 m^3/min$

∴ $3.03 m^3/min$

11 펌프가 수원보다 3m 높은 위치에서 0.3m^3/min의 물을 이송하고 있다. 대기압은 표준대기압이고, 중력가속도는 9.8m/s^2이고, 흡입측 배관의 마찰손실은 3.5kPa이며, 포화수증기압은 2.33kPa(물의 온도 20℃)이다. 다음 물음에 답하시오. **5점**

가) 유효흡입수두[m]를 구하시오.

해설 및 정답

$NPSH_{av} = \dfrac{P_O}{\gamma} - \dfrac{P_v}{\gamma} - \dfrac{P_h}{\gamma} - h$

$= 10.332m - \dfrac{2.33}{9.8}(m) - \dfrac{3.5}{9.8}(m) - 3m = 6.737 ≒ 6.74m$

∴ $6.74m$

나) 필요흡입수두가 5m일 때, 공동현상이 발생하는지 여부를 판별하시오.

해설 및 정답 유효흡입수두(6.74m) ≥ 필요흡입수두(5m)이므로 공동현상이 발생하지 않는다.

기출문제

12 스프링클러설비 배관의 안지름을 수리계산에 의하여 선정하고자 한다. [그림]에서 B~C구간의 유량을 165L/min, E~F구간의 유량을 330L/min이라고 가정할 때 다음을 구하시오(단, 화재안전기준에서 정하는 유속기준을 만족하도록 하여야 한다). **4점**

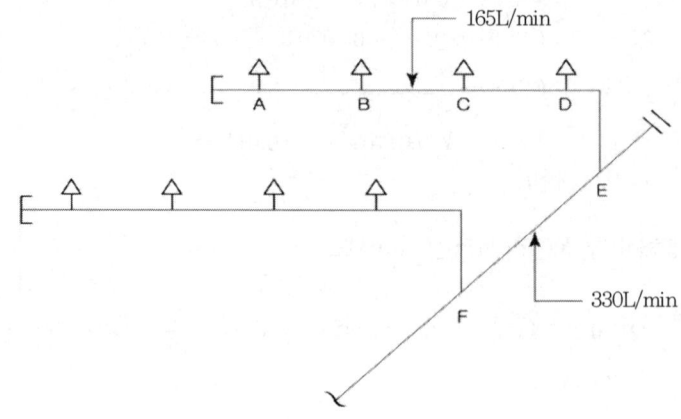

가) B~C구간의 배관 안지름[mm]의 최솟값을 구하시오.

해설 및 정답

체적유량 $Q = AU = \left(\dfrac{\pi}{4} \times D^2\right) U$ 이므로

$$D = \sqrt{\dfrac{4Q}{\pi U}} = \sqrt{\dfrac{4 \times \dfrac{0.165}{60} m^3/s}{\pi \times 6 m/s}} = 0.024157m = 24.157mm ≒ 24.16mm$$

(∵ 스프링클러설비 가지배관 유속 U는 6m/s 이하)

∴ 24.16mm

나) E~F구간의 배관 안지름[mm]의 최솟값을 구하시오.

해설 및 정답

$$D = \sqrt{\dfrac{4Q}{\pi U}} = \sqrt{\dfrac{4 \times \dfrac{0.33}{60} m^3/s}{\pi \times 10 m/s}} = 0.026462m = 26.462mm ≒ 26.46mm$$

∴ 26.46mm

13 평상시에 공조설비의 급기로 사용하고 화재시에는 제연에 이용하는 배출기가 다음의 도면과 같이 설치되어 있다. 다음 물음에 답하시오. **5점**

가) 화재시 유효하게 배연할 수 있도록 다음 도면의 필요한 곳에 절환댐퍼를 표시하시오(단, 절환댐퍼는 4개로 설치하고, 댐퍼는 ⊘D₁, ⊘D₂, … 등으로 표시한다).

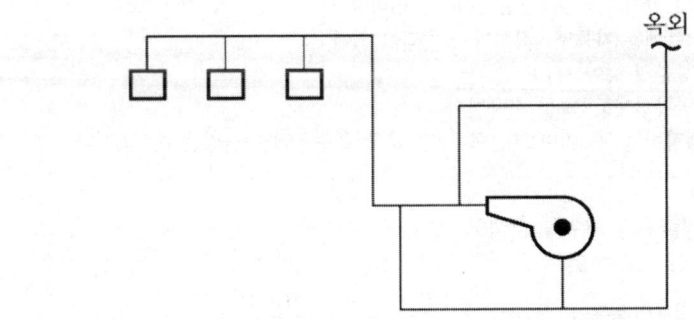

해설 및 정답

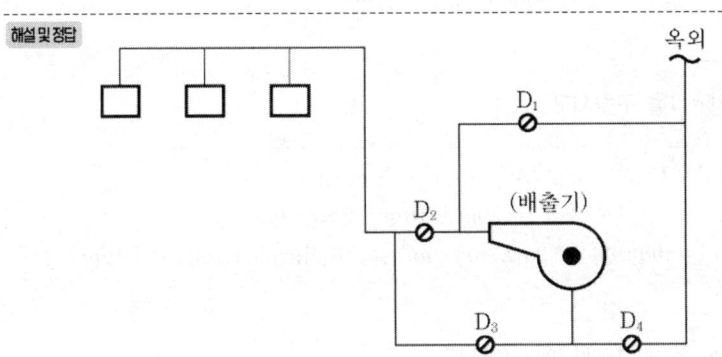

나) 평상시와 화재시를 구분하여 각 절환댐퍼의 상태(○, ×)를 기술하시오.

	D_1	D_2	D_3	D_4
평상시				
화재시				

해설 및 정답

	D_1	D_2	D_3	D_4
평상시	×	○	×	○
화재시	○	×	○	×

기출문제

14 [조건]에 따라 다음 물음에 답하시오. `5점`

> **조건**
> 1. 항공기격납고로서 전역방출방식의 고발포용 고정포방출구가 설치되어 있다.
> 2. 격납고의 크기가 20m×10m×2m(높이)이다.
> 3. 개구부 등에는 자동폐쇄장치가 설치되어 있다.
> 4. 방호대상물의 높이는 1.8m이다.
> 5. 합성계면활성제포 3%를 사용한다.
> 6. 포의 팽창비는 500이며, 1m³에 대한 분당 포수용액 방출량은 0.29L이다.

가) 고정포방출구의 개수를 산정하시오.

해설 및 정답

$$\text{고정포방출구의 개수} = \frac{\text{바닥면적}[m^2]}{500 m^2/\text{개}} = \frac{20 \times 10}{500} = 0.4 ≒ 1\text{개}$$

∴ 1개

나) 포수용액의 양[m³]을 구하시오.

해설 및 정답

$$Q[\text{L/min}] = V[m^3] \times \alpha[L/m^3 \cdot \text{min}] \times T[\text{min}]$$

$$V(\text{관포체적}) = 20m \times 10m \times 2m = 400 m^3$$

∴ $Q[m^3] = 400[m^3] \times 0.29[L/m^3 \cdot \text{min}] \times 10[\text{min}] = 1,160L = 1.16 m^3$

∴ 1.16m³

다) 합성계면활성제 소화약제량[L]을 구하시오.

해설 및 정답

$Q[L] = 1160L \times 0.03 = 34.8L$

∴ 34.8L

---

15 다음은 스프링클러설비의 구성요소 중 시험장치에 관한 내용이다. 물음에 답하시오. `6점`

가) 습식 및 부압식 스프링클러설비의 경우 시험장치의 설치위치를 쓰시오

해설 및 정답 유수검지장치 2차측 배관 연결하여 설치

나) 건식 스프링클러설비의 경우 시험장치의 설치위치를 쓰시오

해설 및 정답 유수검지장치에서 가장 먼 거리에 위치한 가지배관의 끝으로부터 연결하여 설치

다) 시험장치 배관 끝부분에 설치하는 구성요소 2가지를 쓰시오.

해설및정답
1. 개폐밸브
2. 반사판 및 프레임을 제거한 개방형 헤드

> **! Reference** ─ **시험장치 설치기준**
>
> 습식유수검지장치 또는 건식유수검지장치를 사용하는 스프링클러설비와 부압식스프링클러설비에는 동장치를 시험할 수 있는 시험 장치를 다음 각 호의 기준에 따라 설치하여야 한다.
> 1. 습식스프링클러설비 및 부압식스프링클러설비에 있어서는 유수검지장치 2차측 배관에 연결하여 설치하고 건식스프링클러설비인 경우 유수검지장치에서 가장 먼 거리에 위치한 가지배관의 끝으로부터 연결하여 설치할 것. 유수검지장치 2차측 설비의 내용적이 2,840L를 초과하는 건식스프링클러설비의 경우 시험장치 개폐밸브를 완전 개방 후 1분 이내에 물이 방사되어야 한다.
> 2. 시험장치 배관의 구경은 25mm 이상으로 하고, 그 끝에 개폐밸브 및 개방형헤드 또는 스프링클러헤드와 동등한 방수성능을 가진 오리피스를 설치할 것. 이 경우 개방형헤드는 반사판 및 프레임을 제거한 오리피스만으로 설치할 수 있다.

16 다음의 [표]를 참조하여 화재안전기준에 따라 할로겐화합물 및 불활성기체 소화설비를 설치하려고 할 때 다음을 구하시오. **8점**

※ 압력배관용 탄소강관 SPPS 380[KS D 3562(Sch 40)]의 규격

호칭지름[A]	DN25	DN32	DN40	DN50	DN65	DN100
바깥지름[mm]	34.0	42.7	48.6	60.5	76.3	114.3
관두께[mm]	3.4	3.6	3.7	3.9	5.2	6.0

가) 호칭지름이 32A인 압력배관용 탄소강관(Sch 40)에 분사헤드가 접속되어 있다. 이때 분사헤드 오리피스의 최대 구경[mm]을 구하시오.

해설및정답 오리피스의 최대면적 A_O = 분사헤드가 연결되는 배관구경면적의 70% = $\frac{\pi}{4} \times D^2 \times 0.7$

또한, 오리피스의 최대 구경 $D_O = \sqrt{\frac{4A_O}{\pi}}$

∴ $D = 42.7\text{mm} - (3.6\text{mm} \times 2) = 35.5\text{mm}$

∴ $A_O = \frac{\pi}{4} \times D^2 \times 0.7 = \frac{\pi}{4} \times 35.5^2 \times 0.7 = 692.858\text{mm}^2$

기출문제

$$\therefore D_O = \sqrt{\frac{4A_O}{\pi}} = \sqrt{\frac{4 \times 692.858}{\pi}} = 29.701 \fallingdotseq 29.7 \text{mm}$$

$\therefore$ 29.7mm

나) 호칭구경이 65A인 압력배관용 탄소강관(Sch 40)을 사용하여 용접이음으로 배관을 접합할 경우 배관에 적용할 수 있는 최대허용압력[MPa]을 구하시오(단, 인장강도는 380MPa, 항복점은 220MPa이며, 이 배관에 전기저항 용접배관을 하며 배관이음효율은 0.85이다).

해설 및 정답

최대허용압력 $P = \dfrac{2SE \times (t-A)}{D}$ $\left(\because \text{배관두께 } t = \dfrac{PD}{2SE} + A \right)$

$SE = \left(\text{인장강도의 } \dfrac{1}{4} \text{과 항복점의 } \dfrac{2}{3} \text{ 중 최솟값} \right) \times \text{배관이음효율} \times 1.2$

$= \left(380 \times \dfrac{1}{4} \right) \times 0.85 \times 1.2 = 96.9 MPa$

$\therefore P = \dfrac{2 \times 96.9 \times (5.2-0)}{76.3} = 13.207 \fallingdotseq 13.21 MPa$

$\therefore$ 13.21MPa

소방설비기사[기계분야] 2차 실기

2021년 11월 13일 시행

01 [그림]의 스프링클러 가지배관에서의 구성부품과 규격 및 수량을 산출하여 다음 답란을 완성하시오. 6점

> **조건**
> ① 티는 모두 동일 구경을 사용하고 배관이 축소되는 부분은 반드시 리듀서를 사용한다.
> ② 교차배관은 제외한다.
> ③ 작성 예시
>
> | 명 칭 | 규 격 | 수 량 |
> |---|---|---|
> | 티 | 125×125×125A
100×100×100A | 1개
1개 |
> | 90°엘보 | 25A | 1개 |
> | 리듀서 | 25×15A | 1계 |

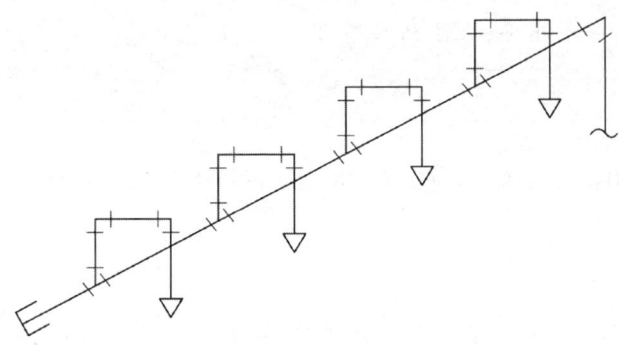

구성부품	규 격	수 량
캡	25A	1개
티		
90°엘보		
리듀서		

기출문제

해설 및 정답

구성부품	규 격	수 량
캡	25A	1개
티	25×25×25A	2개
	32×32×32A	1개
	40×40×40A	1개
90°엘보	25A	8개
	40A	1개
리듀서	25×15A	4개
	32×25A	2개
	40×25A	1개
	40×32A	1개

02 옥외소화전설비의 화재안전기술기준(NFTC 109)에서 수원의 수위가 펌프보다 낮은 위치에 있는 가압송수장치에 설치하는 물올림장치의 설치기준이다. ( ) 안을 완성하시오. **4점**

(가) 물올림장치에는 전용의 (①)를 설치할 것
(나) (①)의 유효수량은 (②)L 이상으로 하되, 구경 (③)mm 이상의 (④)에 따라 해당 탱크에 물이 계속 보급되도록 할 것

해설 및 정답
(가) ① 수조
(나) ① 수조 ② 100 ③ 15 ④ 급수배관

03

다음은 수원 및 가압송수장치의 펌프가 겸용으로 설치된 A, B, C구역에 대한 설명이다. [조건]을 참조하여 다음 각 물음에 답하시오. **7점**

> **조건**
> ① 펌프·배관과 소화수 또는 소화약제를 최종 방출하는 방출구가 고정된 고정식 소화설비가 2개 설치되어 있다.
> ② 각 구역의 소화설비가 설치된 부분은 방화벽과 방화문으로 구획되어 있으며, 각 소화설비에 지장이 없다.
> ③ 옥상수조는 제외한다.
>
> | A구역 | B구역 | C구역 |
> | --- | --- | --- |
> | 해당 구역에는 옥내소화전설비가 3개 설치되어 있고, 스프링클러설비는 헤드가 10개 설치되어 있다. | 옥외소화전설비가 3개 설치되어 있고, 주차장 물분무소화설비가 설치되어 있으며 토출량은 20L/min·m²으로 하고, 최소바닥면적은 50m²이다. | 옥외에 완전 개방된 주차장에 설치하는 포소화전설비는 포소화전 방수구가 7개 설치되어 있다. 또한, 포원액의 농도는 무시하고 산출한다. 단, 포소화전설비를 설치한 1개층의 바닥면적은 200m²을 초과한다. |

(가) 최소토출량[m³/min]을 구하시오

해설 및 정답
- A구역
  $Q_1 = 2 \times 130 = 260 \text{L/min}$
  $Q_2 = 10 \times 80 = 800 \text{L/min}$
  $Q = 260 + 800 = 1{,}060 \text{L/min} = 1.06 \text{m}^3/\text{min}$
- B구역
  $Q_1 = 2 \times 350 = 700 \text{L/min}$
  $Q_2 = 50 \times 20 = 1{,}000 \text{L/min}$
  $Q = 700 + 1{,}000 = 1{,}700 \text{L/min} = 1.7 \text{m}^3/\text{min}$
- C구역
  $Q = 5 \times 300 = 1{,}500 \text{L/min} = 1.5 \text{m}^3/\text{min}$

∴ $1.7 \text{m}^3/\text{min}$

(나) 최소수원의 양[m³]을 구하시오

해설 및 정답
$Q_{수원} = 1.7 \text{m}^3/\text{min} \times 20 \text{min} = 34 \text{m}^3$
∴ 34m^3

기출문제

04 특정소방대상물의 용도 및 장소별로 설치하여야 할 인명구조기구에 관한 사항이다. (   ) 안을 완성하시오. **6점**

특정소방대상물	인명구조기구의 종류	설치수량
▶ 지하층을 포함하는 층수가 7층 이상인 (①) 및 5층 이상인 병원	▶ 방열복 또는 방화복(안전모, 보호장갑 및 안전화를 포함한다) ▶ (②) ▶ (③)	▶ 각 (④)개 이상 비치할 것. 단, 병원의 경우에는 (③)를 설치하지 않을 수 있다.
▶ 문화 및 집회시설 중 수용인원 (⑤)명 이상의 영화상영관 ▶ 판매시설 중 대규모 점포 ▶ 운수시설 중 지하역사 ▶ 지하가 중 지하상가	▶ (②)	▶ 층마다 (⑥)개 이상 비치할 것. 단, 각 층마다 갖추어 두어야 할 공기호흡기 중 일부를 직원이 상주하는 인근 사무실에 갖추어 둘 수 있다.

해설 및 정답 ① 관광호텔 ② 공기호흡기 ③ 인공소생기 ④ 2 ⑤ 100 ⑥ 2

05 체적이 150m³인 전기실에 이산화탄소 소화설비를 전역방출방식으로 설치하고자 한다. 설계농도는 50%로 할 경우 방출계수는 1.3kg/m³이다. 저장용기의 충전비는 1.8, 내용적은 68L일 경우 다음 각 물음에 답하시오. **5점**

(가) 이산화탄소 소화약제의 저장량(kg)을 구하시오.

해설 및 정답 소화약제의 저장량 : $150 \times 1.3 = 195 kg$

(나) 저장용기 수를 구하시오.

해설 및 정답
$G = \dfrac{68}{1.8} = 37.778 kg$

저장용기 수 $= \dfrac{195}{37.778} = 5.16 ≒ 6$병

(다) 이 설비는 고압식인가? 저압식인가?

해설 및 정답 고압식

(라) 저장용기의 내압시험압력의 합격기준[MPa]을 쓰시오

해설 및 정답 25MPa 이상

06

제1석유류(비수용성) 45,000L를 저장하는 위험물 옥외탱크저장소에 콘루프탱크가 설치되어 있다. 이 탱크는 직경 12m, 높이 40m이며 Ⅱ형 고정포방출구가 설치되어 있다. [조건]을 참고하여 다음 각 물음에 답하시오. **10점**

> **조건**
> ① 배관의 마찰손실수두는 30m이다.
> ② 포방출구의 설계압력은 350kPa이다.
> ③ 고정포방출구의 방출량은 4.2L/min·m²이고, 방사시간은 30분이다.
> ④ 보조포소화전은 1개(호스접결구의 수 1개) 설치되어 있다.
> ⑤ 포소화약제의 농도는 6%이다.
> ⑥ 송액관의 직경은 100mm이고, 배관의 길이는 30m이다.
> ⑦ 펌프의 효율은 60%이고, 전달계수 K=1.1이다.
> ⑧ 포수용액의 비중이 물의 비중과 같다고 가정한다.

(가) 포소화약제의 약제량[L]을 구하시오.

해설 및 정답

$$A = \frac{\pi \times 12^2}{4} = 113.097 m^2$$

$Q_1 = 113.097m^2 \times 4.2L/min \cdot m^2 \times 30min \times 0.06 = 855.013L$

$Q_2 = 1 \times 0.06 \times 8,000L = 480L$

$Q_3 = \frac{\pi}{4} \times (0.1m)^2 \times 30m \times 1,000L/m^3 \times 0.06 = 14.137L$

$Q = 855.013 + 480 + 14.137 = 1,349.15L$

∴ 1,349.15L

(나) 수원의 양[m³]을 구하시오.

해설 및 정답

$Q_1 = 113.097 \times 4.2 \times 30 \times 0.94 = 13,395.208L$

$Q_2 = 1 \times 0.94 \times 8,000 = 7,520L$

$Q_3 = \frac{\pi}{4} \times 0.1^2 \times 30 \times 0.94 \times 1,000 = 221.482L$

$Q = 13,395.208 + 7,520 + 221.482 = 21,136.69L = 21.13669m^3 ≒ 21.14m^3$

∴ 21.14m³

(다) 펌프의 전양정[m]을 구하시오(단, 낙차는 탱크의 높이를 적용한다).

해설 및 정답 $35 + 30 + 40 = 105m$

∴ 105m

기출문제

(라) 펌프의 최소토출량[m³/min]을 구하시오.

해설 및 정답

$Q_1 = 113.097 \times 4.2 \times 1 = 475.007 L/min = 0.475007 m^3/min$

$Q_2 = 1 \times 1 \times 400 = 400 L/min = 0.4 m^3/min$

$Q = 0.475007 + 0.4 = 0.875 ≒ 0.88 m^3/min$

∴ 0.88 m³/min

(마) 펌프의 동력[kW]을 구하시오.

해설 및 정답

$$P(kW) = \frac{1,000 \times \left(\frac{0.88}{60}\right) \times 105}{102 \times 0.6} \times 1.1 = 27.679 ≒ 27.68 kW$$

∴ 27.68 kW

---

07 [그림]은 어느 판매장의 무창층에 대한 제연설비 중 연기배출풍도와 배출 FAN을 나타내고 있는 평면도이다. 주어진 [조건]을 이용하여 풍도에 설치되어야 할 제어댐퍼를 가장 적합한 지점에 표기한 다음 물음에 답하시오. **8점**

> **조건**
> ① 건물의 주요구조부는 모두 내화구조이다.
> ② 각 실은 불연성 구조물로 구획되어 있다.
> ③ 복도의 내부면은 모두 불연재이고, 복도 내에 가연물을 두는 일은 없다.
> ④ 각 실에 대한 연기배출방식에서 공동배출구역방식은 없다.
> ⑤ 이 판매장에는 음식점은 없다.

(가) 제어댐퍼의 설치를 [그림]에 표시하시오(단, 댐퍼의 표기는 "⊘" 모양으로 하고 번호(예, A1, B1, C1, …)를 부여, 문제 본문 [그림]에 직접 표시할 것).

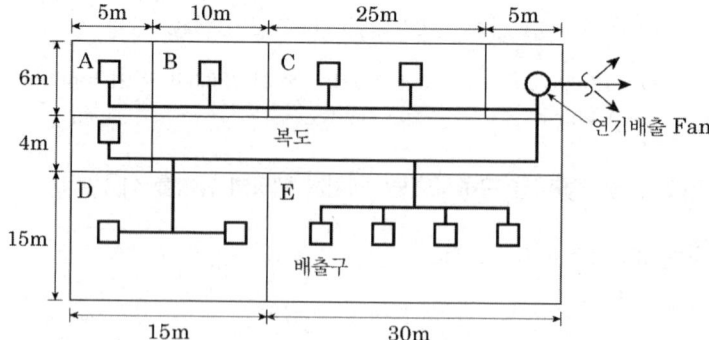

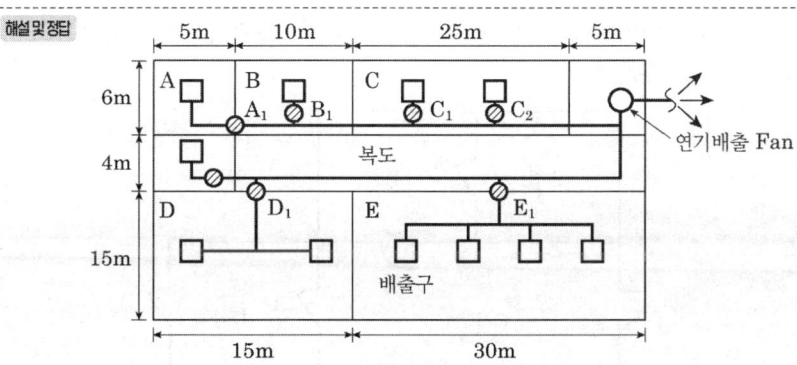

(나) 각 실 (A, B, C, D, E)의 최소 소요배출량[m³/h]은 얼마인가?

　○ A :

　○ B :

　○ C :

　○ D :

　○ E :

해설및정답 　○ A실 : (6×5)×1×60=1,800m³/h
　　　　　　　최소 5,000m³/h 이상이므로
　　　　　　　∴ 5,000m³/h
　○ B실 : (6×10)×1×60=3,600m³/h
　　　　　　최소 5,000m³/h 이상이므로
　　　　　　∴ 5,000m³/h
　○ C실 : (6×25)×1×60=9,000m³/h
　　　　　　∴ 9,000m³/h
　○ D실 : (15×15)×1×60=13,500m³/h
　　　　　　∴ 13,500m³/h
　○ E실 : (15×30)=450m²
　　　　　　400m² 이상 and 40m 원범위 내에 있는 구역이므로
　　　　　　최소 40,000m³/h 이상
　　　　　　∴ 40,000m³/h

(다) 배출 FAN의 최소 소요배출용량[m³/h]은 얼마인가?

해설및정답 40,000m³/h

기출문제

08 다음은 어느 실들의 평면도이다. 이 중 A실을 급기가압하고자 할 때 주어진 [조건]을 이용하여 다음을 구하시오. **7점**

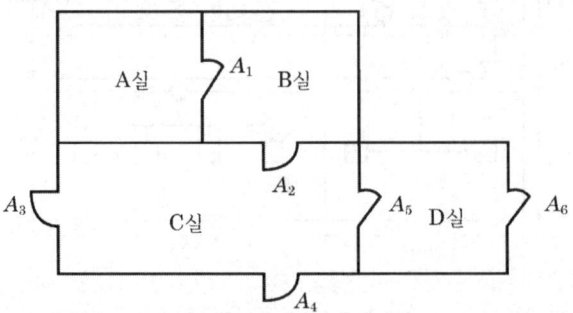

조건
① 실 외부대기의 기압은 101,300Pa로서 일정하다.
② A실에 유지하고자 하는 기압은 101,500Pa이다.
③ 각 실의 문들의 틈새면적은 0.01m²이다.
④ 어느 실을 급기가압할 때 그 실의 문 틈새를 통하여 누출되는 공기의 양은 다음의 식에 따른다.
$Q = 0.827A\sqrt{P}$
여기서, Q : 누출되는 공기의 양[m³/s]
A : 문의 전체 누설틈새면적[m²]
P : 문을 경계로 한 기압차[Pa]

(가) A실의 전체누설틈새면적 A[m²]를 구하시오(단, 소수점 아래 6째자리에서 반올림하여 소수점 아래 5째자리까지 나타내시오).

해설 및 정답

$A_5 \sim A_6 = \dfrac{1}{\sqrt{\dfrac{1}{0.01^2} + \dfrac{1}{0.01^2}}} = 0.007071 ≒ 0.00707 m^2$

$A_3 \sim A_6 = 0.01 + 0.01 + 0.00707 = 0.02707 \mathrm{m}^2$

$A_1 \sim A_6 = \dfrac{1}{\sqrt{\dfrac{1}{0.01^2} + \dfrac{1}{0.01^2} + \dfrac{1}{0.02707^2}}} = 0.006841 ≒ 0.00684 \mathrm{m}^2$

∴ 0.00684m²

(나) A실에 유입해야 할 풍량[L/s]을 구하시오.

해설 및 정답

$0.827 \times 0.00684 \times \sqrt{200} = 0.079997 m^3/s = 79.997 L/s ≒ 80 L/s$

∴ 80L/s

09 [그림]은 어느 특정소방대상물을 방호하기 위한 옥외소화전설비의 평면도이다. 다음 각 물음에 답하시오. **6점**

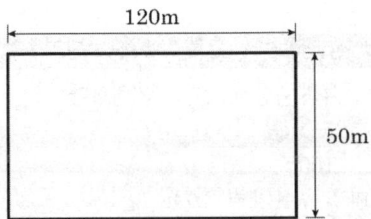

(가) 특정소방대상물의 각 부분으로부터 하나의 호스접결구까지의 수평거리는 몇 m 이하인지 쓰시오.

해설및정답 40m 이하

(나) 옥외소화전의 최소설치개수를 구하시오.

해설및정답 $\dfrac{120 \times 2 + 50 \times 2}{80} = 4.2 ≒ 5개$

∴ 5개

(다) 수원의 저수량[m³]을 구하시오.

해설및정답 $7 \times 2 = 14 m^3$

∴ 14m³

(라) 가압송수장치의 토출량[LPM]을 구하시오.

해설및정답 $2 \times 350 = 700 L/\min = 700 LPM$

∴ 700LPM

기출문제

10 [그림]은 어느 배관의 평면도이며, 화살표 방향으로 물이 흐르고 있다. 배관 Q_1 및 Q_2를 흐르는 유량을 각각 계산하시오(단, 주어진 [조건]을 참조할 것). **7점**

> **조건**
> ① 하젠-윌리엄스의 공식은 다음과 같다고 가정한다.
> $\triangle P = 6.053 \times 10^4 \times \dfrac{Q^{1.85}}{100^{1.85} \times d^{4.87}} \times L$
> 여기서, $\triangle P$: 배관마찰손실압력 [MPa]
> Q : 배관 내의 유수량 [L/min]
> d : 배관의 안지름 [mm]
> L : 배관의 길이 [m]
> ② 배관은 아연도금강관으로 호칭구경 50mm, 배관의 안지름은 54mm이다.
> ③ 호칭구경 50mm 엘보(90°)의 등가길이는 1.4m이다.
> ④ A 및 D점에 있는 티(Tee)의 마찰손실은 무시한다.
> ⑤ 루프(loop)배관 ABCFED의 호칭구경은 50mm이다.

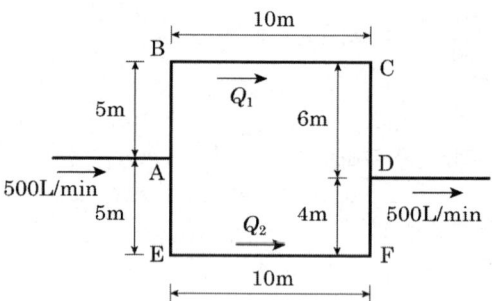

○ Q_1 :

해설 및 정답 $Q_1 + Q_2 = 500$

$\Delta P_1 = \Delta P_2$

$6.053 \times 10^4 \times \dfrac{Q_1^{1.85}}{100^{1.85} \times d^{4.87}} \times (5 + 10 + 6 + 2.8)$

$= 6.053 \times 10^4 \times \dfrac{Q_2^{1.85}}{100^{1.85} \times d^{4.87}} \times (5 + 10 + 4 + 2.8)$

$23.8 Q_1^{1.85} = 21.8 Q_2^{1.85}$

$Q_2 = \sqrt[1.85]{\left(\dfrac{23.8}{21.8}\right) Q_1^{1.85}} = 1.048 Q_1$

$Q_1 + 1.048 Q_1 = 500$

$Q_1 = \dfrac{500}{1 + 1.048} = 244.14 \text{L/min}$

∴ 244.14L/min

○ Q_2 :

해설및정답 $Q_2 = 500 - 244.14 = 255.86 L/\min$

∴ 255.86L/min

11 할론소화설비에서 Soaking time에 대하여 간단히 설명하시오. 5점

해설및정답 재발화하지 않고 완전소화를 달성하는데 필요한 농도를 유지하는 시간

12 다음 [그림]과 [조건]을 참조하여 물음에 답하시오. 5점

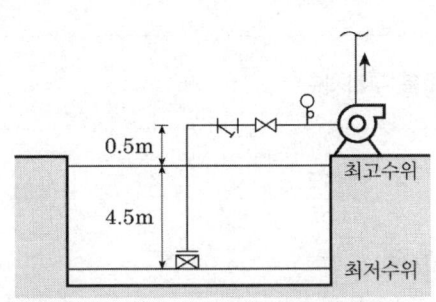
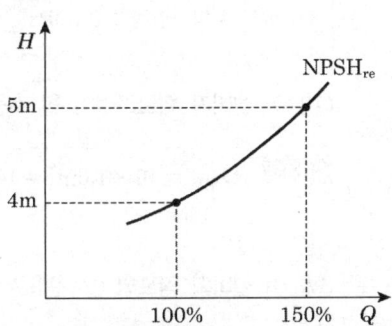

조건
① 대기압은 0.1MPa이며, 물의 포화수증기압은 2.45kPa이다.
② 물의 비중량은 9.8kN/m³이다.
③ 배관의 마찰손실수두는 0.3m이며, 속도수두는 무시한다.

(가) 유효흡입양정(NPSH$_{av}$)[m]을 구하시오.

해설및정답

$$\text{NPSH}_{av} = \frac{P_o}{\gamma} - \frac{P_v}{\gamma} - \frac{P_h}{\gamma} - h$$

$\left(\frac{0.1}{0.101325} \times 10.332\right) - \left(2.45\text{kPa} \times \frac{10.332\text{m}}{101.325\text{kPa}}\right) - (4.5 + 0.5) - 0.3 = 4.646 ≒ 4.65\text{m}$

∴ 4.65m

(나) 그래프를 보고 펌프의 사용가능 여부와 그 이유를 쓰시오.
① 100% 운전 시 :
② 150% 운전 시 :

해설및정답 ① 100% 운전시 : NPSH$_{AV}$(4.65m) > NPSH$_{re}$(4m) - 공동현상 미발생으로 사용가능
② 150% 운전시 : NPSH$_{AV}$(4.65m) < NPSH$_{re}$(5m) - 공동현상 발생으로 사용불가

13 18층 복도식 아파트 건물에 습식 스프링클러설비를 설치하려고 할 때 [조건]을 보고 다음 각 물음에 답하시오. 6점

> **조건**
> ① 실양정 : 65m
> ② 배관, 관부속품의 총 마찰손실수두 : 25m
> ③ 효율 : 60%
> ④ 헤드의 방사압력 : 0.1MPa

(가) 이 설비가 확보하여야 할 수원의 양[m³]을 구하시오.

해설및정답 $Q_{수원} = 10 \times 1.6\text{m}^3 = 16\text{m}^3$

∴ 16m³

(나) 이 설비의 펌프의 방수량[L/min]을 구하시오.

해설및정답 $Q = 10 \times 80 = 800 L/\min$

∴ 800L/min

(다) 가압송수장치의 동력[kW]을 구하시오.

해설및정답 $H = 25 + 65 + 10 = 100\text{m}$

$$P(\text{kW}) = \frac{1,000 \times \left(\frac{0.8}{60}\right) \times 100}{102 \times 0.6} = 21.786 ≒ 21.79\text{kW}$$

∴ 21.79kW

14

15m×20m×5m의 경유를 연료로 사용하는 발전기실(B급 화재)에 2가지 할로겐화합물 및 불활성기체 소화설비를 설치하고자 한다. 다음 [조건]과 국가화재안전기준을 참고하여 다음 물음에 답하시오. **8점**

조건

① 방호구역의 온도는 상온 20℃이다.
② HCFC BLEND A 용기는 68L용 50kg, IG-541 용기는 80L용 12.4m^3를 적용한다.
③ 할로겐화합물 및 불활성기체 소화약제의 소화농도

약제	상품명	소화농도 [%]	
		A급 화재	B급 화재
HCFC BLEND A	NAFS-Ⅲ	7.2	10
IG-541	Inergen	31.25	31.25

④ K_1과 K_2값

약제	K_1	K_2
HCFC BLEND A	0.2413	0.00088
IG-541	0.65799	0.00239

(가) HCFC BLEND A의 최소약제량[kg]은?

해설 및 정답

$$W = \frac{V}{S} \times \frac{C}{100-C}$$

$S = 0.2413 + 0.00088 \times 20 = 0.2589$

$C = 10 \times 1.3 = 13\%$

$$W = \frac{(15 \times 20 \times 5)}{0.2589} \times \left(\frac{13}{100-13}\right) = 865.731 ≒ 865.73 kg$$

∴ 865.73kg

(나) HCFC BLEND A의 최소약제용기는 몇 병이 필요한가?

해설 및 정답

$\frac{865.73}{50} = 17.3 ≒ 18$병

∴ 18병

(다) IG-541의 최소약제량[m^3]은? (단, 20℃의 비체적은 선형 상수이다)

해설 및 정답

$$Q = V \times 2.303 \times \frac{V_S}{S} \times \log\left(\frac{100}{100-C}\right)$$

$C = 31.25 \times 1.3 = 40.625\%$

$S = V_S$

기출문제

$$Q = 2.303 \times \log_{10}\left[\frac{100}{100-40.625}\right] \times (15 \times 20 \times 5) = 782.086 ≒ 782.09\text{m}^3$$

∴ 782.09m³

(라) IG-541의 최소약제용기는 몇 병이 필요한가?

해설 및 정답
$$\frac{782.09}{12.4} = 63.07 ≒ 64\text{병}$$

∴ 64병

15 소화펌프가 임펠러직경 150mm, 회전수 1,770rpm, 유량 4,000L/min, 양정 50m로 가압 송수하고 있다. 이 펌프와 상사법칙을 만족하는 펌프가 임펠러직경 200mm, 회전수 1,170rpm으로 운전하면 유량[L/min]과 양정[m]은 각각 얼마인지 구하시오. **4점**

(가) 유량[L/min]

해설 및 정답
$$Q_2 = Q_1 \times \left(\frac{N_2}{N_1}\right) \times \left(\frac{D_2}{D_1}\right)^3$$

$$4000 \times \left(\frac{1,170}{1,770}\right) \times \left(\frac{200}{150}\right)^3 = 6,267.419 ≒ 6,267.42\text{L/min}$$

∴ 6,267.42L/min

(나) 양정[m]

해설 및 정답
$$H_2 = H_1 \times \left(\frac{N_2}{N_1}\right)^2 \times \left(\frac{D_2}{D_1}\right)^2$$

$$50 \times \left(\frac{1,170}{1,770}\right)^2 \times \left(\frac{200}{150}\right)^2 = 38.839 ≒ 38.84\text{m}$$

∴ 38.84m

16 제연설비에서 주로 사용하는 솔레노이드댐퍼, 모터댐퍼 및 퓨즈댐퍼의 작동원리를 쓰시오. **6점**

○ 솔레노이드댐퍼 :
○ 모터댐퍼 :
○ 퓨즈댐퍼 :

해설 및 정답
① 솔레노이드댐퍼 : 솔레노이드에 의해 누르게핀을 이동시켜 작동
② 모터댐퍼 : 모터에 의해 누르게핀을 이동시켜 작동
③ 퓨즈댐퍼 : 덕트 내의 온도가 일정온도 이상이 되면 퓨즈메탈의 용융과 함께 작동

2022년 제1회 소방설비기사[기계분야] 2차 실기

2022년 5월 7일 시행

01 사무소 건물의 지하 2층(표면화재 방호대상물)에 이산화탄소소화설비를 전역방출방식으로 설치하였을 경우 다음 물음에 답하시오. **8점**

> **조건**
> 1. 소화설비는 고압식으로 한다.
> 2. 실의 크기는 가로 10[m], 세로 20[m], 높이 5[m]이다.
> 3. 방호구역 1[m³]당 필요한 이산화탄소 소화약제의 양은 0.8[kg]으로 한다.
> 4. 개구부는 가로 2.4[m], 높이 1.8[m]와 가로 1.2[m], 세로 0.8[m]인 것이 설치되어 있으나 가로 1.2[m]와 세로 0.8[m]에는 자동폐쇄장치가 설치되어 있다.
> 5. 개구부에 대한 소화약제의 가산량은 5[kg/m²]이다.
> 6. 저장용기의 충전비는 1.5로서 저장용기 1병당 저장량은 45[kg]이다.
> 7. 분사헤드의 방사율은 1개당 1.05[kg/mm²·분]으로 하며 방출시간은 1분을 기준으로 한다.
> 8. 20[℃]에서 이산화탄소의 비체적은 0.51[m³/kg]이다.

(가) 저장에 필요한 소화약제의 양은 몇 kg 이상으로 하여야 하는가?
(나) 저장에 필요한 저장용기의 수는?
(다) 소화약제의 유량은 몇 kg/s인가?
(라) 필요한 분사헤드의 수는 몇 개인가? (단, 분사구 면적은 0.51[cm²]이다)

해설 및 정답

(가) $V \times \alpha + A \times \beta = 1,000[\text{m}^3] \times 0.8[\text{kg/m}^3] + 4.32[\text{m}^2] \times 5[\text{kg/m}^2] = 821.6[\text{kg}]$
∴ 821.6[kg]

(나) $\dfrac{821.6[\text{kg}]}{45[\text{kg/병}]} = 18.257$
∴ 19병

(다) $\dfrac{19\text{병} \times 45[\text{kg/병}]}{60[\text{s}]} = 14.25[\text{kg/s}]$
∴ 14.25 kg/s

(라) $51[\text{mm}^2] = \dfrac{(19\text{병} \times 45\,\text{kg/병}) \div N}{1.05[\text{kg/mm}^2 \cdot \text{min} \cdot \text{개}] \times 1\text{min}}$
∴ N = 15.96 ≒ 16개

기출문제

02 다음에 표시된 소방시설 도시기호의 명칭을 쓰시오. 6점

(1) ── WS ──

(2) ⊢←⊣

(3) (포헤드 평면도 기호)

(4) (가스체크밸브 기호)

(5) (옥외소화전 기호 H)

(6) (경보밸브 기호)

해설 및 정답
(1) 물분무 배관
(2) 플러그
(3) 포헤드(평면도)
(4) 가스체크밸브
(5) 옥외소화전
(6) 경보밸브(습식)

---

03 어떤 지하상가 제연설비를 화재안전기준과 아래 [조건]에 따라 설비하려고 한다. 물음에 답하시오. 7점

조건
1. 주덕트의 높이 제한은 600[mm]이다. (강판두께, 덕트 플랜지 및 보온두께는 고려하지 않는다.)
2. 배출기는 원심다익형이다.
3. 각종 효율은 무시한다.
4. 예상제연구역의 설계 배출량은 45,000[m³/hr]이다.

(가) 배출기의 흡입측 주덕트의 최소 폭(m)을 계산하시오.
(나) 배출기의 배출측 주덕트의 최소 폭(m)을 계산하시오.
(다) 준공 후 풍량시험을 한 결과 풍량은 36,000[m³/h], 회전수는 600[rpm], 축동력은 7.5[kW]로 측정되었다. 배출량 45,000[m³/h]를 만족시키기 위한 배출기 회전수(rpm)를 계산하시오.
(라) 회전수를 높여서 배출량을 만족시킬 경우의 예상축동력[kW]을 계산하시오.

해설 및 정답 (가) $Q = Au$

$$45,000[\text{m}^3/\text{hr}] \times \frac{1[\text{hr}]}{3,600[\text{s}]} = (0.6[\text{m}] \times 폭[\text{m}]) \times 15[\text{m/s}]$$

폭 $= 1.388 ≒ 1.39[\text{m}]$

∴ $1.39[\text{m}]$

(나) $Q = Au$

$$45{,}000[\text{m}^3/\text{hr}] \times \frac{1[\text{hr}]}{3{,}600[\text{s}]} = (0.6[\text{m}] \times 폭[\text{m}]) \times 20[\text{m/s}]$$

폭 $= 1.0416 ≒ 1.04[\text{m}]$

∴ $1.04[\text{m}]$

(다) $Q_2 = Q_1 \times \left(\dfrac{N_2}{N_1}\right)$

$$45{,}000[\text{m}^3/\text{hr}] = 36{,}000[\text{m}^3/\text{hr}] \times \frac{N_2}{600}$$

∴ $750[\text{rpm}]$

(라) $L_2 = L_1 \times \left(\dfrac{N_2}{N_1}\right)^3 = 7.5[\text{kW}] \times \left(\dfrac{750}{600}\right)^3 = 14.648 ≒ 14.65[\text{kW}]$

∴ $14.65[\text{kW}]$

04 피난기구에 대하여 다음의 물음에 답하시오. 6점

(가) 병원(의료시설)에 적응성이 있는 층별 피난기구에 대해 (①) ~ (⑧)에 적절한 내용을 쓰시오.

지하층	3층	4층 이상 10층 이하
피난용트랩 [22. 12. 1 이후 삭제]	• (①) • (②) • (③) • (④) • 피난용트랩 • 승강식 피난기	• (⑤) • (⑥) • (⑦) • (⑧) • 피난용트랩

해설 및 정답

(나) 피난기구를 고정하여 설치할 수 있는 소화활동상 유효한 개구부에 대하여 ( ) 안의 내용을 쓰시오.

> 개구부의 크기는 가로 (①)m 이상, 세로 (②)m 이상인 것을 말한다. 이 경우 개구부 하단이 바닥에서 (③)m 이상이면 발판 등을 설치하여야 하고, 밀폐된 창문은 쉽게 파괴할 수 있는 파괴 장치를 비치하여야 한다.

해설 및 정답

(가) ① 미끄럼대   ② 구조대   ③ 다수인 피난장비   ④ 피난교
     ⑤ 구조대   ⑥ 다수인 피난장비   ⑦ 승강식 피난기   ⑧ 피난교

(나) ① 0.5   ② 1   ③ 1.2

기출문제

05 습식 스프링클러설비를 아래의 조건을 이용하여 그림과 같이 8층의 백화점 건물에 시공할 경우 다음 물음에 답하시오. [9점]

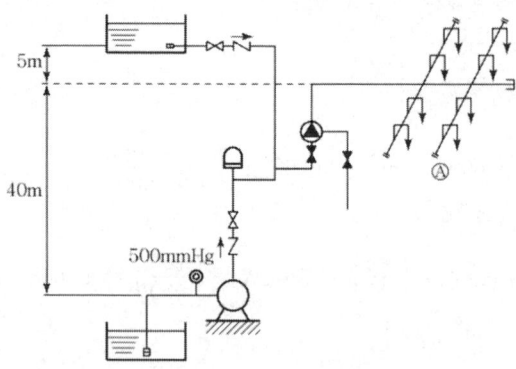

조건
1. 배관 및 부속류의 총 마찰손실은 헤드에서 펌프 자연낙차의 40%이다.
2. 펌프의 진공계 눈금은 500[mmHg]이다.
3. 펌프의 체적효율=0.95, 기계효율=0.85, 수력효율=0.75이다.
4. 전동기의 전달계수(k)는 1.2이다.
5. 스프링클러헤드는 층당 50개 설치되어있다.

(가) 주펌프의 양정(m)을 구하시오.
(나) 주펌프의 토출량(m^3/min)을 구하시오.(단, 스프링클러 헤드는 최대 기준개수 이상 설치되는 기준임)
(다) 주펌프의 모터동력[kW]을 구하시오.
(라) 폐쇄형 스프링클러 헤드의 선정은 설치장소의 최고 주위온도와 선정된 헤드의 표시온도를 고려하여야 한다. 다음 표의 설치장소의 최고 주위온도에 대한 표시온도를 쓰시오.

설치장소의 최고 주위온도	표시온도
39℃ 미만	79℃ 미만
39℃ 이상 64℃ 미만	①
64℃ 이상 106℃ 미만	②
106℃ 이상	162℃ 이상

해설 및 정답

(가) $H = 500[\text{mmHg}] \times \dfrac{10.332[\text{m}]}{760[\text{mmHg}]} + 40[\text{m}] + 40[\text{m}] \times 0.4 + 10[\text{m}]$

$= 72.797 \fallingdotseq 72.8[\text{m}]$

∴ 72.8[m]

(나) $Q = N \times 80[\text{L/min}]$ (N=30개 적용)

$= 30 \times 80[\text{L/min}] = 2,400[\text{L/min}] = 2.4[\text{m}^3/\text{min}]$

∴ 2.4[m³/min]

(다) $P(\text{kW}) = \dfrac{\gamma QH}{102\eta}k = \dfrac{1000 \times \left(\dfrac{2.4}{60}\right) \times 72.8}{102 \times (0.95 \times 0.85 \times 0.75)} \times 1.2 = 56.567 \fallingdotseq 56.57[\text{kW}]$

∴ 56.57 kW

(라) ① 79℃ 이상 121℃ 미만
② 121℃ 이상 162℃ 미만

---

06 지상 4층 건물에 옥내소화전을 설치하려고 한다. 각 층에 130[L/min]씩 송출하는 옥내소화전 3개씩을 배치하며, 이때 실양정은 40[m], 배관의 손실압력수두는 실양정의 25[%]라고 본다. 또 호스의 마찰손실수두가 3.5[m], 노즐선단의 손실수두는 17[m], 펌프효율이 0.75, 여유율은 1.2이고, 30분간 연속 방수되는 것으로 하였을 때 다음사항을 구하시오. **7점**

(1) 펌프의 토출량(m³/min)
(2) 전양정(m)
(3) 펌프의 용량(kW)
(4) 수원의 용량(m³)

해설 및 정답

(1) $Q = N \times 130[\text{L/min}] = 2 \times 130[\text{L/min}] = 260[\text{L/min}] = 0.26[\text{m}^3/\text{min}]$

∴ 0.26[m³/min]

(2) $H = 40[\text{m}] + 40[\text{m}] \times 0.25 + 3.5[\text{m}] + 17[\text{m}] = 70.5[\text{m}]$

∴ 70.5[m]

(3) $P(\text{kW}) = \dfrac{\gamma QH}{102\eta}k = \dfrac{1000 \times \left(\dfrac{0.26}{60}\right) \times 70.5}{102 \times 0.75} \times 1.2 = 4.792 \fallingdotseq 4.79[\text{kW}]$

∴ 4.79[kW]

(4) $Q = N \times 130[\text{L/min}] \times 30[\text{min}]$ (N : 2개 적용)

$= 2 \times 130[\text{L/min}] \times 30[\text{min}] = 7.8[\text{m}^3]$

∴ 7.8[m³]

기출문제

07 어느 건축물의 평면도이다. 이 실들 중 A실에 급기가압을 하고 차압은 240[Pa]인 경우, 차압을 유지하기 위하여 제연구역에 공급하여야 할 누설량[m³/s]을 계산하시오(모든 개구부 틈새면적은 0.01[m²]로 동일하며, 누설틈새면적은 소수점 5자리에서 반올림하여 4자리까지 구하시오). 4점

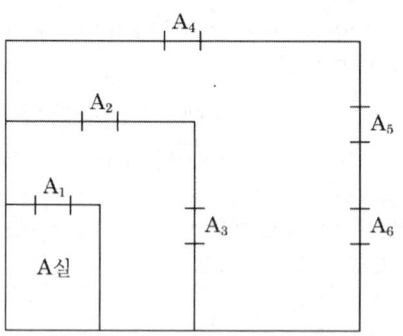

해설 및 정답
- A_4, A_5, A_6 (병렬연결)
  $\Rightarrow A_{456} = 0.01 + 0.01 + 0.01 = 0.03 [\text{m}^3]$
- A_2, A_3 (병렬연결)
  $\Rightarrow A_{23} = 0.01 + 0.01 = 0.02 [\text{m}^3]$
- A_1, A_{23}, A_{456} (직렬연결)
  $\Rightarrow A_{123456} = \dfrac{1}{\sqrt{\dfrac{1}{0.03^2} + \dfrac{1}{0.02^2} + \dfrac{1}{0.01^2}}} = 0.00857 [\text{m}^2] \fallingdotseq 0.0086 [\text{m}^2]$

∴ $Q = 0.827 \times 0.0086 \times \sqrt{240} = 0.11 [\text{m}^3/\text{s}]$
∴ $0.11 [\text{m}^3/\text{s}]$

08 할로겐화합물 및 불활성기체 소화설비 배관의 두께[mm]를 구하시오. 4점

> **조건**
> 1. 배관을 흐르는 가스의 압력은 최대 15[MPa]이다.
> 2. 배관의 외경은 65[mm]이며, 가열맞대기 용접배관을 사용한다.
> 3. 배관재질에 따른 인장강도는 400[MPa]이며, 항복점은 인장강도의 80[%]이다.

해설 및 정답

$t = \dfrac{PD}{2SE} + A$

- $P = 15[\text{MPa}]$
- $D = 65[\text{mm}]$
- SE

　　1) 인장강도 $400[\text{MPa}] \times \dfrac{1}{4} = 100[\text{MPa}]$

　　2) 항복점 $400[\text{MPa}] \times 0.8 \times \dfrac{2}{3} = 213.33[\text{MPa}]$

∴ $100[\text{MPa}] \times 0.6 \times 1.2 = 72[\text{MPa}]$

∴ $t = \dfrac{15 \times 65}{2 \times 72} = 6.7708 ≒ 6.77[\text{mm}]$

∴ $6.77[\text{mm}]$

---

09 그림은 어느 판매장의 무창층에 대한 제연설비 중 연기배출풍도와 배출 FAN을 나타내고 있는 평면도이다. 주어진 조건을 이용하여 풍도에 설치되어야 할 제어댐퍼를 가장 적합한 지점에 표기한 다음 물음에 답하시오. **8점**

> **조건**
> ① 건물의 주요구조부는 모두 내화구조이다.
> ② 각 실은 불연성 구조물로 구획되어 있다.
> ③ 복도의 내부면은 모두 불연재이고, 복도 내에 가연물을 두는 일은 없다.
> ④ 각 실에 대한 연기배출방식에서 공동배출구역방식은 없다.
> ⑤ 이 판매장에는 음식점은 없다.

(가) 제어댐퍼의 설치를 그림에 표시하시오(단, 댐퍼의 표기는 "⌀" 모양으로 하고 번호(예, A1, B1, C1, …)를 부여, 문제 본문 그림에 직접 표시할 것).

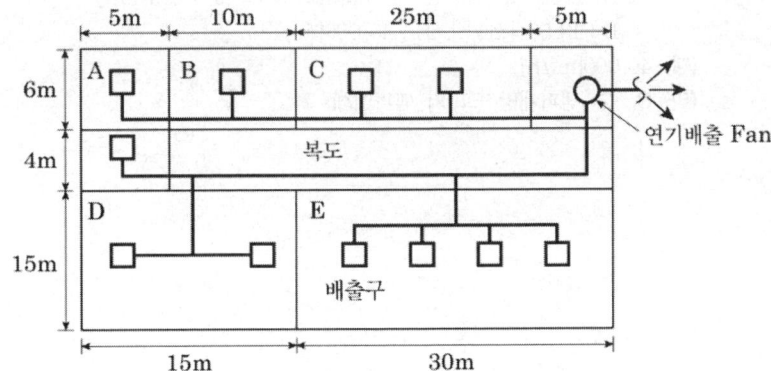

기출문제

(나) 각 실 (A, B, C, D, E)의 최소소요배출량[m³/h]은 얼마인가?
(다) 배출 FAN의 최소 소요배출용량[m³/h]은 얼마인가?
(라) C 실에 화재가 발생하였을 경우, 댐퍼의 개폐여부에 대해 답하시오.

해설및정답 (가)

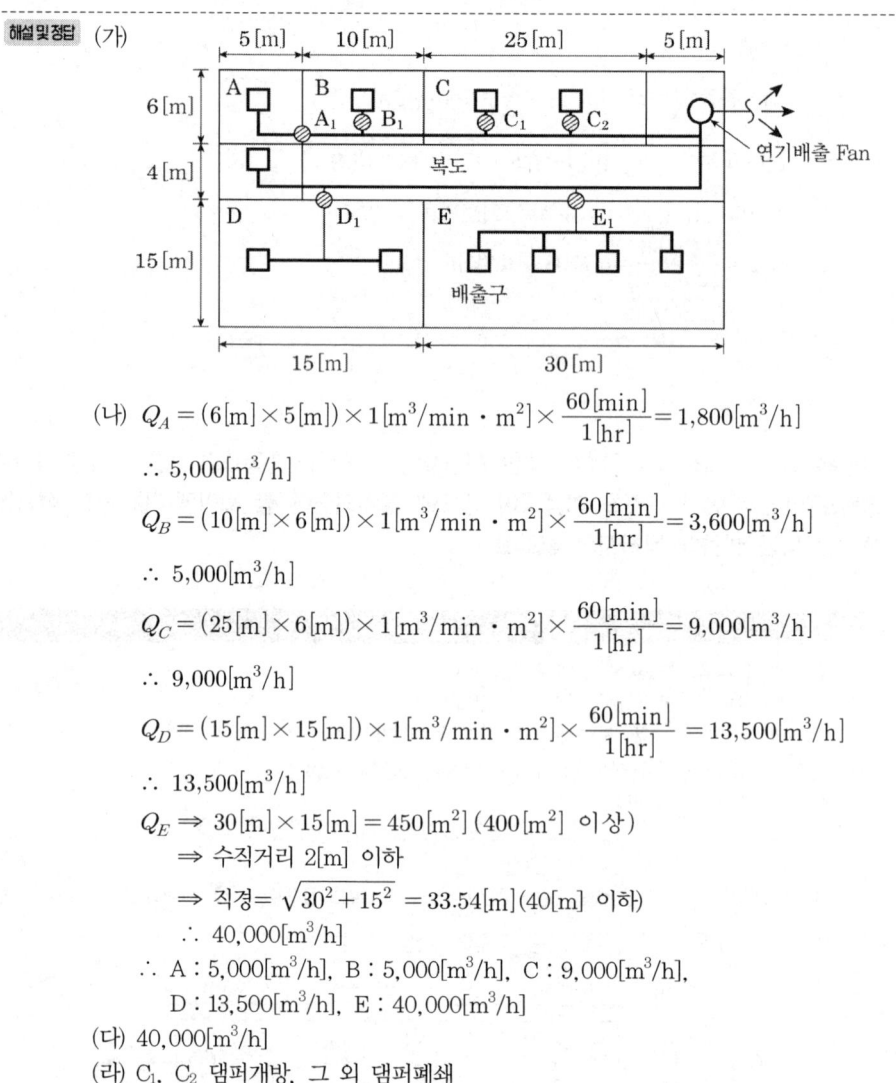

(나) $Q_A = (6[\text{m}] \times 5[\text{m}]) \times 1[\text{m}^3/\text{min} \cdot \text{m}^2] \times \dfrac{60[\text{min}]}{1[\text{hr}]} = 1,800[\text{m}^3/\text{h}]$

∴ $5,000[\text{m}^3/\text{h}]$

$Q_B = (10[\text{m}] \times 6[\text{m}]) \times 1[\text{m}^3/\text{min} \cdot \text{m}^2] \times \dfrac{60[\text{min}]}{1[\text{hr}]} = 3,600[\text{m}^3/\text{h}]$

∴ $5,000[\text{m}^3/\text{h}]$

$Q_C = (25[\text{m}] \times 6[\text{m}]) \times 1[\text{m}^3/\text{min} \cdot \text{m}^2] \times \dfrac{60[\text{min}]}{1[\text{hr}]} = 9,000[\text{m}^3/\text{h}]$

∴ $9,000[\text{m}^3/\text{h}]$

$Q_D = (15[\text{m}] \times 15[\text{m}]) \times 1[\text{m}^3/\text{min} \cdot \text{m}^2] \times \dfrac{60[\text{min}]}{1[\text{hr}]} = 13,500[\text{m}^3/\text{h}]$

∴ $13,500[\text{m}^3/\text{h}]$

$Q_E \Rightarrow 30[\text{m}] \times 15[\text{m}] = 450[\text{m}^2]\ (400[\text{m}^2]\ \text{이상})$
  ⇒ 수직거리 2[m] 이하
  ⇒ 직경= $\sqrt{30^2 + 15^2} = 33.54[\text{m}]\ (40[\text{m}]\ \text{이하})$
   ∴ $40,000[\text{m}^3/\text{h}]$

∴ A : $5,000[\text{m}^3/\text{h}]$, B : $5,000[\text{m}^3/\text{h}]$, C : $9,000[\text{m}^3/\text{h}]$,
  D : $13,500[\text{m}^3/\text{h}]$, E : $40,000[\text{m}^3/\text{h}]$

(다) $40,000[\text{m}^3/\text{h}]$

(라) C_1, C_2 댐퍼개방, 그 외 댐퍼폐쇄

10 그림과 같이 휘발유 탱크 1기와 경유탱크 1기를 1개의 방유제에 설치하는 옥외탱크저장소에 대하여 각 물음에 답하시오(단, 그림에서 길이 단위는 mm이다). **11점**

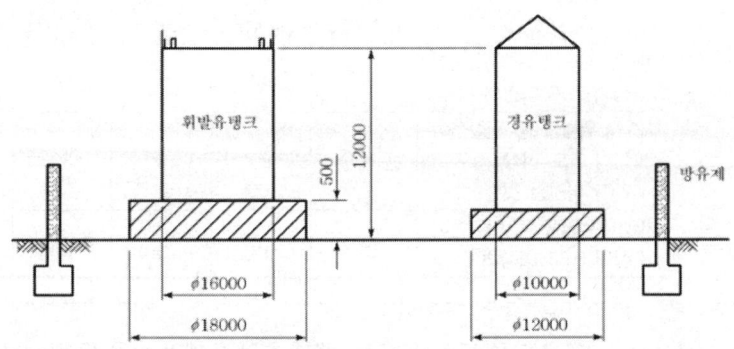

조건
1. 탱크용량 및 형태
   - 휘발유탱크 : 2,000[m³](지정수량의 10,000배) 플루팅루프탱크(탱크 내 측면과 굽도리판(Foam Dam) 사이의 거리는 0.6[m]이다(인화점 : 21[℃] 미만).
2. 고정포 방출구
   - 경유탱크 : Ⅱ형, 휘발유탱크 : 특형
3. 포소화약제의 종류 : 수성막포(사용농도 3[%])
4. 보조포 소화전 : 쌍구형 2개 설치
5. 참고사항 :
   (ㄱ) 옥외탱크 저장소의 보유공지

저장 또는 취급하는 위험물의 최대저장량	공지의 너비
지정수량의 500배 이하	3[m] 이상
지정수량의 500배 초과 1,000배 이하	5[m] 이상
지정수량의 1,000배 초과 2,000배 이하	9[m] 이상
지정수량의 2,000배 초과 3,000배 이하	12[m] 이상
지정수량의 3,000배 초과 4,000배 이하	15[m] 이상
지정수량의 4,000배 초과	당해 탱크의 최대지름과 탱크의 높이 또는 길이 중 큰 것과 같은 거리 이상(단, 30[m] 초과의 경우에는 30[m] 이상으로 할 수 있고, 15[m] 미만의 경우는 15[m] 이상으로 하여야 한다.)

기출문제

(ㄴ) 고정포 방출구의 방출률 및 방사시간

위험물의 종류	Ⅰ형		Ⅱ형		특형	
	방출률 (L/m²분)	방사 시간(분)	방출률 (L/m²분)	방사 시간(분)	방출용 (L/m²분)	방사 시간(분)
제4류 위험물 중 인화점이 섭씨 21도 미만의 것	4	30	4	55	8	30
제4류 위험물 중 인화점이 섭씨 21도 이상 70도 미만일 것	4	20	4	30	8	20
제4류 위험물 중 인화점이 섭씨 70도 이상의 것	4	15	4	25	8	15

(가) 다음 A, B, C의 거리를 구하시오(단, 탱크 측판 두께의 보온 두께는 무시한다).

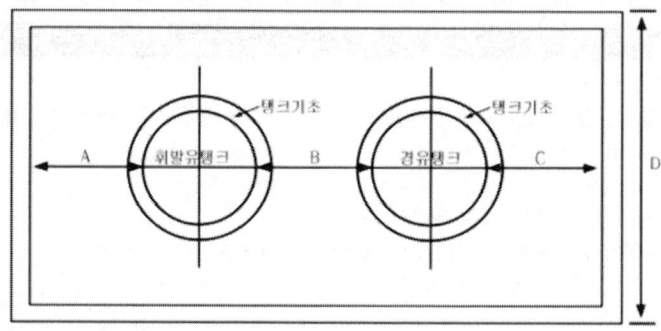

1) A(휘발유탱크 측판과 방유제 내측거리, m)
2) B(휘발유탱크 측판과 경유탱크 측판 사이의 거리, m) (단, 휘발유 탱크만 보유공지 단축을 위한 기준에 적합한 물분무 소화설비가 설치됨)
3) C(경유탱크 측판과 방유제 내측거리, m)

(나) 다음에서 요구하는 각 장비의 용량을 구하시오.
1) 포소화약제 저장탱크의 최소 용량(L)을 아래의 종류 중에서 선정하시오(단, 75[A] 이상의 배관길이는 50[m]이고, 배관크기는 100[A]이다).
   - 포소화약제 저장탱크 종류 : 700[L], 750[L], 800[L], 900[L], 1,000[L], 1,200[L], 1,500[L](단, 포소화약제의 저장탱크 용량은 포소화약제의 저장량을 말한다)
2) 가압송수장치(펌프)의 유량(lpm)
3) 소화설비의 수원(저수량, m³)(단, m³ 이하는 반올림하여 정수로 표시한다)
4) 포소화약제의 혼합장치는 프레져 프로포셔너 방식을 사용할 경우에 최소유량과 최대유량의 범위를 정하시오.
   A. 최소유량(lpm)
   B. 최대유량(lpm)

해설 및 정답

(가) 1) $12[m] \times \dfrac{1}{2} = 6[m]$ ∴ $6[m]$

2) ① 경유 : $\dfrac{\pi}{4} \times 10^2 \times (12-0.5) = 903.207[m^3] = 903207 l$

$\dfrac{903207 l}{1000 l/배수} = 903.207$배 ⇒ $5[m]$

② 휘발유(지정수량 10,000배)

$16[m] \times \dfrac{1}{2} = 8[m]$ ∴ $8[m]$

3) $12[m] \times \dfrac{1}{3} = 4[m]$ ∴ $4[m]$

(나) 1) ① 고정포 방출구

㉠ 휘발유탱크

$Q = A \times Q \times T \times S$

$= \left(\dfrac{\pi}{4} \times (16[m])^2 - \dfrac{\pi}{4} \times (14.8[m])^2\right) \times 8 \, [L/min \cdot m^2] \times 30 \, [min] \times 0.03$

$= 209.0038 ≒ 209 l$

㉡ 경유탱크

$Q = A \times Q \times T \times S$

$= \dfrac{\pi}{4} \times (10[m])^2 \times 4 \, [L/min \cdot m^2] \times 30[min] \times 0.03$

$= 282.743 ≒ 282.74 \, l$

② 보조포소화전

$Q = N \times 400 \, [l/min] \times 20 \, [min] \times 0.03 = 720 l \, (N : 3개 적용)$

③ 송액관 보정량

$Q = \dfrac{\pi}{4} \times (0.1[m])^2 \times 50[m] \times \dfrac{1000 l}{m^3} \times 0.03 = 11.78 l$

∴ $282.74 + 720 + 11.78 = 1014.52 l$ ⇒ 1,200L 선정

∴ $1,200[L]$

2) ① 고정포 방출구(경유탱크)

$Q = A \times Q = \dfrac{\pi}{4} \times (10[m])^2 \times 4 \, [l/min \cdot m^2]$

$= 314.159 ≒ 314.16 \, [L/min]$

② 보조포소화전

$Q = N \times 400 \, [l/min] = 1200 \, [l/min] \, (N : 3개 적용)$

∴ $314.16 + 1200 = 1514.16 \, [l/min]$

∴ $1514.16[L/min]$

3) ① 고정포 방출구(경유탱크)

$Q = A \times Q \times T \times S = \dfrac{\pi}{4} \times (10m)^2 \times 4 l/min \cdot m^2 \times 30min \times 0.97 \times \dfrac{1 m^3}{1000 l}$

$= 9.14 \, [m^3]$

기출문제

② 보조포소화전

$$Q = 3 \times 400 l/min \times 20 min \times 0.97 \times \frac{1m^3}{1000l} = 23.28 m^3 \, (N:3개 \, 적용)$$

③ 송액관 보정량

$$Q = \frac{\pi}{4} \times (0.1m)^2 \times 50m \times 0.97 = 0.38 m^3$$

$$\therefore 9.14 + 23.28 + 0.38 = 32.8 m^3 \fallingdotseq 33 m^3$$

$$\therefore 33 m^3$$

4) A. 최소유량 $1514.16 l/min \times 0.5 = 757.08 l/min$
   B. 최대유량 $1514.16 l/min \times 2 = 3028.32 l/min$
   $\therefore 757.08 l/min \sim 3028.32 l/min$

11 가로 20[m], 세로 10[m], 높이 4[m]인 전기실에 고압식의 할론1301소화설비를 전역방출방식으로 설계하려 한다. 할론 용기의 내용적은 68[L], 약제저장용기의 밸브개방방식은 가스압력식일 때 다음 각 물음에 답하시오(단, 출입문은 2개이며 출입문은 자동폐쇄장치가 되어 있다). [5점]

1) 1병당 최대저장량은 몇 kg인가?
2) 할론 1301의 최소 소요약제량은 몇 kg인가?
3) 할론 1301의 용기수는 몇 병인가?

해설 및 정답

1) $G = \frac{V}{C} = \frac{68 l}{0.9} = 75.555 \fallingdotseq 75.56 \, kg/병$ $\therefore 75.56 kg$

2) $W = V \times \alpha + A \times \beta = (20 \times 10 \times 4) \times 0.32 kg/m^3 = 256 kg$ $\therefore 256 kg$

3) $\frac{256 \, kg}{75.56 \, kg/병} = 3.388 \fallingdotseq 4병$ $\therefore 4병$

12 벤투리관에 유량 5.6[m³/min]으로 물이 흐르고 있다. 큰 직경이 36[cm], 작은 직경이 13[cm], 벤투리 송출계수 0.86일 때 벤투리 효과에 의한 압력차는 몇 kPa인가? [5점]

해설 및 정답

$$Q = A \times u \times C$$

$$\frac{5.6}{60} = \frac{\pi}{4} \times 0.13^2 \times \frac{1}{\sqrt{1 - \left(\frac{13^2}{36^2}\right)^2}} (\sqrt{2gh}) \times 0.86$$

$\therefore h = 3.352 m = 33.52 kPa$

$\therefore 33.52 kPa$

13 직경이 30[cm]인 소화배관에 0.2[m³/s]의 유량이 흐르고 있다. 이 관의 직경은 15[cm], 길이는 300[m]인 관과 직경이 20[cm], 길이가 600[m]인 관이 그림과 같이 평행하게 연결되었다가 다시 30[cm] 관으로 합쳐져 있다. 각 분기관에서의 관마찰계수는 0.022라 할 때, A, B의 유량[m³/s]을 구하시오. 5점

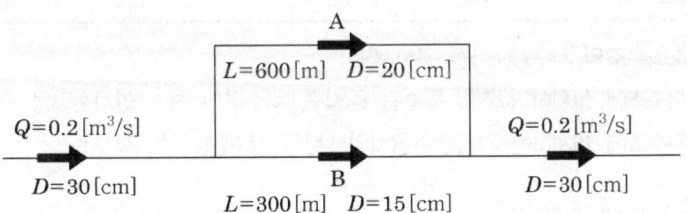

해설및정답 (1) $Q_A + Q_B = 0.2 \text{m}^3/\text{s} \Rightarrow Q_A = 0.2 - Q_B$

(2) $\triangle P_A = \triangle P_B$

$\triangle P_A = 0.022 \times \dfrac{600}{0.2} \times \dfrac{u_A^2}{2 \times 9.8}$, $\triangle P_B = 0.022 \times \dfrac{300}{0.15} \times \dfrac{u_B^2}{2 \times 9.8}$

$0.022 \times \dfrac{600}{0.2} \times \dfrac{u_A^2}{2 \times 9.8} = 0.022 \times \dfrac{300}{0.15} \times \dfrac{u_B^2}{2 \times 9.8} \Leftarrow Q_A = 0.2 - Q_B$

$0.022 \times \dfrac{600}{0.2} \times \dfrac{\left(\dfrac{0.2 - Q_B}{\dfrac{\pi}{4} \times 0.2^2}\right)^2}{2 \times 9.8} = 0.022 \times \dfrac{300}{0.15} \times \dfrac{\left(\dfrac{Q_B}{\dfrac{\pi}{4} \times 0.15^2}\right)^2}{2 \times 9.8}$

∴ $Q_B = 0.081 ≒ 0.08 \text{m}^3/\text{s}$, $Q_A = 0.2 - 0.08 = 0.12 \text{m}^3/\text{s}$

∴ $Q_A = 0.12 \text{m}^3/\text{s}$, $Q_B = 0.08 \text{m}^3/\text{s}$

14 가로 5[m], 세로 3[m], 바닥면으로부터의 높이는 1.9[m]인 절연유 봉입변압기에 물분무소화설비를 설치하고자 할 때, 다음 물음에 답하시오(단, 절연유 봉입변압기 하부는 바닥면에서 0.4[m] 높이까지 자갈로 채워져 있다). 3점

(가) 소화펌프의 최소토출량(L/min)을 구하시오(단, 계산과정을 쓰시오).

(나) 필요한 최소수원의 양(m³)을 구하시오.

해설및정답 (가) $Q(l/\min)$
$= ((5m \times 3m) + (5m \times 1.5m) \times 2 + (3m \times 1.5m) \times 2) \times 10 l/\min \cdot m^2$
$= 390 l/\min$
∴ 390L/min

(나) $390 l/\min \times 20\min \times \dfrac{1 m^3}{1,000 l} = 7.8 m^3$

∴ $7.8 m^3$

기출문제

15 소화용수설비를 설치하는 지하 2층, 지상 3층의 특정소방대상물의 연면적이 38,500[m²]이고, 각 층의 바닥면적이 다음과 같을 때 물음에 답하시오. `6점`

층 수	지하 2층	지하 1층	지상 1층	지상 2층	지상 3층
바닥면적	2,500[m²]	2,500[m²]	13,500[m²]	13,500[m²]	6,500[m²]

(가) 소화수조의 저수량[m³]을 구하시오.
(나) 저수조에 설치하여야 할 흡수관 투입구, 채수구의 최소 설치수량을 구하시오.
(다) 저수조에 설치하는 가압송수장치의 1분당 양수량[L]을 구하시오.

해설 및 정답

(가) $\dfrac{38,500 m^2}{7,500 m^2} = 5.133 ≒ 6$

$6 \times 20 m^3 = 120 m^3$

(나) 흡수관 투입구 : 2개, 채수구 : 3개
(다) 3,300L

16 포소화설비의 수동식기동장치 설치기준에 대해 다음 ( ) 안을 쓰시오. `6점`

1. 직접조작 또는 원격조작에 따라 (㉠)·수동식개방밸브 및 소화약제 혼합장치를 기동할 수 있는 것으로 할 것
2. 둘 이상의 (㉡)을 가진 포소화설비에는 (㉡)을 선택할 수 있는 구조로 할 것
3. 기동장치의 조작부는 화재 시 쉽게 접근할 수 있는 곳에 설치하되, 바닥으로부터 (㉢)[m] 이상 (㉣)[m] 이하의 위치에 설치하고, 유효한 보호장치를 설치할 것
4. 기동장치의 조작부 및 호스 (㉤)에는 가까운 곳의 보기 쉬운 곳에 각각 "기동장치의 조작부" 및 "(㉤)"라고 표시한 표지를 설치할 것
5. 차고 또는 주차장에 설치하는 포소화설비의 수동식 기동장치는 (㉡)마다 1개 이상 설치할 것
6. 항공기격납고에 설치하는 포소화설비의 수동식 기동장치는 각 (㉡)마다 2개 이상을 설치하되, 그 중 1개는 각 (㉡)으로부터 가장 가까운 곳 또는 조작에 편리한 장소에 설치하고, 1개는 (㉥)를 설치한 감시실 등에 설치할 것

해설 및 정답 ㉠ 가압송수장치 ㉡ 방사구역 ㉢ 0.8 ㉣ 1.5 ㉤ 접결구 ㉥ 화재감지수신기

2022년 제2회 소방설비기사[기계분야] 2차 실기

2022년 7월 2일 시행

01 그림과 같은 배관에 물이 흐를 경우 배관 ①, ②, ③에 흐르는 각각의 유량(L/min)을 구하시오(단, A, B 사이의 배관 ①, ②, ③의 마찰손실수두는 각각 10[m]로 동일하며 마찰손실 계산은 아래의 Hazen-Willians 식을 사용한다. 그리고 계산결과는 소수점 이하를 반올림하여 반드시 정수로 나타내시오). **10점**

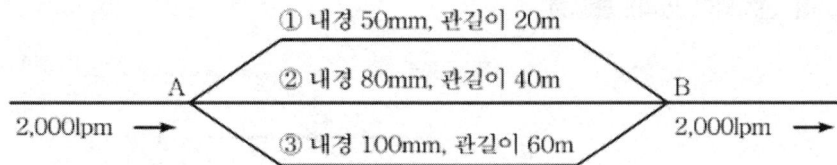

$$\Delta P = 6.053 \times 10^4 \times \frac{Q^{1.85}}{C^{1.85} \times d^{4.87}} \times L$$

여기서, ΔP : 마찰손실압력(MPa), Q : 유량(L/min), C : 관의 조도계수(무차원), d : 관의 내경(mm), L : 배관의 길이(m)

해설 및 정답 $\Delta P_1 = \Delta P_2 = \Delta P_3 = 10\text{m} = 0.1\text{MPa}$

$\Delta P = 6.053 \times 10^4 \times \dfrac{Q^{1.85}}{C^{1.85} \times D^{4.87}} \times L$ 에서 $C_1 = C_2 = C_3 = C$ 이므로

$\Delta P_1 = 6.053 \times 10^4 \times \dfrac{Q_1^{1.85}}{C^{1.85} \times D_1^{4.87}} \times L_1 = 6.053 \times 10^4 \times \dfrac{Q_1^{1.85}}{C^{1.85} \times 50^{4.87}} \times 20 = 0.1\text{MPa}$

$\therefore Q_1 = \left(\dfrac{0.1 C^{1.85} \times 50^{4.87}}{6.053 \times 10^4 \times 20}\right)^{\frac{1}{1.85}} = 4.4 C$

$\Delta P_2 = 6.053 \times 10^4 \times \dfrac{Q_2^{1.85}}{C^{1.85} \times D_2^{4.87}} \times L_2 = 6.053 \times 10^4 \times \dfrac{Q_2^{1.85}}{C^{1.85} \times 80^{4.87}} \times 40 = 0.1\text{MPa}$

$\therefore Q_2 = \left(\dfrac{0.1 C^{1.85} \times 80^{4.87}}{6.053 \times 10^4 \times 40}\right)^{\frac{1}{1.85}} = 10.43 C$

$\Delta P_3 = 6.053 \times 10^4 \times \dfrac{Q_3^{1.85}}{C^{1.85} \times D_3^{4.87}} \times L_3 = 6.053 \times 10^4 \times \dfrac{Q_3^{1.85}}{C^{1.85} \times 100^{4.87}} \times 60 = 0.1\text{MPa}$

$\therefore Q_3 = \left(\dfrac{0.1 C^{1.85} \times 100^{4.87}}{6.053 \times 10^4 \times 60}\right)^{\frac{1}{1.85}} = 15.1 C$

$\therefore Q_1 + Q_2 + Q_3 = 4.4 C + 10.43 C + 15.1 C = 29.93 C$

$\therefore Q_1 = \dfrac{4.4 C}{29.93 C} \times 2{,}000 \text{L/min} = 294 \text{L/min}$

기출문제

$$\therefore Q_2 = \frac{10.43C}{29.93C} \times 2{,}000\text{L/min} = 697\text{L/min}$$

$$\therefore Q_3 = \frac{15.1C}{29.93C} \times 2{,}000\text{L/min} = 1{,}009\text{L/min}$$

$$\therefore Q_1 = 294\text{L/min},\ Q_2 = 697\text{L/min},\ Q_3 = 1{,}009\text{L/min}$$

02 그림과 같은 위험물탱크에 국소방출방식으로 이산화탄소 소화설비를 설치하려고 한다. 다음 물음에 답하시오(단, 고압식이며, 방호대상물 주위에는 방호대상물과 동일한 크기의 고정벽이 설치되어 있다). **7점**

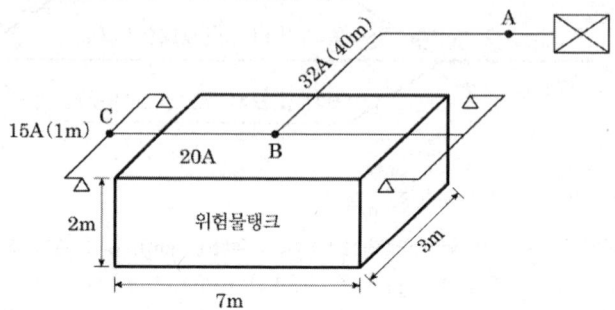

가) 방호공간의 체적[m³] 구하시오.

나) 소화약제저장량[kg]을 구하시오.

다) 이산화탄소 소화설비를 저압식으로 설치하였을 경우 소화약제저장량[kg]을 구하시오.

해설 및 정답

가) $V = (7\text{m} + 0.6\text{m} \times 2) \times (3\text{m} + 0.6\text{m} \times 2) \times (2\text{m} + 0.6\text{m}) = 89.544 ≒ 89.54\text{m}^3$
  $\therefore 89.54\text{m}^3$

나) $W(\text{kg}) = V \times \left(8 - 6\dfrac{a}{A}\right) \times 1.4$

  $V = 89.54,\ a = A \quad \therefore \dfrac{a}{A} = 1$

  $\therefore W = 89.54\text{m}^3 \times 2\text{kg/m}^3 \times 1.4 = 250.712 ≒ 250.71\text{kg}$
  $\therefore 250.71\text{kg}$

다) $W(\text{kg}) = V \times \left(8 - 6\dfrac{a}{A}\right) \times 1.1$

  $V = 89.54,\ a = A \quad \therefore \dfrac{a}{A} = 1$

  $\therefore W = 89.54\text{m}^3 \times 2\text{kg/m}^3 \times 1.1 = 196.988 ≒ 196.99\text{kg}$
  $\therefore 196.99\text{kg}$

03

경유를 저장하는 탱크의 내부직경 50[m]인 플루팅루프탱크(부상지붕구조)에 포소화설비를 설치하여 방호하려고 할 때 다음 물음에 답하시오. **14점**

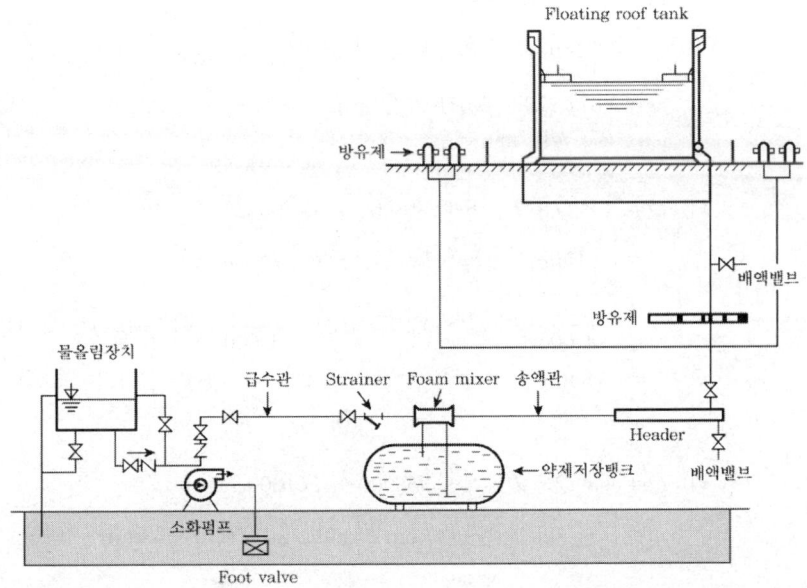

조건
① 소화약제는 6[%]용의 단백포를 사용하며, 수용액의 분당방출량은 8[L/m²·min]이고, 방사시간은 30분으로 한다.
② 탱크내면과 굽도리판의 간격은 1.2[m]로 한다.
③ 고정포방출구의 보조포소화전은 5개 설치되어 있으며 방사량은 400[L/min]이다.
④ 송액관의 내경은 100[mm]이고, 배관길이는 200[m]이다.
⑤ 수원의 밀도는 1,000[kg/m³], 포소화약제의 밀도는 1,050[kg/m³]이다.

가) 고정포방출구의 종류는 무엇인지 쓰시오.
나) 가압송수장치의 분당토출량(L/min)을 구하시오.
다) 수원의 양(m³)을 구하시오.
라) 포소화약제의 양(L)을 구하시오.
마) 수원의 질량유량(kg/s) 및 포소화약제의 질량유량(kg/s)을 구하시오.
바) 포소화약제의 혼합방식의 종류 중 어떤 혼합방식인지 쓰시오.

기출문제

해설및정답 가) 특형 고정포방출구

나) $Q = A \times Q + N \times 400$

$$= \left[\frac{\pi}{4}(50\text{m})^2 - \frac{\pi}{4}(47.6\text{m})^2\right] \times 8\text{L/m}^2 \cdot \min + 3 \times 400\text{L/min}$$

$$= 2,671.773 ≒ 2,671.77[\text{L/min}]$$

∴ 2,671.77[L/min]

다) $Q = A \times Q \times T \times S + NS8000 + AL1000S$

$$= \left[\frac{\pi}{4}(50\text{m})^2 - \frac{\pi}{4}(47.6\text{m})^2\right] \times 8\text{L/m}^2 \cdot \min \times 30\min \times 0.94$$

$$\times \frac{1}{1,000} + \left(3 \times 8,000L \times 0.94 \times \frac{1}{1,000}\right) + \left(\frac{\pi}{4}(0.1)^2 \times 200 \times 0.94\right)$$

$$= 65.54[\text{m}^3]$$

∴ 65.54[m³]

라) $Q = A \times Q \times T \times S + NS8000 + AL1000S$

$$= \left[\frac{\pi}{4}(50\text{m})^2 - \frac{\pi}{4}(47.6\text{m})^2\right] \times 8\text{L/m}^2 \cdot \min \times 30\min \times 0.06$$

$$+ 3 \times 8,000L \times 0.06 + \frac{\pi}{4}(0.1)^2 \times 200 \times 0.06 \times 1,000$$

$$= 4,183.439 ≒ 4,183.44[\text{L}]$$

∴ 4,183.44[L]

마) $m = A \cdot u \cdot \rho$
 ① 수원의 질량유량

$$m = 2,671.77\text{L/min} \times 0.94 \times 1\text{kg/L} \times \frac{1\min}{60\sec} = 41.857 ≒ 41.86[\text{kg/s}]$$

 ② 포소화약제의 질량유량

$$m = 2,671.77\text{L/min} \times 0.06 \times 1.05\text{kg/L} \times \frac{1\min}{60\sec} = 2.805 ≒ 2.81[\text{kg/s}]$$

∴ 41.86[kg/s], 2.81[kg/s]

바) 라인 프로포셔너 혼합방식

04 아래 그림은 폐쇄형 헤드를 사용한 스프링클러설비에서 나타난 스프링클러헤드 중 A점에 설치된 헤드 1개만이 개방되었을 때 A점 헤드에서의 방사압력은 몇 MPa인가? 방사압력 산정에 필요한 계산과정을 상세히 명시하고 방사압력을 소수점 4자리까지 구하시오(소수점 4자리 미만은 삭제). `15점`

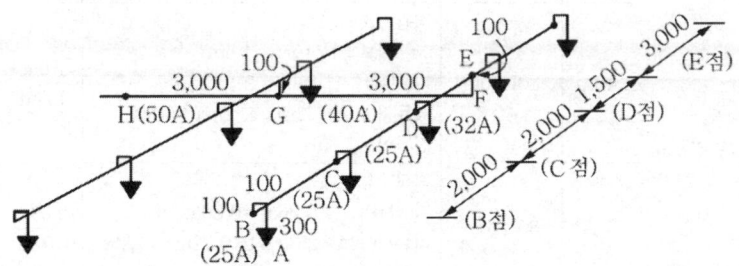

조건
1. 급수관 중 H점에서의 가압수의 압력은 0.15[MPa]이다.
2. 티 및 엘보는 직경이 다른 티 및 엘보는 사용하지 않는다.
3. 스프링클러헤드는 15[A] 헤드가 설치된 것으로 한다.
4. 직관의 마찰손실(100[m]당)

유량	25[A]	32[A]	40[A]	50[A]
80[L/min]	39.82[m]	11.38[m]	5.40[m]	1.68[m]

(A점에서의 헤드 방수량은 80[L/min]로 계산한다.)

5. 관이음쇠 마찰손실에 해당하는 직관길이(단위 : m)

구분	25[A]	32[A]	40[A]	50[A]
90° 엘보	0.9	1.20	1.50	2.10
리듀서	(25×15A)0.54	(32×25A)0.72	(40×32A)0.90	(50×40A)1.20
티(직류)	0.27	0.36	0.45	0.60
티(분류)	1.50	1.80	2.10	3.00

(1) A~H까지의 전체 배관마찰손실수두[m]를 구하시오(단, 직관 및 관이음쇠를 모두 고려하여 구한다).
(2) H와 A 사이의 위치수두차[m]를 구하시오.
(3) A점 헤드에서의 방사압력[kPa]를 구하시오.

기출문제

해설 및 정답 (1)

관경	유량	직관 및 등가길이(m)	마찰손실수두
50A	80L/min	직관 : 3m 티(직류) : 1×0.6m=0.6m 리듀서(50A×40A) : 1×1.2m=1.2m 전길이=4.8m	$\dfrac{4.8m}{100m} \times 1.68m = 0.0806m$
40A	80L/min	직관 : 3+0.1=3.1m 90° 엘보 : 1×1.5m=1.5m 티(분류) : 1×2.1m=2.1m 리듀서(40A×32A) : 1×0.9m=0.9m 전길이=7.6m	$\dfrac{7.6m}{100m} \times 5.4m = 0.4104m$
32A	80L/min	직관 : 1.5m 티(직류) : 1×0.36m=0.36m 리듀서(32A×25A) : 1×0.72m=0.72m 전길이=2.58m	$\dfrac{2.58m}{100m} \times 11.38m = 0.2936m$
25A	80L/min	직관 : 2+2+0.1+0.1+0.3=4.5m 티(직류) : 1×0.27m=0.27m 90° 엘보 : 3×0.9m=2.7m 리듀서(25A×15A) : 1×0.54m=0.54m 전길이=8.01m	$\dfrac{8.01m}{100m} \times 39.82m = 3.1896m$
합계			3.9742m

∴ 3.9742[m]

(2) 0.1+0.1−0.3=−0.1[m]

(3) 출발압력 = 배관 및 부속물의 마찰손실압력 + 낙차환산압력 + 방사압력
 ∴ 방사압력 = 출발압력 − 배관 및 관부속물의 마찰손실압력 − 낙차환산압력
   = 0.15MPa − 0.039742MPa + 0.001MPa = 0.1112MPa

∴ 111.2kPa

05 운전 중인 펌프의 압력계를 측정하였더니 흡입측 진공계의 눈금이 150[mmHg], 토출측 압력계는 0.294[MPa]이었다. 펌프의 전양정[m]을 구하시오(단, 토출측 압력계는 흡입측 진공계보다 50[cm] 높은 곳에 있고, 직경은 동일하며, 수은의 비중은 13.6이다). **9점**

해설 및 정답

$H = 13{,}600\text{kgf/m}^3 \times 0.15\text{m} \times \dfrac{10.332\text{m}}{10332\text{kgf/m}^2} + 0.294\text{MPa} \times \dfrac{10.332\text{m}}{0.101325\text{MPa}} + 0.5\text{m}$

$= 32.518 ≒ 32.52\text{m}$

> **Reference**
>
> $H = 150\text{mmHg} \times \dfrac{10.332\text{m}}{760\text{mmHg}} + 0.294\text{MPa} \times \dfrac{10.332\text{m}}{0.101325\text{MPa}} + 0.5\text{m}$
>
> $= 32.518 ≒ 32.52\text{m}$

∴ 32.52m

06

압력계, 연성계의 설치위치 및 측정범위, 도시기호를 쓰시오. **3점**

구분	압력계	연성계
설치위치		
측정범위		
도시기호		

해설 및 정답

구분	압력계	연성계
설치위치	펌프의 토출측 배관	펌프의 흡입측 배관
측정범위	대기압 이상의 압력측정	대기압 이상, 이하의 압력측정
도시기호	⌀	○

07

가로 15[m] 세로 14[m] 높이 3.5[m]인 전산실(C급 화재)에 소화약제 중 HFC-23과 IG-541을 사용할 시 아래 조건에 맞게 설계하시오. **12점**

조건

1. HFC-23의 소화농도는 A, C급 화재는 38%, B급 화재는 35%이다.
2. HFC-23의 저장용기는 68L이며 충전밀도는 720.8kg/m³이다.
3. IG-541의 소화농도는 33%이다.
4. IG-541의 저장용기는 80L용을 적용하며, 충전압력은 19.996MPa이다.
5. 소화약제량 산정 시 선형 상수를 이용하도록 하며 방사 시 기준온도는 30℃이다.

소화약제	K_1	K_2
HFC-23	0.3164	0.0012
IG-541	0.65799	0.00239

1) HFC-23의 약제량은 최소 몇 [kg]인가?
2) HFC-23의 저장용기 수는 최소 몇 [병]인가?
3) 배관 구경 산정 조건에 따라 HFC-23의 약제량 방사시 방사 유량[주배관]은 몇 [kg/s] 이상이어야 하는가?
4) IG-541의 약제량은 [m³]인가?
5) IG-541의 저장용기 수는 최소 몇 [병]인가?
6) 배관 구경 산정 조건에 따라 IG-541의 약제량 방사시 유량[주배관]은 몇 [kg/s]인가?

기출문제

해설 및 정답

1) $W = \dfrac{V}{S} \times \dfrac{C}{100-C}$

   $V = 15 \times 14 \times 3.5 = 735\text{m}^3$

   $S = k_1 + k_2 \times t = 0.3164 + 0.0012 \times 30 = 0.3524\text{m}^3/\text{kg}$

   $C = 38 \times 1.35 = 51.3\%$

   $\therefore W = \dfrac{735}{0.3524} \times \left(\dfrac{51.3}{100-51.3}\right) = 2,197.049 \fallingdotseq 2,197.05\text{kg}$

   $\therefore 2{,}197.05\text{kg}$

2) 용기수 $= \dfrac{\text{약제량}}{\text{1병당 저장량}}$

   1병당 저장량(kg) $= 68\text{L} \times 0.7208\text{kg/L} = 49.014 \fallingdotseq 49.01\text{kg/병}$

   용기수 $= \dfrac{2{,}197.05}{49.01} = 44.82$ $\therefore 45\text{병}$

   $\therefore 45\text{병}$

3) 유량(kg/s) $= \dfrac{V}{S} \times \left(\dfrac{C \times 0.95}{100 - C \times 0.95}\right) \div 10\sec$

   $= \dfrac{735\text{m}^3}{0.3524\text{m}^3/\text{kg}} \times \left(\dfrac{51.3 \times 0.95}{100 - 51.3 \times 0.95}\right) \div 10\sec$

   $= 198.276 \fallingdotseq 198.28\text{kg/s}$

   $\therefore 198.28\text{kg/s}$

4) $Q(\text{m}^3) = V(\text{m}^3) \times 2.303 \times \dfrac{V_S}{S} \times \log\left(\dfrac{100}{100-C}\right)$

   $V = 735\text{m}^3$

   $V_S = k_1 + k_2 \times 20 = 0.65799 + 0.00239 \times 20 = 0.70579 \fallingdotseq 0.7058\text{m}^3/\text{kg}$

   $S = k_1 + k_2 \times 30 = 0.65799 + 0.00239 \times 30 = 0.72969 \fallingdotseq 0.7297\text{m}^3/\text{kg}$

   $C = 33\% \times 1.35 = 44.55\%$

   $Q(\text{m}^3) = 735\text{m}^3 \times 2.303 \times \dfrac{0.7058}{0.7297} \times \log\left(\dfrac{100}{100-44.55}\right) = 419.3\text{m}^3$

   $\therefore 419.3\text{m}^3$

5) 용기수 $= \dfrac{\text{약제량}}{\text{1병당 저장량}}$

   $P_1 V_1 = P_2 V_2$ 에서

   $V_2 = V_1 \times \dfrac{P_1}{P_2} = 0.08\text{m}^3 \times \dfrac{(19.996 + 0.101325)\text{MPa}}{0.101325\text{MPa}} = 15.867 \fallingdotseq 15.87\text{m}^3/\text{병}$

   용기수 $= \dfrac{419.3\text{m}^3}{15.87\text{m}^3/\text{병}} = 26.42$ $\therefore 27\text{병}$

   $\therefore 27\text{병}$

6) 유량(kg/s) = $\dfrac{V(m^3) \times 2.303 \times \log\left(\dfrac{100}{100 - C \times 0.95}\right) \times \dfrac{1}{S}}{120 \text{sec}}$

$= \dfrac{735\text{m}^3 \times 2.303 \times \log\left(\dfrac{100}{100 - 44.55 \times 0.95}\right) \times \dfrac{1}{0.7297}}{120\text{sec}}$

$= 4.619 \text{kg/s} ≒ 4.62 \text{kg/s}$

∴ 4.62kg/s

> **! Reference**
>
> $Q(\text{m}^3) = V(\text{m}^3) \times 2.303 \times \dfrac{V_S}{S} \times \log\left(\dfrac{100}{100 - C \times 0.95}\right)$
>
> $Q(\text{m}^3) = 735\text{m}^3 \times 2.303 \times \dfrac{0.7058}{0.7297} \times \log\left(\dfrac{100}{100 - 44.55 \times 0.95}\right)$
>
> $= 391.295 ≒ 391.3 \text{m}^3$
>
> ∴ $\dfrac{391.3 \text{m}^3}{120 \text{s}} = 3.26 \text{m}^3/\text{s}$

08 다음 각각의 물음에 답하시오. [6점]

1) 하나의 제연구역의 면적은 몇 m² 이내로 하여야 하는지 쓰시오.
2) 예상제연구역의 각 부분으로부터 하나의 배출구까지의 수평거리는 몇 m 이내로 하여야 하는지 쓰시오.
3) 유입풍도 안의 풍속은 몇 m/s 이하로 하여야 하는지 쓰시오.

해설 및 정답
1) 1,000[m²] 이내
2) 10[m] 이내
3) 20[m/s] 이하

09 미분무소화설비에 대한 다음 ( ) 안을 채우시오.

> "미분무"란 물만을 사용하여 소화하는 방식으로 최소 설계압력에서 헤드로부터 방출되는 물입자 중 99%의 누적체적분포가 (㉮)μm 이하로 분무되고 (㉯)급 화재에 적응성을 갖는 것을 말한다.

해설 및 정답 ㉮ 400, ㉯ A, B, C

기출문제

10 자동소화장치의 종류 5가지를 기재하시오.

해설및정답
① 주거용 주방자동소화장치
② 상업용 주방자동소화장치
③ 캐비닛형 자동소화장치
④ 가스자동소화장치
⑤ 분말자동소화장치
⑥ 고체에어로졸자동소화장치

11 다음의 특정소방대상물에 설치하여야 하는 소화기의 개수를 구하시오(소화기는 능력단위 2단위인 소화기를 사용한다).

(가) 숭례문(문화재)으로서 바닥면적이 50[m²]인 경우
(나) 전시장(내화구조이고, 벽 및 반자의 실내에 면하는 부분이 불연재료로 된 소방대상물)으로 바닥면적이 100[m²]인 경우

해설및정답

(가) $\dfrac{50[m^2]}{50[m^2/1능력단위]} = 1$단위

∴ $\dfrac{1단위}{2단위/1개} = 0.5개 \rightarrow 1개$

∴ 1개

(나) $\dfrac{100[m^2]}{200[m^2/1능력단위]} = 0.5$단위

∴ $\dfrac{0.5단위}{2단위/1개} = 0.25개 \rightarrow 1개$

∴ 1개

12 옥내소화전설비가 층당 3개씩 설치되어 있는 특정소방대상물에 대한 다음 물음에 답하시오. **4점**

조건
1. 배관 및 호스의 마찰손실수두는 10m이다.
2. 펌프에서 최상층 방수구까지의 수직높이는 25m이다.
3. 중력가속도는 9.8m/s²이며, 물의 비중은 1이다.

가) 펌프의 정격토출량은 최소 몇 L/min인가?

해설및정답 펌프의 정격토출량 = 2×130L/min = 260L/min
∴ 260L/min

나) 배관의 최소 구경은 호칭경으로 몇 mm인가?

해설및정답 배관 구경 = $\sqrt{\dfrac{4\times(0.26/60)\,\text{m}^3/\text{s}}{\pi\times 4\,\text{m/s}}} = 0.037\text{m} = 37\text{mm}$
∴ 50mm

다) 펌프 성능시험배관상에 설치된 유량측정장치의 최대 측정유량은 몇 L/min인가?

해설및정답 최대 측정유량 = 260L/min × 1.75 = 455L/min
∴ 455L/min

라) 펌프 성능시험배관상에 설치된 유량측정장치의 전단 직관부와 후단 직관부에 설치된 밸브의 명칭을 각각 쓰시오.

해설및정답 ① 개폐밸브
② 유량조절밸브

마) 펌프의 성능시험시 정격토출량의 150%일 때 토출압력은 몇 MPa 이상이어야 하는가?

해설및정답 전양정 = 10m + 25m + 17m = 52m
정격토출압력 = 9.8kN/m³ × 52m = 509.6kN/m² = 0.51MPa
토출압력 = 0.51MPa × 0.65 = 0.33MPa
∴ 0.33MPa

바) 체절압력은 최대 몇 MPa이어야 하는가?

해설및정답 체절압력 = 0.51MPa × 1.4 = 0.714MPa
∴ 0.71MPa

13 수계소화설비의 가압송수펌프의 정격유량 및 정격양정이 800L/min 및 80m일 때 펌프의 성능특성곡선을 그리고 체절운전점, 100% 운전점(설계점), 150% 운전점을 명시하시오.

해설및정답 ① 체절 운전점 : 체절 운전점(유량 $Q=0$)일 때 펌프 정격토출양정의 140% 이하
80m × 1.4 = 112m
② 100% 운전점 : 펌프 정격토출량일 때 펌프의 정격토출량(800L/min일 때 80m)

기출문제

③ 150% 운전점 : 정격토출량의 150%일 때 정격토출량 65% 이상
800L/min×1.5=1,200L/min일 때 80m×0.65=52m

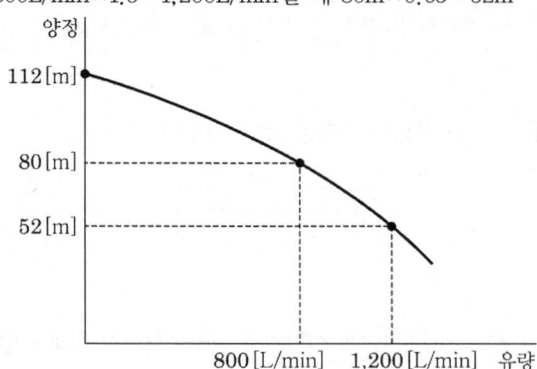

14 모피창고, 서고 및 에탄올 저장창고에 전역방출방식의 이산화탄소소화설비를 고압식으로 설치하려고 한다. 다음 각 물음에 답하시오. **10점**

조건
- 모피창고 : 8m×6m×3m, 개구부 2[m²](자동폐쇄장치 설치)
- 서고 : 5m×6m×3m, 개구부 1[m²](자동폐쇄장치 미설치)
- 에탄올창고(보정계수 1.2) : 5m×4m×2m, 개구부 1.5[m²](자동폐쇄장치 설치)
- 충전비 : 1.511, 용기내용적 : 68[L]
- 하나의 집합관에 3개의 선택밸브 설치

가) 모피창고, 서고의 소화약제의 산출 저장량(kg)을 산출하시오.
나) 에탄올 저장창고의 소화약제의 산출 저장량(kg)을 산출하시오.
다) 약제 1병당 저장량(kg)을 산출하시오.
라) 각 실별 저장용기수, 저장용기실의 최소 저장용기수를 산출하시오.
마) 모피창고 및 에탄올 저장창고의 산소농도가 10%일 때 CO_2%와 모피창고 및 에탄올 저장창고의 CO_2 방출체적(m³)을 각각 구하시오.

해설및정답 가) ① 모피창고 : $W = V \times \alpha = (8 \times 6 \times 3) \text{m}^3 \times 2.7 \text{kg/m}^3 = 388.8 \text{kg}$
② 서고 : $W = V \times \alpha + A \times \beta = (5 \times 6 \times 3) \text{m}^3 \times 2 \text{kg/m}^3 + 1 \text{m}^2 \times 10 \text{kg/m}^2$
$= 190 \text{kg}$
∴ 모피창고=388.8kg, 서고=190kg

나) $W = V \times \alpha = (5 \times 4 \times 2) \text{m}^3 \times 1 \text{kg/m}^3 = 40 \text{kg}$ ∴ 45kg, 보정계수 1.2 적용
$W = 45 \text{kg} \times 1.2 = 54 \text{kg}$ ∴ 54kg

다) $G = \dfrac{V}{C} = \dfrac{68}{1.511} = 45.003 ≒ 45\text{kg}$ ∴ 45kg

라) ① 모피창고 : 388.8kg÷45kg/병=8.64   ∴ 9병
   ② 서고 : 190kg÷45kg/병=4.22   ∴ 5병
   ③ 에탄올 저장창고 : 54kg÷45kg/병=1.2   ∴ 2병
   ④ 저장용기실 용기수=9병
   ∴ 9병, 5병, 2병, 9병

마) ① 모피창고 및 에탄올 창고의 CO_2%

$$CO_2\% = \dfrac{21-O_2}{21} \times 100 = \dfrac{21-10}{21} \times 100 = 52.38\%$$

   ② 모피창고 CO_2 방출체적(m^3)

$$CO_2(m^3) = \dfrac{21-O_2}{O_2} \times V(m^3) = \dfrac{21-10}{10} \times 144m^3 = 158.4m^3$$

   ③ 에탄올창고 CO_2 방출체적(m^3)

$$CO_2(m^3) = \dfrac{21-O_2}{O_2} \times V(m^3) = \dfrac{21-10}{10} \times 40m^3 = 44m^3$$

∴ 52.38%, 158.4m^3, 44m^3

15 특별피난계단의 계단실 및 부속실 제연설비의 제연구역에 과압의 우려가 있는 경우 과압방지를 위하여 해당 제연구역에 플랩댐퍼를 설치하고자 한다. 다음 각 물음에 답하시오.

(가) 옥내에 스프링클러설비가 설치되어 있고 급기가압에 따른 17[Pa]의 차압이 걸려 있는 실의 문의 크기가 1[m]×2[m]일 때 문 개방에 필요한 힘[N]을 구하시오(단, 자동폐쇄장치나 경첩 등을 극복할 수 있는 힘은 40[N]이고, 문의 손잡이는 문 가장자리에서 100[mm] 위치에 있다).

(나) 플랩댐퍼의 설치 유무를 답하고 그 이유를 설명하시오(단, 플랩댐퍼에 붙어 있는 경첩을 움직이는 힘은 40[N]이다).

○ 설치 유무 :
○ 이유 :

해설 및 정답 (가) 문을 여는데 필요한 힘

$$F = F_{dc} + K \cdot \dfrac{W \cdot A \cdot \Delta P}{2(W-d)} \quad [W : \text{문의 폭}(m), \ d : 0.1m]$$

$(F)N = 40N + 1 \times \dfrac{1 \times (2 \times 1) \times 17}{2(1-0.1)}$

$F = 58.888 ≒ 58.89N$ ∴ 58.89N

∴ 58.89N

(나) ○ 설치 유무 : 설치하지 않음
    ○ 이유 : 출입문개방에 필요한 힘 110N보다 작은 힘(58.89N)이므로

기출문제

16 소화펌프가 임펠러직경 150[mm], 회전수 1,770[rpm], 유량 4,000[L/min], 양정 50[m]로 가압 송수하고 있다. 이 펌프와 상사법칙을 만족하는 펌프가 임펠러직경 200[mm], 회전수 1,170[rpm]으로 운전하면 유량[L/min]과 양정[m]은 각각 얼마인지 구하시오.

(가) 유량[L/min]

(나) 양정[m]

해설 및 정답

(가) $Q_2 = Q_1 \times \left(\dfrac{N_2}{N_1}\right) \times \left(\dfrac{D_2}{D_1}\right)^3$

$4,000 \times \left(\dfrac{1,170}{1,770}\right) \times \left(\dfrac{200}{150}\right)^3 = 6267.419 ≒ 6267.42\text{L/min}$

∴ 6267.42L/min

(나) $H_2 = H_1 \times \left(\dfrac{N_2}{N_1}\right)^2 \times \left(\dfrac{D_2}{D_1}\right)^2$

$50 \times \left(\dfrac{1,170}{1,770}\right)^2 \times \left(\dfrac{200}{150}\right)^2 = 38.839 ≒ 38.84\text{m}$

∴ 38.84m

소방설비기사[기계분야] 2차 실기

2022년 11월 19일 시행

01 다음 [조건]에 따른 위험물 옥내저장소에 제1종 분말소화설비를 전역방출방식으로 설치하고자 할 때 다음을 구하시오. 9점

조건
1. 건물크기는 길이 20[m], 폭 10[m], 높이 3[m]이고 개구부는 없는 기준이다.
2. 분말 분사헤드의 사양은 1.5[kg/초], 방사시간은 30초 기준이다.
3. 헤드배치는 정방형으로 하고 헤드와 벽과의 간격은 헤드 간격의 1/2 이하로 한다.
4. 배관은 최단거리 토너먼트 배관으로 구성한다.

가) 필요한 분말소화약제 최소 소요량[kg]을 구하시오.

해설 및 정답 분말약제 소요량 = 방호구역의 체적(m^3) × 방호구역 1[m^3]당 약제소요량(kg/m^3)
  방호구역의 체적 = 20[m] × 10[m] × 3[m] = 600[m^3]
  1종 분말의 1[m^3]당 약제소요량 = 0.6[kg/m^3]
  ∴ 약제 소요량 = 600[m^3] × 0.6[kg/m^3] = 360[kg]
  ∴ 360[kg]

나) 가압용 가스(질소)의 최소 필요량(35℃/1기압 환산 리터)을 구하시오.

해설 및 정답 가압용 질소가스의 최소 필요량 = 분말약제량(kg) × 40[L/kg]
  = 360[kg] × 40[L/kg]
  = 14,400[L]
  ∴ 14,400[L]

다) 분말 분사헤드의 최소 소요 수량(개)를 구하시오.

해설 및 정답 360[kg]의 분말약제를 초당 1.5[kg]씩 방사하는 분사헤드를 사용하여, 30초에 방사하여야 한다.
  ∴ 분말 분사헤드의 수 = $\dfrac{360[kg]}{1.5[kg/sec \cdot 개] \times 30[sec]}$ = 8개
  ∴ 8개

기출문제

라) 헤드 배치도 및 개략적인 배관도를 작성하시오(단, 눈금 1개의 간격은 1[m]이고, 헤드 간의 간격 및 벽과의 간격을 표시해야 하며, 분말소화배관 연결 지점은 상부 중간에서 분기하며, 토너먼트 방식으로 한다).

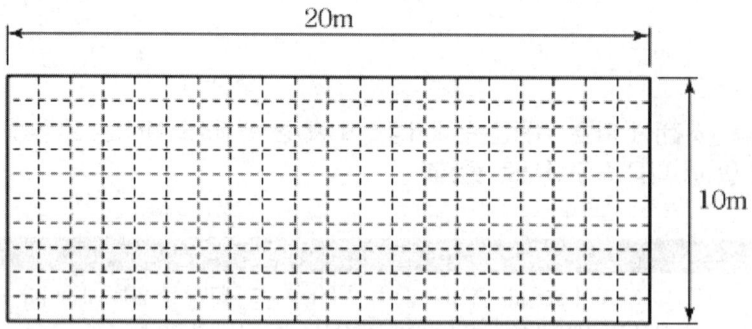

해설 및 정답 8개의 헤드를 토너먼트방식으로 설치하려면 헤드간의 거리를 5[m], 헤드와 벽과의 간격은 2.5[m]로 하면 된다.

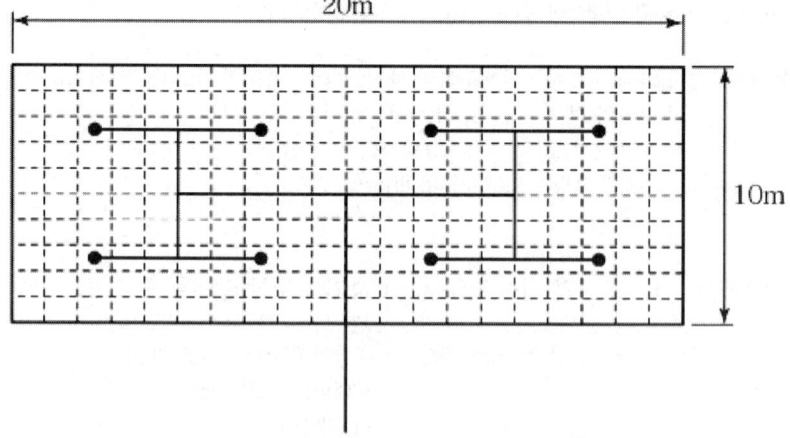

02

지름이 10[cm]인 소방호스에 노즐 구경이 3[cm]인 노즐팁이 부착되어 있고, 1.5[m³/min]의 물을 대기 중으로 방수할 경우 다음 물음에 답하시오(단, 유동에는 마찰이 없는 것으로 가정한다). **10점**

가) 소방호스의 평균유속[m/s]을 구하시오.

해설 및 정답

$$U = \frac{Q}{A} = \frac{Q}{\frac{\pi D^2}{4}} = \frac{\frac{1.5}{60}\,\text{m}^3/\text{sec}}{\frac{\pi \times 0.1^2}{4}\,\text{m}^2} = 3.18477\,\text{m/sec} \fallingdotseq 3.18\,\text{m/sec}$$

∴ 3.18[m/s]

나) 소방호스에 연결된 방수 노즐의 평균유속[m/s]을 구하시오.

해설 및 정답

$$\text{노즐의 평균유속} = \frac{\frac{1.5}{60}[\text{m}^3/\text{sec}]}{\frac{\pi \times 0.03^2}{4}[\text{m}^2]} = 35.368[\text{m/sec}] \fallingdotseq 35.37[\text{m/sec}]$$

∴ 35.37[m/s]

다) 노즐(Nozzle)을 소방호스에 부착시키기 위한 플랜지 볼트에 작용하고 있는 힘[N]을 구하시오.

해설 및 정답 플랜지 볼트에 작용하는 힘 ΔF = 힘의 차이 F_1 − 추진력 F_2

힘의 차이 $F_1 = 9,800[\text{N/m}^3] \times \dfrac{(35.37^2 - 3.18^2)}{2 \times 9.8}[\text{m}] \times \dfrac{\pi \times 0.1^2}{4}[\text{m}^2] = 4,873.1[\text{N}]$

추진력 $F_2 = 1,000[\text{kg/m}^3] \times \dfrac{1.5}{60}[\text{m}^3]/\text{s} \times (35.37 - 3.18)[\text{m/s}] = 804.75[\text{N}]$

∴ 플랜지 볼트에 작용하는 힘 = 4,873.1[N] − 804.75[N] = 4,068.35[N]

∴ 4,068.35[N]

기출문제

03 제연설비의 화재안전기준에 관한 다음 ( ) 안을 완성하시오. 4점

> **조건**
> 제연설비를 설치하여야 할 특정소방대상물 중 화장실·목욕실·(①)·(②)를 설치한 숙박시설(가족호텔 및 (③)에 한한다.)의 객실과 사람이 상주하지 아니하는 기계실·전기실·공조실·(④)[m^2] 미만의 창고 등으로 사용되는 부분에 대하여는 배출구·공기유입구의 설치 및 배출량 산정에서 이를 제외한다.

해설 및 정답
① 주차장
② 발코니
③ 휴양콘도미니엄
④ 50

> **! Reference** — NFTC 501 제연설비
> 2.9 설치제외
> 2.9.1 제연설비를 설치해야 할 특정소방대상물 중 화장실·목욕실·**주차장**·**발코니**를 설치한 숙박시설(가족호텔 및 휴양콘도미니엄에 한한다)의 객실과 사람이 상주하지 않는 기계실·전기실·공조실·50[m^2] 미만의 창고 등으로 사용되는 부분에 대하여는 배출구·공기유입구의 설치 및 배출량 산정에서 이를 제외 할 수 있다.

04 제연설비의 화재안전기준 중 공기유입방식 및 유입구에 관한 다음 (   ) 안을 완성하시오.
5점

- 예상제연구역에 대한 공기유입은 유입풍도를 경유한 (①) 또는 (②)으로 하거나, 인접한 제연구역 또는 통로에 유입되는 공기(가압의 결과를 일으키는 경우를 포함한다.)가 해당구역으로 유입되는 방식으로 할 수 있다.
- 예상제연구역에 설치되는 공기유입구는 다음의 기준에 적합하여야 한다.
  - 바닥면적 400[m²] 미만의 거실인 예상제연구역(제연경계에 다른 구획을 제외한다. 다만, 거실과 통로와의 구획은 그러하지 아니하다.)에 대하여서는 바닥 외의 장소에 설치하고 공기유입구와 배출구 간의 직선거리는 (③)[m] 이상으로 할 것. 다만, 공연장·집회장·위락시설 용도로 사용되는 부분의 바닥면적이 (④)[m²]를 초과하는 경우의 공기유입구는 다음의 기준에 따른다.
  - 바닥면적이 400[m²] 이상의 거실인 예상제연구역(제연경계에 따른 구획을 제외한다. 다만, 거실과 통로와의 구획은 그러하지 아니하다.)에 대하여는 바닥으로부터 (⑤)[m] 이하의 높이에 설치하고 그 주변은 공기의 유입에 장애가 없도록 할 것

해설 및 정답 ① 강제유입 ② 자연유입방식 ③ 5 ④ 200 ⑤ 1.5

Reference — NFTC 501 제연설비

2.5 공기유입방식 및 유입구

2.5.1 예상제연구역에 대한 공기유입은 유입풍도를 경유한 **강제유입** 또는 **자연유입방식**으로 하거나, 인접한 제연구역 또는 통로에 유입되는 공기(가압의 결과를 일으키는 경우를 포함한다. 이하 같다)가 해당구역으로 유입되는 방식으로 할 수 있다.

2.5.2 예상제연구역에 설치되는 공기유입구는 다음의 기준에 적합해야 한다.

2.5.2.1 바닥면적 400[m²] 미만의 거실인 예상제연구역(제연경계에 따른 구획을 제외한다. 다만, 거실과 통로와의 구획은 그렇지 않다)에 대해서는 공기유입구와 배출구간의 직선거리는 5[m] 이상 또는 구획된 실의 장변의 2분의 1 이상으로 할 것. 다만, 공연장 집회장 위락시설의 용도로 사용되는 부분의 바닥면적이 200[m²]를 초과하는 경우의 공기유입구는 2.5.2.2의 기준에 따른다.

2.5.2.2 바닥면적이 400[m²] 이상의 거실인 예상제연구역(제연경계에 따른 구획을 제외한다. 다만, 거실과 통로와의 구획은 그렇지 않다)에 대해서는 바닥으로부터 1.5[m] 이하의 높이에 설치하고 그 주변은 공기의 유입에 장애가 없도록 할 것

2.5.2.3 2.5.2.1과 2.5.2.2에 해당하는 것 외의 예상제연구역(통로인 예상제연구역을 포함한다)에 대한 유입구는 다음의 기준에 따를 것. 다만, 제연경계로 인접하는 구역의 유입공기가 당해 예상제연구역으로 유입되게 한 때에는 그렇지 않다.

기출문제

05 그림과 같은 특정소방대상물에 고압식 이산화탄소 소화설비를 설치하려고 한다. 높이는 4[m], 1병당 저장량은 45[kg], 단위체적당 소화약제량이 0.8[kg/m³]일 때 다음 각 물음에 답하시오. **7점**

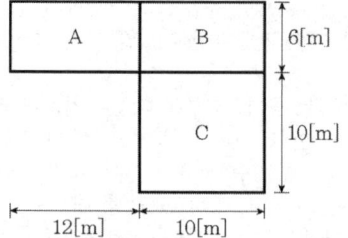

(가) 각 실의 저장용기수를 산출하시오.
① A실
② B실
③ C실

해설 및 정답
① A실 : CO_2의 저장량(kg) = 288[m³] × 0.8[kg/m³] = 230.4[kg]

$$저장용기수 = \frac{230.4[kg]}{45[kg/병]} = 5.12 ≒ 6병 \quad \therefore 6병$$

② B실 : CO_2의 저장량(kg) = 240[m³] × 0.8[kg/m³] = 192[kg]

$$저장용기수 = \frac{192[kg]}{45[kg/병]} = 4.27 ≒ 5병 \quad \therefore 5병$$

③ C실 : CO_2의 저장량(kg) = 400[m³] × 0.8[kg/m³] = 320[kg]

$$저장용기수 = \frac{320[kg]}{45[kg/병]} = 7.11 ≒ 8병 \quad \therefore 8병$$

(나) 미완성된 도면을 완성하되 저장용기 많은 것을 왼쪽부터 기재하시오(단, 모든 배관은 직선으로 표기하고 저장용기를 ◎로 표시하시오).

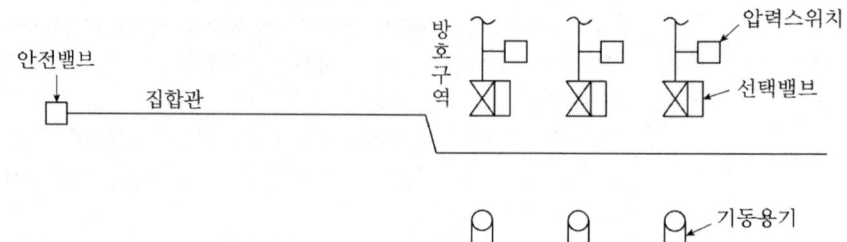

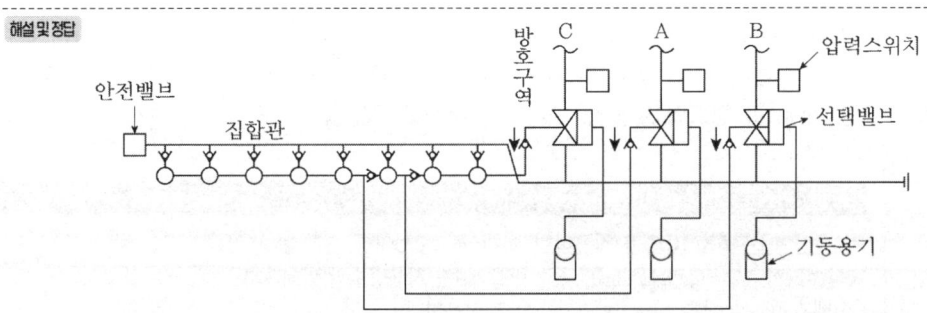

06 가로 20[m], 세로 10[m]의 특수가연물을 저장하는 창고에 포소화설비를 설치하고자 한다. 주어진 조건을 참고하여 다음 각 물음에 답하시오. 8점

> **조건**
> ① 포원액은 합성계면활성제포 6[%]를 사용하며, 헤드는 포헤드를 설치한다.
> ② 펌프의 전양정은 35[m]이다.
> ③ 펌프의 효율은 65[%]이며, 전동기 전달계수는 1.1이다.

(가) 헤드를 정방형으로 배치할 때 포헤드의 설치개수를 구하시오.
(나) 수원의 저수량[L]을 구하시오(단, 포원액의 저수량은 제외한다).
(다) 포원액의 최소소요량[L]을 구하시오.
(라) 포헤드 1개의 방출량[L/min]을 구하시오.

해설및정답
(가) $S = 2 \times 2.1 \times \cos 45° = 2.97 [m]$

∴ $\dfrac{20[m]}{2.97[m/개]} = 6.7 ≒ 7개$, $\dfrac{10[m]}{2.97[m/개]} = 3.3 ≒ 4개$

∴ $7 \times 4 = 28개$

(나) $Q = 20[m] \times 10[m] \times 6.5[L/m^2 \cdot min] \times 10[min] \times 0.94 = 12,220[L]$

(다) $Q = 20[m] \times 10[m] \times 6.5[L/m^2 \cdot min] \times 10[min] \times 0.06 = 780[L]$

(라) $Q = 20[m] \times 10[m] \times 6.5[L/m^2 \cdot min] = 1,300[L/min]$

∴ 포헤드 1개의 방출량 $= \dfrac{1300[L/min]}{28개} = 46.43[L/min]$

기출문제

07 옥외소화전설비에서 펌프의 소요양정이 50[m]이고 말단방수노즐의 방수압력이 0.15[MPa]이었다. 관련법에 맞게 방수압력을 0.25[MPa]로 증가시키고자 할 때 조건을 참고하여 토출측 유량[L/min]과 펌프의 토출압[MPa]을 구하시오. **4점**

> **조건**
> ① 유량 $Q = K\sqrt{10P}$를 적용하며 이때 $K=100$이다.
>   (여기서, Q : 유량[L/min], K : 방출계수, P : 방수압력[MPa])
> ② 배관 마찰손실은 하젠-윌리엄스식을 적용한다.
>
> $$\Delta P = 6.174 \times 10^4 \times \frac{Q^{1.85}}{C^{1.85} \times D^{4.87}}$$
>
> 여기서, ΔP : 단위길이당 마찰손실압력[MPa/m], Q : 유량[L/min]
> C : 관의 조도계수(무차원), D : 관의 내경[mm]

(가) 유량[L/min]

(나) 토출압[MPa]

해설및정답 (가) 관련법에 맞는 토출량 $Q_2 = 100\sqrt{10 \times 0.25} = 158.11[\text{L/min}]$

(나) 소요양정 환산압력(펌프의 토출압력) - 방수압력 = 마찰손실압력
마찰손실압력 $\Delta p_1 = 0.5[\text{MPa}] - 0.15[\text{MPa}] = 0.35[\text{MPa}]$
$Q_1 = 100\sqrt{10 \times 0.15[\text{MPa}]} = 122.47[\text{L/min}]$
하젠-윌리엄스식을 적용하면
$$\Delta p_2 = \frac{Q_2^{1.85}}{Q_1^{1.85}} \times \Delta p_1 = \frac{158.11^{1.85}}{122.47^{1.85}} \times 0.35[\text{MPa}] = 0.561[\text{MPa}]$$
펌프 교체 시 필요로 하는 토출압력 = 마찰손실압력 + 규정 방사압력 = 정격토출압
∴ 정격토출압 = 0.56[MPa] + 0.25[MPa] = 0.81[MPa]

08 포소화약제 중 수성막포의 장점과 단점을 각각 2가지씩 쓰시오. **4점**

해설및정답 1) 장점
① 유동성이 좋아 신속히 피막을 형성하여 유증기의 증발을 억제한다.
② 오염에 강하여 유류와 섞이더라도 소화효과 저하가 적다.
③ 안정성이 우수하여 변질이 없어 영구 보존이 가능하다.

2) 단점
① 열에 약하여 탱크의 벽면이 가열된 경우 포가 쉽게 파괴된다.
② 발포배율이 적어 고발포용으로 사용이 불가능하다.
③ 가격이 고가이다.

09 가로 20[m], 세로 10[m]의 어느 건물에 연결살수설비 전용헤드를 사용하여 연결살수설비를 설치하고자 한다. 다음 각 물음에 답하시오. 6점

(가) 연결살수설비 전용헤드의 최소설치개수를 구하시오.
(나) 배관의 구경을 쓰시오.

해설및정답 (가) $2R\cos45° = 2 \times 3.7[m] \times \cos45° = 5.232[m]$

① 가로 : $\dfrac{20[m]}{5.232[m/개]} = 3.8 ≒ 4개$

② 세로 : $\dfrac{10[m]}{5.232[m/개]} = 1.9개 ≒ 2개$

가로×세로=4×2=8개
(나) 80[mm]

10 학교의 강의실에 대한 소형소화기의 설치개수를 구하고자 한다. 주어진 조건을 참고하여 다음 각 물음에 답하시오. 6점

조건
① 해당층에 설치하는 소화기는 A급 능력단위 3단위로 설치한다.
② 출입문은 각 실의 중앙에 있다.

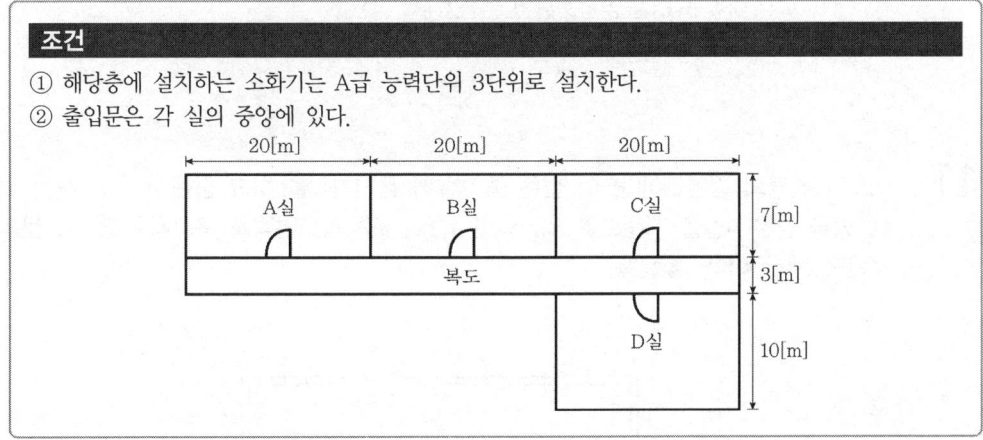

(가) 면적기준으로 각 실별 필요한 분말소화기의 최소개수를 산정하시오(단, 복도는 배제하고 보행거리 기준은 고려하지 않는다).
(나) 보행거리에 따른 복도에 설치하여야 할 소화기의 개수를 쓰시오(단, 복도 끝에는 소화기가 1개씩 배치되어 있다).
(다) (가), (나)를 모두 고려하였을 때 소화기의 총 개수를 산정하시오.

기출문제

해설및정답 (가) 구획된 실 기준
바닥면적 33[m²] 이상의 구획된 실에 추가로 배치해야 하므로 A, B, C, D실 각각 1개씩 설치 ∴ 4개

(나) 3개

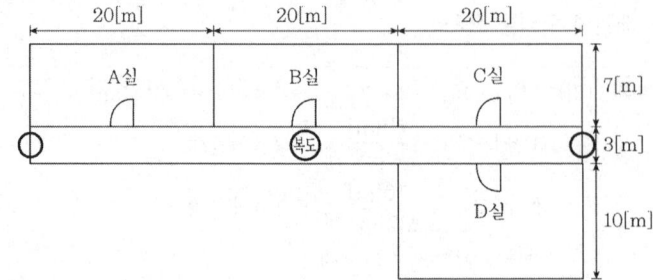

(다) 4+3=7개

> **! Reference**
> 해당층 면적 기준
> $$\frac{\text{해당층 전체면적}}{\text{바닥면적 200[m²]마다 1단위 이상}} = \frac{800}{200} ≒ 4단위$$
> (* 내화구조, 불연·준불연·난연재료 ×)
> ∴ 2개

11 어느 건축물의 평면도이다. 이 실들 중 A실에 급기가압을 하고 창문 A_4, A_5, A_6는 외기와 접해 있을 경우 A실을 기준으로 외기와의 유효 개구 틈새면적을 구하시오(단, 각 문의 틈새면적은 0.01[m²]이다). 5점

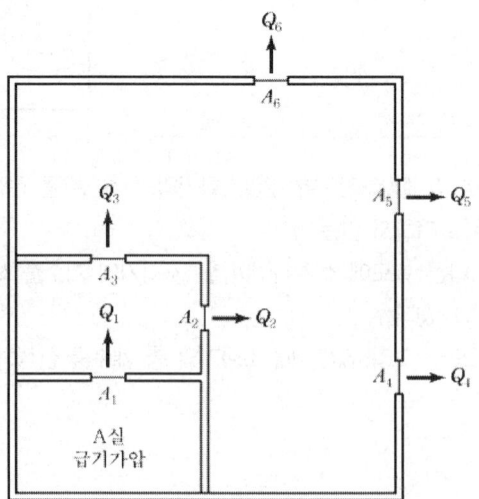

해설 및 정답 A_4, A_5, A_6 병렬이므로 $A_4+A_5+A_6=(0.01+0.01+0.01)[m^2]=0.03[m^2](=A'_4)$
A_2, A_3 병렬이므로 $A_2+A_3=(0.01+0.01)[m^2]=0.02[m^2](=A'_2)$
$A_1=0.01[m^2]$
A'_4, A'_2, A_1은 직렬이므로

∴ 유효개구 틈새면적 $=\left(\dfrac{1}{{A'_4}^2}+\dfrac{1}{{A'_2}^2}+\dfrac{1}{{A_1}^2}\right)^{-\frac{1}{2}}$

$=\left(\dfrac{1}{0.03^2}+\dfrac{1}{0.02^2}+\dfrac{1}{0.01^2}\right)^{-\frac{1}{2}} ≒ 0.00857[m^2]$

∴ $0.00857[m^2]$

12 다음은 10층 건물에 설치한 옥내소화전설비의 계통도이다. 각 물음에 답하시오. **12점**

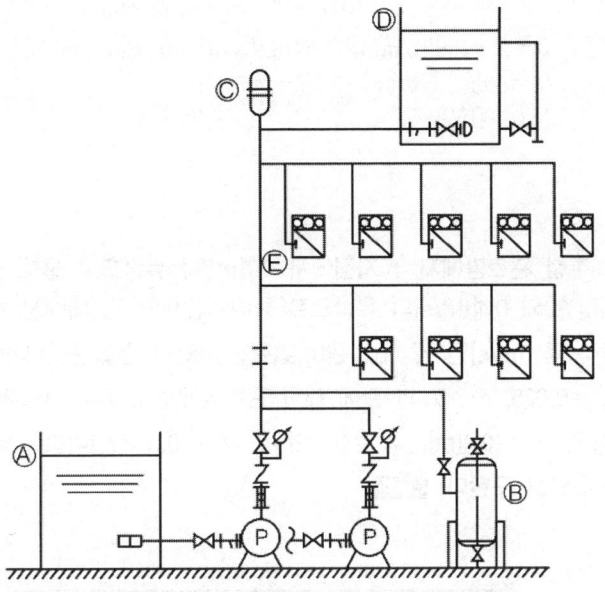

조건
1. 배관의 마찰손실수두는 40[m](소방호스, 관 부속품의 마찰손실수두 포함)이다.
2. 실양정은 15[m]이다.
3. 펌프의 효율은 65[%]이다.
4. 펌프의 여유율은 10[%]를 적용한다.

(가) Ⓐ~Ⓔ의 명칭을 쓰시오.
(나) Ⓓ에 보유하여야 할 최소 유효저수량(m³)은?

(다) Ⓑ의 주된 기능은?
(라) Ⓒ의 설치목적은 무엇인가?
(마) Ⓔ항의 문짝의 면적은 몇 m² 이상이어야 하는가?
(바) 펌프의 전동기 용량(kW)을 계산하시오.

해설및정답 (가) Ⓐ 저수조   Ⓑ 기동용 수압개폐장치   Ⓒ 수격방지기
   Ⓓ 옥상수조   Ⓔ 옥내소화전

(나) 옥상수원의 양(m^3) = $2 \times 2.6[m^3] \times \dfrac{1}{3} = 1.733[m^3]$

∴ 1.73[m^3]

(다) 배관 내의 압력에 따라 소화펌프를 자동으로 기동하거나 정지시키는 기능
(라) 수격작용의 방지 및 완화
(마) 0.5[m^2]

(바) 전동기 용량[kW] = $\dfrac{\gamma Q H}{102\eta} \times K = \dfrac{1{,}000 \times \dfrac{0.26}{60} \times 72}{102 \times 0.65} \times 1.1 = 5.18[kW]$

$Q = 2 \times 130[L/min] = 260[L/min] = 0.26[m^3/min]$
$H = 40[m] + 15[m] + 17[m] = 72[m]$

∴ 5.18[kW]

13 직사각형 주철 관로망에서 Ⓐ지점에서 0.7[m^3/s] 유량으로 물이 들어와서 Ⓑ와 Ⓒ지점에서 각각 0.3[m^3/s]와 0.4[m^3/s]의 유량으로 물이 나갈 때 관 내에서 흐르는 물의 유량 Q_1, Q_2, Q_3는 각각 몇 [m^3/s]인가? (단, 관마찰손실 이외의 손실은 무시하고 d_1, d_2 관의 관마찰계수는 $f_{12} = 0.025$, d_3, d_4의 관에 대한 관마찰계수는 $f_{34} = 0.028$이다. 각각의 관의 내경은 $d_1 = 0.4[m]$, $d_2 = 0.4[m]$, $d_3 = 0.322[m]$, $d_4 = 0.322[m]$이며, Darcy-Weisbach의 방정식을 이용하여 유량을 구한다) 6점

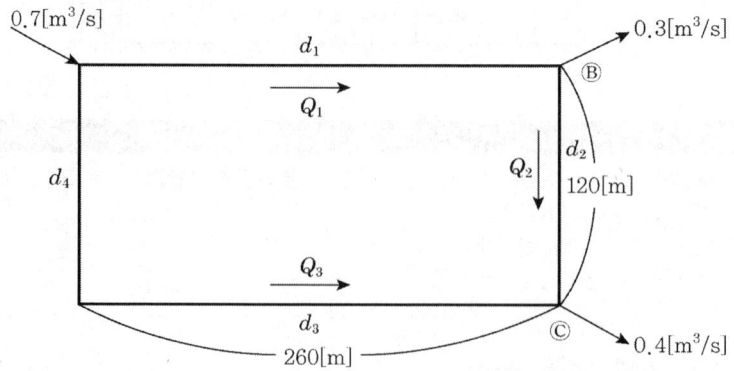

해설 및 정답

$$f_1 \frac{L_1 Q_1^2}{D_1^5} + f_2 \frac{L_2 Q_2^2}{D_2^5} = f_3 \frac{L_3 Q_3^2}{D_3^5}$$

$0.7 = Q_1 + Q_3$, $Q_1 = Q_2 + 0.3$

$Q_2 = Q_1 - 0.3$, $Q_3 = 0.7 - Q_1$을 적용하면

$$\frac{0.025}{0.4^5}\{260 Q_1^2 + 120(Q_1 - 0.3)^2\} = \frac{0.028}{0.322^5} 380(0.7 - Q_1)^2$$

∴ $Q_1 = 0.476 \fallingdotseq 0.48 [\mathrm{m^3/s}]$

∴ $Q_2 = (0.48 - 0.3)[\mathrm{m^3/s}] = 0.18[\mathrm{m^3/s}]$

∴ $Q_3 = (0.7 - 0.48)[\mathrm{m^3/s}] = 0.22[\mathrm{m^3/s}]$

∴ $Q_1 = 0.48[\mathrm{m^3/s}]$, $Q_2 = 0.18[\mathrm{m^3/s}]$, $Q_3 = 0.22[\mathrm{m^3/s}]$

14 폐쇄형 헤드를 사용한 스프링클러설비의 말단 배관 중 K점에 필요한 가압수의 수압을 화재안전기준 및 주어진 [조건]을 이용하여 구하시오(단, 모든 헤드는 80[L/min]으로 방사되는 기준이고, 티의 사양은 분류되기 전 배관과 동일한 사양으로 적용한다. 또한, 티에서 마찰손실수두는 분류되는 유량이 큰 방향의 값을 적용하며 동일한 분류량인 경우는 직류 티의 값을 적용한다. 그리고 가지배관 말단과 교차배관 말단은 엘보로 하며, 리듀서의 마찰손실은 큰 구경을 기준으로 적용한다). **11점**

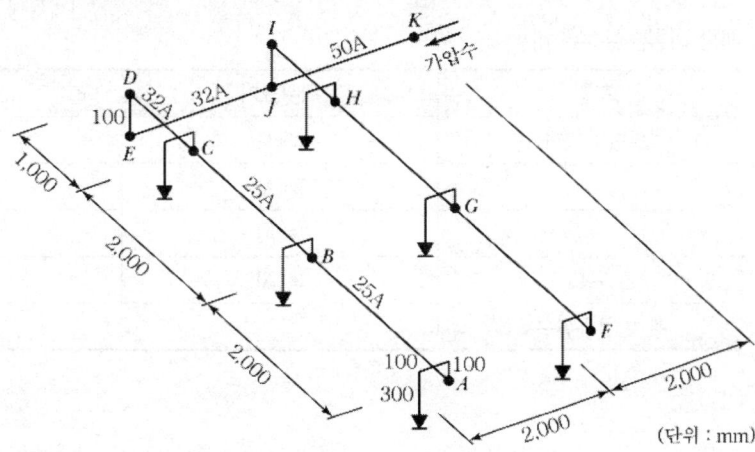

기출문제

조건

1. 100[m]당 직관 마찰손실수두(m)

항목	유량조건	25[A]	32[A]	40[A]	50[A]
1	80[L/min]	39.82	11.38	5.40	1.68
2	160[L/min]	150.42	42.84	20.29	6.32
3	240[L/min]	307.77	87.66	41.51	12.93
4	320[L/min]	521.92	148.66	70.40	21.93
5	400[L/min]	789.04	224.75	106.31	32.99
6	480[L/min]	1042.06	321.55	152.36	47.43

2. 관 이음쇠 마찰손실에 상응하는 직관길이(m)

관이음	25[A]	32[A]	40[A]	50[A]
엘보(90°)	0.9	1.2	1.5	2.1
리듀서(큰 구경 기준)	0.54	0.72	0.9	1.2
티(직류)	0.27	0.36	0.45	0.6
티(분류)	1.5	1.8	2.1	3.0

3. 헤드나사는 PT 1/2(15[A])를 적용한다(리듀서를 적용함).
4. 수압산정에 필요한 계산과정을 상세히 명시해야 한다.

가) 배관 마찰손실수두[m]

구간	배관크기	소요수두
말단헤드~B	25[A]	
B~C	25[A]	
C~J	32[A]	
J~K	50[A]	
총 마찰손실수두		

해설 및 정답

구간	관경	소요수두
말단헤드−B	25[A]	직관 : 2[m]+0.1[m]+0.1[m]+0.3[m]=2.5[m] 90°엘보 3개×0.9[m]=2.7[m] 리듀서(25[A]) 1개×0.54[m]=0.54[m] $5.74[m] \times \dfrac{39.82[m]}{100[m]} = 2.286[m]$
B−C	25[A]	직관 : 2[m], 직류T : 1개×0.27[m]=0.27[m] $2.27[m] \times \dfrac{150.42[m]}{100[m]} = 3.41[m]$
C−J	32[A]	직관 : 2[m]+0.1[m]+1[m]=3.1[m] 90°엘보 2개×1.2[m]=2.4[m] 분류T : 1개×1.8[m]=1.8[m] 리듀서(32[A]) 1개×0.72[m]=0.72[m] $8.02[m] \times \dfrac{87.66[m]}{100[m]} = 7.03[m]$
J−K	50[A]	직관 : 2[m], 직류T : 1개×0.6[m]=0.6[m] 리듀서(50[A]) 1개×1.2[m]=1.2[m] $3.8[m] \times \dfrac{47.43[m]}{100[m]} = 1.802[m]$
		계 : 14.53[m]

나) 헤드 선단의 낙차 수두[m]

해설 및 정답 헤드 선단의 낙차 수두=출발점에서 헤드까지의 낙차

$0.1[m] + 0.1[m] - 0.3[m] = -0.1[m]$

∴ −0.1[m]

다) 헤드 선단의 최소 방수 압력[MPa]

해설 및 정답 0.1[MPa]

라) K점의 최소 요구 압력[kPa]

해설 및 정답 K점의 최소 요구 압력=배관의 마찰손실수두+낙차환산수두+헤드 최소방사압력 환산수두
$= 14.53[m] + (-0.1[m]) + 10[m]$
$= 24.43[m]$

∴ $24.43[m] \times \dfrac{101.325 \text{kPa}}{10.332 \text{m}} = 239.582 ≒ 239.58 \text{kPa}$

∴ 239.58kPa

기출문제

15 바닥면적 100[m²]이고 높이 3.5m의 발전기실(B급 화재)에 HFC-125 소화약제를 사용하는 할로겐화합물 소화설비를 설치하려고 한다. 다음 [조건]을 참고하여 각 물음에 답하시오.

6점

조건

1. HFC-125의 설계농도는 8%, 방호구역 최소예상온도는 20℃로 한다.
2. HFC-125 용기는 90[L]/60[kg]으로 적용한다.
3. HFC-125의 선형상수는 아래 표와 같다.

소화약제	K_1	K_2
HFC-125	0.1825	0.0007

4. 사용하는 배관은 압력배관용 탄소강관(SPPS 250)으로 항복점은 250[MPa], 인장강도는 410[MPa]이다. 이 배관의 호칭지름은 DN400이며, 이음매 없는 배관이고 이 배관의 바깥지름과 스케줄에 따른 두께는 아래 표와 같다. 또한 나사 이음에 따른 나사의 높이(헤드설치부분 제외) 허용 값은 1.5[mm]를 적용한다.

호칭지름	바깥지름 (mm)	배관 두께(mm)					
		스케줄10	스케줄20	스케줄30	스케줄40	스케줄60	스케줄80
DN400	406.4	6.4	7.9	9.5	12.7	16.7	21.4

가) HFC-125의 최소 용기 수를 구하시오.

해설 및 정답

$W = \dfrac{V}{S} \times \dfrac{C}{100-C}$

소화약제별 선형상수 = $0.1825 + 0.0007 \times 20℃ = 0.1965[m^3/kg]$

$W = \dfrac{350m^3}{0.1965m^3/kg} \times \dfrac{8}{100-8} = 154.88[kg]$

∴ 용기 수 = $\dfrac{154.88kg}{60kg/용기} = 2.58$

∴ 3병

나) 배관의 최대 허용압력이 6.1[MPa]일 때 이를 만족하는 배관의 최소 스케줄 번호를 구하시오.

해설 및 정답 관의 두께 $= \dfrac{P \times D}{2 \times SE} + A$

- $P = 6.1$[MPa]
- $D = 406.4$[mm]
- SE
  410[MPa] × 1/4 = 102.5[MPa]
  250[MPa] × 2/3 = 166.67[MPa]
  ∴ $SE = 102.5$[MPa] × 1 × 1.2 = 123[MPa]
- $A = 1.5$[mm]

∴ 관의 두께 $= \dfrac{6.1[\text{MPa}] \times 406.4[\text{mm}]}{2 \times 123[\text{MPa}]} + 1.5[\text{mm}] = 11.58[\text{mm}]$

※ 배관이음 효율
  • 이음매 없는 배관 : 1.0   • 전기저항 용접배관 : 0.85   • 가열맞대기 용접배관 : 0.60

∴ 관의 두께 $= \dfrac{6.1[\text{MPa}] \times 406.4[\text{mm}]}{2 \times 123[\text{MPa}]} + 1.5[\text{mm}] = 11.58[\text{mm}]$

∴ 스케줄 40

16 도면은 어느 전기실, 발전기실, 방재반실 및 배터리실을 방호하기 위한 할론 1301설비의 배관평면도이다. 도면과 주어진 [조건]을 참고하여 할론소화약제의 최소 용기개수와 용기집합실에 설치하여야 할 소화약제의 저장용기수를 구하고 적합한지 판정하시오. **8점**

조건

① 약제용기는 고압식이다.
② 용기의 내용적은 68[L], 약제충전량은 50[kg]이다.
③ 용기실 내의 수직배관을 포함한 각 실에 대한 배관 내용적은 다음과 같다.

A실(전기실)	B실(발전기실)	C실(방재반실)	D실(배터리실)
198[L]	78[L]	28[L]	10[L]

④ A실에 대한 할론집합관의 내용적은 88[L]이다.
⑤ 할론용기밸브와 집합관 간의 연결관에 대한 내용적은 무시한다.
⑥ 설계기준온도는 20℃이다.
⑦ 20℃에서의 액화할론 1301의 비중은 1.6이다.
⑧ 각 실의 개구부는 없다고 가정한다.
⑨ 소요약제량 산출시 각 실 내부의 기둥과 내용물의 체적은 무시한다.
⑩ 각 실의 바닥으로부터 천장까지의 높이는 다음과 같다.
  – A실 및 B실 : 5[m]
  – C실 및 D실 : 3[m]

기출문제

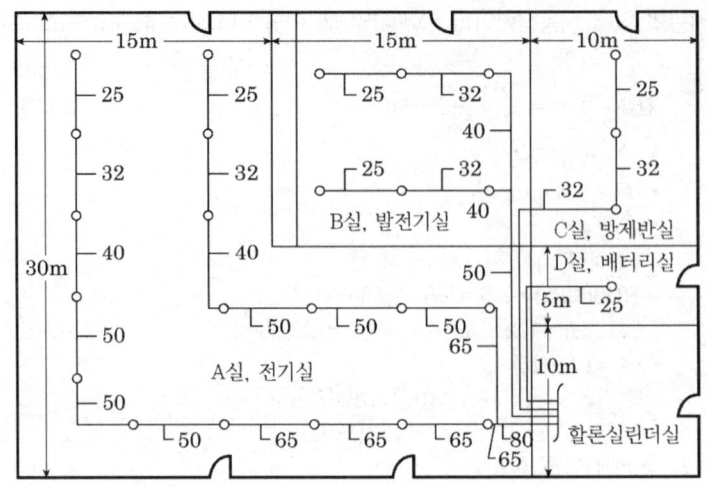

(가) A실

해설 및 정답 $W = V \times \alpha = [[(30 \times 30) - (15 \times 15)] \times 5][\text{m}^3] \times 0.32[\text{kg/m}^3] = 1,080[\text{kg}]$

용기수 $= \dfrac{1,080[\text{kg}]}{50[\text{kg/병}]} = 21.6$ ∴ 22병

약제체적 $= 22 \times 50[\text{kg}] \times \dfrac{1}{1.6[\text{kg/L}]} = 687.5\text{L}$

배관체적 $= 88[\text{L}] + 198[\text{L}] = 286[\text{L}]$

$\dfrac{286[\text{L}]}{687.5[\text{L}]} = 0.416$배   ∴ 1.5배 미만이므로 적합

∴ (적합·부적합 판정) : 22병, 적합

(나) B실

해설 및 정답 $W = V \times \alpha = \{(15 \times 15) \times 5\}[\text{m}^3] \times 0.32[\text{kg/m}]^3 = 360[\text{kg}]$

용기수 $= \dfrac{360[\text{kg}]}{50[\text{kg/병}]} = 7.2$ ∴ 8병

약제체적 $= 8 \times 50[\text{kg}] \times \dfrac{1}{1.6[\text{kg/L}]} = 250[\text{L}]$

배관체적 $= 88[\text{L}] + 78[\text{L}] = 166[\text{L}]$

$\dfrac{166[\text{L}]}{250[\text{L}]} = 0.664$배   ∴ 1.5배 미만이므로 적합

∴ (적합·부적합 판정) : 8병, 적합

(다) C실

해설및정답 $W = V \times \alpha = \{(15 \times 10) \times 3\}[m^3] \times 0.32[kg/m^3] = 144[kg]$

용기수 $= \dfrac{144[kg]}{50[kg/병]} = 2.8$ ∴ 3병

약제체적 $= 3 \times 50[kg] \times \dfrac{1}{1.6[kg/L]} = 93.75[L]$

배관체적 $= 88[L] + 28[L] = 116[L]$

$\dfrac{116[L]}{93.75[L]} = 1.237$배 ∴ 1.5배 미만이므로 적합

∴ (적합·부적합 판정) : 3병, 적합

(라) D실

해설및정답 $W = V \times \alpha = \{(10 \times 5) \times 3\}[m^3] \times 0.32[kg/m^3] = 48[kg]$

용기수용기수 $= \dfrac{48[kg]}{50[kg/병]} = 0.96$ ∴ 1병

약제체적 $= 1 \times 50[kg] \times \dfrac{1}{1.6[kg/L]} = 31.25[L]$

배관체적 $= 88[L] + 10[L] = 98[L]$

$\dfrac{98[L]}{31.25[L]} = 3.136$배 ∴ 1.5배 이상이므로 부적합

∴ (적합·부적합 판정) : 1병, 부적합

2023년 제1회 소방설비기사[기계분야] 2차 실기

2023년 4월 22일 시행

01 펌프의 직경 1m, 회전수 1,750rpm, 유량 750m³/min, 동력 100kW로 가압송수하고 있다. 펌프의 효율 75%, 정압 50mmAq, 전압 80mmAq일 때 다음 각 물음에 답하시오(단, 펌프의 상사법칙을 적용한다). **6점**

(가) 회전수를 2,000rpm으로 변경시 유량[m³/min]을 구하시오(단, 펌프의 직경은 1m이다).

해설 및 정답

$$Q_2 = Q_1 \times \left(\frac{N_2}{N_1}\right)^1 \times \left(\frac{D_2}{D_1}\right)^3$$

$$Q_2 = 750\text{m}^3/\text{min} \times \left(\frac{2{,}000\text{rpm}}{1{,}750\text{rpm}}\right) \times \left(\frac{1\text{m}}{1\text{m}}\right)^3 = 857.142 \fallingdotseq 857.14\text{m}^3/\text{min}$$

(나) 펌프의 직경을 1.2m로 변경시 동력[kW]을 구하시오(단, 회전수는 1750rpm으로 변함이 없다).

해설 및 정답

$$L_2 = L_1 \times \left(\frac{N_2}{N_1}\right)^3 \times \left(\frac{D_2}{D_1}\right)^5$$

$$L_2 = 100\text{kW} \times \left(\frac{1{,}750\text{rpm}}{1{,}750\text{rpm}}\right)^3 \times \left(\frac{1.2\text{m}}{1\text{m}}\right)^5 = 248.832 \fallingdotseq 248.83\text{kW}$$

(다) 펌프의 직경을 1.2m로 변경시 정압[mmAq]을 구하시오(단, 회전수는 1750rpm으로 변함이 없다).

해설 및 정답

$$H_2 = H_1 \times \left(\frac{N_2}{N_1}\right)^2 \times \left(\frac{D_2}{D_1}\right)^2$$

$$H_2 = 50\text{mmAq} \times \left(\frac{1{,}750\text{rpm}}{1{,}750\text{rpm}}\right)^2 \times \left(\frac{1.2\text{m}}{1\text{m}}\right)^2 = 72\text{mmAq}$$

02

어떤 사무소 건물의 지하층에 있는 발전기실 및 축전지실에 전역방출방식의 이산화탄소소화설비를 설치하려고 한다. 화재안전기준과 주어진 [조건]에 의하여 다음 각 물음에 답하시오.

7점

조건

1. 소화설비는 고압식으로 한다.
2. 발전기실의 크기는 가로 8m, 세로 9m, 높이 4m이다.
3. 발전기실의 개구부의 크기 : 1.8m×3m×2개소(자동폐쇄장치 있음)
4. 축전지실의 크기는 가로 5m, 세로 6m, 높이 4m이다.
5. 축전실의 개구부의 크기 : 0.9m×2m×1개소(자동폐쇄장치 없음)
6. 가스용기 1병당 충전량 : 45kg
7. 가스저장용기는 공용으로 한다.
8. 가스량은 다음 표를 이용하여 산출한다.

방호구역의 체적(m^3)	소화약제의 양(kg/m^3)	소화약제 저장량의 최저량(kg)
45m^3 이상 150m^3 미만	0.9	45
150m^3 이상 1,450m^3 미만	0.8	135

※ 개구부에 대한 소화약제의 가산량은 5kg/m^2이다.

가) 각 방호구역별로 필요한 가스용기의 병수는 몇 병씩인가?

○ 발전기실 :

해설및정답 $W = V \times \alpha = 288m^3 \times 0.8kg/m^3 = 230.4kg$

용기수 $= \dfrac{230.4kg}{45kg/병} = 5.12 ≒ 6병$

∴ 6병

○ 축전지실 :

해설및정답 $W = V \times \alpha + A \times \beta = 120m^3 \times 0.9kg/m^3 + 1.8m^2 \times 5kg/m^2 = 117kg$

용기수 $= \dfrac{117kg}{45kg/병} = 2.6 ≒ 3병$

∴ 3병

나) 집합장치에 필요한 저장용기의 수는?

해설및정답 6병

기출문제

다) 각 방호구역별 선택밸브 개폐 직후의 유량은 몇 kg/s인가?

○ 발전기실 :

해설및정답 유량 = $\dfrac{\text{소요약제량}}{\text{방사시간}} = \dfrac{6병 \times 45\text{kg}}{60\text{sec}} = 4.5\text{kg/s}$

∴ 4.5kg/s

○ 축전지실 :

해설및정답 유량 = $\dfrac{\text{소요약제량}}{\text{방사시간}} = \dfrac{3병 \times 45\text{kg}}{60\text{sec}} = 2.25\text{kg/s}$

∴ 2.25kg/s

라) 저장용기의 내압시험압력은 몇 MPa인가?

해설및정답 25MPa

마) "기동용 가스용기에는 내압시험압력의 ( )배부터 내압시험압력 이하에서 작동하는 안전장치를 설치할 것"에서 ( ) 안의 수치를 답하시오.

해설및정답 0.8

바) 분사헤드의 방출압력은 21℃에서 몇 MPa 이상이어야 하는가?

해설및정답 2.1MPa

사) 가스용기의 개방밸브는 작동방식에 따라 3가지로 분류되는데 3가지의 명칭을 쓰시오.

해설및정답 ① 전기식 ② 기계식 ③ 가스압력식

---

03 포소화약제 중 수성막포의 장점과 단점을 각각 2가지씩 쓰시오. **4점**

해설및정답 1) 장점
　　　① 유동성이 좋아 신속히 피막을 형성하여 유증기의 증발을 억제한다.
　　　② 오염에 강하여 유류와 섞이더라도 소화효과 저하가 적다.
　　　③ 안정성이 우수하여 변질이 없어 영구 보존이 가능하다.
　　2) 단점
　　　① 열에 약하여 탱크의 벽면이 가열된 경우 포가 쉽게 파괴된다.
　　　② 발포배율이 적어 고발포용으로 사용이 불가능하다.
　　　③ 가격이 고가이다.

04 그림과 같이 연결송수관설비를 설치하려고 한다. 다음 각 물음에 답하시오. 5점

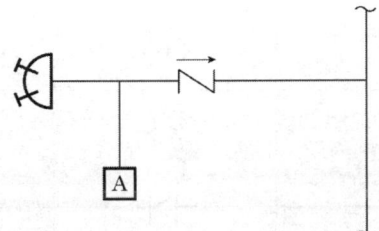

(가) 연결송수관설비는 습식, 건식 중 어떤 것에 해당하는지 고르시오.
- 습식 / 건식 :

해설 및 정답 습식

2.1.1.8 송수구의 부근에는 자동배수밸브 및 체크밸브를 다음의 기준에 따라 설치할 것. 이 경우 자동배수밸브는 배관 안의 물이 잘 빠질 수 있는 위치에 설치하되, 배수로 인하여 다른 물건이나 장소에 피해를 주지 않아야 한다.
2.1.1.8.1 습식의 경우에는 송수구·자동배수밸브·체크밸브의 순으로 설치할 것
2.1.1.8.2 건식의 경우에는 송수구·자동배수밸브·체크밸브·자동배수밸브의 순으로 설치할 것

(나) A부분의 명칭과 도시기호를 그리시오
- 명칭 :
- 도시기호 :

해설 및 정답
- 명칭 : 자동배수밸브
- 도시기호 : ▽

(다) A의 설치목적을 쓰시오

해설 및 정답 송수구와 체크밸브 사이의 잔류소화수를 배수함으로서 동결, 동파방지

기출문제

> **Reference** — 도시기호(밸브류)
>
> | | | | |
> |---|---|---|---|
> | 릴리프밸브 (이산화탄소용) | ◇ | 배수밸브 | ▽▲ |
> | 릴리프밸브 (일반) | ⟁ | 자동배수밸브 | ▯ |
> | 동체크밸브 | ▷▷ | 여과망 | ▨ |
> | 앵글밸브 | ⊿ | 자동밸브 | Ⓖ⊗ |
> | FOOT밸브 | ⊠ | 감압밸브 | Ⓡ⊗ |
> | 볼밸브 | ⋈ | 공기조절밸브 | ⊗ |

05 연결송수관설비가 겸용된 옥내소화전설비가 설치된 5층 건물이 있다. 옥내소화전이 1~4층에 4개씩, 5층에 7개일 때 조건을 참고하여 다음 각 물음에 답하시오. **10점**

> **조건**
> ① 실양정은 20m, 배관의 마찰손실수두는 실양정의 20%, 관부속품의 마찰손실수두는 배관마찰손실수두의 50%로 본다.
> ② 소방호스의 마찰손실수두값은 호스 100m당 26m이며, 호스길이는 15m이다.
> ③ 배관의 내경
>
> | 호칭경 | 15A | 20A | 25A | 32A | 40A | 50A | 65A | 80A | 100A |
> |---|---|---|---|---|---|---|---|---|---|
> | 내경[mm] | 16.4 | 21.9 | 27.5 | 36.2 | 42.1 | 53.2 | 69 | 81 | 105.3 |
>
> ④ 펌프의 효율은 60%이며 전달계수는 1.2이다.
> ⑤ 성능시험배관의 배관직경 산정기준은 정격토출량의 150%로 운전시 정격토출압력의 65% 기준으로 계산한다.

(가) 펌프의 전양정[m]을 구하시오.

해설 및 정답 $H = h_1 + h_2 + h_3 + 17\text{m}$
h_1(실양정) $= 20\text{m}$
h_2(배관 및 관부속품 마찰손실) $= 20\text{m} \times 0.2 + (20\text{m} \times 0.2) \times 0.5 = 6\text{m}$
h_3(호스마찰손실) $= 15\text{m} \times \dfrac{26\text{m}}{100\text{m}} = 3.9\text{m}$
∴ $H = 20\text{m} + 6\text{m} + 3.9\text{m} + 17\text{m} = 46.9\text{m}$
∴ 46.9m

(나) 펌프의 성능곡선이 다음과 같을 때 이 펌프는 화재안전기준에서 요구하는 성능을 만족하는지 여부를 판정하시오(단, 이유를 쓰고 '적합' 또는 '부적합'으로 표시하시오).

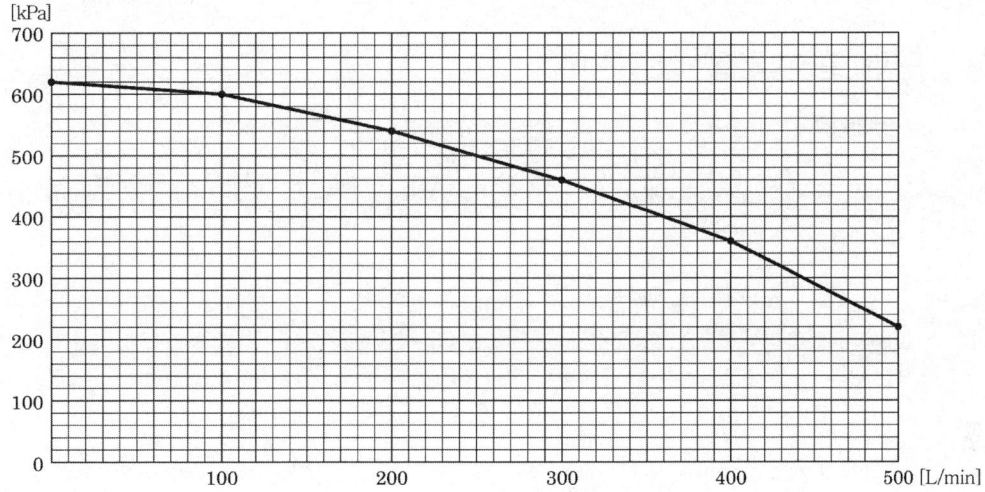

해설 및 정답 정답 : 적합
이유 : 정격토출량은 260LPM으로 선정(소화전수 2개 적용)
성능시험 중 체절운전시험시 정격토출압력의 140% 이하,
따라서 $46.9\text{m} \times 1.4 \times \dfrac{101.325\text{kPa}}{10.332\text{m}} = 643.92\text{kPa}$
그래프상 620kPa을 나타냄. 따라서 정상
정격운전시험시 260LPM인 경우 490kPa을 나타내고 있음. 정격토출압력 이상이므로 정상
과부하운전시험시 정격토출압력의 65% 이상, 따라서 390LPM인 경우 370kPa을 나타내고 있음
$46.9\text{m} \times 0.65 \times \dfrac{101.325\text{kPa}}{10.332\text{m}} = 298.96\text{kPa}$, 65% 이상이므로 정상

기출문제

(다) 펌프의 성능시험을 위한 유량측정장치의 최대 측정유량[L/min]을 구하시오.

해설및정답 260L/min × 1.75 = 455L/min
∴ 455L/min

(라) 토출측 주배관에서 배관의 최소구경을 구하시오(단, 유속은 최대 유속을 적용한다).

해설및정답

$$D = \sqrt{\frac{4Q}{\pi U}} = \sqrt{\frac{4 \times \left(\frac{0.26}{60}\right)}{\pi \times 4}} = 0.037\text{m} = 37\text{mm}$$

호칭경표상 40A이나, 연결송수관설비와 겸용하고 주배관의 구경을 물었으므로
정답은 100A로 선정
∴ 100A

(마) 펌프의 동력[kW]을 구하시오.

해설및정답

$$P(kW) = \frac{\gamma Q H}{102\eta}K = \frac{1000 \times \frac{0.26}{60} \times 46.9}{102 \times 0.6} \times 1.2 = 3.984 ≒ 3.98\text{kW}$$

∴ 3.98kW

06
다음은 승강식 피난기 및 하향식 피난구용 내림식 사다리의 설치기준이다. (   ) 안에 알맞은 내용을 쓰시오. [12점]

> 1. 승강식 피난기 및 하향식 피난구용 내림식 사다리는 설치경로가 설치층에서 (①)까지 연계될 수 있는 구조로 설치할 것. 다만, 건축물의 구조 및 설치 여건상 불가피한 경우에는 그러하지 아니 한다.
> 2. 대피실의 면적은 (②)m²(2세대 이상일 경우에는 (③)m²) 이상으로 하고, 「건축법 시행령」 제46조 제4항의 규정에 적합하여야 하며 하강구(개구부) 규격은 직경 (④)cm 이상일 것. 단, 외기와 개방된 장소에는 그러하지 아니 한다.
> 3. (⑤) 내측에는 기구의 연결 금속구 등이 없어야 하며 전개된 피난기구는 (⑤) 수평투영면적 공간 내의 범위를 침범하지 않는 구조이어야 할 것. 단, 직경 (⑥)cm 크기의 범위를 벗어난 경우이거나, 직하층의 바닥면으로부터 높이 (⑦)cm 이하의 범위는 제외한다.
> 4. 대피실의 출입문은 (⑧)으로 설치하고, 피난방향에서 식별할 수 있는 위치에 "대피실"표지판을 부착할 것. 단, 외기와 개방된 장소에는 그러하지 아니 한다.
> 5. 착지점과 하강구는 상호 수평거리 (⑨)cm 이상의 간격을 둘 것
> 6. 대피실 내에는 (⑩)을 설치할 것
> 7. 대피실에는 층의 위치표시와 피난기구 사용설명서 및 주의사항 표지판을 부착할 것
> 8. 대피실 출입문이 개방되거나, 피난기구 작동 시 (⑪) 및 (⑫) 거실에 설치된 표시등 및 경보장치가 작동되고, 감시 제어반에서는 피난기구의 작동을 확인할 수 있어야 할 것
> 9. 사용 시 기울거나 흔들리지 않도록 설치할 것
> 10. 승강식 피난기는 한국소방산업기술원 또는 법 제46조 제1항에 따라 성능시험기관으로 지정받은 기관에서 그 성능을 검증받은 것으로 설치할 것

해설 및 정답
① 피난층　② 2　③ 3　④ 60　⑤ 하강구
⑥ 60　⑦ 50　⑧ 60+ 또는 60분 방화문
⑨ 15　⑩ 비상조명등　⑪ 해당층　⑫ 직하층

07
소화펌프 기동 시 일어날 수 있는 맥동현상(Surging)의 방지대책을 5가지 쓰시오. [5점]

해설 및 정답
1. 배관 중에 수조를 설치하지 않는다.
2. 배관 중에 기체 부분이 없도록 한다.
3. 유량조절밸브를 수조의 뒤에 설치하지 않는다.
4. 펌프 양정곡선의 상승부에서 운전하지 않는다.
5. 펌프의 양수량을 증가시킨다.

기출문제

08 가로 19m, 세로 9m인 무대부에 정방형으로 스프링클러헤드를 설치하려고 할 때 헤드의 최소 개수를 산출하시오. [4점]

해설 및 정답
$S = 2 \times 1.7\text{m} \times \cos 45° = 2.4\text{m}$

가로열의 헤드 개수 $= \dfrac{19\text{m}}{2.4\text{m/개}} = 7.9$ ∴ 8개

세로열의 헤드 개수 $= \dfrac{9\text{m}}{2.4\text{m/개}} = 3.75$ ∴ 4개

∴ 헤드의 개수 = 8개 × 4개 = 32개
∴ 32개

09 불활성기체 소화설비에 대한 다음 각 물음에 답하시오. [10점]

조건
① 실면적 : 300[m²], 층고 : 3.5[m], 소화농도 : 35.84[%]
② 전기실로서 예상온도는 10[℃]~20[℃]이다(C급 화재).
③ 1병당 80[L], 충전압력 : 19,965[kPa](게이지압), 저장용기실 온도 : 20[℃]
④ 대기압은 101[kPa]이다.
⑤ K_1, K_2의 값은 소수점 다섯째 자리에서 반올림하여 구할 것

1) 소화약제량(m³) 산출식을 쓰고, 각 기호를 설명하시오.

해설 및 정답
$$Q(m^3) = V(m^3) \times 2.303 \times \frac{V_s}{S} \times \log\left(\frac{100}{100-C}\right)$$

Q : 약제체적(m³)
V : 실(방호구역)의 체적(m³)
V_s : 1기압, 20℃에서의 약제비체적(m³/kg)
S : 선형상수, 1기압 t℃에서의 약제비체적(m³/kg)
  $S = K_1 + K_2 \times t$
t : 방호구역의 최소예상온도(℃)
C : 소화약제의 설계농도(%)
  설계농도 = 소화농도 × 보정계수(A급-1.2, B급-1.3, C급-1.35)

2) IG-541의 선형상수 K_1과 K_2를 구하시오.

해설 및 정답

① $K_1 = \dfrac{22.4}{M}$

$M = 28 \times 0.52 + 40 \times 0.4 + 44 \times 0.08 = 34.08 [\text{kg/kmol}]$

$\therefore K_1 = \dfrac{22.4}{M} = \dfrac{22.4}{34.08} = 0.65727 ≒ 0.6573 [\text{m}^3/\text{kg}]$

② $K_2 = \dfrac{K_1}{273} = \dfrac{0.6573}{273} = 0.00240 ≒ 0.0024 [\text{m}^3/\text{kg}℃]$

3) IG-541의 소화약제량(m^3)을 구하시오.

해설 및 정답

$Q(m^3) = V(m^3) \times 2.303 \times \dfrac{V_s}{S} \times \log\left(\dfrac{100}{100-c}\right)$

$V = 300 \times 3.5 = 1,050 [\text{m}^3]$
$V_s = K_1 + K_2 \times 20 = 0.6573 + 0.0024 \times 20 = 0.7053 [\text{m}^3/\text{kg}]$
$S = K_1 + K_2 \times 10 = 0.6573 + 0.0024 \times 10 = 0.6813 [\text{m}^3/\text{kg}]$
$c = 35.84\% \times 1.35 = 48.384 ≒ 48.38 [\%]$

$\therefore Q = 1,050 \times 2.303 \times \dfrac{0.7053}{0.6813} \times \log\left(\dfrac{100}{100-48.38}\right) = 718.912 ≒ 718.91 [\text{m}^3]$

4) IG-541의 최소 저장 용기 수를 구하시오.

해설 및 정답

$\dfrac{P_1 V_1}{T_1} = \dfrac{P_2 V_2}{T_2}$

$V_2 = V_1 \times \dfrac{T_2}{T_1} \times \dfrac{P_1}{P_2} = 0.08 m^3 \times \dfrac{273+10}{273+20} \times \dfrac{(19,965+101)}{101}$

$= 15.351 ≒ 15.35 [\text{m}^3/\text{병}]$

$\therefore$ 용기 수 $= \dfrac{718.91 \text{m}^3}{15.35 \text{m}^3/\text{병}} = 46.83 \quad \therefore 47$병

5) 선택밸브 통과시 최소유량(m^3/s)을 구하시오.

해설 및 정답

$\text{유량}(m^3/s) = \left[V \times 2.303 \times \dfrac{V_s}{s} \times \log\left(\dfrac{100}{100-C \times 0.95}\right) \right] \div 120 \text{sec}$

$= \left[1,050 \times 2.303 \times \dfrac{0.7053}{0.6813} \times \log\left(\dfrac{100}{100-48.38 \times 0.95}\right) \right] \div 120 \text{sec}$

$= 5.576 ≒ 5.58 [\text{m}^3/\text{s}]$

기출문제

10 할론 1301 소화설비 설계 시 다음 [조건]을 참고하여 각 물음에 답하시오. 4점

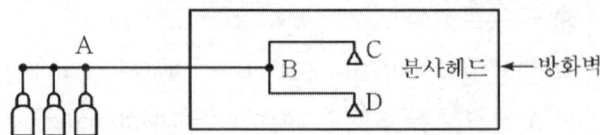

조건
1. 약제 소요량은 130kg이다(출입구에 자동폐쇄장치 설치).
2. 초기 압력 강하는 1.5MPa이다.
3. 고저에 의한 압력손실은 0.06MPa이다.
4. A-B 간의 마찰저항에 의한 압력손실은 0.06MPa이다.
5. B-C, B-D 간의 각 압력 손실은 0.03MPa이다.
6. 저장용기 내 소화약제 저장압력은 4.2MPa이다.
7. 작동시간 10초 이내에 약제 전량이 방출된다.

가) 설비가 작동하였을 때 A~B 간의 배관 내를 흐르는 소화약제의 유량[kg/s]을 구하시오.

해설 및 정답
$$\text{유량} = \frac{130\text{kg}}{10\text{s}} = 13\text{kg/s}$$
∴ 13kg/s

나) B~C 간의 소화약제의 유량[kg/s]을 구하시오(단, B-D 간의 소화약제의 유량도 같다).

해설 및 정답
$$B-C\ \text{유량} = \frac{13\text{kg/s}}{2} = 6.5\text{kg/s}$$
∴ 6.5kg/s

다) C점 노즐에서 방출되는 소화약제의 방사 압력[MPa]을 구하시오(단, D점에서의 방사압력도 같다).

해설 및 정답 C노즐의 방사압력=저장압력−전체 압력손실(초기 압력강하+배관의 마찰손실+낙차 압력강하)
= 4.2MPa − (1.5+0.06+0.03+0.06)MPa = 2.55MPa
∴ 2.55MPa

라) C점에 설치된 분사헤드에서의 방출률이 2.5kg/cm² · s이면 분사헤드의 등가 분구면적[cm²]을 구하시오.

해설 및 정답

$$\text{분출구의 면적(cm}^2) = \frac{\text{헤드당 방출량(kg)}}{\text{방출률(kg/cm}^2 \cdot \text{s)} \times \text{방출시간(s)}}$$

$$= \frac{65\text{kg}}{2.5\text{kg/cm}^2 \cdot \text{s} \times 10\text{s}} = 2.6\text{cm}^2$$

∴ 2.6cm²

11 스프링클러설비 가압송수장치의 성능시험을 위하여 오리피스로 시험한 결과 아래 [그림]과 같았다. 이 오리피스를 통과하는 유량은 몇 m³/s인가? (단, 수은의 비중은 13.6, 유량계수 C는 0.93, 중력가속도 $g = 9.8\text{m/s}^2$이다) **3점**

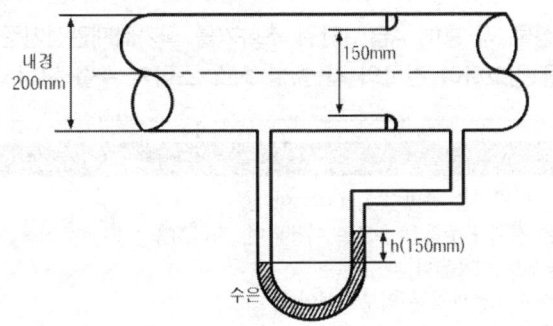

해설 및 정답

$Q = A_O U_O$

$C_O = 0.93$, $g = 9.8\text{m/s}^2$, H = 0.15m, $\gamma_A = 13.6$, $\gamma_B = 1$

$m = \left(\dfrac{D_O}{D}\right)^2 = \left(\dfrac{150}{200}\right)^2 = 0.5625$

$Q = \left(\dfrac{\pi \times (0.15m)^2}{4}\right)\left(\dfrac{0.93}{\sqrt{1-0.5625^2}}\right)\sqrt{2 \times 9.8\text{m/s}^2 \times 0.15\text{m} \times \left(\dfrac{13.6-1}{1}\right)}$

$= 0.121\text{m}^3/\text{s}$

∴ 0.121m³/s

기출문제

12 분말소화설비에 설치하는 정압작동장치의 기능과 압력스위치 방식에 대하여 작성하시오. [4점]

가) 정압작동 장치 기능

해설및정답 가압용 가스가 분말용기 내부로 유입되어 분말약제 용기 내부 압력이 설정 압력이 되었을 때 주밸브를 개방하는 기능

나) 압력스위치 방식

해설및정답 분말용기의 내부압력이 설정 압력이 될 때 압력스위치의 동작으로 솔레노이드밸브를 동작시키는 방식

13 다음 소방대상물 각 층에 A급 3단위 소화기를 국가화재안전기준에 맞도록 설치하고자 한다. 다음 [조건]을 참고하여 건물의 각 층별 최소 소화기 수를 구하시오. [6점]

> **조건**
> 1. 각 층의 바닥면적은 층마다 1,500m²이다.
> 2. 지하 1층은 전체가 주차장 용도로 이용되며, 지하 2층은 100m² 면적은 보일러실로 사용되고, 나머지는 주차장으로 이용된다.
> 3. 지상 1층에서 3층까지는 업무시설이다.
> 4. 전 층에 소화설비가 없는 것으로 가정한다.
> 5. 건물구조는 전체적으로 내화구조가 아니다.
> 6. 자동확산소화기는 계산에 고려하지 않는다.

가) 지하 2층

해설및정답

$$\text{주차장의 능력단위} = \frac{1,500\text{m}^2}{100\text{m}^2/\text{단위}} = 15\text{단위}$$

$$\therefore \text{주차장의 능력단위 충족개수} = \frac{15\text{단위}}{3\text{단위}/\text{개}} = 5\text{개}$$

$$\text{보일러실 추가소화기} = \frac{100\text{m}^2}{25\text{m}^2/1\text{단위}} = 4\text{단위} \quad \therefore \frac{4\text{단위}}{3\text{단위}/\text{개}} = 1.33 \fallingdotseq 2\text{개}$$

∴ 소화기의 설치개수 = 5개 + 2개 = 7개
∴ 7개

나) 지하 1층

해설 및 정답

주차장의 능력단위 = $\dfrac{1,500\text{m}^2}{100\text{m}^2/\text{단위}}$ = 15단위

∴ 주차장의 소화기 개수 = $\dfrac{15\text{단위}}{3\text{단위}/\text{개}}$ = 5개

∴ 5개

다) 지상 1층~3층

해설 및 정답

업무시설의 능력단위 = $\dfrac{1,500\text{m}^2}{100\text{m}^2/\text{단위}}$ = 15단위

∴ 업무시설의 소화기 개수 = $\dfrac{15\text{단위}}{3\text{단위}/\text{개}}$ = 5개

총 3개층 15개 설치

∴ 15개

14 가로 20m, 세로 10m, 높이 3m의 특수가연물을 저장하는 창고에 포소화설비를 설치하고자 한다. 주어진 조건을 참고하여 다음 각 물음에 답하시오. **4점**

조건

① 화재감지용 스프링클러헤드를 설치한다.
② 배관구경에 따른 헤드개수

구경[mm]	25	32	40	50	65	80	90	100	125	150
헤드수	1	2	5	8	15	27	40	55	90	91개 이상

(가) 포헤드의 설치개수를 구하시오.

해설 및 정답

가로열설치수 : $\dfrac{20m}{2 \times 2.1m \times \cos 45°}$ = 6.73 ∴ 7개

세로열설치수 : $\dfrac{10m}{2 \times 2.1m \times \cos 45°}$ = 3.36 ∴ 4개

따라서 7×4=28

∴ 28개

> **Reference**
> 방호면적으로 계산시 $\frac{200\text{m}^2}{9\text{m}^2/개} = 22.22$ ∴ 23개
> 수평거리적용 헤드수가 더 많으므로 둘다 만족하기 위해서는 28개 설치

(나) 배관의 구경[mm]을 선정하시오.

해설 및 정답 90mm (28개 헤드담당 배관선정)

15 A실을 $0.1\text{m}^3/\text{s}$로 급기가압하였을 경우 다음 조건을 참고하여 외부와 A실의 차압[Pa]을 구하시오. **6점**

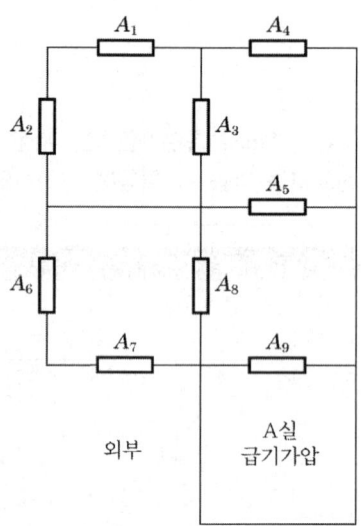

조건
① 급기량(Q)은 $Q = 0.827 \times A \times \sqrt{P}$로 구한다.
   (여기서, Q : 급기량 [m³/s], A : 전체 누설 면적 [m²], P : 급기 가압실 내외의 차압 [Pa])
② A_1, A_4, 공기 누설틈새면적은 0.005m^2, A_2, A_3, A_5, A_6, A_7, A_8, A_9는 0.02m^2이다.
③ 전체 누설면적 계산시 소수점 아래 6째 자리에서 반올림하여 소수점 아래 5째 자리까지 구하시오.

해설및정답 A_1, A_2는 병렬, 따라서 $0.005\text{m}^2 + 0.02\text{m}^2 = 0.025\text{m}^2$

위 값과 A_3는 직렬, 따라서 $\dfrac{1}{\sqrt{\dfrac{1}{0.025^2} + \dfrac{1}{0.02^2}}} = 0.015617 \fallingdotseq 0.01562\text{m}^2$

위 값과 A_4는 병렬, 따라서 $0.01562\text{m}^2 + 0.005\text{m}^2 = 0.02062\text{m}^2$

위 값과 A_5는 직렬, 따라서 $\dfrac{1}{\sqrt{\dfrac{1}{0.02062^2} + \dfrac{1}{0.02^2}}} = 0.014356 \fallingdotseq 0.01436\text{m}^2$

여기서, A_6, A_7, A_8 부분 정리 필요

A_6, A_7은 병렬, 따라서 $0.02\text{m}^2 + 0.02\text{m}^2 = 0.04\text{m}^2$

위 값과 A_8은 직렬, 따라서 $\dfrac{1}{\sqrt{\dfrac{1}{0.04^2} + \dfrac{1}{0.02^2}}} = 0.017888 \fallingdotseq 0.01789\text{m}^2$

위 0.01436m^2와 0.01789m^2는 병렬, 따라서 $0.01436\text{m}^2 + 0.01789\text{m}^2 = 0.03225\text{m}^2$

위 0.03225m^2와 A_9는 직렬

따라서 $\dfrac{1}{\sqrt{\dfrac{1}{0.03225^2} + \dfrac{1}{0.02^2}}} = 0.016996 \fallingdotseq 0.017\text{m}^2$

$Q = 0.827 \times A \times \sqrt{P}$
$0.1 = 0.827 \times 0.017 \times \sqrt{P}$
$P = 50.593 \fallingdotseq 50.59\text{Pa}$
∴ 50.59Pa

16 다음 도면과 도표를 참조하여 각 물음에 답하시오. [10점]

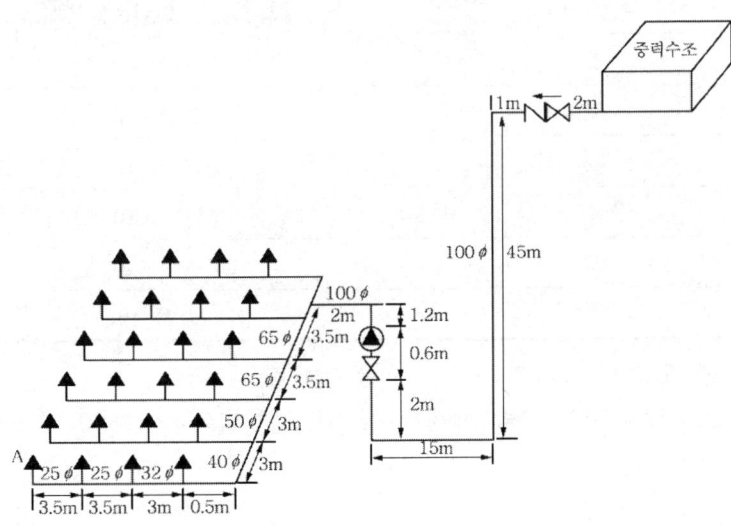

기출문제

조건
1. 주어지지 않은 조건은 무시한다.
2. 직류 T 및 리듀서는 무시한다.
3. 헤드 A만 개방된 것으로 가정한다.
4. 배관의 마찰손실압력은 아래의 하젠-윌리엄스(Hazen-William's)식을 따른다.

$$\Delta Pm = \frac{6 \times 10^4 \times Q^2}{C^2 \times D^5}$$

ΔPm : 배관 1m당의 마찰손실압력(MPa/m), Q : 유량(L/min), C : 조도(120), D : 관경(mm)

【 배관의 호칭구경별 안지름(mm) 】

호칭구경	25	32	40	50	65	80	100
내경	28	36	42	53	66	79	103

【 관이음쇠·밸브류 등의 마찰손실수두에 상당하는 직관길이(m) 】

관이음쇠 밸브의 호칭경(mm)	90° 엘보	90°T(측류)	알람체크밸브	게이트밸브	체크밸브
φ 25	0.9	1.5	4.5	0.18	4.5
φ 32	1.2	1.8	5.4	0.24	5.4
φ 40	1.5	2.1	6.5	0.30	6.5
φ 50	2.1	3.0	8.4	0.39	8.4
φ 65	2.4	3.6	10.2	0.48	10.2
φ 100	4.2	6.3	16.5	0.81	16.5

1) 각 배관의 관경에 따라 상당관 및 직관길이(m)를 구하시오.
2) 다음 ( )안을 채우시오.

관경(mm)	배관 1m당 마찰손실압력(MPa)
25	(①)$\times 10^{-7} Q^2$
32	(②)$\times 10^{-8} Q^2$
40	(③)$\times 10^{-8} Q^2$
50	(④)$\times 10^{-9} Q^2$
65	(⑤)$\times 10^{-9} Q^2$
100	(⑥)$\times 10^{-10} Q^2$

3) A점 헤드에서 고가수조까지 낙차(m)를 구하시오.
4) A점 헤드의 분당 방수량(L/min)을 계산하시오(단, 방출계수 K=80으로 한다).

해설 및 정답

1)

관경(mm)	산출근거	상당관 및 직관길이(m)
25	직관 : 3.5+3.5=7.0 관부속 : 90° 엘보 1개×0.9=0.9 계 7.9	7.9
32	직관 : 3.0	3.0
40	직관 : 0.5+3=3.5 관부속 : 90° 엘보 1개×1.5=1.5 계 5.0	5.0
50	직관 : 3.0	3.0
65	직관 : 3.5+3.5=7.0	7.0

100	직관 : 2+1+45+15+2+1.2+2=68.2
	관부속 : 게이트밸브 2개×0.81 =1.62
	         체크밸브 1개×16.5 =16.5
	         알람체크밸브 1개×16.5 =16.5
	         90° 엘보 4개×4.2 =16.8
	         90° T(측류) 1개×6.3 =6.3
	계 125.92
		125.92

2) ① $\dfrac{6 \times 10^4 \times Q^2}{120^2 \times 28^5} = 2.42 \times 10^{-7} \times Q^2$ ∴ 2.42

② $\dfrac{6 \times 10^4 \times Q^2}{120^2 \times 36^5} = 6.89 \times 10^{-8} \times Q^2$ ∴ 6.89

③ $\dfrac{6 \times 10^4 \times Q^2}{120^2 \times 42^5} = 3.19 \times 10^{-8} \times Q^2$ ∴ 3.19

④ $\dfrac{6 \times 10^4 \times Q^2}{120^2 \times 53^5} = 9.96 \times 10^{-9} \times Q^2$ ∴ 9.96

⑤ $\dfrac{6 \times 10^4 \times Q^2}{120^2 \times 66^5} = 3.33 \times 10^{-9} \times Q^2$ ∴ 3.33

⑥ $\dfrac{6 \times 10^4 \times Q^2}{120^2 \times 103^5} = 3.59 \times 10^{-10} \times Q^2$ ∴ 3.59

3) 45m − 2m − 0.6m − 1.2m = 41.2m

4) $Q = K\sqrt{10P}$

  Q : 방수량(L/min), K : 방출계수, P : 방수압(MPa)

  P_A(A헤드 방수압) = 낙차의 환산수두압 − 배관의 총 마찰손실압력

  낙차의 환산수두압 = 41.2m = 0.412MPa

  배관의 총마찰손실압력
  $= (2.42 \times 10^{-7} \times Q^2 \times 7.9) + (6.89 \times 10^{-8} \times Q^2 \times 3.0) + (3.19 \times 10^{-8} \times Q^2 \times 5.0) +$
  $(9.96 \times 10^{-9} \times Q^2 \times 3.0) + (3.33 \times 10^{-9} \times Q^2 \times 7.0) + (3.59 \times 10^{-10} \times Q^2 \times 125.92)$
  $= 2.38 \times 10^{-6} \times Q^2$ (MPa)

  ∴ $P_A = 0.412\text{MPa} - 2.38 \times 10^{-6} Q^2$ (MPa)

  $Q = 80\sqrt{10 \times (0.412 - 2.38 \times 10^{-6} \times Q^2)}$

기출문제

양변을 제곱하면
$Q^2 = 80^2 \times (4.12 - 2.38 \times 10^{-5} Q^2)$
$Q^2 = (80^2 \times 4.12) - (80^2 \times 2.38 \times 10^{-5} Q^2)$
$Q^2 = 26{,}368 - 0.15 Q^2$
$1.15 Q^2 = 26{,}368 \quad \therefore Q^2 = 26{,}368/1.15$
$\therefore Q = \sqrt{26{,}368/1.15} = 151.42 \text{L/min}$

2023년 제2회 소방설비기사[기계분야] 2차 실기

2023년 7월 22일 시행

01 다음 [그림]과 [조건]을 참조하여 물음에 답하시오. `5점`

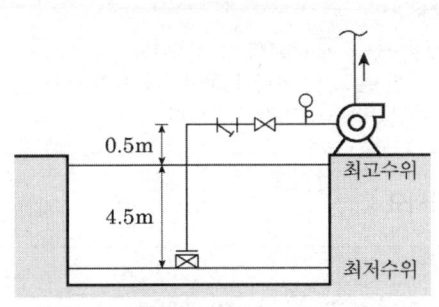
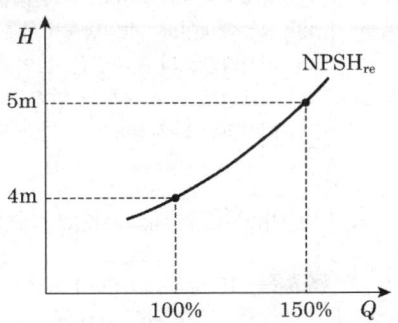

조건
① 대기압은 0.1MPa이며, 물의 포화수증기압은 2.45kPa이다.
② 물의 비중량은 9.8kN/m³이다.
③ 배관의 마찰손실수두는 0.3m이며, 속도수두는 무시한다.

(가) 유효흡입양정(NPSH$_{av}$)[m]을 구하시오.

해설 및 정답

$$\text{NPSH}_{av} = \frac{P_o}{\gamma} - \frac{P_v}{\gamma} - \frac{P_h}{\gamma} - h$$

$$\left(\frac{0.1}{0.101325} \times 10.332\right) - \left(2.45\text{kPa} \times \frac{10.332\text{m}}{101.325\text{kPa}}\right) - (4.5 + 0.5) - 0.3 = 4.646 \fallingdotseq 4.65\,\text{m}$$

∴ 4.65m

(나) 그래프를 보고 펌프의 사용가능 여부와 그 이유를 쓰시오.
① 100% 운전 시 :
② 150% 운전 시 :

해설 및 정답
① 100% 운전시 : NPSH$_{AV}$(4.65m) > NPSH$_{re}$(4m) – 공동현상 미발생으로 사용가능
② 150% 운전시 : NPSH$_{AV}$(4.65m) < NPSH$_{re}$(5m) – 공동현상 발생으로 사용불가

기출문제

02 바닥면적 400m², 높이 4m인 전기실(유압기기는 없음)에 이산화탄소 소화설비를 설치할 때 저장용기(68L/45kg)에 저장된 약제량을 표준대기압, 온도 20℃인 방호구역 내에 전부 방사한다고 할 때 다음을 구하시오. **4점**

> **조건**
> ① 방호구역 내에는 3m²인 출입문이 있으며, 이 문은 자동폐쇄장치가 설치되어 있지 않다.
> ② 심부화재이고, 전역방출방식을 적용하였다.
> ③ 이산화탄소의 분자량은 44이고, 이상기체상수는 8.3143kJ/kmol·K이다.
> ④ 선택밸브 내의 온도와 압력조건은 방호구역의 온도 및 압력과 동일하다고 가정한다.
> ⑤ 이산화탄소 저장용기는 한 병당 45kg의 이산화탄소가 저장되어 있다.

(가) 이산화탄소 최소 저장용기수(병)를 구하시오.

해설및정답
$$W = V \times \alpha + A \times \beta$$
$$= (400 \times 4)\text{m}^3 \times 1.3\text{kg/m}^3 + 3\text{m}^2 \times 10\text{kg/m}^2 = 2,093\text{kg}$$

용기수 $= \dfrac{2,093\text{kg}}{45\text{kg/병}} = 46.51$ ∴ 47병

∴ 47병

(나) 최소 저장용기를 기준으로 이산화탄소를 모두 방사할 때 선택밸브 1차측 배관에서의 최소 유량[m³/min]을 구하시오.

해설및정답 7분 이내 방사되는 모든 약제량(m³)
$$W = 47 \times 45\text{kg} = 2,115\text{kg}$$
$$V = \frac{WRT}{PM} = \frac{2,115\text{kg} \times 8.3143\text{kJ/kmol·K} \times 293\text{K}}{101.325\text{kPa} \times 44\text{kg/kmol}} = 1,155.67\text{m}^3$$

따라서 $Q = \dfrac{1,155.67m^3}{7\text{min}} = 165.095 \fallingdotseq 165.1\text{m}^3/\text{min}$

∴ 165.1m³/min

03 다음 [그림]은 어느 스프링클러설비의 Isometric Diagram이다. 이 도면과 주어진 [조건]에 의하여 헤드 A만을 개방하였을 때 실제 방수압과 방수량을 계산하시오. [13점]

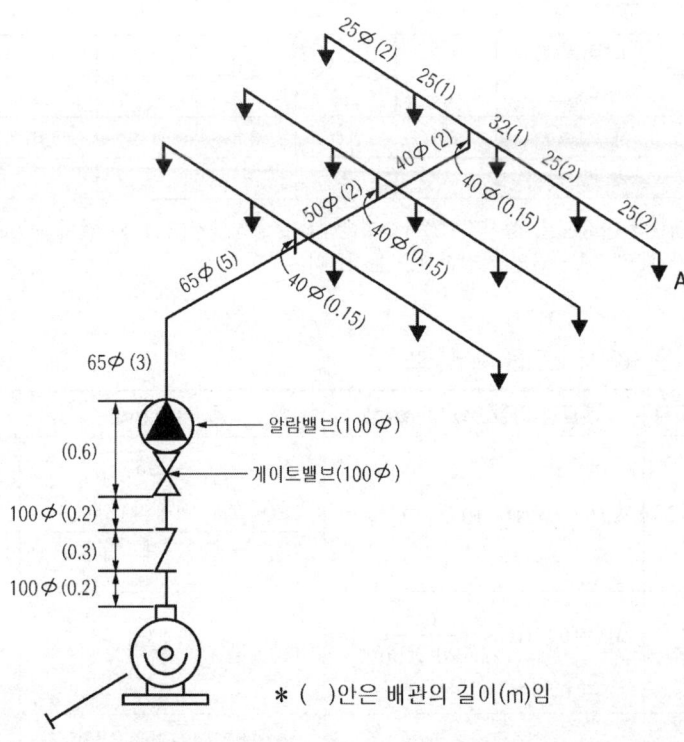

* ( )안은 배관의 길이(m)임

조건

① 펌프의 양정은 토출량에 관계없이 일정하다고 가정한다(펌프토출압=0.3MPa).
② 헤드의 방출계수(K)는 90이다.
③ 배관의 마찰손실은 하젠-윌리엄스의 공식을 따르되 계산의 편의상 다음 식과 같다고 가정한다.

$$\triangle P = \frac{6 \times 10^4 \times Q^2}{120^2 \times d^5}$$

여기서, $\triangle P$: 배관 1m당 마찰손실압력[MPa]
Q : 배관 내의 유수량[L/min]
d : 배관의 안지름[mm]

④ 배관의 호칭구경별 안지름은 다음과 같다.

호칭구경	25∅	32∅	40∅	50∅	65∅	80∅	100∅
내 경	28	36	44	54	68	83	105

⑤ 배관 부속 및 밸브류의 등가길이[m]는 다음 표와 같으며, 이 표에 없는 부속 또는 밸브류의 등가길이는 무시해도 좋다.

기출문제

호칭구경 배관 부속	25mm	32mm	40mm	50mm	65mm	80mm	100mm
90° 엘보	0.8	1.1	1.3	1.6	2.0	2.4	3.2
티(측류)	1.7	2.2	2.5	3.2	4.1	4.9	6.3
게이트밸브	0.2	0.2	0.3	0.3	0.4	0.5	0.7
체크밸브	2.3	3.0	3.5	4.4	5.6	6.7	8.7
알람밸브	–	–	–	–	–	–	8.7

⑥ 배관의 마찰손실, 등가길이, 마찰손실압력은 호칭구경 25∅ 와 같이 구하도록 한다.
⑦ 가지관과 헤드 간의 마찰손실은 무시한다.

(가) 다음 표에서 빈칸을 채우시오.

호칭구경	배관의 마찰손실[MPa/m]	등가길이[m]	마찰손실압력[MPa]
25∅	$\Delta P = 2.421 \times 10^{-7} \times Q^2$	직관 : 2+2=4 90° 엘보 : 1개×0.8=0.8 계 : 4.8m	$1.162 \times 10^{-6} \times Q^2$
32∅	$\Delta P = 6 \times 10^4 \times \dfrac{Q^2}{120^2 \times 36^5}$ $= 6.89 \times 10^{-8} \times Q^2$	직관 : 1m 계 1m	$6.89 \times 10^{-8} \times Q^2$
40∅	$\Delta P = 6 \times 10^4 \times \dfrac{Q^2}{120^2 \times 44^5}$ $= 2.53 \times 10^{-8} \times Q^2$	직관 : 2+0.15=2.15m 90°엘보 : 1×1.3=1.3m 측류 T : 1×2.5=2.5m 계 5.95m	$1.51 \times 10^{-7} \times Q^2$
50∅	$\Delta P = 6 \times 10^4 \times \dfrac{Q^2}{120^2 \times 54^5}$ $= 9.1 \times 10^{-9} \times Q^2$	직관 : 2m 계 2m	$1.82 \times 10^{-8} \times Q^2$
65∅	$\Delta P = 6 \times 10^4 \times \dfrac{Q^2}{120^2 \times 68^5}$ $= 2.87 \times 10^{-9} \times Q^2$	직관 : 3+5=8m 90°엘보 : 1×2=2m 계 10m	$2.87 \times 10^{-8} \times Q^2$
100∅	$\Delta P = 6 \times 10^4 \times \dfrac{Q^2}{120^2 \times 105^5}$ $= 3.26 \times 10^{-10} \times Q^2$	직관 : 0.2+0.2=0.4m 알람밸브 : 1×8.7=8.7m 게이트밸브 : 1×0.7=0.7m 체크밸브 : 1×8.7=8.7m 계 18.5m	$6.03 \times 10^{-9} \times Q^2$

(나) 배관의 총 마찰손실압력[MPa]을 구하시오.

해설및정답
$(1.162 \times 10^{-6} \times Q^2) + (6.89 \times 10^{-8} \times Q^2) + (1.51 \times 10^{-7} \times Q^2)$
$+ (1.82 \times 10^{-8} \times Q^2) + (2.87 \times 10^{-8} \times Q^2) + (6.03 \times 10^{-9} \times Q^2)$
$= 1.4348 \times 10^{-6} \times Q^2$
∴ $1.4348 \times 10^{-6} \times Q^2 \text{MPa}$

(다) 실층고의 환산수두[m]를 구하시오.

해설및정답 $0.2\text{m} + 0.3\text{m} + 0.2\text{m} + 0.6\text{m} + 3\text{m} + 0.15\text{m} = 4.45\text{m}$
∴ 4.45m

(라) A점의 방수량[L/min]을 구하시오.

해설및정답 $Q = K\sqrt{10P}$
P(방사압력) = 펌프토출압력 − 낙차환산압력 − 마찰손실압력
∴ $P = (0.3 - 0.0445 - 1.4348 \times 10^{-6} Q^2)\text{MPa}$
$= (0.256 - 1.4348 \times 10^{-6} \times Q^2)\text{MPa}$
∴ $Q = 90\sqrt{10 \times (0.256 - 1.4348 \times 10^{-6} Q^2)}$
양변에 2승을 한 후 정리하면
$Q^2 = 20,736 - 0.116Q^2$
∴ $1.116Q^2 = 20,736$
$Q^2 = \dfrac{20,736}{1.116}$　　∴ $Q = \sqrt{\dfrac{20,736}{1.116}} = 136.31\text{L/min}$
∴ 136.31L/min

(마) A점의 방수압[MPa]을 구하시오.

해설및정답 $Q = K\sqrt{10P}$
∴ $10P = \left(\dfrac{Q}{K}\right)^2 = \left(\dfrac{136.31}{90}\right)^2 = 2.29$
∴ $P = 0.229\text{MPa}$
∴ 0.23MPa

04 건식 스프링클러설비의 최대 단점은 시스템 내의 압축공기가 빠져나가는 만큼 물이 화재대상물에 방출이 지연되는 것이다. 이것을 방지하기 위해 설치하는 보완설비 2가지를 쓰시오.

`2점`

해설및정답
- 엑셀레이터
- 익저스터

기출문제

05 다음은 소방용 배관을 소방용 합성수지배관으로 설치할 수 있는 경우이다. 보기에서 골라 빈칸을 완성하시오(단, 소방용 합성수지배관의 성능인증 및 제품검사의 기술기준에 적합한 것이다). **6점**

> **보기**
> 지상, 지하, 내화구조, 방화구조, 단열구조, 소화수, 천장, 벽, 반자, 바닥, 불연재료, 난연재료

- 배관을 (①)에 매설하는 경우
- 다른 부분과 (②)로 구획된 덕트 또는 피트의 내부에 설치하는 경우
- (③)(상층이 있는 경우 상층바닥의 하단 포함)과 (④)를 (⑤) 또는 준(⑤)로 설치하고 소화배관 내부에 항상 (⑥)가 채워진 상태로 설치하는 경우

해설 및 정답
① 지하
② 내화구조
③ 천장
④ 반자
⑤ 불연재료
⑥ 소화수

06 일제개방밸브의 구조원리상 개방방식의 종류를 쓰고 간단히 설명하시오. **4점**

정답
① 가압개방방식 : 화재감지기가 화재를 감지해서 전자개방밸브를 개방시키거나 수동개방밸브를 개방하면 가압수가 실린더실을 가압하여 일제개방밸브가 열리는 방식
② 감압개방방식 : 화재감지기가 화재를 감지해서 전자개방밸브를 개방시키거나 수동개방밸브를 개방하면 가압수가 실린더실을 감압하여 일제개방밸브가 열리는 방식

07 관로를 유동하는 물의 유속을 측정하고자 [그림]과 같은 장치를 설치하였다. U자 관의 읽음이 20cm일 때 관내 유속(m/s)을 구하시오(단, 수은의 비중은 13.6, 유량계수는 1이다). **6점**

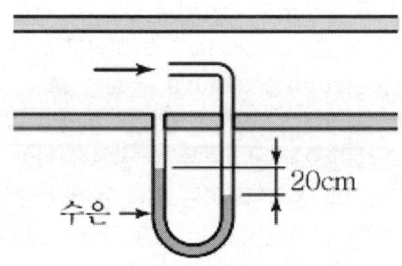

해설 및 정답

$$U(\text{m/sec}) = \sqrt{2 \times g \times H \times \left(\frac{\gamma_{Hg} - \gamma_{H_2O}}{\gamma_{H_2O}}\right)}$$

$$= \sqrt{2 \times 9.8\,\text{m/s}^2 \times 0.2\,\text{m} \times \left(\frac{13,600\,\text{kgf/m}^3 - 1,000\,\text{kgf/m}^3}{1,000\,\text{kgf/m}^3}\right)}$$

$$= 7.03\,\text{m/s}$$

∴ 7.03m/s

08 분말소화설비의 화재안전기술기준에 따른 분말소화약제 저장용기에 대한 설치기준이다. 주어진 보기에서 골라 빈칸에 알맞은 말을 넣으시오. **5점**

보기
방호구역 내, 방호구역 외, 1, 2, 3, 4, 5, 10, 20, 30, 40, 50, 게이트, 글로브, 체크밸브

- (①)의 장소에 설치할 것 다만, (②)에 설치할 경우에는 피난 및 조작이 용이하도록 피난 부근에 설치해야 한다.
- 온도가 (③)℃ 이하이고, 온도 변화가 작은 곳에 설치할 것
- 용기 간의 간격은 점검에 지장이 없도록 (④)cm 이상의 간격을 유지할 것
- 저장용기와 집합관을 연결하는 연결배관에는 (⑤)를 설치할 것 다만, 저장용기가 하나의 방호구역만을 담당하는 경우에는 그렇지 않다.

해설 및 정답
① 방호구역 외
② 방호구역 내
③ 40
④ 3
⑤ 체크밸브

기출문제

> **! Reference** — **분말소화설비 저장용기 설치기준**
>
> 2.1.1 분말소화약제의 저장용기는 다음의 기준에 적합한 장소에 설치해야 한다.
>   2.1.1.1 방호구역 외의 장소에 설치할 것. 다만, 방호구역 내에 설치할 경우에는 피난 및 조작이 용이하도록 피난구 부근에 설치해야 한다.
>   2.1.1.2 온도가 40℃ 이하이고, 온도 변화가 작은 곳에 설치할 것
>   2.1.1.3 직사광선 및 빗물이 침투할 우려가 없는 곳에 설치할 것
>   2.1.1.4 방화문으로 방화구획 된 실에 설치할 것
>   2.1.1.5 용기의 설치장소에는 해당 용기가 설치된 곳임을 표시하는 표지를 할 것
>   2.1.1.6 용기 간의 간격은 점검에 지장이 없도록 3 cm 이상의 간격을 유지할 것
>   2.1.1.7 저장용기와 집합관을 연결하는 연결배관에는 체크밸브를 설치할 것. 다만, 저장용기가 하나의 방호구역만을 담당하는 경우에는 그렇지 않다.

09 다음은 할론소화설비의 배치도이다. 아래 그림의 조건에 적합하도록 체크밸브를 도시하시오. (단, 체크밸브는 5개를 사용하며 도시기호는 ▷ ◁ 를 사용한다.) **3점**

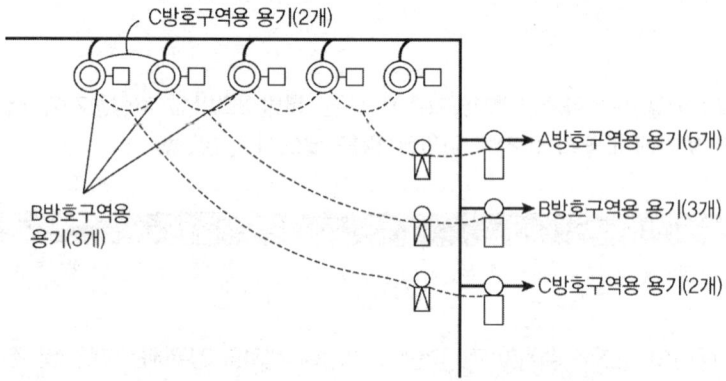

조건
◎ 할론 저장용기   □ 해정장치
👤 선택밸브   👤 기동용가스용기

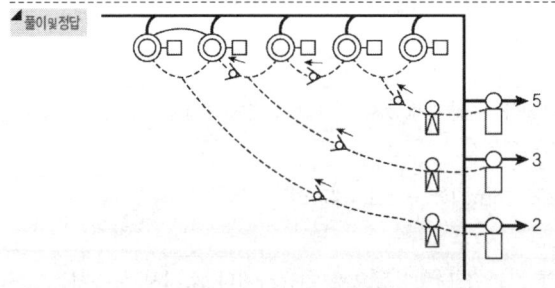

10 다음은 10층 건물에 설치한 옥내소화전설비의 계통도이다. 각 물음에 답하시오. 12점

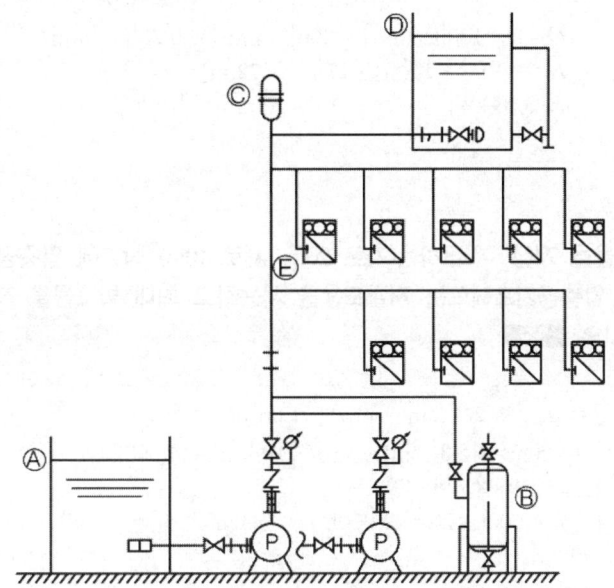

조건
1. 배관의 마찰손실수두는 40[m](소방호스, 관 부속품의 마찰손실수두 포함)이다.
2. 실양정은 15[m]이다.
3. 펌프의 효율은 65[%]이다.
4. 펌프의 여유율은 10[%]를 적용한다.

(가) Ⓐ~Ⓔ의 명칭을 쓰시오.
(나) Ⓓ에 보유하여야 할 최소 유효저수량(m³)은?
(다) Ⓑ의 주된 기능은?
(라) Ⓒ의 설치목적은 무엇인가?

기출문제

(마) ⓔ항의 문짝의 면적은 몇 m² 이상이어야 하는가?
(바) 펌프의 전동기 용량(kW)을 계산하시오.

해설및정답 (가) Ⓐ 저수조 Ⓑ 기동용 수압개폐장치 Ⓒ 수격방지기
　　　　　Ⓓ 옥상수조 Ⓔ 옥내소화전

(나) 옥상수원의 양(m³) = $2 \times 2.6[\text{m}^3] \times \dfrac{1}{3} = 1.733[\text{m}^3]$

∴ 1.73[m³]

(다) 배관 내의 압력에 따라 소화펌프를 자동으로 기동하거나 정지시키는 기능
(라) 수격작용의 방지 및 완화
(마) 0.5[m²]

(바) 전동기 용량[kW] = $\dfrac{\gamma QH}{102\eta} \times K = \dfrac{1{,}000 \times \dfrac{0.26}{60} \times 72}{102 \times 0.65} \times 1.1 = 5.18[\text{kW}]$

$Q = 2 \times 130[\text{L/min}] = 260[\text{L/min}] = 0.26[\text{m}^3/\text{min}]$
$H = 40[\text{m}] + 15[\text{m}] + 17[\text{m}] = 72[\text{m}]$
∴ 5.18[kW]

11

특수가연물을 저장·취급하는(가로 20m, 세로 10m) 창고에 압축공기포소화설비를 설치하고자 한다. 압축공기포헤드는 저발포용을 사용하고 최대 발포율을 적용할 때 발포후 체적[m³]을 구하시오. **3점**

해설및정답
$Q = A\text{m}^2 \times 2.3\text{L/m}^2 \cdot \text{min} \times 10\text{min}$
　$= 200\text{m}^2 \times 2.3\text{L/m}^2 \cdot \text{min} \times 10\text{min} = 4{,}600\text{L}$

저발포, 최대발포비 = 20
따라서 4,600L × 20 = 92,000L ∵ 92m³
∴ 92m³

> **! Reference**
> 2.2.1.4 압축공기포소화설비를 설치하는 경우 방수량은 설계 사양에 따라 방호구역에 최소 10분간 방사할 수 있어야 한다.
> 2.2.1.5 압축공기포소화설비의 설계방출밀도(L/min·m²)는 설계사양에 따라 정해야 하며 일반가연물, 탄화수소류는 1.63L/min·m² 이상, 특수가연물, 알코올류와 케톤류는 2.3L/min·m² 이상으로 해야 한다.

12. ㉮실을 급기 가압하고자 할 때 주어진 조건을 참고하여 다음 각 물음에 답하시오. [6점]

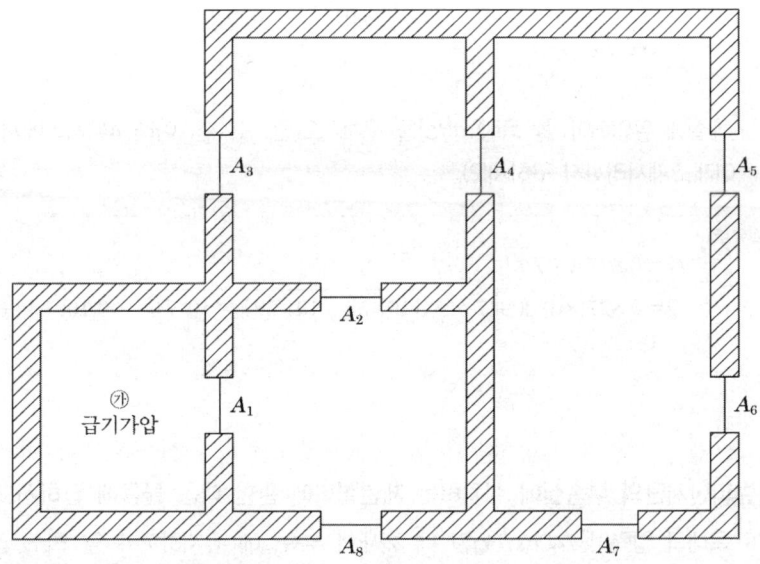

조건
① 실 외부대기의 기압은 101.38kPa로서 일정하다.
② A실에 유지하고자 하는 기압은 101.55kPa이다.
③ 각 실 문의 틈새면적은 $A_1 = A_2 = A_3 = 0.01\text{m}^2$, $A_4 = A_5 = A_6 = A_7 = A_8 = 0.02\text{m}^2$이다.
④ 어느 실을 급기가압할 때 그 실의 문 틈새를 통하여 누출되는 공기의 양은 다음의 식에 따른다.

$$Q = 0.827 A \cdot P^{\frac{1}{2}}$$

여기서, Q : 누출되는 공기의 양[m³/s]
　　　　A : 문의 전체 누설틈새면적[m²]
　　　　P : 문을 경계로 한 기압차[Pa]

(가) ㉮실의 전체 누설틈새면적 $A[\text{m}^2]$를 구하시오(단, 소수점 아래 6째자리에서 반올림하여 소수점 아래 5째자리까지 나타내시오).

해설 및 정답 A_5, A_6, A_7은 병렬, 따라서 0.06m^2

위 값과 A_4는 직렬, 따라서 $\dfrac{1}{\sqrt{\dfrac{1}{0.02^2} + \dfrac{1}{0.06^2}}} = 0.018973 ≒ 0.01897 m^2$

위 값과 A_3은 병렬, 따라서 $0.01\text{m}^2 + 0.01897\text{m}^2 = 0.02897\text{m}^2$

위 값과 A_2는 직렬, 따라서 $\dfrac{1}{\sqrt{\dfrac{1}{0.01^2} + \dfrac{1}{0.02897^2}}} = 0.009452 ≒ 0.00945 m^2$

위 값과 A_8은 병렬, 따라서 $0.02\text{m}^2 + 0.00945\text{m}^2 = 0.02945\text{m}^2$

기출문제

위 값과 A_1은 직렬, 따라서 $\dfrac{1}{\sqrt{\dfrac{1}{0.01^2}+\dfrac{1}{0.02945^2}}} = 0.009469 \fallingdotseq 0.00947\text{m}^2$

∴ 0.00947m^2

(나) ㉮실에 유입해야 할 풍량[m³/s]을 구하시오(단, 소수점 아래 4째자리에서 반올림하여 소수점 아래 3째자리까지 구하시오).

해설 및 정답

$Q = 0.827 A \cdot P^{\frac{1}{2}}$

$Q = 0.827 \times 0.00947 \times \sqrt{(101.55-101.38) \times 10^3\, Pa} = 0.1021 \fallingdotseq 0.102\text{m}^3/\text{sec}$

∴ $0.102\text{m}^3/\text{sec}$

13 특별피난계단의 부속실에 설치하는 제연설비에 관한 다음 물음에 답하시오. [4점]

(가) 옥내의 압력이 740mmHg일 때 화재시 부속실에 유지하여야 할 최소 압력은 절대압력으로 몇 kPa인지를 구하시오(단, 옥내에 스프링클러설비가 설치되지 않은 경우이다).

해설 및 정답 차압 40Pa이 필요

따라서 740mmHg + 40Pa이 필요

$740\text{mmHg} \times \dfrac{101.325\text{kPa}}{760\text{mmHg}} + 0.04\text{kPa} = 98.698 \fallingdotseq 98.7\text{kPa(abs)}$

∴ 98.7kPa

(나) 부속실만 단독으로 제연하는 방식이며 부속실이 면하는 옥내가 복도로서 그 구조가 방화구조이다. 제연구역에는 옥내와 면하는 2개의 출입문이 있으며 각 출입문의 크기는 가로 1m, 세로 2m이다. 이때 유입공기의 배출을 배출구에 따른 배출방식으로 할 경우 개폐기의 개구면적은 최소 몇 m²인지를 구하시오.

해설 및 정답

$A_O = \dfrac{(1 \times 2)\text{m}^2 \times 0.5\text{m/s}}{2.5(\text{m/s})} = 0.4\text{m}^2$

∴ 0.4m^2

> **! Reference** ― 배출구에 따른 배출시 개폐기의 개구면적
>
> $A_O = \dfrac{Q_N(\text{출입문 1개면적과 방연풍속의 곱})}{2.5(\text{m/s})}$

[제연구역에 따른 방연풍속]

제연구역		방연풍속
계단실 및 그 부속실을 동시에 제연하는 것 또는 계단실만 단독으로 제연하는 것		0.5m/s 이상
부속실만 단독으로 제연하는 것	부속실이 면하는 옥내가 거실인 경우	0.7m/s 이상
	부속실이 면하는 옥내가 복도로서 그 구조가 방화구조(내화시간이 30분 이상인 구조를 포함한다)인 것	0.5m/s 이상

14 가로 10m, 세로 15m, 높이 5m인 발전기실에 할로겐화합물 및 불활성기체 소화약제 중 IG-541을 사용할 경우 조건을 참고하여 다음 각 물음에 답하시오. **9점**

조건
① IG-541의 소화농도는 23%이다.
② IG-541의 저장용기는 80L용을 적용하며, 충전압력은 15Mpa(게이지압력)이다.
③ 저장실의 온도는 20℃이다
④ 소화약제량 산정시 선형 상수를 이용하도록 하며 방사시 기준온도는 15℃이다.

소화약제	K_1	K_2
IG-541	0.65799	0.00239

⑤ 발전기실은 전기화재에 해당한다.

(가) IG-541의 저장량은 몇 m³인지 구하시오.

해설 및 정답

$Q = V \times 2.303 \times \dfrac{V_s}{S} \times \log\left(\dfrac{100}{100-C}\right)$

$V = 10 \times 15 \times 5 = 750\text{m}^3$
$V_s = K_1 + K_2 \times t = 0.65799 + 0.00239 \times 20 = 0.70579$
$S = K_1 + K_2 \times t = 0.65799 + 0.00239 \times 15 = 0.69384$
$C = 23\% \times 1.35(\text{C급 화재}) = 31.05\%$
$\therefore Q = 750 \times 2.303 \times \dfrac{0.71659}{0.69384} \times \log\left(\dfrac{100}{100-31.05}\right) = 288.036 \fallingdotseq 288.04\text{m}^3$
$\therefore 288.04\text{m}^3$

기출문제

(나) IG-541의 저장용기수는 최소 몇 병인지 구하시오.

해설 및 정답 용기 1병당 소화약제체적

$$\frac{P_1 V_1}{T_1} = \frac{P_2 V_2}{T_2}, \quad V_2 = \frac{P_1}{P_2} \times \frac{T_2}{T_1} \times V_1 \,[P_1 : 저장절대압력, \ T_1 : 저장절대온도]$$

$$V_2 = \frac{15 + 0.101325}{0.101325} \times \frac{288}{293} \times 0.08\text{m}^3$$

$$V_2 = 11.719\text{m}^3 ≒ 11.72\text{m}^3$$

따라서 용기수 $\dfrac{288.04\text{m}^3}{11.72\text{m}^3/병} = 24.576병 ≒ 25병$

∴ 25병

(다) 배관구경 산정조건에 따라 IG-541의 약제량 방사시 유량은 m³/s인지 구하시오.

해설 및 정답

$$유량 \ Q(\text{m}^3/\text{s}) = \frac{설계농도의 \ 95\%에 \ 해당하는 \ 약제량}{2분(A, C급 \ 화재)}$$

$$= \frac{V \times 2.303 \times \dfrac{V_s}{S} \times \log\left(\dfrac{100}{100 - C \times 0.95}\right)}{120\text{sec}}$$

$$= \frac{750 \times 2.303 \times \dfrac{0.70579}{0.69384} \times \log\left(\dfrac{100}{100 - 31.05 \times 0.95}\right)}{120\text{sec}}$$

$$= 2.222\text{m}^3/\text{sec} ≒ 2.22\text{m}^3/\text{sec}$$

∴ 2.22m³/sec

15 35층의 복합건축물에 옥내소화전설비와 옥외소화전설비를 설치하려고 한다. 조건을 참고하여 다음 각 물음에 답하시오. 8점

> **조건**
> ① 옥내소화전은 지상 1층과 2층에는 각각 10개, 지상 3층~25층은 각 층당 2개씩 설치한다.
> ② 옥외소화전은 5개를 설치한다.
> ③ 옥내소화전설비와 옥외소화전설비의 펌프는 겸용으로 사용한다.
> ④ 옥내소화전설비의 호스 마찰손실압은 0.1Mpa, 배관 및 관부속의 마찰손실압은 0.05Mpa, 실양정 환산수두압력은 0.4Mpa이다.
> ⑤ 옥외소화전설비의 호스 마찰손실압은 0.15Mpa, 배관 및 관부속의 마찰손실압은 0.04Mpa, 실양정 환산수두압력은 0.5Mpa이다.

(가) 옥내소화전설비의 최소토출량[L/min]을 구하시오.

해설 및 정답 $Q = N \times 130\text{L/min} = 5 \times 130\text{L/min} = 650\text{L/min}$
∴ 650L/min

(나) 옥외소화전설비의 최소토출량[L/min]을 구하시오.

해설 및 정답 $Q = N \times 350\text{L/min} = 2 \times 350\text{L/min} = 700\text{L/min}$
∴ 700L/min

(다) 펌프의 최소저수량[m³]을 구하시오(단, 옥상수조는 제외한다).

해설 및 정답 $Q = 5 \times 5.2\text{m}^3 + 2 \times 7\text{m}^3 = 40\text{m}^3$
∴ 40m³

(라) 펌프의 최소토출압[Mpa]을 구하시오.

해설 및 정답 옥내소화전양정과 옥외소화전양정중 최댓값 적용
- 옥내소화전양정
  $H = 0.1\text{MPa} + 0.05\text{MPa} + 0.4\text{MPa} + 0.17\text{MPa} = 0.72\text{MPa}$
- 옥외소화전양정
  $H = 0.15\text{MPa} + 0.04\text{MPa} + 0.5\text{MPa} + 0.25\text{MPa} = 0.94\text{MPa}$
따라서 0.94MPa 선정
∴ 0.94MPa

기출문제

16 인화점이 10°C인 제4류 위험물(비수용성)을 저장하는 옥외저장탱크가 있다. 조건을 참고하여 다음 각 물음에 답하시오. [10점]

보기

① 탱크형태 : 플루팅루프탱크(탱크 내면과 굽도리판의 간격 : 0.3m)
② 탱크의 크기 및 수량 : (직경 15m, 높이 15m) 1기, (직경 10m, 높이 10m) 1기.
③ 옥외보조포소화전 : 지상식 단구형 2개
④ 포소화약제의 종류 및 농도 : 수성막포 3%
⑤ 송액관의 직경 및 길이 : 50m(80mm로 적용), 50m(100mm로 적용)
⑥ 탱크 2대에서의 동시 화재는 없는 것으로 간주한다.
⑦ 탱크직경과 포방출구의 종류에 따른 포방출구의 개수는 다음과 같다.

【 옥외탱크저장소의 고정포방출구 】

탱크의 구조 및 포방출구의 종류 탱크직경	포방출구의 개수			
	고정지붕구조		부상덮개부착 고정지붕구조	부상지붕구조
	I형 또는 II형	III형 또는 IV형	II형	특형
13m 미만	2	1	2	2
13m 이상 19m 미만			3	3
19m 이상 24m 미만			4	4
24m 이상 35m 미만		2	5	5
35m 이상 42m 미만	3	3	6	6
42m 이상 46m 미만	4	4	7	7
46m 이상 53m 미만	6	6	8	8
53m 이상 60m 미만	8	8	10	10
60m 이상 67m 미만	왼쪽란에 해당하는 직경의 탱크에는 I형 또는 II형의 포방출구를 8개 설치하는 것 외에, 오른쪽란에 표시한 직경에 따른 포방출구의 수에서 8을 뺀 수의 III형 또는 IV형의 포방출구를 폭 30m의 환상부분을 제외한 중심부의 액표면에 방출할 수 있도록 추가로 설치할 것	10		10
67m 이상 73m 미만		12		12
73m 이상 79m 미만		14		
79m 이상 85m 미만		16		14
85m 이상 90m 미만		18		
90m 이상 95m 미만		20		16
95m 이상 99m 미만		22		
99m 이상		24		18

⑧ 고정포방출구의 방출량 및 방사시간

(가) 포방출구의 종류와 포방출구의 개수를 구하시오.

① 포방출구의 종류 :
② 포방출구의 개수 :

해설및정답　① 포방출구의 종류 : 특형
　　　　　② 포방출구의 개수 : 3+2 = 5개

(나) 각 탱크에 필요한 포수용액의 양[L/min]을 구하시오.

① 직경 15m 탱크

해설및정답　$Q = AQ = \left[\dfrac{\pi}{4}(15\text{m})^2 - \dfrac{\pi}{4}(14.4\text{m})^2\right] \times 8\,\text{L/m}^2 \cdot \min = 110.835 ≒ 110.84 L/\min$

∴ 110.84L/min

② 직경 10m 탱크

해설및정답　$Q = AQ = \left[\dfrac{\pi}{4}(10\text{m})^2 - \dfrac{\pi}{4}(9.4\text{m})^2\right] \times 8\,\text{L/m}^2 \cdot \min = 73.136 ≒ 73.14 L/\min$

∴ 73.14L/min

③ 옥외보조포소화전

해설및정답　$Q = 2 \times 400 L/\min = 800 L/\min$

∴ 800L/min

(다) 포소화설비에 필요한 포소화약제의 총량[L]을 구하시오.

해설및정답　$Q(\text{L})$ = 고정포약제량(최대) + 보조포약제량 + 송액관약제량
고정포약제량 = 110.84L/min × 30min × 0.03 = 99.756 ≒ 99.76L
보조포약제량 = 800L/min × 20min × 0.03 = 480L
송액관약제량 = $\dfrac{\pi}{4}(0.1\text{m})^2 \times 50\text{m} \times 1{,}000\text{L/m}^3 \times 0.03$

$\qquad\qquad\qquad + \dfrac{\pi}{4}(0.08\text{m})^2 \times 50\text{m} \times 1{,}000\text{L/m}^3 \times 0.03 = 19.32\text{L}$

따라서 $Q = 99.76 + 480 + 19.32 = 599.08\text{L}$
∴ 599.08L

2023년 제4회 소방설비기사[기계분야] 2차 실기

2023년 11월 5일 시행

01 할로겐화합물 및 불활성기체 소화설비에서 할로겐화합물 및 불활성기체 소화약제의 교체시기에 대해 설명하시오. [3점]

> **해설 및 정답** 저장용기의 약제량 손실이 5%를 초과하거나 압력손실이 10%를 초과할 경우에는 재충전하거나 저장용기를 교체할 것. 다만, 불활성기체 소화약제 저장용기의 경우에는 압력손실이 5%를 초과할 경우 재충전하거나 저장용기를 교체하여야 한다.

02 무대부에 개방형 스프링클러설비가 그림과 같이 설치되어 있는 경우 [조건]을 참조하여 펌프의 토출량을 구하시오. [6점]

조건

1. 말단헤드 ⓐ의 방수압은 0.1MPa, 방수량은 100L/min이다.
2. 스프링클러헤드 방출계수 k=100이다.
3. 배관의 마찰손실은 아래 식을 이용한다.

$$\Delta P = 6 \times 10^4 \times \frac{Q^2}{100^2 \times d^5}$$

ΔP : 배관 1m당 마찰손실압력(MPa/m), Q : 배관 내 유량(L/min), d : 배관의 내경(mm)
4. 기타 주어지지 않은 조건은 무시한다.
5. 소수점 셋째자리에서 반올림할 것

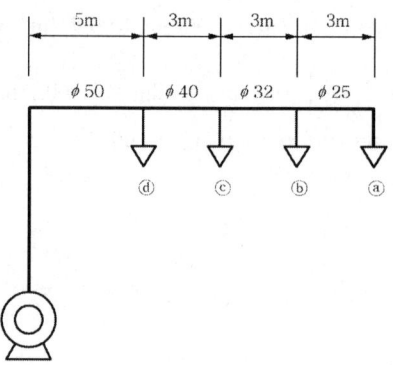

해설및정답 ⓐ 헤드의 방수압력이 0.1MPa, 방수량이 100ℓ/min이므로

방출계수(K) = $\dfrac{Q}{\sqrt{10P}} = \dfrac{100ℓ/min}{\sqrt{10 \times 0.1}} = 100$

① ⓑ~ⓐ구간의 마찰손실압력 : $\Delta P = 6 \times 10^4 \times \dfrac{100^2}{100^2 \times 25^5} \times 3m = 0.018MPa ≒ 0.02MPa$

ⓑ 헤드의 방사압력 = 0.1 + 0.02 = 0.12MPa

∴ ⓑ 헤드의 방사량 = $100\sqrt{(10 \times 0.12)} = 109.544 ≒ 109.54ℓ/min$

② ⓒ~ⓑ구간의 마찰손실압력 : $\Delta P = 6 \times 10^4 \times \dfrac{(100+109.54)^2}{100^2 \times 32^5} \times 3m = 0.023 ≒ 0.02MPa$

ⓒ 헤드의 방사압력 = 0.12 + 0.02 = 0.14MPa

∴ ⓒ 헤드의 방사량 = $100\sqrt{(10 \times 0.14)} = 118.321 ≒ 118.32ℓ/min$

③ ⓓ~ⓒ구간의 마찰손실압력 : $\Delta P = 6 \times 10^4 \times \dfrac{(100+109.54+118.32)^2}{100^2 \times 40^5} \times 3m$

$= 0.018 ≒ 0.02MPa$

ⓓ 헤드의 방사압력 = 0.14 + 0.02 = 0.16MP

∴ ⓓ 헤드의 방사량 = $100\sqrt{(10 \times 0.16)} = 126.491 ≒ 126.49ℓ/min$

④ 펌프의 토출량 = $Q_ⓐ + Q_ⓑ + Q_ⓒ + Q_ⓓ$이다.

∴ 펌프의 토출량 = 100 + 109.54 + 118.32 + 126.49 = 454.35ℓ/min

03 할론소화설비에서 [그림]의 방출방식에 대한 종류(명칭)을 쓰고, 해당 방식에 대하여 설명하시오. 4점

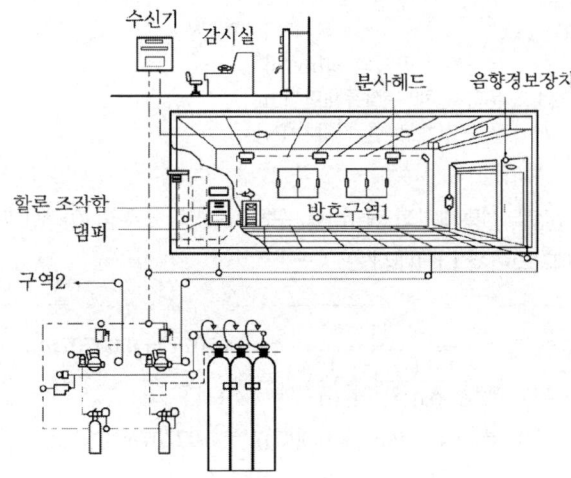

가) 위 [그림]의 방출방식의 종류(명칭)

해설및정답 전역방출방식

나) 해당 방출방식에 대해 설명하시오.

해설및정답 소화약제 공급장치에 배관 및 분사헤드 등을 설치하여 밀폐 방호구역 전체에 소화약제를 방출하는 방식

04 다음은 어느 실들의 평면도이다. 이 중 A실을 급기가압하고자 할 때 주어진 [조건]을 이용하여 다음을 구하시오. **7점**

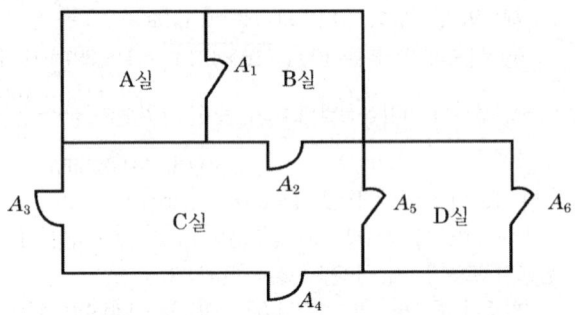

조건
① 실 외부대기의 기압은 101,300Pa로서 일정하다.
② A실에 유지하고자 하는 기압은 101,500Pa이다.
③ 각 실의 문들의 틈새면적은 0.01m²이다.
④ 어느 실을 급기가압할 때 그 실의 문 틈새를 통하여 누출되는 공기의 양은 다음의 식에 따른다.
$Q = 0.827 A \sqrt{P}$
여기서, Q : 누출되는 공기의 양[m³/s]
A : 문의 전체 누설틈새면적[m²]
P : 문을 경계로 한 기압차[Pa]

(가) A실의 전체누설틈새면적 A[m²]를 구하시오(단, 소수점 아래 6째자리에서 반올림하여 소수점 아래 5째자리까지 나타내시오).

해설및정답

$A_5 \sim A_6 = \dfrac{1}{\sqrt{\dfrac{1}{0.01^2} + \dfrac{1}{0.01^2}}} = 0.007071 ≒ 0.00707 m^2$

$A_3 \sim A_6 = 0.01 + 0.01 + 0.00707 = 0.02707 m^2$

$A_1 \sim A_6 = \dfrac{1}{\sqrt{\dfrac{1}{0.01^2} + \dfrac{1}{0.01^2} + \dfrac{1}{0.02707^2}}} = 0.006841 ≒ 0.00684 m^2$

∴ $0.00684 m^2$

(나) A실에 유입해야 할 풍량[L/s]을 구하시오.

해설및정답 $0.827 \times 0.00684 \times \sqrt{200} = 0.079997 m^3/s = 79.997 L/s ≒ 80 L/s$
∴ 80L/s

05 할론소화설비에 대한 다음 각 물음에 답하시오. [3점]
(가) 별도독립방식의 정의를 쓰시오.

해설및정답 소화약제 저장용기와 배관을 방호구역별로 독립적으로 설치하는 방식

(나) 다음 (   ) 안의 숫자를 채우시오.

> 하나의 방호구역을 담당하는 소화약제 저장용기의 소화약제량의 체적합계보다 그 소화약제 방출시 방출경로가 되는 배관(집합관을 포함한다)의 내용적의 비율이 (   )배 이상일 경우에는 해당 방호구역에 대한 설비는 별도독립방식으로 해야 한다.

해설및정답 1.5

06 습식유수검지장치를 사용하는 스프링클러설비에 동장치를 시험할 수 있는 시험장치의 설치기준이다. 다음 각 물음에 답하시오. [6점]
(가) 시험장치의 설치위치를 쓰시오.
(나) 시험배관의 구경[mm]을 쓰시오.
(다) 다음 심벌을 이용하여 시험장치의 미완성도면을 완성하시오.

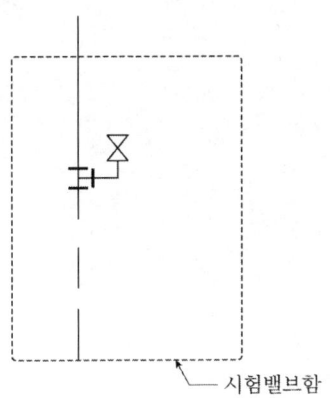

시험밸브함

기출문제

보기

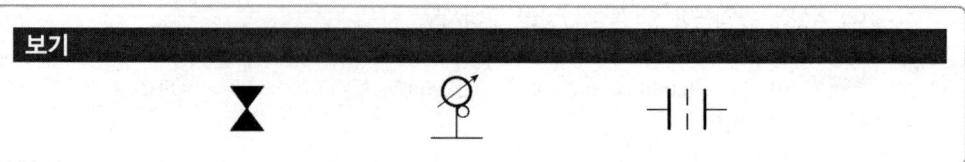

해설 및 정답 (가) 유수검지장치 2차측 배관에 연결하여 설치

> **Reference**
>
> 습식스프링클러설비 및 부압식스프링클러설비에 있어서는 유수검지장치 2차 측 배관에 연결하여 설치하고 건식스프링클러설비인 경우 유수검지장치에서 가장 먼 거리에 위치한 가지배관의 끝으로부터 연결하여 설치할 것. 이 경우 유수검지장치 2차측 설비의 내용적이 2,840L를 초과하는 건식스프링클러설비는 시험장치 개폐밸브를 완전 개방 후 1분 이내에 물이 방사되어야 한다.

(나) 25mm

(다)

└─ 시험밸브함

07 스프링클러설비에 사용되는 개방형 헤드와 폐쇄형 헤드의 차이점과 적용설비를 쓰시오. 6점

해설및정답
○ 차이점 : 감열체의 유무
○ 적용설비

개방형 헤드	폐쇄형 헤드
• 일제살수식스프링클러설비	• 습식스프링클러설비 • 건식스프링클러설비 • 준비작동식스프링클러설비 • 부압식 스프링클러설비

08 침대가 없는 숙박시설의 바닥면적 합이 600m²이고, 준불연재료 이상의 것을 사용한다. 이때의 수용인원을 구하시오(단, 바닥에서 천장까지 벽으로 구획된 복도 30m²가 포함되어 있다). 3점

해설및정답 침대가 없는 숙박시설의 수용인원수

$= 종사자수 + \dfrac{숙박시설\ 바닥면적(복도,\ 화장실,\ 계단면적\ 제외)}{3\mathrm{m}^2/인}$

$= \dfrac{(600-30)\mathrm{m}^2}{3\mathrm{m}^2/인} = 190\,명$

∴ 190명

09 전기실에 제종 분말소화약제를 이용하여 전역방출방식, 축압식으로 설치하려고 한다. 〈조건〉을 참조하여 각 물음에 답하시오. 15점

조건
- 소방대상물의 크기는 가로 11[m], 세로 9[m], 높이 4.5[m]인 내화구조이다.
- 소방대상물의 중앙에 가로 1[m], 세로 1[m], 높이 4.5[m]인 기둥이 있고 기둥을 중심으로 가로, 세로 보가 교차되어 있으며 보는 수평보로서 천장으로부터 0.6[m]의 폭, 너비 0.4[m]의 크기이다.
- 보와 기둥은 모두 내열성재료이다.
- 전기실에는 0.7[m]×1.0[m] 개구부가 1개소 설치되어 있다. (자동폐쇄장치 미설치)
- 내열성재료는 방호구역에서 제외한다.
- 약제저장용기 1개의 내용적은 50[L]이다.
- 방사헤드 1개의 방출구면적은 0.45[cm²]이다.
- 헤드 방출률은 7.82[kg/mm² · min]이다.
- 오리피스면적은 가지배관 내단면적의 70%를 초과하지 않는다.

기출문제

1) 제1종 분말소화약제의 최소 필요양(kg)을 구하시오.

해설 및 정답
$$W(kg) = [(11 \times 9 \times 4.5) - (1 \times 1 \times 4.5) - (0.6 \times 0.4 \times 10)$$
$$- (0.6 \times 0.4 \times 8)] \times 0.6\,kg/m^3 + (0.7 \times 1.0) \times 4.5\,kg/m^2$$
$$= 265.158 \fallingdotseq 265.16[kg]$$

2) 저장에 필요한 약제저장용기의 수(병)를 구하시오.

해설 및 정답
$$G = \frac{50}{0.8} = 62.5[kg/병]$$

$$용기수 = \frac{265.16\,kg}{62.5\,kg/병} = 4.24 \fallingdotseq 5병$$

3) 설치에 필요한 방사헤드의 개수를 구하시오.

해설 및 정답
헤드1개방사량

$$45mm^2 = \frac{헤드1개\,방사량(kg)}{7.82\,kg/mm^2 \cdot min \times 0.5min}$$

$$\therefore 헤드1개\,방사량(kg) = 175.95[kg]$$

$$헤드수 = \frac{총방사량(kg)}{헤드1개\,방사량(kg/개)} = \frac{5 \times 62.5\,kg}{175.95\,kg/개} = 1.77 \quad \therefore 2개$$

4) 방출구면적이 오리피스면적과 동일하다고 할 경우 헤드가 연결되는 가지배관의 구경은 호칭경으로 몇 [mm]인가?

해설 및 정답
$$D = \sqrt{\frac{4 \times \frac{45mm^2}{0.7}}{\pi}} = 9.047[mm] \quad \therefore 25[mm]$$

5) 방사헤드 1개의 방사량(kg/min)을 구하시오.

해설 및 정답
$$\frac{62.5\,kg \times 5}{2개 \times 0.5min} = 312.5[kg/min]$$

6) 저장용기 모든 약제 방사시 열분해로 생성되는 CO_2의 양은 몇 [kg]이며 부피는 몇 [m³]인가? (단, 방호구역내의 압력은 120[kPa$_{abs}$], 주위온도는 500[℃]이다)

해설 및 정답
$$\frac{62.5\,kg \times 5}{84\,kg/kmol} = 3.72[kmol] \quad \therefore CO_2는\,1.86[kmol]\,생성$$

$$\therefore CO_2(kg) = 1.86 \times 44 = 81.84[kg]$$

$$PV = \frac{W}{M}RT 에서 \quad V = \frac{WRT}{PM} = \frac{81.84 \times 8.314 \times 773}{120 \times 44} = 99.61[m^3]$$

10 옥외소화전설비의 화재안전기술기준과 관련하여 다음 ( ) 안의 내용을 쓰시오. 5점

> 옥외소화전설비의 방수량은 (①)L/min이고, 방수압은 (②)MPa이다. 호스접결구는 지면으로부터 높이가 (③)m 이상 (④)m 이하의 위치에 설치하고 특정소방대상물의 각 부분으로부터 하나의 호스접결구까지의 수평거리가 (⑤)m 이하가 되도록 설치하여야 한다.

해설 및 정답
① 350
② 0.25
③ 0.5
④ 1
⑤ 40

11 경유를 저장하는 탱크의 내부직경 50[m]인 플루팅루프탱크(부상지붕구조)에 포소화설비를 설치하여 방호하려고 할 때 다음 물음에 답하시오. 14점

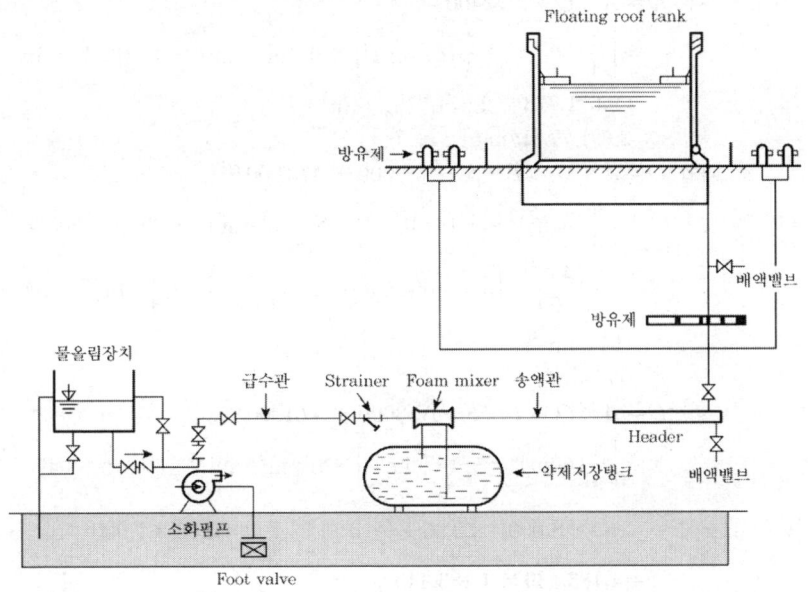

기출문제

> **조건**
> ① 소화약제는 6[%]용의 단백포를 사용하며, 수용액의 분당방출량은 8[L/m² · min]이고, 방사시간은 30분으로 한다.
> ② 탱크내면과 굽도리판의 간격은 1.2[m]로 한다.
> ③ 고정포방출구의 보조포소화전은 5개 설치되어 있으며 방사량은 400[L/min]이다.
> ④ 송액관의 내경은 100[mm]이고, 배관길이는 200[m]이다.
> ⑤ 수원의 밀도는 1,000[kg/m³], 포소화약제의 밀도는 1,050[kg/m³]이다.

가) 고정포방출구의 종류는 무엇인지 쓰시오.
나) 가압송수장치의 분당토출량(L/min)을 구하시오.
다) 수원의 양(m³)을 구하시오.
라) 포소화약제의 양(L)을 구하시오.
마) 수원의 질량유량(kg/s) 및 포소화약제의 질량유량(kg/s)을 구하시오.
바) 포소화약제의 혼합방식의 종류 중 어떤 혼합방식인지 쓰시오.

해설 및 정답

가) 특형 고정포방출구

나) $Q = A \times Q + N \times 400$

$= \left[\dfrac{\pi}{4}(50m)^2 - \dfrac{\pi}{4}(47.6m)^2\right] \times 8L/m^2 \cdot min + 3 \times 400L/min$

$= 2,671.773 ≒ 2,671.77[L/min]$

∴ 2,671.77 [L/min]

다) $Q = A \times Q \times T \times S + NS8000 + AL1000S$

$= \left[\dfrac{\pi}{4}(50m)^2 - \dfrac{\pi}{4}(47.6m)^2\right] \times 8L/m^2 \cdot min \times 30min \times 0.94$

$\times \dfrac{1}{1,000} + \left(3 \times 8,000L \times 0.94 \times \dfrac{1}{1,000}\right) + \left(\dfrac{\pi}{4}(0.1)^2 \times 200 \times 0.94\right)$

$= 65.54[m^3]$

∴ $65.54[m^3]$

라) $Q = A \times Q \times T \times S + NS8000 + AL1000S$

$= \left[\dfrac{\pi}{4}(50m)^2 - \dfrac{\pi}{4}(47.6m)^2\right] \times 8L/m^2 \cdot min \times 30min \times 0.06$

$+ 3 \times 8,000L \times 0.06 + \dfrac{\pi}{4}(0.1)^2 \times 200 \times 0.06 \times 1,000$

$= 4,183.439 ≒ 4,183.44[L]$

∴ 4,183.44[L]

마) $m = A \cdot u \cdot \rho$

① 수원의 질량유량

$m = 2,671.77L/min \times 0.94 \times 1kg/L \times \dfrac{1min}{60sec} = 41.857 ≒ 41.86[kg/s]$

② 포소화약제의 질량유량
$$m = 2{,}671.77 \text{L/min} \times 0.06 \times 1.05 \text{kg/L} \times \frac{1\text{min}}{60\text{sec}} = 2.805 \fallingdotseq 2.81 [\text{kg/s}]$$

∴ 41.86[kg/s], 2.81[kg/s]

바) 라인 프로포셔너 혼합방식

12
옥내소화전설비와 스프링클러설비가 설치된 아파트에서 [조건]을 참고하여 다음 각 물음에 답하시오. 8점

조건
1. 계단식형 아파트로서 지하 2층(주차장), 지상 12층(아파트 각 층별로 2세대)인 건축물이다.
2. 각 층에 옥내소화전 및 스프링클러설비가 설치되어 있다.
3. 지하층에는 옥내소화전 방수구가 층마다 3조씩, 지상층에는 옥내소화전 방수구가 층마다 1조씩 설치되어 있다.
4. 아파트의 각 세대별로 설치된 스프링클러헤드의 설치 수량은 12개이다.
5. 각 설비가 설치되어 있는 장소는 방화벽과 방화문으로 구획되어 있지 않고, 저수조, 펌프 및 입상배관은 겸용으로 설치되어 있다.
6. 옥내소화전설비의 경우 실양정 50m, 배관마찰손실은 실양정의 15%, 호스의 마찰손실수두는 실양정의 30%를 적용한다.
7. 스프링클러설비의 경우 실양정 52m, 배관마찰손실은 실양정의 35%를 적용한다.
8. 펌프의 효율은 체적효율 90%, 기계효율 80%, 수력효율 75%이다.
9. 펌프 작동에 요구되는 동력전달계수는 1.1을 적용한다.

가) 주펌프의 최소 전양정(m)을 구하시오(단, 최소 전양정을 산출할 때 옥내소화전설비와 스프링클러설비를 모두 고려해야 한다).

해설 및 정답
- 옥내소화전설비의 전양정 = 50m + (50m×0.15) + (50m×0.3) + 17m = 89.5m
- 스프링클러설비의 전양정 = 52m + (52m×0.35) + 10m = 80.2m
∴ 주펌프의 전양정 = 89.5m
∴ 89.5m

나) 옥상수조를 포함하여 두 설비에 필요한 총 수원의 양(m³) 및 최소 펌프 토출량(L/min)을 구하시오.

해설 및 정답 ① 총 수원의 양
- 옥내소화전설비의 유효수량 = 2×2.6m³ = 5.2m³
- 스프링클러설비의 유효수량 = 10×0.08m³/min×20min = 16m³
∴ 유효수량 = 5.2m³ + 16m³ = 21.2m³
주된 수원의 양 = 21.2m³ 이상

기출문제

옥상수원의 양 = 21.2m³ × 1/3 = 7.07m³ 이상
∴ 총 수원 = 21.2m³ + 7.07m³ = 28.27m³ 이상
∴ 수원의 양 : 28.27m³ 이상

② 최소 펌프 토출량
겸용 펌프의 토출량 = (2 × 130L/min) + (10 × 80L/min) = 1,060L/min
∴ 최소 펌프 토출량 : 1,060L/min

다) 펌프 작동에 필요한 전동기의 최소 동력(kW)을 구하시오.

해설 및 정답

$$P(kW) = \frac{1,000 kgf/m^3 \times \frac{1.06}{60} m^3/sec \times 89.5m}{102 \times (0.8 \times 0.75 \times 0.9)} \times 1.1 = 31.577 kW ≒ 31.58 kW$$

∴ 31.58kW

라) 스프링클러설비에는 감시제어반과 동력제어반으로 구분하여 설치하여야 하는데, 구분하여 설치하지 않아도 되는 경우 3가지를 쓰시오.

해설 및 정답
1. 내연기관에 따른 가압송수장치를 사용하는 스프링클러설비
2. 고가수조에 따른 가압송수장치를 사용하는 스프링클러설비
3. 가압수조에 따른 가압송수장치를 사용하는 스프링클러설비

13 그림과 같은 높이 2m의 위험물탱크에 국소방출방식으로 이산화탄소 소화설비를 설치하려고 한다. 다음 물음에 답하시오(단, 고압식이며, 방호대상물 주위에는 방호대상물과 크기가 같은 2개의 벽을 설치한다). **5점**

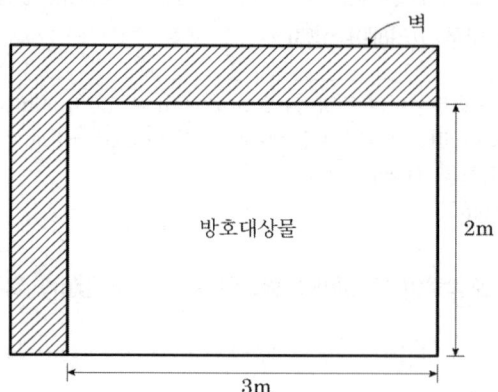

(가) 방호공간의 체적[m³]을 구하시오.

해설 및 정답
$V = 가로(3+0.6)m \times 세로(2+0.6)m \times 높이(2+0.6)m = 24.336 ≒ 24.34m^3$
∴ 24.34m³

(나) 소화약제저장량[kg]을 구하시오

해설및정답
$W = V \times \left(8 - 6\dfrac{a}{A}\right) \times 1.4$

$V = $ 가로$(3+0.6)$m $\times$ 세로$(2+0.6)$m $\times$ 높이$(2+0.6)$m $= 24.336 ≒ 24.34$m^3

$A = 3.6$m $\times 2.6$m $\times 2$면 $+ 2.6$m $\times 2.6$m $\times 2$면 $= 32.24$m^2

$a = 3.6$m $\times 2.6$m $\times 1$면 $+ 2.6$m $\times 2.6$m $\times 1$면 $= 16.12$m^2

따라서 $W = 24.34$m$^2 \times \left(8 - 6 \times \dfrac{16.12}{32.24}\right)kg/m^2 \times 1.4 = 170.38$kg

∴ 170.38kg

(다) 소화약제의 방출량[kg/s]을 구하시오

해설및정답
$\dfrac{170.38\text{kg}}{30\sec} = 5.679 ≒ 5.68$kg/sec

∴ 5.68kg/s

14 [그림]과 같은 관에 유량이 980N/s로 40℃의 물이 흐르고 있다. ②점에서 공동현상이 발생하지 않도록 하기 위한 ①점에서의 최소 압력[kPa]을 구하시오(단, 관의 손실은 무시하고 40℃ 물의 증기압은 55.324mmHg · abs이다). **4점**

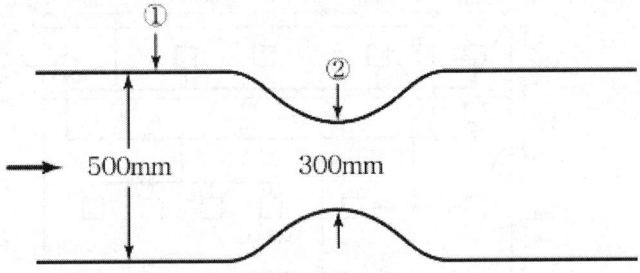

해설및정답 증기압 55.324mmHg $= 0.7521$mH$_2$O

공동현상이 발생되지 않을 조건 : $\dfrac{P_2}{\gamma} \geq \dfrac{P_v}{\gamma}$ ∴ $\dfrac{P_2}{9,800\text{N/m}^3} \geq 0.7521$m

∴ $P_2 = 9,800$N/m$^3 \times 0.7521$m $= 7,370.58$N/m^2

$U_2 = \dfrac{980\text{N/s}}{9,800\text{N/m}^3 \times \dfrac{\pi \times 0.3^2}{4}\text{m}^2} = 1.415 m/s$

$U_1 = \dfrac{980\text{N/s}}{9,800\text{N/m}^3 \times \dfrac{\pi \times 0.5^2}{4}\text{m}^2} = 0.509 m/s$

베르누이방정식에 적용하면

$$\frac{P_1}{9,800\text{N/m}^3} + \frac{(0.509\text{m/sec})^2}{2\times 9.8\text{m/sec}^2} = \frac{7,370.58\text{N/m}^2}{9,800\text{N/m}^3} + \frac{(1.415\text{m/sec})^2}{2\times 9.8\text{m/sec}^2}$$

∴ $P_1 = 8242.15\text{N/m}^2$

∴ 8.24kPa

15 [그림]은 어느 판매장의 무창층에 대한 제연설비 중 연기배출풍도와 배출 FAN을 나타내고 있는 평면도이다. 주어진 [조건]을 이용하여 풍도에 설치되어야 할 제어댐퍼를 가장 적합한 지점에 표기한 다음 물음에 답하시오. 8점

> **조건**
> ① 건물의 주요구조부는 모두 내화구조이다.
> ② 각 실은 불연성 구조물로 구획되어 있다.
> ③ 복도의 내부면은 모두 불연재이고, 복도 내에 가연물을 두는 일은 없다.
> ④ 각 실에 대한 연기배출방식에서 공동배출구역방식은 없다.
> ⑤ 이 판매장에는 음식점은 없다.

(가) 제어댐퍼의 설치를 [그림]에 표시하시오(단, 댐퍼의 표기는 "⊘" 모양으로 하고 번호(예, A1, B1, C1, …)를 부여, 문제 본문 [그림]에 직접 표시할 것.

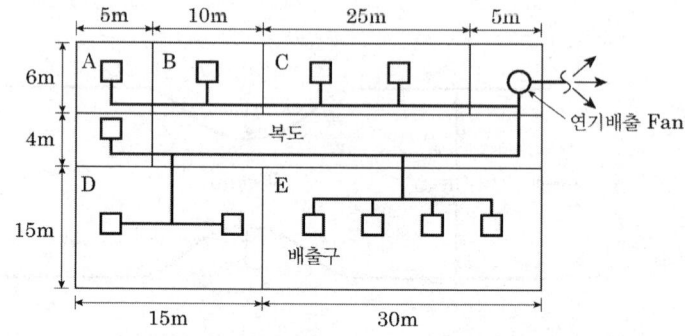

해설및정답

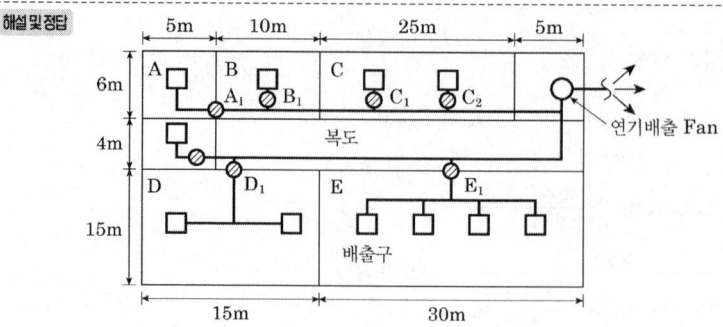

(나) 각 실 (A, B, C, D, E)의 최소 소요배출량[m³/h]은 얼마인가?
- A :
- B :
- C :
- D :
- E :

해설 및 정답
- A실 : $(6 \times 5) \times 1 \times 60 = 1{,}800\,\text{m}^3/\text{h}$
  최소 5,000m³/h 이상이므로
  ∴ 5,000m³/h
- B실 : $(6 \times 10) \times 1 \times 60 = 3{,}600\,\text{m}^3/\text{h}$
  최소 5,000m³/h 이상이므로
  ∴ 5,000m³/h
- C실 : $(6 \times 25) \times 1 \times 60 = 9{,}000\,\text{m}^3/\text{h}$
  ∴ 9,000m³/h
- D실 : $(15 \times 15) \times 1 \times 60 = 13{,}500\,\text{m}^3/\text{h}$
  ∴ 13,500m³/h
- E실 : $(15 \times 30) = 450\,\text{m}^2$
  400m² 이상 and 40m 원범위 내에 있는 구역이므로
  최소 40,000m³/h 이상
  ∴ 40,000m³/h

(다) 배출 FAN의 최소 소요배출용량[m³/h]은 얼마인가?

해설 및 정답 40,000m³/h

---

16 900L/min의 유체가 구경 30cm이고, 길이 3,000m 강관 속을 흐르고 있다. 비중 0.85, 점성계수가 0.103N·s/m²일 때 다음 각 물음에 답하시오. **6점**

(가) 유속[m/s]을 구하시오.

해설 및 정답

$$U = \frac{Q}{A} = \frac{\left(\frac{0.9}{60}\right)\text{m}^3/\text{s}}{\frac{\pi}{4}(0.3\text{m})^2} = 0.212 \fallingdotseq 0.21\,\text{m/s}$$

∴ 0.21m/s

기출문제

(나) 레이놀즈를 구하고 층류인지 난류인지 판단하시오.
① 레이놀즈수

해설 및 정답
$$ReNo = \frac{DU\rho}{\mu} = \frac{0.3\text{m} \times 0.21\text{m/s} \times 850\text{kg/m}^3}{0.103\text{N} \cdot \text{s/m}^2}$$
$$= \frac{0.3\text{m} \times 0.21\text{m/s} \times 850\text{kg/m}^3}{0.103\text{kg/m} \cdot \text{s}} = 519.902 \fallingdotseq 519.9$$

∴ 519.9

② 층류/난류

해설 및 정답 층류

(다) 관마찰계수와 Darcy-Weisbach식을 이용하여 관마찰계수와 마찰손실두[m]를 구하시오.
① 관마찰계수

해설 및 정답
$$f = \frac{64}{ReNo} = \frac{64}{519.9} = 0.123 \fallingdotseq 0.12$$

∴ 0.12

② 마찰손실수두[m]

해설 및 정답
$$h_L = f\frac{L}{D}\frac{U^2}{2g} = 0.12 \times \frac{3000}{0.3} \times \frac{0.21^2}{2 \times 9.8} = 2.7\text{m}$$

∴ 2.7m

소방설비기사[기계분야] 2차 실기

2024년 4월 27일 시행

01 제연설비에서 많이 사용되는 솔레노이드댐퍼, 모터댐퍼 및 퓨즈댐퍼의 기능을 비교·설명하시오. 6점

> **해설및정답** ① 솔레노이드댐퍼 : 화재감지기의 작동과 함께 솔레노이드에 의해 잠금장치가 해제되어 스프링의 힘에 의해 작동되며 개구부의 날개가 작은 곳에 설치한다.
> ② 모터댐퍼 : 화재감지기가 작동하여 모터를 회전시킴으로써 작동되며 개구부의 면적이 넓은 곳에 설치한다.
> ③ 퓨즈댐퍼 : 화재 시 온도가 상승하여 70℃ 이상이 되면 퓨즈가 녹아 덕트가 폐쇄되는 댐퍼이다.

02 다음은 주거용 주방자동소화장치의 설치기준이다. ( ) 안에 알맞은 내용을 쓰시오. 7점

> 1. 소화약제 (①)는 환기구(주방에서 발생하는 열기류 등을 밖으로 배출하는 장치를 말한다. 이하 같다)의 (②)과 분리되어 있어야 하며, 형식승인 받은 유효설치 높이 및 방호면적에 따라 설치할 것
> 2. (③)는 형식승인 받은 유효한 높이 및 위치에 설치할 것
> 3. (④)(전기 또는 가스)는 상시 확인 및 점검이 가능하도록 설치할 것
> 4. 가스용 주방자동소화장치를 사용하는 경우 (⑤)는 수신부와 분리하여 설치하되, 공기보다 가벼운 가스를 사용하는 경우에는 천장 면으로부터 (⑥)cm 이하의 위치에 설치하고, 공기보다 무거운 가스를 사용하는 장소에는 바닥면으로부터 (⑥)cm 이하의 위치에 설치할 것
> 5. (⑦)는 주위의 열기류 또는 습기 등과 주위온도에 영향을 받지 아니하고 사용자가 상시 볼 수 있는 장소에 설치할 것

> **해설및정답** ① 방출구 ② 청소부분 ③ 감지부 ④ 차단장치
> ⑤ 탐지부 ⑥ 30 ⑦ 수신부

03 다음은 스프링클러설비의 구성요소 중 시험장치에 관한 내용이다. 물음에 답하시오. 6점

가) 습식 및 부압식 스프링클러설비의 경우 시험장치의 설치위치를 쓰시오.

> **해설및정답** 유수검지장치 2차측 배관 연결하여 설치

기출문제

나) 건식 스프링클러설비의 경우 시험장치의 설치위치를 쓰시오.

해설및정답 유수검지장치에서 가장 먼 거리에 위치한 가지배관의 끝으로부터 연결하여 설치

다) 시험장치 배관 끝부분에 설치하는 구성요소 2가지를 쓰시오.

해설및정답
1. 개폐밸브
2. 반사판 및 프레임을 제거한 개방형 헤드

> **! Reference — 시험장치 설치기준**
>
> 습식유수검지장치 또는 건식유수검지장치를 사용하는 스프링클러설비와 부압식스프링클러설비에는 동장치를 시험할 수 있는 시험 장치를 다음 각 호의 기준에 따라 설치하여야 한다.
> 1. 습식스프링클러설비 및 부압식스프링클러설비에 있어서는 유수검지장치 2차측 배관에 연결하여 설치하고 건식스프링클러설비인 경우 유수검지장치에서 가장 먼 거리에 위치한 가지배관의 끝으로부터 연결하여 설치할 것. 유수검지장치 2차측 설비의 내용적이 2,840L를 초과하는 건식스프링클러설비의 경우 시험장치 개폐밸브를 완전 개방 후 1분 이내에 물이 방사되어야 한다.
> 2. 시험장치 배관의 구경은 25mm 이상으로 하고, 그 끝에 개폐밸브 및 개방형헤드 또는 스프링클러헤드와 동등한 방수성능을 가진 오리피스를 설치할 것. 이 경우 개방형헤드는 반사판 및 프레임을 제거한 오리피스만으로 설치할 수 있다.

04 가로 5[m], 세로 3[m], 바닥면으로부터의 높이는 1.9[m]인 절연유 봉입변압기에 물분무소화설비를 설치하고자 할 때, 다음 물음에 답하시오(단, 절연유 봉입변압기 하부는 바닥면에서 0.4[m] 높이까지 자갈로 채워져 있다). **2점**

가) 소화펌프의 최소토출량(L/min)을 구하시오(단, 계산과정을 쓰시오).
나) 필요한 최소수원의 양(m^3)을 구하시오.

해설및정답 가) $Q(l/\min)$
$= ((5m \times 3m) + (5m \times 1.5m) \times 2 + (3m \times 1.5m) \times 2) \times 10 l/\min \cdot m^2$
$= 390 l/\min$
∴ 390L/min

나) $390 l/\min \times 20\min \times \dfrac{1m^3}{1,000l} = 7.8 m^3$
∴ $7.8 m^3$

05 펌프의 흡입측 배관에는 버터플라이밸브 이외의 개폐밸브를 설치하여야 한다. 그 이유를 2가지 쓰시오. [2점]

해설및정답
1. 마찰손실이 크므로 흡입양정이 감소하여 공동현상 발생 우려가 있다.
2. 개폐가 순간적으로 이루어지므로 수격작용 발생 우려가 있다.

06 할로겐화합물 및 불활성기체 소화설비의 방사시간과 방사량에 대한 다음 각 물음에 답하시오. [6점]

가) 할로겐화합물 소화약제 소화설비 방사시간 : (   ) 이내

해설및정답 10초

나) 불활성기체 소화약제 소화설비 A, C급 화재 방사시간 : (   ) 이내

해설및정답 2분

다) 불활성기체 소화약제 소화설비 B급 화재 방사시간 : (   ) 이내

해설및정답 1분

라) 기준시간 내에 최소설계농도의 (   )% 이상이 방출될 수 있을 것

해설및정답 95

마) 불활성기체 소화약제보다 할로겐화합물 소화약제의 방사시간이 더 짧은 이유를 쓰시오.

해설및정답 소화시 발생되는 유독가스의 발생량을 최소화하기 위해

기출문제

07 다음은 어느 실들의 평면도이다. 이 중 A실을 급기가압 하고자 할 때 주어진 [조건]을 이용하여 다음을 구하시오. **6점**

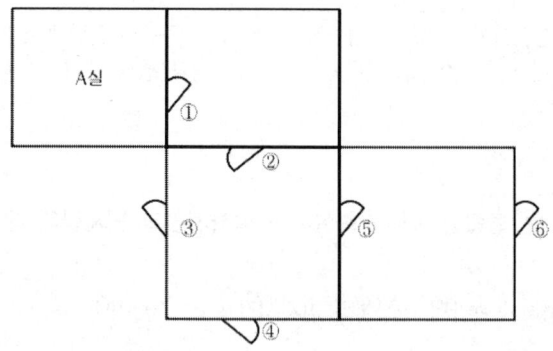

조건
1. 실 외부 대기의 기압은 101,300Pa로서 일정하다.
2. A실에 유지하고자 하는 기압은 101,500Pa이다.
3. 각 실의 문들의 틈새면적은 0.01m²이다.
4. 어느 실을 급기가압할 때 그 실의 문 틈새를 통하여 누출되는 공기의 양은 다음의 식을 따른다.
   $Q = 0.827 A \sqrt{P}$
   (Q : 누출되는 공기의 양(m³/sec), A : 문의 틈새면적(m²), P : 실내외의 기압차(Pa))

가) A실의 전체 누설 틈새 면적 A[m²] (단, 소수점 아래 6자리에서 반올림하여 소수점 아래 5자리까지 나타내시오)

해설 및 정답 출입문 ⑤와 ⑥은 직렬연결이므로

$A⑤' = \left(\dfrac{1}{A⑤^2} + \dfrac{1}{A⑥^2} \right)^{-\frac{1}{2}} = \left(\dfrac{1}{0.01^2} + \dfrac{1}{0.01^2} \right)^{-\frac{1}{2}} = 0.007071\text{m}^2 ≒ 0.00707\text{m}^2$

출입문 ③과 ④, ⑤'는 병렬연결이므로
$A③' = A③ + A④ + A⑤' = 0.01 + 0.01 + 0.00707 = 0.02707\text{m}^2$

출입문 ①과 ②, ③'는 직렬연결이므로

$A = A① + A② + A③' = \left(\dfrac{1}{0.01^2} + \dfrac{1}{0.01^2} + \dfrac{1}{0.02707^2} \right)^{-\frac{1}{2}} = 0.00684\text{m}^2$

∴ 0.00684m²

나) A실에 유입해야 할 풍량 Q[L/s]

해설 및 정답 $Q = 0.827 \times A\sqrt{P} = 0.827 \times 0.00684 \sqrt{200\text{Pa}} = 0.079997\text{m}^3/\text{s} = 80\text{L/s}$
P(차압) = 101,500Pa − 101,300Pa = 200Pa
∴ 80L/s

08

[그림]은 어느 특정소방대상물을 방호하기 위한 옥외소화전설비의 평면도이다. 다음 각 물음에 답하시오. 6점

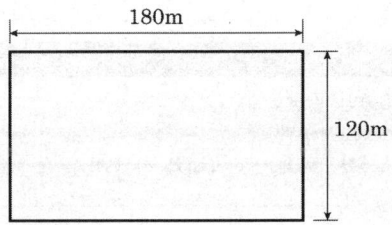

가) 옥외소화전의 최소 설치개수를 구하시오.

해설 및 정답 $\dfrac{180\text{m} \times 2 + 120\text{m} \times 2}{80\text{m}} = 7.8$ ∴ 8개

나) 수원의 저수량[m³]을 구하시오.

해설 및 정답 $Q = 2 \times 7\text{m}^3 = 14\text{m}^3$
∴ 14m^3

다) 가압송수장치의 토출량[LPM]을 구하시오.

해설 및 정답 $Q = 2 \times 350\text{L/min} = 700\text{L/min}$
∴ 700L/min

기출문제

09 다음 보기 및 조건을 참고하여 각 물음에 답하시오. `6점`

> **보기 및 조건**
> ① 지하 2층, 지상 5층인 관광호텔
> ② 바닥면적 500m² 영화상영관
> ③ 할로겐화합물 및 불활성기체 소화설비가 설치된 곳

가) {보기 ②}에 적합한 수용인원을 구하시오(단, 소방시설 설치 및 안전관리에 관한 법령을 기준으로 하고, 고정식 의자와 긴 의자는 제외한다).
- 계산과정 :
- 답 :

나) 조건을 참고하여 특정소방대상물별로 설치해야 할 인명구조기구의 종류와 설치수량을 구하시오.

> **조건**
> ① 설치해야 할 인명구조기구의 종류를 모두 쓸 것
> ② 설치해야 할 인명구조기구가 없는 경우는 인명구조기구란에만 "×" 표시할 것
> ③ 가)에서 구한 값을 기준으로 보기 ②의 값을 구할 것

특정소방대상물	인명구조기구의 종류	설치수량
보기 ①		
보기 ②		
보기 ③		

해설 및 정답

가) • 계산과정 : $\dfrac{500}{4.6} = 108.6 ≒ 109$명

∴ 109명

나) 인명구조기구의 종류와 설치수량

특정소방대상물	인명구조기구의 종류	설치수량
보기 ①	방열복, 방화복(안전모, 보호장갑, 안전화 포함), 공기호흡기, 인공소생기	각 2개 이상
보기 ②	공기호흡기	층마다 2개 이상
보기 ③	×	×

10 옥외저장탱크에 포소화설비를 설치하려고 한다. [그림] 및 [조건]을 이용하여 다음 각 물음에 답하시오. **10점**

조건
① 탱크용량 및 형태
   - 원유(휘발유)저장탱크 : 플루팅루프탱크(부상지붕)이며 탱크내 측면과 굽도리판 사이의 거리는 1.2m이다.
   - 등유저장탱크 : 콘루프탱크
② 고정포방출구설비
   - 원유(휘발유)저장탱크 : 특형, 방출구수는 2개
   - 등유저장탱크 : Ⅰ형이며, 방출구수는 2개
③ 포소화약제종류 : 단백포 3%
④ 보조포소화전 : 쌍구형 4개설치(각 방유제당 2개)
⑤ 구간별 배관길이

배관번호	①	②	③	④	⑤	⑥	⑦	⑧
배관길이(m)	20	10	10	50	50	100	47.9	50

⑥ 송액관 내의 유속은 3m/sec 이하 적용
⑦ 탱크 2대에서 동시화재는 없는 것으로 간주한다.
⑧ [조건] 외의 것은 무시한다.
⑨ 소수점 3자리에서 반올림하여 2자리까지 구하시오.
⑩ 배관의 관경은 25, 32, 40, 50, 65, 80, 100, 125, 150mm 중 선택하시오.

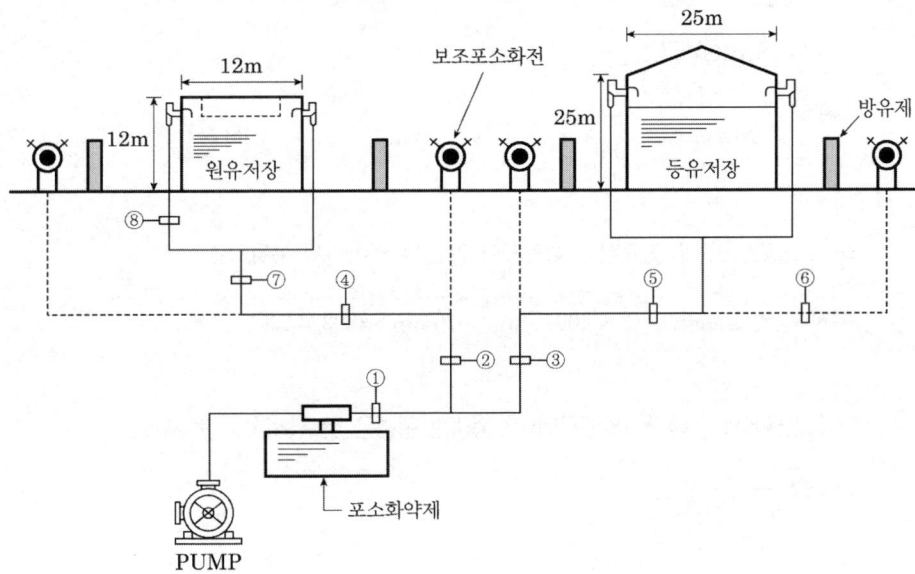

기출문제

가) 각 탱크에 필요한 포수용액의 방수량(L/min)은 얼마인지 구하시오.
  ① 원유저장탱크

해설 및 정답
$$Q(\text{L/min}) = \frac{\pi}{4}(12^2 - 9.6^2) \times 8\text{L/m}^2 \cdot \text{min} = 325.72\text{L/min}$$
∴ 325.72L/min

  ② 등유저장탱크

해설 및 정답
$$Q(\text{L/min}) = \frac{\pi}{4}(25)^2 \times 4\text{L/m}^2 \cdot \text{min} = 1,963.495\text{L/min} \fallingdotseq 1,963.5\text{L/min}$$
∴ 1,963.5L/min

나) 보조포소화전에 필요한 포수용액의 방수량(L/min)은 얼마인지 구하시오.

해설 및 정답 $Q(\text{L/min}) = 3 \times 400\text{L/min} = 1,200\text{L/min}$
∴ 1,200L/min

다) 각 탱크에 필요한 소화약제의 양(L)은 얼마인지 구하시오.
  ① 원유저장탱크

해설 및 정답
$$Q(\text{L}) = \frac{\pi}{4}(12^2 - 9.6^2) \times 8\text{L/m}^2 \cdot \text{min} \times 30\text{min} \times 0.03 = 293.148\text{L} \fallingdotseq 293.15\text{L}$$
∴ 293.15L

  ② 등유저장탱크

해설 및 정답
$$Q(\text{L/min}) = \frac{\pi}{4}(25)^2 \times 4\text{L/m}^2 \cdot \text{min} \times 20\text{min} \times 0.03 = 1,178.097\text{L} \fallingdotseq 1,178.1\text{L}$$
∴ 1,178.1L

라) 보조포소화전에 필요한 소화약제의 양(L)은 얼마인지 구하시오.

해설 및 정답 $Q(\text{L/min}) = 3 \times 400\text{L/min} \times 20\text{min} \times 0.03 = 720\text{L}$
∴ 720L

마) [그림]에서 ①배관~⑧배관의 각 송액관 구경은 몇 mm인지 구하시오.

해설 및 정답

배관번호 ①

$$D = \sqrt{\frac{4 \times \frac{3.1635}{60}}{\pi \times 3}} = 0.1495\text{m} = 149.5\text{mm} \quad \therefore 150\text{mm}$$

∴ 150mm

배관번호 ②

$$D = \sqrt{\frac{4 \times \frac{1.52572}{60}}{\pi \times 3}} = 0.1038\text{m} = 103.8\text{mm} \quad \therefore \ 125\text{mm}$$

∴ 125mm

배관번호 ③

$$D = \sqrt{\frac{4 \times \frac{3.1635}{60}}{\pi \times 3}} = 0.1495\text{m} = 149.5\text{mm} \quad \therefore \ 150\text{mm}$$

∴ 150mm

배관번호 ④

$$D = \sqrt{\frac{4 \times \frac{1.12572}{60}}{\pi \times 3}} = 0.0892\text{m} = 89.2\text{mm} \quad \therefore \ 100\text{mm}$$

∴ 100mm

배관번호 ⑤

$$D = \sqrt{\frac{4 \times \frac{2.7635}{60}}{\pi \times 3}} = 0.1398\text{m} = 139.8\text{mm} \quad \therefore \ 150\text{mm}$$

∴ 150mm

배관번호 ⑥

$$D = \sqrt{\frac{4 \times \frac{0.8}{60}}{\pi \times 3}} = 0.0752\text{m} = 75.2\text{mm} \quad \therefore \ 80\text{mm}$$

∴ 80mm

배관번호 ⑦

$$D = \sqrt{\frac{4 \times \frac{0.32572}{60}}{\pi \times 3}} = 0.0479\text{m} = 47.9\text{mm} \quad \therefore \ 50\text{mm}$$

∴ 50mm

기출문제

배관번호 ⑧

$$D = \sqrt{\dfrac{4 \times \dfrac{0.16286}{60}}{\pi \times 3}} = 0.0339\text{m} = 33.9\text{mm} \quad \therefore\ 40\text{mm}$$

∴ 40mm

바) 각 탱크화재시 송액관에 필요한 포소화약제의 양(L)은 얼마인지 구하시오(단, 화재안전기준을 따르며 75mm 이하 배관은 제외).

해설 및 정답 ① 원유탱크화재시

$$Q[\text{L}] = \left[\dfrac{\pi}{4}(0.15)^2 \times 20 + \dfrac{\pi}{4}(0.125)^2 \times 10 + \dfrac{\pi}{4}(0.1)^2 \times 50 + \dfrac{\pi}{4}(0.08)^2 \times 100\right]$$
$$\times 1{,}000\text{L/m}^3 \times 0.03 = 41.145\text{L} \fallingdotseq 41.15\text{L}$$

∴ 원유탱크화재시 - 41.15L

② 등유탱크화재시

$$Q[\text{L}] = \left[\dfrac{\pi}{4}(0.15)^2 \times 20 + \dfrac{\pi}{4}(0.15)^2 \times 10 + \dfrac{\pi}{4}(0.15)^2 \times 50 + \dfrac{\pi}{4}(0.08)^2 \times 100\right]$$
$$\times 1{,}000\text{L/m}^3 \times 0.03 = 57.491\text{L} \fallingdotseq 57.49\text{L}$$

∴ 등유탱크화재시 - 57.49L

사) 펌프실에 필요한 포소화약제의 양(L)은 얼마인지 구하시오.

해설 및 정답 $Q[\text{L}] = 1178.1 + 720 + 57.49 = 1{,}955.59\text{L}$

∴ 1,955.59L

11 헤드의 방수압력이 0.1MPa일 때 방수량이 80L/min인 폐쇄형 스프링클러설비에서 수리계산으로 배관의 관경을 결정하는 경우 다음 [조건]을 보고 답을 쓰시오(단, 풀이과정을 쓰고 최종 답을 반올림하여 소수점 둘째 자리까지 구할 것). **6점**

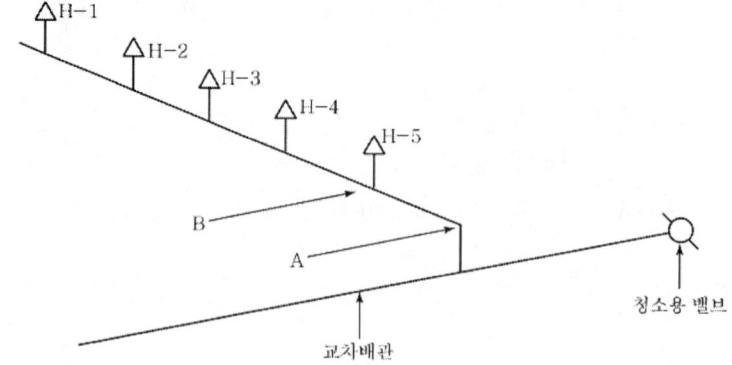

> **조건**
> 1. 스프링클러헤드 H-1에서 H-5까지의 각 헤드마다의 방수압력의 차이는 0.02MPa이다(단, 계산 시 스프링클러헤드와 가지배관 사이의 배관에서의 마찰손실은 무시한다).
> 2. A~B구간의 마찰손실은 0.03MPa이다.
> 3. H-1에서의 방수량은 80L/min이다.

가) A지점에서의 필요 최소압력은 몇 MPa인가?

해설및정답 A지점의 최소 압력 = 0.1MPa + (0.02 + 0.02 + 0.02 + 0.02)MPa + 0.03MPa = 0.21MPa

∴ 0.21MPa

나) 각 헤드(H-1~H-5)에서의 방수량은 몇 L/min인가?

해설및정답 $Q = K\sqrt{10P}$ 로부터 $K = \dfrac{Q}{\sqrt{10P}} = \dfrac{80\text{L/min}}{\sqrt{10 \times 0.1\text{MPa}}} = 80$

① H-1의 방수량 $Q = 80\sqrt{10 \times 0.1\text{MPa}} = 80\text{L/min}$
② H-2의 방수량 $Q = 80\sqrt{10 \times 0.12\text{MPa}} = 87.635\text{L/min}$
③ H-3의 방수량 $Q = 80\sqrt{10 \times 0.14\text{MPa}} = 94.657\text{L/min}$
④ H-4의 방수량 $Q = 80\sqrt{10 \times 0.16\text{MPa}} = 101.192\text{L/min}$
⑤ H-5의 방수량 $Q = 80\sqrt{10 \times 0.18\text{MPa}} = 107.331\text{L/min}$

∴ ① H-1의 방수량 : 80L/min
　② H-2의 방수량 : 87.64L/min
　③ H-3의 방수량 : 94.66L/min
　④ H-4의 방수량 : 101.19L/min
　⑤ H-5의 방수량 : 107.33L/min

다) A~B 구간에서의 유량은 몇 L/min인가?

해설및정답 A~B 구간에서의 유량 = 각 헤드에서의 방수량의 합

∴ 유량 = (80 + 87.64 + 94.66 + 101.19 + 107.33)L/min = 470.82L/min

∴ 470.82L/min

라) A~B 구간 배관의 최소내경은 몇 mm인가?

해설및정답 최소내경 = $\sqrt{\dfrac{4 \times (0.471/60)\text{m}^3/\text{sec}}{\pi \times 6\text{m/sec}}} = 0.0408\text{m}$

∴ 40.8mm

기출문제

12 전력통신 배선 전용 지하구(폭 2.5m, 높이 2m, 길이 1000m)에 연소방지설비를 설치하고자 한다. 다음 각 물음에 답하시오. [6점]

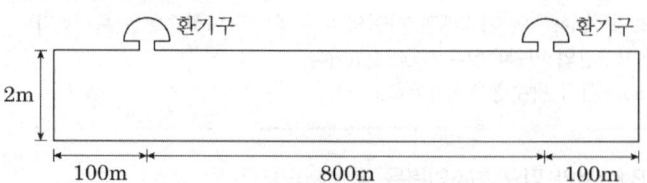

조건
① 소방대원의 출입이 가능한 환기구는 지하구 양쪽 끝에서 100m 지점에 있다.
② 지하구에는 방화벽이 설치되지 않았다.
③ 환기구마다 지하구의 양쪽방향으로 살수헤드를 설정한다.
④ 헤드는 연소방지설비 전용헤드를 사용한다.

가) 살수구역은 최소 몇 개를 설치하여야 하는지 구하시오.

나) 1개 구역에 설치되는 연소방지설비 전용 헤드의 최소 적용수량을 구하시오.

다) 1개 구역의 연소방지설비 전용헤드 전체 수량에 적합한 최소 배관구경은 얼마인지 쓰시오.
(단, 수평주행배관은 제외한다.)

해설 및 정답

가) 계산과정 : $2 \times 2 + \dfrac{800}{700} - 1 = 4.14 ≒ 5$개
∴ 5개

나) 계산과정 : $S = 2$m
천장 또는 벽면에 설치
천장면개수 $N_2 = \dfrac{2.5}{2} = 1.25 ≒ 2$개, 길이방향개수 $N_3 = \dfrac{3}{2} = 1.5 ≒ 2$개,
천장 살수구역헤드수 $= 2 \times 2 \times 1 = 4$개
∴ 4개

다) 65mm

> **Reference — 연소방지설비의 배관구경**
>
> 연소방지설비 전용 헤드를 사용하는 경우
>
> | 배관의 구경 | 32mm | 40mm | 50mm | 65mm | 80mm |
> |---|---|---|---|---|---|
> | 살수헤드수 | 1개 | 2개 | 3개 | 4개 또는 5개 | 6개 이상 |

13 그림과 같이 6층 건물(철근 콘크리트 건물)에 1층부터 6층까지 각 층에 1개씩 옥내소화전을 설치하고자 한다. 이 그림과 주어진 [조건]을 이용하여 옥내소화전 설치에 필요한 펌프의 송수량, 수원의 소요저수량, 전동기의 소요출력을 계산하시오(단, 전동기 소요출력은 답안지의 계산과정 순으로 계산하여 출력을 산출하시오). **12점**

조건

1. 노즐의 최소 방수량 : 130L/min(40mm×13mm 노즐)
2. 펌프의 송수량 : 필요수량에 20%의 여유를 둔다.
3. 수원의 용량 : 소화전 사용 시 20분간 계속 사용할 수 있는 양으로 한다.

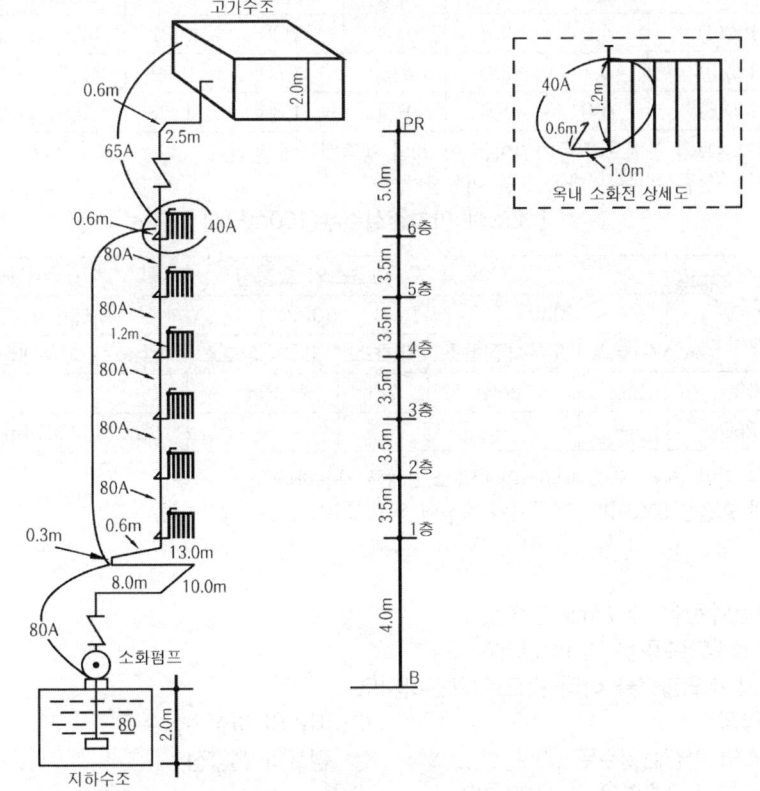

4. 소화전 호스의 최소 선단압력 : 0.17MPa
5. 직관의 마찰손실은 다음 표를 이용한다.

[직관의 마찰손실(100m당)]

유량(l/min)	130	260	390	520
40mm	14.7m			
50mm	5.1m	18.4m		
65mm	1.72m	6.2m	13.2m	
80mm	0.71m	2.57m	5.47m	9.2m

기출문제

6. 관이음 및 밸브 등의 등가길이는 다음 표를 이용한다.

[관이음 및 밸브 등의 등가길이]

관이음 및 밸브의 호칭경 mm(in)	90°엘보	45°엘보	90°T (분류)	커플링 90°T(직류)	게이트 밸브	글로브 밸브	앵글밸브
	등가길이(m)						
40(1½)	1.5	0.9	2.1	0.45	0.30	13.5	6.5
50(2)	2.1	1.2	3.0	0.60	0.39	16.5	8.4
65(2½)	2.4	1.5	3.6	0.75	0.48	19.5	10.2
80(3)	3.0	1.8	4.5	0.90	0.60	24.0	12.0
100(4)	4.2	2.4	6.3	1.20	0.81	37.5	16.5
125(5)	5.1	3.0	7.5	1.50	0.99	42.0	21.0
150(6)	6.0	3.6	9.0	1.80	1.20	49.5	24.0

※ 체크밸브와 풋밸브의 등가길이는 이 표의 앵글밸브에 준한다.

7. 호스의 마찰손실수두는 다음 표를 이용한다.

[호스의 마찰손실수두(100m당)]

유량 (L/min) 구분	호스의 호칭경					
	40mm		50mm		65mm	
	마호스	고무내장호스	마호스	고무내장호스	마호스	고무내장호스
130	26m	12m	7m	3m	—	—
350	—	—	—	—	10m	4m

8. 호스는 길이 15m, 구경 40mm의 마호스 2개를 사용한다.
9. 펌프의 효율은 55%이며, 전동기의 축동력 전달계수는 1.1로 계산한다.

1) 펌프의 송수량은 몇 l/min인가?
2) 수원의 소요저수량은 몇 m^3인가?
3) 전동기의 소요출력을 아래 순으로 계산하시오.
　① 실양정　　　　　　　　　② 배관의 마찰손실수두
　③ 호스의 마찰손실수두　　　④ 펌프의 전양정
　⑤ 전동기 소요출력은 몇 kW인가?

풀이및정답　1) Q=N×130L/min

$$Q = 1 \times 130L/min \times \frac{120}{100} = 156L/min$$

∴ 156L/min 이상

2) 수원(Q)=N×2.6m³=1×2.6m³=2.6m³

∴ 2.6m³ 이상

3) ① 2m+4m+(3.5m×5)+1.2m=24.7m
②

구경	유량	상당길이를 고려한 전길이	1m당 마찰손실	마찰손실수두
80A	130L/분	① 직관길이 2+4+8+10+13+0.6 +(3.5×5) =55.1m ② 상당길이 풋밸브 1×12m=12m 체크밸브 1×12m=12m 90° 엘보 6×3m=18m 90°T(직류) 5×0.9m=4.5m 90°T(분류) 1×4.5m=4.5m ∴ 상당길이=51m	106.1m	$\frac{0.71}{100}$ =0.0071m	106.1×0.0071 =0.7533
40A	130L/분	① 직관길이 0.6+1.0+1.2=2.8m ② 상당길이 90° 엘보 2×1.5m=3m 앵글밸브 1×6.5m=6.5m ∴ 상당길이=9.5m	12.3m	$\frac{14.7}{100}$ =0.147m	12.3×0.147 =1.8081

0.7533m+1.8081=2.5614m

∴ 2.56m

③ $\frac{26}{100} \times (15 \times 2) = 7.8$m

④ H = $h_1 + h_2 + h_3 + h_4$
H = 2.56m+7.8m+24.7m+17m=52.06m
∴ 52.06m 이상

⑤ kW = $\frac{H \times \gamma \times Q}{\eta \times 102} \times K$

H : 전양정(m), γ : 비중량(kgf/m³), Q : 유량(m³/sec), η : 효율, K : 전달계수

kW = $\frac{52.06 \times 1,000 \times \frac{0.156}{60}}{0.55 \times 102} \times 1.1 = 2.654$kW ≒ 2.65kW

∴ 2.65kW 이상

기출문제

14 스프링클러설비 가압송수장치의 성능시험을 위하여 오리피스로 시험한 결과 아래 [그림]과 같았다. 이 오리피스를 통과하는 유량은 몇 m^3/s인가? (단, 수은의 비중은 13.6, 유량계수 C는 0.93, 중력가속도 $g = 9.8m/s^2$이다) **3점**

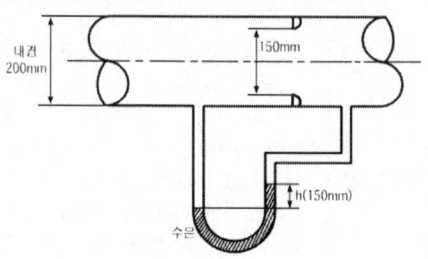

해설 및 정답
$Q = A_O U_O$
$C_O = 0.93$, $g = 9.8m/s^2$, $H = 0.15m$, $\gamma_A = 13.6$, $\gamma_B = 1$
$m = \left(\dfrac{D_O}{D}\right)^2 = \left(\dfrac{150}{200}\right)^2 = 0.5625$
$Q = \left(\dfrac{\pi \times (0.15m)^2}{4}\right)\left(\dfrac{0.93}{\sqrt{1-0.5625^2}}\right)\sqrt{2 \times 9.8m/s^2 \times 0.15m \times \left(\dfrac{13.6-1}{1}\right)}$
$= 0.121 m^3/s$
∴ $0.121 m^3/s$

15 체적이 $400m^3$인 전기실에 이산화탄소 80kg을 방사하였다. 실내의 온도가 22°C, 실내의 압력이 1.2atm인 경우 이산화탄소의 농도%와 산소의 농도%를 구하시오. **4점**

풀이 및 정답
$CO_2\% = \dfrac{\text{방사된 } CO_2 \text{ 체적}}{\text{방호구역의 체적} + \text{방사된 } CO_2 \text{ 체적}} \times 100$

이상기체 상태방정식을 이용하여 기화체적을 구하면
$PV = \dfrac{W}{M}RT$에서
  P : 압력(atm), V : 체적(m^3), M : 분자량(kg)
  W : 질량(kg), R : 기체상수(atm·m^3/k-mol·K), T : 절대온도(K)
$V = \dfrac{WRT}{PM} = \dfrac{80kg \times 0.082 \times (22+273)K}{1.2atm \times 44kg/kmol} = 36.65m^3$

∴ $CO_2\% = \dfrac{36.65m^3}{400m^3 + 36.65m^3} \times 100 = 8.393 ≒ 8.39\%$

$CO_2\% = \dfrac{21 - O_2}{21} \times 100$

∴ $O_2 = 21 - \dfrac{21 \times 8.39}{100} = 19.238 ≒ 19.24\%$

16 그림과 같이 화살표 방향으로 1250L/min의 소화수가 흐르고 있다. "가", "나" 사이의 분기관의 내경은 65mm라고 할 때, 각 분기관에 흐르는 유량[L/min]을 계산하시오(배관은 스테인레스 강관이며 엘보 1개의 상당 길이는 2.5m로 하고 분기되는 두 지점의 마찰손실은 무시한다). **6점**

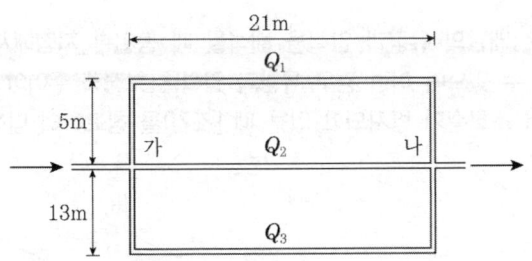

▲풀이및정답 $Q_1 + Q_2 + Q_3 = 1250 \text{L/min}$

$\Delta P_{Q_1} = \Delta P_{Q_2} = \Delta P_{Q_3}$

① $6.05 \times 10^4 \times \dfrac{Q_1^{1.85}}{C^{1.85} \times D^{4.87}} \times (21 + 5 + 5 + 2.5 \times 2) = 6.05 \times 10^4 \times \dfrac{Q_2^{1.85}}{C^{1.85} \times D^{4.87}} \times 21$

∴ $36 \times Q_1^{1.85} = 21 \times Q_2^{1.85}$

$Q_1^{1.85} = \dfrac{21}{36} \times Q_2^{1.85}$

$Q_1 ≒ 0.75 Q_2$

② $6.05 \times 10^4 \times \dfrac{Q_2^{1.85}}{C^{1.85} \times D^{4.87}} \times 21$

$= 6.05 \times 10^4 \times \dfrac{Q_3^{1.85}}{C^{1.85} \times D^{4.87}} \times (21 + 13 \times 2 + 2.5 \times 2)$

∴ $21 \times Q_2^{1.85} = 52 \times Q_3^{1.85}$

$\dfrac{21}{52} Q_2^{1.85} = Q_3^{1.85}$, $\left(\dfrac{21}{52}\right)^{\frac{1}{1.85}} Q_2 = Q_3$

$Q_3 ≒ 0.61 Q_2$

∴ $0.75 Q_2 + Q_2 + 0.61 Q_2 = 1250 \text{L/min}$

$2.36 Q_2 = 1250 \text{L/min}$

$Q_2 = 529.66 \text{L/min}$

∴ $Q_1 = 529.66 \times 0.75 = 397.25 \text{L/min}$

∴ $Q_3 = 529.66 \times 0.61 = 323.09 \text{L/min}$

∴ $Q_1 = 397.25 \text{L/min}$, $Q_2 = 529.66 \text{L/min}$, $Q_3 = 323.09 \text{L/min}$

소방설비기사[기계분야] 2차 실기

2024년 7월 28일 시행

01 수리계산으로 배관의 유량과 압력을 해석할 때 동일한 지점에서 서로 다른 2개의 유량과 압력이 산출될 수 있으며 이런 경우 유량과 압력을 보정해 주어야 한다. [그림]과 같이 6개의 물분무헤드에서 소화수가 방사되고 있을 때 [조건]을 참고하여 다음 각 물음에 답하시오. **10점**

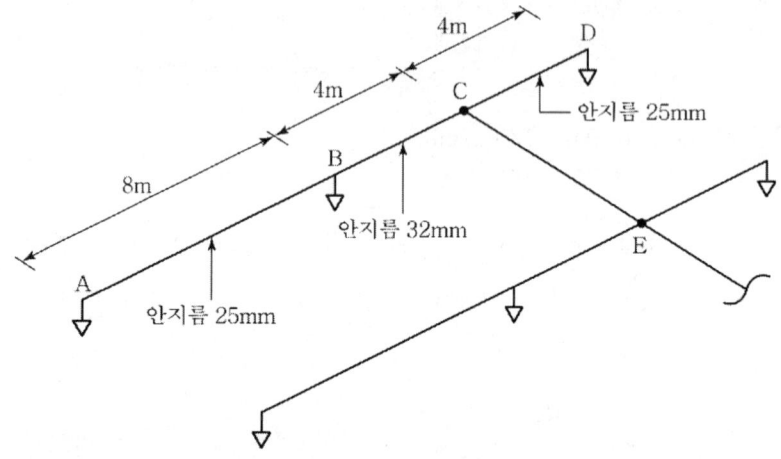

조건

1. 각 헤드의 방출계수는 동일하다.
2. A지점 헤드의 유량은 60L/min, 방수압은 350kPa이다.
3. 각 구간별 배관의 길이와 안지름은 다음과 같다.

구간	A~B	B~C	D~C
배관 길이	8m	4m	4m
배관 안지름(내경)	25mm	32mm	25mm

4. 수리 계산 시 동압은 무시한다.
5. 직관 이외의 관로상 마찰손실은 무시한다.
6. 직관에서의 마찰손실은 아래의 Hazen-Williams 공식을 적용, 조도계수 C는 100으로 한다.

$$\Delta P = 6.053 \times 10^7 \times \frac{Q^{1.85}}{C^{1.85} \times d^{4.87}} \times L$$

여기서, ΔP : 마찰손실압력[kPa], Q : 유량[L/min], C : 관의 조도계수[무차원], d : 관의 내경[mm], L : 배관의 길이[m]

가) A지점 헤드에서 시작하여 C지점까지의 경로로 계산하였을 때,
   1) A~B구간의 유량[L/min]과 마찰손실압력[kPa]을 구하시오.

해설및정답 ① A~B 구간의 유량

A헤드의 방사량과 동일하므로 $Q_{A\sim B} = 60\text{L/min}$

∴ A~B 간의 유량 : 60L/min

② A~B 구간 사이의 마찰손실압력

$$\Delta P_{A\sim B} = 6.053 \times 10^7 \times \frac{Q^{1.85}}{C^{1.85} \times D^{4.87}} \times L$$

$$= 6.053 \times 10^7 \times \frac{60^{1.85}}{100^{1.85} \times 25^{4.87}} \times 8 = 29.29\text{kPa}$$

∴ A~B 간의 마찰손실압력 : 29.29kPa

2) B지점 헤드의 압력[kPa]과 유량[L/min]을 구하시오.

해설및정답 ① P_B = A지점 헤드의 압력 + A~B 간의 마찰손실압력 = 350kPa + 29.29kPa = 379.29kPa

A헤드의 방사량과 동일하므로 $Q_{A\sim B} = 60\text{L/min}$

∴ B헤드의 압력 : 379.29kPa

② $Q_B = K\sqrt{10P_B} = 32.07\sqrt{10 \times 0.37929\text{MPa}} = 62.46\text{L/min}$

$Q = K\sqrt{10P}$ 로부터 ∴ $K = \dfrac{60\text{L/min}}{\sqrt{10 \times 0.35\text{MPa}}} = 32.07$

∴ B헤드의 유량 : 62.46L/min

3) B~C 구간의 유량[L/min]과 마찰손실압력[kPa]을 구하시오.

해설및정답 ① $Q_{B\sim C}$ = A헤드 방사량 + B헤드 방사량 = 60L/min + 62.46L/min = 122.46L/min

∴ B~C 간의 유량 : 122.46L/min

② $\Delta P_{B\sim C} = 6.053 \times 10^7 \times \dfrac{122.46^{1.85}}{100^{1.85} \times 32^{4.87}} \times 4 = 16.47\text{kPa}$

∴ B~C 간의 마찰손실압력 : 16.47kPa

4) C지점의 압력[kPa]과 유량[L/min](A지점에서 C지점까지 경로로 계산)을 구하시오.

해설및정답 ① P_C = B지점 헤드의 압력 + B~C 구간의 마찰손실압력 = 379.29kPa + 16.47kPa
= 395.76kPa

∴ C지점의 압력 : 395.76kPa

② C지점의 유량은 문제의 조건에서 "A지점에서 C지점까지 경로로 계산"하라고 하였으므로 C지점의 유량 = B~C 간의 유량과 같다.

∴ $Q_C = 122.46 L/min$

∴ C지점의 유량 : 122.46L/min

기출문제

나) D지점 헤드의 유량과 압력이 A지점 헤드의 유량 및 압력과 동일하다고 가정하고, D지점 헤드에서 시작하여 C지점까지의 경로로 계산하였을 때,

1) D~C 구간의 유량[L/min]과 마찰손실압력[kPa]을 구하시오.

해설 및 정답 ① D~C 구간의 유량 = D헤드의 방사량 = 60L/min
∴ D~C 간의 유량 : 60L/min
② D~C 구간 사이의 마찰손실압력

$$\Delta P_{A \sim B} = 6.053 \times 10^7 \times \frac{Q^{1.85}}{C^{1.85} \times D^{4.87}} \times L$$

$$= 6.053 \times 10^7 \times \frac{60^{1.85}}{100^{1.85} \times 25^{4.87}} \times 4\text{m} = 14.64\text{kPa}$$

∴ D~C 간의 마찰손실압력 : 14.64kPa

2) C지점의 압력[kPa]과 유량[L/min]을 구하시오.

해설 및 정답 ① P_C = 350kPa + 14.64kPa = 364.64kPa
∴ C지점의 압력 : 364.64kPa
② Q_C = D~C 구간의 유량 = 60L/min
∴ C지점의 유량 : 60L/min

다) A~C 경로에서의 C지점과 D~C 경로에서의 C지점에서는 유량과 압력이 서로 다르게 계산되므로 유량과 압력을 보정하여야 한다. 이 경우 D지점 헤드의 유량[L/min]을 얼마로 보정하여야 하는지를 구하시오.

해설 및 정답 $Q_D = K\sqrt{10P_D} = 32.07\sqrt{10 \times 0.38112\text{MPa}} = 62.61\text{L/min}$
P_D = 395.76kPa − 14.64kPa = 381.12kPa = 0.38112MPa
∴ D헤드의 유량 : 62.61L/min

라) D지점 헤드의 유량을 앞의 다) 항에서 구한 유량으로 보정하였을 때 C지점의 유량[L/min]과 압력[kPa]을 구하시오.

해설 및 정답 ① C지점의 유량 = B~C 구간의 유량 + D~C 구간의 유량 = 122.46L/min + 62.61L/min
= 185.07L/min
∴ C지점의 유량 : 185.07L/min
② C지점의 압력 $P_C = P_D + \Delta P_{D \sim C}$ = 381.12 + 15.84 = 396.96kPa

$$\Delta P_{D \sim C} = 6.053 \times 10^7 \times \frac{Q^{1.85}}{C^{1.85} \times D^{4.87}} \times L$$

$$= 6.053 \times 10^7 \times \frac{62.61^{1.85}}{100^{1.85} \times 25^{4.87}} \times 4 = 15.84\text{kPa}$$

∴ C지점의 압력 : 396.96kPa

02 위험물의 옥외탱크에 Ⅰ형 고정포방출구로 포 소화설비를 다음 [조건]과 같이 설치하고자 할 때 다음을 구하시오. 7점

> **조건**
> 1. 탱크의 지름 : 12m
> 2. 사용약제는 수성막포(6%)로 단위 포소화수용액의 양은 2.27L/m²·min이며, 방사시간은 30분이다.
> 3. 보조포소화전은 1개소 설치한다.
> 4. 배관의 길이는 20m(포원액탱크에서 포 방출구까지), 관내경은 150mm이며 기타 조건은 무시한다.

가) 포 원액량(L)을 구하시오

해설 및 정답

① 고정포 방출구 원액의 양 = $\frac{\pi \times 12^2}{4}$ m² × 2.27L/m²·min × 30min × 0.06 = 462.12L

② 보조포소화전 원액의 양 = 1 × 400L/min × 20min × 0.06 = 480L

③ 송액관 원액의 양 = $\frac{\pi \times 0.15^2}{4}$ m² × 20m × 0.06 × 1,000L/m³ = 21.2L

∴ 포원액의 양 = 461.88L + 480L + 21.2L = 963.08L

∴ 963.08L

나) 전용 수원의 양(m³)을 구하시오

해설 및 정답 6%에 해당하는 포원액의 양이 963.08L이므로 94%에 해당하는 수원의 양을 구하면 된다.

6% : 963.08L = 94% : 수원의 양(X)

∴ $X = \frac{94\%}{6\%} \times 963.08L = 15,088.25L = 15.09$m³

∴ 15.09m³

03 지하 1층 용도가 판매시설로서 본 용도로 사용하는 바닥면적이 3,000m²일 경우 이 장소에 수동식 분말소화기 1개의 소화능력단위가 A급 화재 기준으로 3단위의 소화기로 설치할 경우 본 판매장소에 필요한 수동식 분말소화기의 개수는 최소 몇 개인가? 3점

해설 및 정답

능력단위 = $\frac{3,000\text{m}^2}{100\text{m}^2}$ = 30능력단위

∴ 소화기의 개수 = $\frac{30\text{능력단위}}{3\text{능력단위/개}}$ = 10개

∴ 10개

기출문제

04 건식 스프링클러설비 가압송수장치(펌프방식)의 성능시험을 실시하고자 한다. 다음 주어진 도면을 참조하여 성능시험순서 및 시험결과 판정기준을 쓰시오. 8점

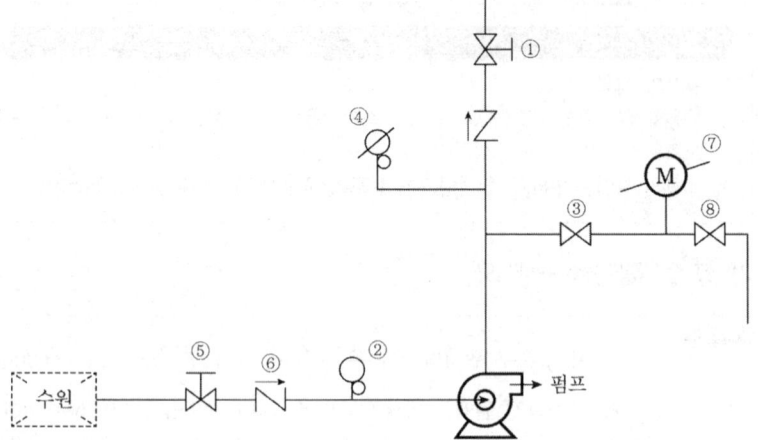

가) 성능시험순서

해설 및 정답
1. 펌프 토출측 개폐밸브(①) 폐쇄
2. 성능시험배관 유량계전단부 개폐밸브(③) 개방
3. 주펌프 수동기동
4. 성능시험배관 유량계후단부 유량조절밸브(⑧) 닫힌상태에서 체절운전압력(④) 확인
5. 체절운전시 토출압력(④)이 정격토출압력의 140% 이하인지 확인
6. 유량조절밸브(⑧) 서서히 개방
7. 정격토출량(100%)으로 운전시 토출압력이 정격토출압력 이상인지 확인
8. 유량조절밸브(⑧) 더욱 개방
9. 정격토출량의 150%운전시 토출압력이 정격토출압력의 65% 이상인지 확인
10. 주펌프 수동정지
11. 펌프 토출측 개폐밸브 개방, 성능시험배관 개폐밸브 및 유량조절밸브 폐쇄

나) 판정기준

해설 및 정답 체절운전시 토출압력은 정격토출압력의 140%를 초과하지 아니하여야 하고 정격토출량의 150% 운전시 토출압력은 정격토출압력의 65% 이상이어야 한다.

05 소방대상물에 옥외소화전 7개를 설치하였다. 다음 각 물음에 답하시오. [4점]

가) 지하 수원의 최소 유효 저수량(m^3)을 구하시오.

해설및정답 $Q = 2 \times 7m^3 = 14m^3$
∴ $14m^3$

나) 가압송수장치의 최소 토출량(L/min)을 구하시오.

해설및정답 $Q = 2 \times 350L/min = 700L/min$
∴ $700L/min$

다) 옥외소화전의 호스접결구 설치기준과 관련하여 다음 ( ) 안의 내용을 쓰시오.

> 호스접결구는 지면으로부터 높이가 (①)m 이상 (②)m 이하의 위치에 설치하고 특정소방대상물의 각 부분으로부터 하나의 호스접결구까지의 수평거리가 (③)m 이하가 되도록 설치하여야 한다.

해설및정답 ① 0.5 ② 1 ③ 40

06 다음 [그림]과 [조건]을 참조하여 물음에 답하시오. [5점]

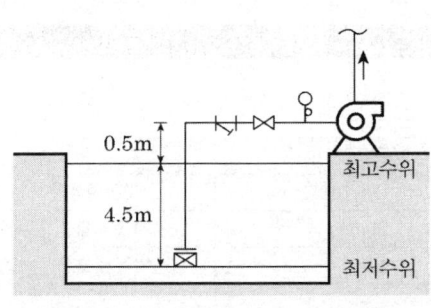
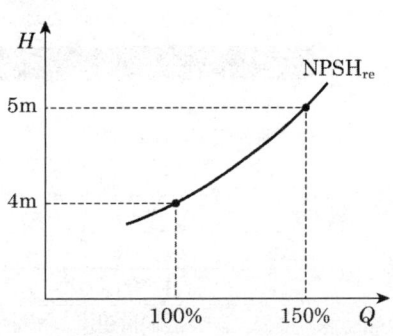

조건
① 대기압은 0.1MPa이며, 물의 포화수증기압은 2.45kPa이다.
② 물의 비중량은 $9.8kN/m^3$이다.
③ 배관의 마찰손실수두는 0.3m이며, 속도수두는 무시한다.

가) 유효흡입양정(NPSH$_{av}$)[m]을 구하시오.

해설 및 정답

$$\text{NPSH}_{av} = \frac{P_o}{\gamma} - \frac{P_v}{\gamma} - \frac{P_h}{\gamma} - h$$

$$\left(\frac{0.1}{0.101325} \times 10.332\right) - \left(2.45\text{kPa} \times \frac{10.332\text{m}}{101.325\text{kPa}}\right) - (4.5 + 0.5) - 0.3 = 4.646 \fallingdotseq 4.65\text{m}$$

∴ 4.65m

나) 그래프를 보고 펌프의 사용가능 여부와 그 이유를 쓰시오.
  ① 100% 운전 시 :
  ② 150% 운전 시 :

해설 및 정답
① 100% 운전시 : NPSH$_{AV}$(4.65m) > NPSH$_{re}$(4m) – 공동현상 미발생으로 사용가능
② 150% 운전시 : NPSH$_{AV}$(4.65m) < NPSH$_{re}$(5m) – 공동현상 발생으로 사용불가

07 평면도에 이산화탄소 소화설비를 설치하고자 한다. 다음 각 물음에 답하시오. [12점]

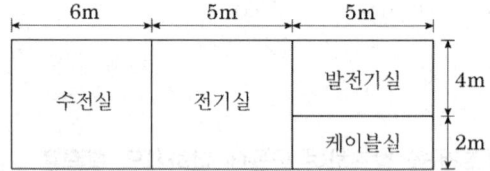

조건

① 층고는 4.5m로 한다.
② 개구부는 아래와 같다.

실 명	개구부면적	비 고
수전실	20m^2	자동폐쇄장치 설치
전기실	25m^2	자동폐쇄장치 미설치
발전기실	10m^2	자동폐쇄장치 미설치
케이블실	–	–

③ 전역방출방식이며 방출시간은 60초 이내로 한다.
④ 헤드의 규격은 20mm이며, 분당 방출량은 50kg이다.
⑤ 저장용기는 45kg이다.
⑥ 표면화재를 기준으로 한다.
⑦ 설계농도는 34%이고, 보정계수는 무시한다.
⑧ 가), 나), 라)는 계산과정 없이 표에 답만 작성한다.
⑨ 가), 나)의 소화약제량은 저장용기수와 관계없이 화재안전기술기준에 따라 산출하고, 라)의 소화약제량은 저장용기수 기준에 따라 산출한다.

⑩ 표면화재의 전역방출방식에서 방호구역의 체적당 이산화탄소의 약제량은 다음과 같다.

방호구역 체적	방호구역의 체적 1m³에 대한 소화약제의 양	소화약제 저장량의 최저한도의 양
45m³ 미만	1.00kg	45kg
45m³ 이상 150m³ 미만	0.90kg	
150m³ 이상 1450m³ 미만	0.80kg	135kg
1450m³ 이상	0.75kg	1125kg

가) 각 방호구역에 필요한 소화약제의 양[kg]을 산출하시오.

실 명	체적[m³]	체적당 가스량 [kg/m³]	개구부[m²]	개구부가산량 [kg/m²]	소화약제량[kg]
수전실					
전기실					
발전기실					
케이블실					

해설 및 정답

실 명	체적 [m³]	체적당 가스량 [kg/m³]	개구부 [m²]	개구부가산량 [kg/m²]	소화약제량 [kg]
수전실	162	0.8	20	−	135
전기실	135	0.9	25	5	246.5
발전기실	90	0.9	10	5	131
케이블실	45	0.9	−	−	45

[풀이과정]
① 수전실
체적 = 6m × 6m × 4.5m = 162m³
체적당 가스량 = 0.8kg/m³
개구부 = 20m²
자동폐쇄장치 설치이므로 가산량 없음
따라서 $W = V \times \alpha = 162m^3 \times 0.8kg/m^3 = 129.6kg$
최저 135kg 이상이므로 정답은 135kg

② 전기실
체적 = 5m × 6m × 4.5m = 135m³
체적당 가스량 = 0.9kg/m³
개구부 = 25m²
따라서 $W = V \times \alpha + A \times \beta = 135m^3 \times 0.9kg/m^3 + 25m^2 \times 5kg/m^2 = 246.5kg$

기출문제

③ 발전기실

체적 = 5m × 4m × 4.5m = 90m³
체적당 가스량 = 0.9kg/m³
개구부 = 10m²
따라서 $W = V \times \alpha + A \times \beta = 90m^3 \times 0.9kg/m^3 + 10m^2 \times 5kg/m^2 = 131kg$

④ 케이블실

체적 = 5m × 2m × 4.5m = 45m³
체적당 가스량 = 0.9kg/m³
개구부 없음
따라서 $W = V \times \alpha = 45m^3 \times 0.9kg/m^3 = 40.5kg$
최저 45kg 이상이므로 정답은 45kg

> **Reference**
>
> 표 2.2.1.1.1 방호구역 체적에 따른 소화약제 및 최저한도의 양
>
> | 방호구역 체적 | 방호구역의 체적 1m³에 대한 소화약제의 양 | 소화약제 저장량의 최저한도의 양 |
> |---|---|---|
> | 45m³ 미만 | 1.00kg | 45kg |
> | 45m³ 이상 150m³ 미만 | 0.90kg | |
> | 150m³ 이상 1,450m³ 미만 | 0.80kg | 135kg |
> | 1,450m³ 이상 | 0.75kg | 1,125kg |

나) 각 방호구역에 필요한 용기수량을 구하시오.

실 명	소화약제량[kg]	1병당 저장량[kg/병]	용기수량[병]
수전실			
전기실			
발전기실			
케이블실			

해설 및 정답

실 명	소화약제량[kg]	1병당 저장량[kg/병]	용기수량[병]
수전실	135	45	3
전기실	246.5	45	6
발전기실	131	45	3
케이블실	45	45	1

다) 집합관의 저장용기수는 몇 병인가?

해설및정답 6병

라) 방호구역에 설치하는 헤드수량을 구하시오.

실 명	소화약제량[kg]	분당 방출량(kg/분)	헤드수량(개)
수전실			
전기실			
발전기실			
케이블실			

해설및정답

실 명	소화약제량[kg]	분당 방출량(kg/분)	헤드수량(개)
수전실	135	50	3
전기실	270	50	6
발전기실	135	50	3
케이블실	45	50	1

마) 용기실 배관계통도를 그리시오(단, 기동용기, 체크밸브, 동관, 선택밸브, 압력스위치를 표시할 것).

해설및정답

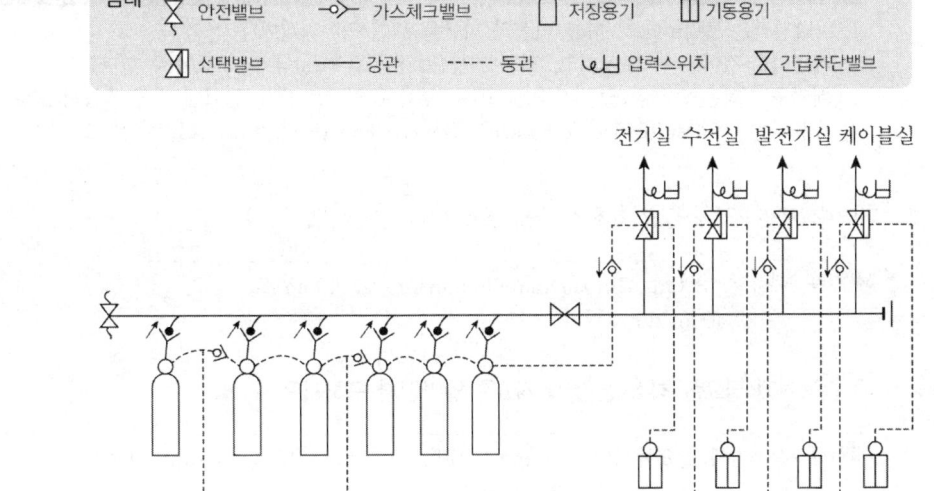

기출문제

08 그림과 같은 벤투리미터(venturi-meter)에서 입구와 목(throat)의 압력차[kPa]를 구하시오(단, 송출계수 : 0.86, 입구지름 : 36cm, 목 지름 : 13cm, 물의 비중량 : 9.8kN/m³, 유량 : 5.6m³/min).

[5점]

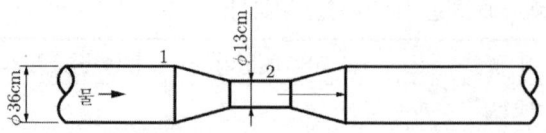

해설 및 정답
- 계산과정 : $V_1 = \dfrac{5.6/60}{0.86 \times \dfrac{\pi \times 0.36^2}{4}} ≒ 1.066 \text{m/s}$

$V_2 = \dfrac{5.6/60}{0.86 \times \dfrac{\pi \times 0.13^2}{4}} ≒ 8.176 \text{m/s}$

$P_1 - P_2 = \dfrac{8.176^2 - 1.066^2}{2 \times 9.8} ≒ 32.855 ≒ 32.86 \text{kPa}$

∴ 32.86kPa

09 제연설비 설계에서 아래의 [조건]으로 다음 물음에 답하시오. [8점]

조건
1. 바닥면적은 390m²이고, 다른 거실의 피난을 위한 경유거실이다.
2. 제연덕트 길이는 총 80m이고, 덕트 저항은 단위 길이(m)당 1.96Pa/m로 한다.
3. 배기구 저항은 78Pa, 그릴 저항은 29Pa, 부속류 저항은 덕트 길이에 대한 저항의 50%로 한다.
4. 송풍기는 다익(Multiblade)형 Fan(또는 Sirocco Fan)을 선정하고 효율은 50%로 한다.

가) 예상제연구역에 필요한 최소 배출량(m³/h)을 구하시오.

해설 및 정답 배출량 = 390m² × 1m³/m²·min × 60min/hr = 23,400m³/hr
∴ 23,400m³/hr

나) 송풍기에 필요한 최소 정압(mmAq)은 얼마인지 구하시오.

해설 및 정답 송풍기에 필요한 정압 = (80m × 1.96Pa/m) + 78Pa + 29Pa + (80m × 1.96Pa/m × 0.5)
= 342.2Pa

∴ $342\text{Pa} \times \dfrac{10,332\text{mmAq}}{101,325\text{Pa}} = 34.87\text{mmAq}$

∴ 34.87mmAq

다) 송풍기를 작동시키기 위한 전동기의 최소 동력(kW)을 구하시오(단, 동력전달계수는 1.1로 한다).

해설및정답
$$P(kW) = \frac{PQ}{102\eta}K = \frac{34.87\text{mmAq} \times (23,400/3,600)\text{m}^3/\text{sec}}{0.5 \times 102} \times 1.1 = 4.89\text{kW}$$
∴ 4.89kW

라) "나"의 정압이 발생될 때 송풍기의 회전수는 1,750rpm이었다. 이 송풍기의 정압을 1.2배로 높이려면 회전수는 얼마로 증가시켜야 하는지 구하시오.

해설및정답 상사법칙 이용
$$H_2 = \left(\frac{N_2}{N_1}\right)^2 \times H_1,\ 1.2H = \left(\frac{N_2}{1750}\right)^2 \times H$$
∴ $N_2 = 1,917.03\text{rpm}$
∴ 1,917.03rpm

10 전기실에 제1종 분말소화약제를 사용한 분말소화설비를 전역방출방식의 가압식으로 방호구역의 체적이 500m³인 곳에 설치하였다. 다음 각 물음에 알맞게 답하시오. **5점**

1) 제1종 분말소화약제의 저장량(kg)을 계산하시오(단, 방호구역의 개구부 면적은 10[m²]이다).
2) 가압용가스로 질소를 사용할 경우 필요한 질소의 양(L)을 계산하시오.
3) 가압용 가스용기의 수량을 계산하시오(단, 가압용 가스용기는 내용적 68l, 충전압력은 게이지압 150[atm], 충전 시 온도 20℃이다).
4) 저장 용기에 설치하는 안전밸브의 작동압력기준을 답하시오.
5) 방호구역에 설치하여야 하는 분사헤드 수량을 계산하시오(단, 분사헤드 1개당 표준방사량은 11.5[kg/min]이다).

해설및정답
1) $W = V \times \alpha + A \times \beta = 500\text{m}^3 \times 0.6\text{kg/m}^3 + 10\text{m}^2 \times 4.5\text{kg/m}^2 = 345\text{kg}$
2) 345kg × 40L/kg = 13800L
3) $\frac{P_1V_1}{T_1} = \frac{P_2V_2}{T_2}$

$V_2 = V_1 \times \frac{T_2}{T_1} \times \frac{P_1}{P_2} = 13800\text{L} \times \frac{273+20}{273+35} \times \frac{1}{150+1} = 86.939 ≒ 86.94\text{L}$

∴ $\frac{86.94\text{L}}{68\text{L/병}} = 1.28$ ∴ 2병

4) 최고사용압력의 1.8배 이하
   cf) 축압식의 경우 내압시험압력의 0.8배 이하
5) 헤드수 = $\frac{총\ 방사유량(\text{kg/s})}{헤드1개\ 방사량(\text{kg})} = \frac{345\text{kg} \div 30\text{sec}}{11.5\text{kg} \div 60\text{sec}} = 60$개

기출문제

11 소화펌프 기동시 일어날 수 있는 맥동현상(surging)의 정의 및 방지대책 2가지를 쓰시오. [4점]

가) 정의
  •

나) 방지대책
  •
  •

해설및정답
가) 진공계·압력계가 흔들리고 진동과 소음이 발생하며 펌프의 토출유량이 변하는 현상
나) ① 배관 중에 불필요한 수조 제거
② 풍량 또는 토출량을 줄임

12 지상 5층인 어느 소방대상물(철근콘크리트 건물)의 각 층에 5개씩 옥내소화전을 설치하려고 한다. 주어진 [조건]을 이용하여 옥내소화전 설치에 필요한 각 물음에 답하시오. [6점]

조건
1. 노즐의 방수량을 130Lpm에서 150Lpm으로 변경한다.
2. 실양정은 50m이다.
3. 펌프의 풋밸브에서 5층 옥내소화전함 호스접결구까지의 마찰손실 및 저항손실수두는 실양정의 25%로 한다.
4. 소방호스의 마찰손실수두는 6.8m이다.
5. 펌프의 효율은 65%이며 전달계수 K=1.1이다.
6. 소화전 사용 시 20분간 연속적으로 사용하는 것으로 한다.

1) 수원의 최소 소요저수량은 몇 m^3인가?
2) 펌프의 송수량은 몇 L/min인가?
3) 전양정을 산출하면 몇 m인가?
4) 펌프의 전동기 소요동력을 구하면 몇 kW인가?

해설및정답
1) Q=N(최대 2개)×노즐의 분당 방수량(L/min)×20min
∴ Q=2×150L/min×20min=6,000L=6m^3
2) Q=N(최대 2개)×노즐의 분당 방수량(L/min)
∴ Q=2×150L/min=300L/min
3) H=h_1+h_2+h_3+h_4
H : 전양정(m)
h_1(실양정)=50m
h_2(배관 및 관부속물의 마찰손실수두)=50×0.25=12.5m
h_3(소방용 호스의 마찰손실수두)=6.8m

h_4(방수압력 환산수두)=17m

∴ H=50m+12.5m+6.8m+17m=86.3m

4) $P(kW) = \dfrac{\gamma QH}{120\eta}K$

H(전양정)=86.3m, γ(비중량)=1,000kgf/m³

η(효율)=0.65, K(전달계수)=1.1

$P(kW) = \dfrac{1000 \times \left(\dfrac{0.26}{60}\right) \times 86.3}{102 \times 0.65} \times 1.1 = 6.2kW$

13 스프링클러설비가 설치된 높이 10.5m인 특수가연물을 저장하는 랙크식 창고(랙크높이 8m)에 정방형으로 라지드롭형 스프링클러를 설치하고자 할 때 다음 물음에 답하시오(단. 랙크식 창고 및 랙크는 가로 35m, 세로 68m이다). **8점**

가) 설치해야 할 최소 헤드의 수는 몇 개인가?

해설 및 정답 [설치열]

천장 1열

랙크 $\dfrac{8m}{3m/병} = 2.66$ ∴ 3열

→ 총 4열 설치

$S = 2 \times 1.7m \times \cos 45° = 2.4m$

가로열 헤드 수 = $\dfrac{35m}{2.4m/개} = 14.6$ ∴ 15개

세로열 헤드 수 = $\dfrac{68m}{2.4m/개} = 28.33$ ∴ 29개

열당 헤드 수=15개×29개=435개

∴ 435개/열×4열=1,740개 ∴ 1,740개

나) 가압송수장치의 분당 토출량(L/min)은?

해설 및 정답 분당 토출량=30개×160L/min=4,800L/min ∴ 4,800L/min

다) 필요한 1차 수원의 양(m³)은?

해설 및 정답 1차 수원의 양=30×160L/min×60min=288,000L=288m³ ∴ 288m³

라) 옥상수조에 저장하여야 할 수원의 양(m³)은?

해설 및 정답 옥상 수원의 양=288m³×1/3=96m³ ∴ 96m³

기출문제

14 소방시설 설치 및 관리에 관한 법률 시행령상 자동소화장치를 설치해야 하는 특정소방대상물 및 주거용 주방자동소화장치의 설치대상에 관한 다음 ( ) 안을 완성하시오. 3점

> 자동소화장치를 설치해야하는 특정소방대상물은 다음의 어느 하나에 해당하는 특정소방대상물 중 (①) 및 덕트가 설치되어 있는 주방이 있는 특정소방대상물로 한다. 이 경우 해당 주방에 자동소화장치를 설치해야 한다.
> - 주거용 주방자동소화장치를 설치해야 하는 것 : (②) 및 (③)의 모든 층

해설 및 정답 자동소화장치를 설치해야 하는 특정소방대상물(소방시설법 시행령 [별표 4])

다음의 어느 하나에 해당하는 특정소방대상물 중 후드 및 덕트가 설치되어 있는 주방이 있는 특정소방대상물로 한다. 이 경우 해당 주방에 자동소화장치를 설치해야 한다. [보기 ①]
(1) 주거용 주방자동소화장치를 설치해야 하는 것 : 아파트 등 및 오피스텔의 모든 층 [보기 ②③]
(2) 캐비닛형 자동소화장치, 가스자동소화장치, 분말자동소화장치 또는 고체에어로졸자동소화장치를 설치해야하는 것 : 화재안전기술기준에서 정하는 장소

∴ ① 후드 ② 아파트 등 ③ 오피스텔

15 다음 그림은 업무시설과 판매시설 중 슈퍼마켓에 설치하는 스프링클러설비에 대한 평면도와 단면도이다. 주어진 조건을 참고하여 각 물음에 답하시오. 10점

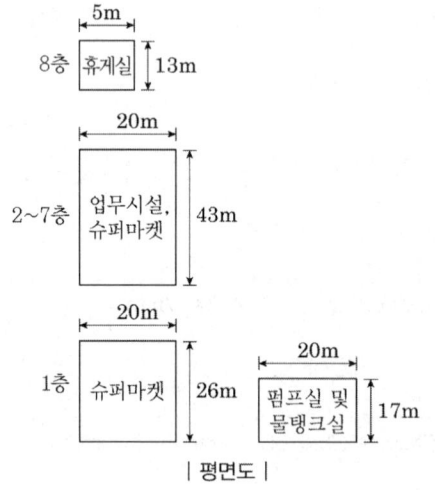
| 평면도 |

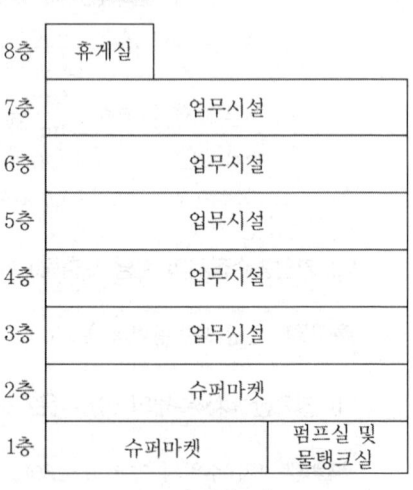
| 단면도 |

조건
① 건축물은 내화구조이며 지상층(지상 1~8층)의 평면도와 단면도는 위 그림과 같다.
② 폐쇄형 헤드를 설치하며 헤드는 정방형으로 배치한다.
③ 유수검지장치의 규격은 급수관의 구경과 동일하다.
④ 주배관의 구경은 유수검지장치의 규격이 가장 큰 것을 기준으로 한다.

가) 전체 스프링클러헤드의 개수를 구하시오.

나) 다음 표를 참고하여 헤드개수에 따른 유수검지장치의 규격과 필요수량을 구하시오.

헤드수	2	4	7	15	30	60	65	100	160	161 이상
급수관의 구경	25mm	32mm	40mm	50mm	65mm	80mm	90mm	100mm	125mm	150mm

층 수	유수검지장치의 규격[mm]	필요 수량
1층		( )개
2~7층		각 층 ( )개, 총 ( )개
8층		( )개

다) 주배관의 유속[m/s]을 구하시오.

해설및정답 가) ① 1층

$S = 2 \times 2.3 \times \cos 45° ≒ 3.252\text{m}$

가로헤드개수 $= \dfrac{20}{3.252} = 6.1 ≒ 7$개

세로헤드개수 $= \dfrac{20}{3.252} = 7.9 ≒ 8$개

∴ $N = 7 \times 8 = 56$개

② 2~7층

가로헤드개수 $= \dfrac{20}{3.252} = 6.1 ≒ 7$개

세로헤드개수 $= \dfrac{43}{3.252} = 13.2 ≒ 14$개

∴ $N = 7 \times 14 \times 6 = 588$개

기출문제

③ 8층

$$\text{가로헤드개수} = \frac{5}{3.252} = 1.5 ≒ 2개$$

$$\text{세로헤드개수} = \frac{13}{3.252} = 3.9 ≒ 4개$$

∴ $N = 2 \times 4 = 8$개

④ 총 헤드의 개수 $= 56 + 588 + 8 = 652$개

나)

층 수	유수검지장치의 규격[mm]	필요 수량
1층	80	(1)개
2~7층	100	각 층 (1)개, 총 (6)개
8층	50	(1)개

다) • 계산과정 : $Q = 30 \times 80 = 2400 \text{L/min} = 2.4 \text{m}^3/60\text{s}$

$$V = \frac{2.4/60}{\frac{\pi}{4} \times 0.1^2} ≒ 5.09 \text{m/s}$$

∴ 5.09m/s

16 다음 제연설비의 기계제연방식에 대하여 간단히 설명하시오. [6점]

가) 제1종 기계제연방식 :

나) 제2종 기계제연방식 :

다) 제3종 기계제연방식 :

해설 및 정답 가) 송풍기와 배출기를 설치하여 급기와 배기를 하는 방식
    나) 송풍기만 설치하여 급기와 배기를 하는 방식
    다) 배출기만 설치하여 급기와 배기를 하는 방식

2024년 제3회 소방설비기사[기계분야] 2차 실기

2024년 10월 19일 시행

01 다음 조건을 참조하여 거실제연설비에 제연을 하기 위한 전동기 Fan의 동력[kW]을 구하시오. 5점

조건
① 거실의 바닥면적 : 850m²(정사각형 거실)
② 예상제연구역 : 직경 40m 초과 60m 이내
③ 예상제연구역의 수직거리 : 2.7m
④ 덕트길이 : 165m
⑤ 저항은 다음과 같다.
　㉠ 덕트저항 : 0.2mmAq/m
　㉡ 배기구저항 : 7.5mmAq
　㉢ 배기그릴저항 : 3mmAq
　㉣ 관부속품의 저항 : 덕트저항의 55% 적용
⑥ 펌프효율은 50%이고, 전달계수는 1.1로 한다.
⑦ 예상제연구역의 배출량 기준

수직거리	배출량	
	직경 40m 원의 범위 안에 있을 경우	직경 40m 원의 범위를 초과할 경우
2m 이하	40000m³/h	45000m³/h
2m 초과 2.5m 이하	45000m³/h	50000m³/h
2.5m 초과 3m 이하	50000m³/h	55000m³/h
3m 초과	55000m³/h	60000m³/h

해설 및 정답　계산과정 : $\sqrt{850} = 29.15\text{m}$

$\sqrt{29.15^2 + 29.15^2} = 41.22\text{m}$

$P_T = (165 \times 0.2) + 7.5 + 3 + (165 \times 0.2) \times 0.55 = 61.65 \text{mmAq}$

$P = \dfrac{61.65 \times 55000/60}{102 \times 60 \times 0.5} \times 1.1 ≒ 20.1\text{kW}$

∴ $P = 20.31\text{kW}$

기출문제

02 지름이 10[cm]인 소방호스에 노즐 구경이 3[cm]인 노즐팁이 부착되어 있고, 1.5[m³/min]의 물을 대기 중으로 방수할 경우 다음 물음에 답하시오(단, 유동에는 마찰이 없는 것으로 가정한다). 【6점】

가) 소방호스의 평균유속[m/s]을 구하시오.

해설 및 정답

$$U = \frac{Q}{A} = \frac{Q}{\frac{\pi D^2}{4}} = \frac{\frac{1.5}{60} \text{m}^3/\text{sec}}{\frac{\pi \times 0.1^2}{4} \text{m}^2} = 3.18477 \text{m/sec} ≒ 3.18 \text{m/sec}$$

∴ 3.18[m/s]

나) 소방호스에 연결된 방수 노즐의 평균유속[m/s]을 구하시오.

해설 및 정답

$$\text{노즐의 평균유속} = \frac{\frac{1.5}{60}[\text{m}^3/\text{sec}]}{\frac{\pi \times 0.03^2}{4}[\text{m}^2]} = 35.368[\text{m/sec}] ≒ 35.37[\text{m/sec}]$$

∴ 35.37[m/s]

다) 노즐(Nozzle)을 소방호스에 부착시키기 위한 플랜지 볼트에 작용하고 있는 힘[N]을 구하시오.

해설 및 정답 플랜지 볼트에 작용하는 힘 ΔF = 힘의 차이 F_1 - 추진력 F_2

힘의 차이 $F_1 = 9{,}800[\text{N/m}^3] \times \frac{(35.37^2 - 3.18^2)}{2 \times 9.8}[\text{m}] \times \frac{\pi \times 0.1^2}{4}[\text{m}^2] = 4{,}873.1[\text{N}]$

추진력 $F_2 = 1{,}000[\text{kg/m}^3] \times \frac{1.5}{60}[\text{m}^3]/\text{s} \times (35.37 - 3.18)[\text{m/s}] = 804.75[\text{N}]$

∴ 플랜지 볼트에 작용하는 힘 = 4,873.1[N] - 804.75[N] = 4,068.35[N]
∴ 4,068.35[N]

03 옥내소화전에 관한 설계시 다음 조건을 읽고 답하시오. 【10점】

조건
① 건물규모 : 5층×각 층의 바닥면적 2000m²
② 옥내소화전수량 : 총 30개(각 층당 6개 설치)
③ 소화펌프에서 최상층 소화전 호스접결구까지의 수직거리 : 20m
④ 소방호스 : 40mm×15m(아마호스)×2개
⑤ 호스의 마찰손실 : 호스 100m당 26m
⑥ 배관 및 관부속품의 마찰손실수두 합계 : 40m

가) 옥상에 저장하여야 하는 소화수조의 용량[m³]을 구하시오.
- 계산과정 :
- 답 :

나) 펌프의 토출량[L/min]을 구하시오.
- 계산과정 :
- 답 :

다) 펌프의 전양정[m]을 구하시오.
- 계산과정 :
- 답 :

라) 펌프를 정격토출량의 150%로 운전시 정격토출압력[MPa]을 구하시오.
- 계산과정 :
- 답 :

마) 소방펌프 토출측 주배관의 최소 관경을 다음 [보기]에서 선정하시오(단, 유속은 최대 유속을 적용한다).

> 보기
> 25mm, 32mm, 40mm, 50mm, 65mm, 80mm, 100mm

- 계산과정 :
- 답 :

해설 및 정답

가) • 계산과정 : $Q = 2.6 \times 2 \times \dfrac{1}{3} = 1.733 ≒ 1.73\text{m}^3$
- 답 : 1.73m³

나) • 계산과정 : $2 \times 130 = 260\text{L/min}$
- 답 : 260L/min

다) • 계산과정 : $\left(15 \times 2 \times \dfrac{26}{100}\right) + 40 + 20 + 17 = 84.8\text{m}$
- 답 : 84.8m

라) • 계산과정 : $0.848 \times 0.65 = 0.551 ≒ 0.55\text{MPa}$
- 답 : 0.55MPa 이상

마) • 계산과정 : $D = \sqrt{\dfrac{4 \times 0.26/60}{\pi \times 4}} ≒ 0.037\text{m} = 37\text{mm}$ (최소 50mm)
- 답 : 50mm

기출문제

04 압력배관용 어느 강관의 인장강도가 20kgf/mm², 내부 작업압력이 2MPa인 강관의 스케줄 번호(Sch. No.)는 얼마인지 계산하시오(단, 안전율은 4이다). **4점**

해설 및 정답

스케줄 번호(Sch No) = $\dfrac{\text{내부작업압력(MPa)}}{\text{허용응력(MPa)}} \times 1{,}000 = \dfrac{2\text{MPa}}{49\text{MPa}} \times 1{,}000 = 40.8$

허용응력(kgf/mm²) = $\dfrac{\text{인장강도}}{\text{안전율}} = \dfrac{20\text{kgf/mm}^2}{4} = 5\text{kgf/mm}^2 = 5\text{kgf/mm}^2 = 49\text{MN/m}^2$
$= 49\text{MPa}$

∴ 40.8

05 다음 소방시설 도시기호를 그리시오. **4점**

가) 선택밸브
나) 편심리듀서
다) 풋밸브
라) 라인프로포셔너

해설 및 정답

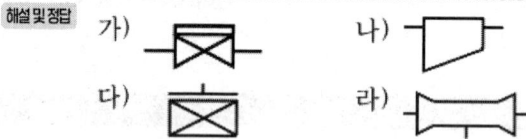

06 다음의 각 특정대상물에 피난기구를 설치하고자 한다. 다음 물음에 답하시오. **6점**

조건

1. 각 특정 소방대상물의 용도 및 구조는 다음과 같다.
   ① A바닥면적은 1,200m²이며, 주요구조부가 내화구조이고 거실의 각 부분으로 직접 복도로 이어진 4층의 학교(강의실 용도)
   ② B바닥면적은 800m²이며, 5층의 객실수 6개인 숙박시설
   ③ C바닥면적은 1,000m²이며, 주요구조부가 내화구조이고 피난계단이 2개소 설치된 8층의 병원
2. 피난기구는 완강기를 설치하며, 간이완강기는 설치하지 않는 것으로 가정한다.
3. 만약 피난기구를 설치하지 않아도 되는 경우에는 계산과정을 적지 아니하고 답란에 0을 적는다.
4. 기타 조건 이외의 감소되거나 면제되는 조건은 없다.

가) A, B, C의 특정대상물에 설치하여야 할 피난기구의 개수를 각각 구하시오.

해설 및 정답 ① A

「피난기구의 화재안전기술기준(NFTC 301) 2.2(설치제외)」
2.2.1.5 주요구조부가 내화구조로서 거실의 각 부분으로 직접 복도로 피난할 수 있는 학교(강의실 용도로 층에 한한다)
∴ 0개

② B

설치대상	설치개수
숙박시설·노유자시설 및 의료시설	그 층의 바닥면적 500m²마다 1개 이상
위락시설·문화집회 및 운동시설·판매시설 복합용도의 층	그 층의 바닥면적 800m²마다 1개 이상
계단실형 아파트	각 세대마다 1개 이상
그 밖의 용도의 층	그 층의 바닥면적 1,000m²마다 1개 이상

※ 숙박시설(휴양콘도미니엄을 제외한다)의 경우에는 추가로 객실마다 완강기 또는 둘 이상의 간이완강기를 설치할 것

기본설치개수 $= \dfrac{\text{바닥면적}[m^2]}{500m^2/\text{개}} = \dfrac{800m^2}{500m^2/\text{개}} = 1.6 ≒ 2$개

객실마다 추가 완강기=6개 (객실수 6개, 조건2에 따라 간이완강기 설치불가)
∴ 2+6=8개

③ C

기본설치개수 $= \dfrac{\text{바닥면적}[m^2]}{500m^2/\text{개}} = \dfrac{1,000m^2}{500m^2/\text{개}} = 2$개

「피난기구의 화재안전기술기준(NFTC 301) 2.3(피난기구설치의 감소)」
2.3.1 피난기구를 설치하여야 할 소방대상물 중 다음의 기준에 적합한 층에는 2.1.2에 따른 피난기구의 2분의 1을 감소할 수 있다. 이 경우 설치하여야 할 피난기구의 수에 있어서 소수점 이하의 수는 1로 한다.
  2.3.1.1 주요구조부가 내화구조로 되어 있을 것
  2.3.1.2 직통계단인 피난계단 또는 특별피난계단이 2 이상 설치되어 있을 것

∴ $2 \times \dfrac{1}{2} = 1$개

∴ A : 0개, B : 8개, C : 1개

나) B의 경우 적응성 있는 피난기구 3가지를 쓰시오(단, 완강기와 간이완강기는 제외하고 답할 것).

해설 및 정답 구조대, 다수인 피난장비, 승강식 피난기, 피난교, 피난사다리 중 택 3

기출문제

07 펌프2대를 병렬로 연결하여 사용할 경우 성능시험곡선으로 1대일 경우와 2대일 경우를 비교하여 그리시오. [4점]

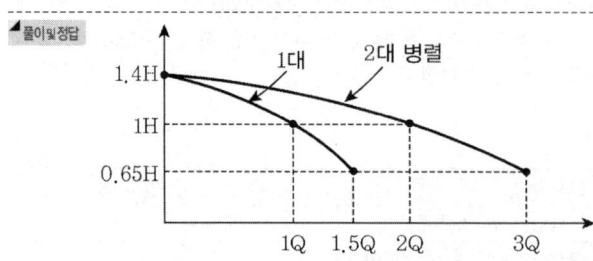

08 습식스프링클러설비 배관의 동파를 방지하기 위하여 보온재를 피복할 때 보온재의 구비조건 4가지를 쓰시오. [4점]

해설 및 정답
- 단열능력이 우수할 것
- 시공이 용이할 것
- 가격이 저렴할 것
- 단열효과가 뛰어날 것
- 가벼울 것

09 방호구역체적 500m³인 특정소방대상물에 전역방출방식의 할론 1301 소화약제를 방사 후 방호구역 내 산소농도가 15vol%이었다. 다음 조건을 참고하여 할론 1301 소화약제의 양[kg]을 구하시오. [5점]

조건
① 할론 1301의 분자량은 148.9kg/kmol이고, 이상기체상수는 0.082atm·m³/kmol·K이다.
② 실내온도는 15℃이며, 실내압력은 1.2atm(절대압력)이다.
③ 소화약제를 방사하기 전과 후의 대기상태는 동일하다.

- 계산과정 :
- 답 :

해설 및 정답
- 계산과정 : 방출가스량 $= \dfrac{21-15}{15} \times 500 = 200\text{m}^3$

$$m = \dfrac{1.2 \times 200 \times 148.9}{0.082 \times (273+15)} = 1513.211 = 1513.21\text{kg}$$

- 답 : 1513.21kg

10 스프링클러설비 가지배관의 배열에 대한 다음 각 물음에 답하시오. **7점**

가) 토너먼트 방식이 허용되지 않는 주된 이유 2가지를 쓰시오.

해설및정답
1. 수격작용 발생에 의한 배관 및 부속물 손상
2. 분기점에 의한 마찰손실이 크게 발생하여 방수압력 유지의 어려움

나) 토너먼트 방식이 적용되는 소화설비를 4가지 쓰시오.

해설및정답
1. 분말 소화설비
2. 이산화탄소 소화설비
3. 할론 소화설비
4. 할로겐화합물 및 불활성기체 소화설비

11 펌프 성능시험 방법을 1) 준비과정 2) 과부하시험 3) 정격운전시험 4) 체절시험 순서대로 설명하시오. **6점**

> **조건**
> 1. 순환배관상의 릴리프밸브는 최대압력에서 개방되도록 시계방향으로 최대한 돌린 상태이다.
> 2. 성능시험 완료후 릴리프밸브의 개방압력을 별도로 조정할 예정이다.
> 3. 감시제어반에서는 현재 자동상태이며 동력제어반의 수동기동으로 점검한다.
> 4. 성능시험순서는 과부하운전→정격운전→체절운전 순서로 점검한다.

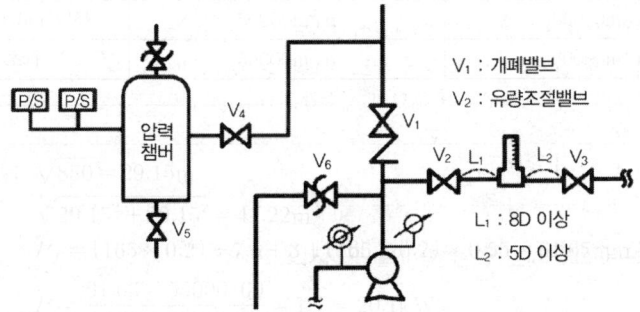

정답
1) 준비과정
   ① 동력제어반에서 주펌프 및 충압펌프 수동, 정지위치
   ② 주펌프 토출측 개폐밸브(V_1) 폐쇄
   ③ 성능시험배관의 개폐밸브(V_2) 개방
   ④ 성능시험배관의 유량조절밸브(V_3) 완전개방

기출문제

2) 과부하운전시험
  ⑤ 동력제어반에서 주펌프 수동기동
  ⑥ 유량조절밸브(V_3)를 정격토출량의 150%가 되게끔 서서히 잠금
  ⑦ 정격토출량의 150% 운전시 토출압력이 정격토출압력의 65% 이상인지 확인
3) 정격운전시험
  ⑧ 유량조절밸브(V_3)를 정격토출량이 되게끔 서서히 잠금
  ⑨ 정격토출량으로 운전시 토출압력이 정격토출압력 이상인지 확인
4) 체절운전시험
  ⑩ 유량조절밸브(V_3)를 완전폐쇄
  ⑪ 체절운전시 토출압력이 정격토출압력의 140% 이하인지 확인
5) 복구과정
  ⑫ 동력제어반에서 주펌프 수동정지
  ⑬ 성능시험배관 개폐밸브(V_2)폐쇄
  ⑭ 주펌프 토출측 개폐밸브(V_1)개방
  ⑮ 동력제어반에서 충압펌프 자동위치
  ⑯ 동력제어반에서 주펌프 자동위치

12 지하 1층, 지상 9층의 백화점 건물에 다음 [조건] 및 화재안전기준에 따라 스프링클러설비를 설계하려고 할 때 다음을 구하시오. **8점**

조건
1. 펌프는 지하층에 설치되어 있고 펌프로부터 최상층 스프링클러 헤드까지 수직거리는 50m이다.
2. 배관 및 관부속의 마찰손실수두는 펌프로부터 최상층 스프링클러 헤드까지 수직거리의 20%로 한다.
3. 펌프의 흡입측 배관에 설치된 연성계는 300mmHg를 나타낸다.
4. 각 층에 설치된 스프링클러 헤드(폐쇄형)는 80개씩이다.
5. 최상층 말단 스프링클러 헤드의 방수압은 0.11MPa로 설정하고, 오리피스 안지름은 11mm이다(C = 0.99).
6. 펌프 효율은 68%이다.

가) 펌프에 요구되는 전양정(m)을 구하시오

해설 및 정답

$$전양정 = (50m \times 0.2) + \left(300mmHg \times \frac{10.332m}{760mmHg}\right) + 50m + 11m$$
$$= 75.08m$$
∴ 75.08m

나) 펌프에 요구되는 최소 토출량(L/min)을 구하시오(단, 방사헤드는 화재안전기준의 최소기준개수를 적용하고, 토출량을 구하는 [조건은 ⑤항을 이용한다).

해설 및 정답 $Q = 0.6597 \times 0.99 \times 11^2 \sqrt{10 \times 0.11\text{MPa}} = 82.87\text{L/min}$
펌프의 토출량 = 30개 × 82.87L/min = 2,486.1L/min
∴ 2,486.1L/min

다) 스프링클러설비에 요구되는 최소 유효수원의 양(m³)을 구하시오.

해설 및 정답 유효수량 = 30개 × 1.6m³ = 48m³
∴ 48m³

라) 펌프의 효율을 고려한 축동력(kW)을 구하시오.

해설 및 정답 $P(\text{kW}) = \dfrac{1{,}000\text{kgf/m}^3 \times (2.486/60)\text{m}^3/\text{sec} \times 75.08m}{102 \times 0.68}$
$= 44.85\text{kW}$
∴ 44.85kW

13. 이산화탄소 소화설비의 분사헤드 설치 제외장소에 대한 다음 ( ) 안을 답하시오. [4점]

○ 니트로셀룰로오스, 셀룰로이드 제품 등 (①)을 저장, 취급하는 장소
○ 나트륨, 칼륨, 칼슘 등 (②)을 저장, 취급하는 장소

해설 및 정답 ① 자기연소성 물질
② 활성금속물질

기출문제

14 다음 소방대상물 각 층에 A급 3단위 소화기를 화재안전기술기준에 맞도록 설치하고자 한다. 다음 조건을 참고하여 각 물음에 답하시오. [10점]

> **조건**
> ① 각 층의 바닥면적은 30m×40m이다.
> ② 주요구조부는 내화구조이고 실내 마감은 난연재료이다.
> ③ 지상 1층은 단설 유치원(아동관련시설), 지상 2~3층은 한의원(근린생활시설)에 해당한다.
> ④ 전 층에 소화설비가 없는 것으로 가정한다.
> ⑤ 간이소화용구는 A급 1단위를 설치하고 간이소화용구는 지상 1층에만 설치하며 지상 1층 소화기 소화능력단위의 $\frac{1}{2}$로 한다.

가) 지상 1~3층 소화기의 소화능력단위 합계
  • 계산과정 :
  • 답 :

나) 지상 1층 단설 유치원에 설치해야 하는 간이소화용구 개수
  • 계산과정 :
  • 답 :

다) 지상 2~3층 한의원에 설치해야 하는 소화기 개수
  • 계산과정 :
  • 답 :

라) 간이소화용구의 종류 4가지를 쓰시오.
  •
  •
  •
  •

해설 및 정답

가) 계산과정 : $\frac{30 \times 40}{200} = 6$단위
  ∴ 6단위

나) 계산과정 : $\frac{6}{2} = 3$단위, $\frac{3}{1} = 3$개
  ∴ 3개

다) 계산과정 : $\frac{6}{3}=2$개, $2\times 2=4$개

∴ 4개

라) ① 에어로졸식 소화용구
② 투척용 소화용구
③ 소공간용 소화용구
④ 소화약제 외의 것을 이용한 간이소화용구

15

소화용수설비를 설치하는 지하 2층, 지상 3층의 특정소방대상물의 연면적이 38,500[m²]이고, 각 층의 바닥면적이 다음과 같을 때 물음에 답하시오. **6점**

층 수	지하 2층	지하 1층	지상 1층	지상 2층	지상 3층
바닥면적	2,500[m²]	2,500[m²]	13,500[m²]	13,500[m²]	6,500[m²]

가) 소화수조의 저수량[m³]을 구하시오.
나) 저수조에 설치하여야 할 흡수관 투입구, 채수구의 최소 설치수량을 구하시오.
다) 저수조에 설치하는 가압송수장치의 1분당 양수량[L]을 구하시오.

해설 및 정답

가) $\dfrac{38,500 m^2}{7,500 m^2} = 5.133 ≒ 6$

$6 \times 20 m^3 = 120 m^3$

나) 흡수관 투입구 : 2개, 채수구 : 3개
다) 3,300L

기출문제

16 경유를 저장하는 탱크의 내부직경 50[m]인 플루팅루프탱크(부상지붕구조)에 포소화설비를 설치하여 방호하려고 할 때 다음 물음에 답하시오. [12점]

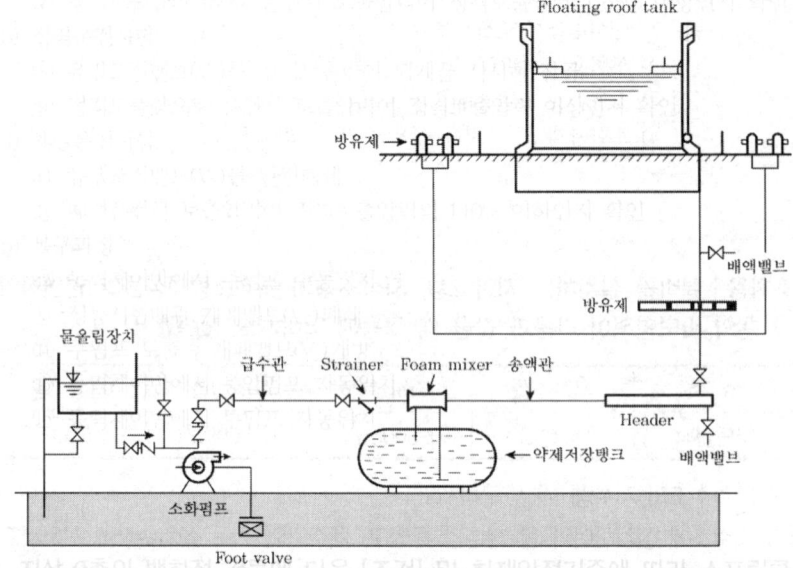

조건
① 소화약제는 6[%]용의 단백포를 사용하며, 수용액의 분당방출량은 8[L/m²·min]이고, 방사시간은 30분으로 한다.
② 탱크내면과 굽도리판의 간격은 1.2[m]로 한다.
③ 고정포방출구의 보조포소화전은 5개 설치되어 있으며 방사량은 400[L/min]이다.
④ 송액관의 내경은 100[mm]이고, 배관길이는 200[m]이다.
⑤ 수원의 밀도는 1,000[kg/m³], 포소화약제의 밀도는 1,050[kg/m³]이다.

가) 고정포방출구의 종류는 무엇인지 쓰시오.

나) 가압송수장치의 분당토출량(L/min)을 구하시오.

다) 수원의 양(m³)을 구하시오

라) 포소화약제의 양(L)을 구하시오

마) 수원의 질량유량(kg/s) 및 포소화약제의 질량유량(kg/s)을 구하시오.

바) 포소화약제의 혼합방식의 종류 중 어떤 혼합방식인지 쓰시오.

해설및정답 가) 특형 고정포방출구

나) $Q = A \times Q + N \times 400$
$= \left[\dfrac{\pi}{4}(50\text{m})^2 - \dfrac{\pi}{4}(47.6\text{m})^2\right] \times 8\text{L/m}^2 \cdot \text{min} + 3 \times 400\text{L/min}$
$= 2{,}671.773 ≒ 2{,}671.77[\text{L/min}]$
$\therefore\ 2{,}671.77[\text{L/min}]$

다) $Q = A \times Q \times T \times S + NS8000 + AL1000S$
$= \left[\dfrac{\pi}{4}(50\text{m})^2 - \dfrac{\pi}{4}(47.6\text{m})^2\right] \times 8\text{L/m}^2 \cdot \text{min} \times 30\text{min} \times 0.94$
$\times \dfrac{1}{1{,}000} + \left(3 \times 8{,}000L \times 0.94 \times \dfrac{1}{1{,}000}\right) + \left(\dfrac{\pi}{4}(0.1)^2 \times 200 \times 0.94\right)$
$= 65.54[\text{m}^3]$
$\therefore\ 65.54[\text{m}^3]$

라) $Q = A \times Q \times T \times S + NS8000 + AL1000S$
$= \left[\dfrac{\pi}{4}(50\text{m})^2 - \dfrac{\pi}{4}(47.6\text{m})^2\right] \times 8\text{L/m}^2 \cdot \text{min} \times 30\text{min} \times 0.06$
$+ 3 \times 8{,}000L \times 0.06 + \dfrac{\pi}{4}(0.1)^2 \times 200 \times 0.06 \times 1{,}000$
$= 4{,}183.439 ≒ 4{,}183.44[\text{L}]$
$\therefore\ 4{,}183.44[\text{L}]$

마) $m = A \cdot u \cdot \rho$
① 수원의 질량유량
$m = 2{,}671.77\text{L/min} \times 0.94 \times 1\text{kg/L} \times \dfrac{1\text{min}}{60\text{sec}} = 41.857 ≒ 41.86[\text{kg/s}]$
② 포소화약제의 질량유량
$m = 2{,}671.77\text{L/min} \times 0.06 \times 1.05\text{kg/L} \times \dfrac{1\text{min}}{60\text{sec}} = 2.805 ≒ 2.81[\text{kg/s}]$
$\therefore\ 41.86[\text{kg/s}],\ 2.81[\text{kg/s}]$

바) 라인 프로포셔너 혼합방식

 MEMO